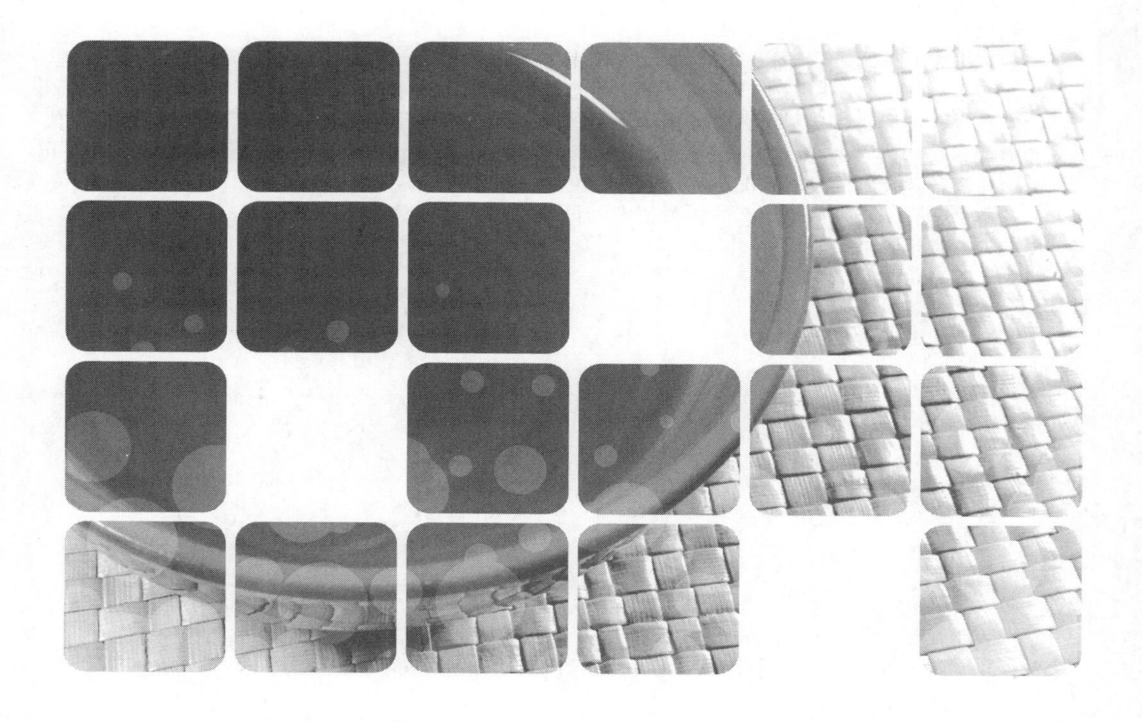

白酒生产技术

第二版 BAIJIU SHENGCHAN JISHU

肖冬光　赵树欣　陈叶福　杜丽平　编著

化学工业出版社

·北京·

本书主要介绍了白酒酿造微生物基础知识、白酒生产原料、糖化发酵剂、白酒生产机理、大曲酒生产技术、小曲酒生产技术、液态发酵法白酒生产技术、低度白酒生产工艺、新型白酒生产技术、副产物综合利用、白酒风味与品评等内容。本书是一本比较全面、有较高实用价值和参考意义的白酒生产专著，在第一版的基础上进行了删减、修改、补充和更新，充分反映了我国白酒行业技术的发展状况与当前的实际生产技术。

本书适合于从事白酒生产的相关技术人员和生产人员阅读，也可供从事白酒科研及相关大专院校的师生参考。

图书在版编目（CIP）数据

白酒生产技术/肖冬光，赵树欣，陈叶福，杜丽平编著.
2版. —北京：化学工业出版社，2011.4（2024.9重印）
ISBN 978-7-122-10709-1

Ⅰ.白… Ⅱ.①肖…②赵…③陈…④杜… Ⅲ.白酒-生产工艺 Ⅳ.TS262.3

中国版本图书馆CIP数据核字（2011）第036684号

责任编辑：张　彦　彭爱铭　　文字编辑：冯国庆
责任校对：陈　静　　装帧设计：史利平

出版发行：化学工业出版社（北京市东城区青年湖南街13号　邮政编码100011）
印　　刷：北京云浩印刷有限责任公司
装　　订：三河市振勇印装有限公司
710mm×1000mm　1/16　印张22　字数451千字　2024年9月北京第2版第18次印刷

购书咨询：010-64518888　　售后服务：010-64518899
网　　址：http://www.cip.com.cn
凡购买本书，如有缺损质量问题，本社销售中心负责调换。

定　　价：88.00元　

第二版前言

《白酒生产技术》（第一版）自2005年由化学工业出版社出版发行以来，受到广大读者、专家和同行们的关怀、鼓励和指教，在本书修订再版之际，特向诸位致以衷心的感谢。

自2005年以来，我国白酒生产连续五年实现快速增长，2009年全国白酒产量达706.93万吨，工业总产值超过2000亿元，分别是2004年的2.2倍和3.0倍。随着我国白酒生产的发展，新技术、新工艺不断涌现，第一版中的有些内容亟待更新。特别是第一版中缺少“白酒微生物基础知识”，白酒分类部分香型缺少一半以上，2008年颁布了白酒新的国家标准和行业标准，以及当前国家节能减排的政策，有必要对第一版的内容进行修改和补充。

与本书第一版比较，增加和修改的主要内容有：原第一章（绪论）增加“酿酒工业概述”一节，原第四章（白酒生产机理）的“原料浸润与蒸煮”一节调至第三章（原料），原第四章（新第五章）增加“与白酒生产有关的酶类”一节，原第八章（液态发酵法与新型白酒生产技术）拆分充实为第九章“液态法白酒生产技术”和第十一章“新型白酒生产技术”，原第十一章（新第十二章）增加“环境保护”一节，在绪论后增加一章“白酒酿造微生物基础知识”，在正文后增加附录“白酒产品标准”，此外其他各章都有一定内容的更新与删减。

本书第一、四、六章及第七章第五节、第八章第四节由肖冬光编写，第二、五、九章由陈叶福编写，第三、十、十二章及第七、八章其余节由杜丽平编写，第十一、十三章由赵树欣编写。

限于作者水平，本书不当之处，诚恳希望读者批评指教。

肖冬光

2011年1月

第一版前言

白酒是我国传统的蒸馏酒，与白兰地、威士忌、俄得克、兰姆酒、金酒并列为世界六大蒸馏酒。白酒生产特有的制曲技术、复式糖化发酵工艺和甑桶蒸馏技术等在世界各种蒸馏酒中独具一格，是我国劳动人民对世界酿酒工业的特殊贡献。

白酒的历史已有2000年左右。但人类认识微生物的历史仅有100多年，我们的祖先并不知道酿酒是微生物发酵作用的结果，因而在如此漫长的历史时期白酒生产技术并没有获得大的进展。白酒生产技术的快速发展始于20世纪50年代，50多年来，白酒界许多专家、学者和工程技术人员辛勤耕耘，创造了众多科技成果，大大提高了白酒生产的技术水平，推动了中国白酒的发展。然而，白酒生产仍存在劳动强度大、现代化水平低，酒度偏高、杂质较多等缺点，要解决这些问题必须依靠技术进步，用高新技术逐步改造传统酿酒工艺，使白酒工业的生产技术水平逐渐与其他酿酒工业看齐，并向国外蒸馏酒的先进水平靠近。

我国白酒种类繁多，地方性强，产品各具特色，生产工艺各有特点。但白酒生产有许多共性的东西，各品种实际上是大同小异。本书编写试图在如下几方面有所创新：一是突出白酒生产的共性，尽量避免白酒各品种间内容的重复现象，从而最大限度地减少本书篇幅；二是突出“实用”，力求深入浅出，理论联系实际，使科学性、通俗性与实用性三者统一；三是突出“新”，力求反映目前白酒生产的最新技术，充分体现现代生物技术、信息技术和新材料技术等在白酒工业中的应用。

本书第一章、第四章及第五章第五节、第六章第五节和第七章第四节由肖冬光编写，第二章、第九章、第十章、第六章其余节和第七章其余节及附录由杜丽平编写，第三章、第八章及第五章其余节由陈叶福编写，第十一章由赵树欣编写。

限于篇幅，有许多白酒生产的新技术和新成果没有编入本书，加上笔者水平有限，错误和不足之处在所难免，诚恳希望读者批评指正。

肖冬光

2005年1月

目　录

第一章 绪 论

第一节 酿酒工业概述

生物技术的基础是发酵技术，而发酵技术的基础是酿酒技术。到目前为止，酿酒工业仍是世界生物工业中最大的产业。在我国2009年生物工业的总产值约8000亿元，其中酿酒工业（包括酒精）占近五成。酒是一种饮用食品，同时也是一种内涵丰富的文化用品。酒的生产、饮用和消费涉及各民族的性格、文化、宗教、礼仪、经济、法律法规和政治生活等各方面，与人们的生活质量和国家经济的发展密切相关。

一、酒的起源

关于酒的起源，说法很多。以我国为例，有“仪狄造酒”、“杜康造酒”等说法，于是我国酿酒的起源限定于5000年左右的历史。其实，杜康、仪狄等都只是掌握了一定技巧，善于酿酒罢了。从现代科学的观点来看，酒的起源经历了一个从自然酿酒逐渐过渡到人工酿酒的漫长过程，它是古代劳动人民在长期的生活和生产实践中不断观察自然现象、反复实践并经无数次改进而逐渐发起来的。

水果是古人类的主要食物之一，采集的水果没有吃完，很容易被野生酵母菌发酵成酒，这就是水果酒的起源，至今其代表性产品是葡萄酒，其相应的蒸馏酒为白兰地。

随着社会的发展，人类开始学会了原始的牧业生产，在存放剩余的兽乳时又发现了被自然界中的微生物发酵而成的乳酒，至今人们仍然饮用的代表性产品有马奶酒。

在农耕时代开始前后，人类认识到含淀粉的植物种子（谷物等）可以充饥，便收集贮藏，以备食用。由于当时的保存条件有限，谷物在贮藏期间容易受潮湿或雨淋而导致发芽长霉，这些发芽长霉的谷物如泡在水中，其中的淀粉便在谷物发芽时所产生的酶和野生霉菌、酵母菌等微生物的作用下糖化发酵，变成原始的粮食酒。粮食酒可分为两大类：一类起源于发芽的谷物，谷物在发芽过程中会产生一定量的蛋白酶和淀粉酶，它们作用于谷物中的蛋白质和淀粉生成氨基酸及可发酵性糖，在酵母菌的作用下即变成酒，也就是人们至今一直饮用的啤酒，其相应的蒸馏酒有威士忌等；另一类起源于发霉的谷物，受潮的谷物被黑曲霉、根霉等霉菌污染后会产生丰富的蛋白酶和淀粉酶，同样生成的氨基酸和可发酵性糖进一步被酵母菌作用后即生成酒，也即人们至今一直饮用的黄酒和清酒，其相应的蒸馏酒为白酒和烧酒。

考古和文献资料记载表明，从自然酿酒到人工造酒这一发展阶段大约在7000～10000年以前。9000年以前，地中海南岸的亚述人发明了麦芽啤酒；7000年以前，中东两河流域的美索不达米亚人发明了葡萄酒；从出土的大量饮酒和酿酒器皿看，我国人工酿酒的历史可追溯到仰韶文化时期，距今亦有约7000年。

二、酒曲的起源

用谷物酿酒时，谷物中所含的淀粉需经过两个阶段才能转化为酒：一是将淀粉分解成葡萄糖等可发酵性糖的糖化阶段；二是将葡萄糖转化成酒精的酒化阶段。我国酒曲兼有糖化和发酵的双重功能，其制造技术的发明在四五千年前，这是世界上最早的保存酿酒微生物及其所产酶系的技术。时至今日，含有各种活性霉菌、酵母菌和细菌等微生物细胞及其酿酒酶系的小曲、大曲及各种散曲仍作为主要的糖化发酵剂，广泛应用于我国白酒和黄酒行业。

酒曲古称曲糵（niè），其发展分为天然曲糵和人工曲糵两个阶段。

因受潮而发芽长霉的谷物为天然曲糵。由于天然曲糵遇水浸泡后会自然发酵生成味美醉人的酒，待贮藏的粮谷较多时，人们就必然会模拟造酒，并逐渐总结出制造曲糵和酿酒的方法。在这个阶段，曲、糵是不分家的，酿酒过程中所需的酶系既包括谷物发芽时所产生的酶，也包括霉菌生长时所形成的酶。

随着社会生产力的发展，酿酒技术得以不断进步。到了农耕时代的中、后期，曲糵逐渐分为曲和糵，前者的糖化酶系主要来自于霉菌的生长，而后者则主要来自于谷物的发芽。于是，我们的祖先把用糵酿制的“酒”称为醴（lǐ），把用曲酿制的酒称为酒。曲、糵分家后的曲糵制造技术为曲糵发展的第二阶段。至于曲、糵分家的具体时间，大约在奴隶社会的商周时期。

自秦代开始，用糵造醴的方法被逐渐淘汰，而用曲制酒的技术有了很大的进步，曲的品种迅速增加，仅汉初杨雄在《方言》中就记载了近十种。最初人们用的是散曲，至于大、小曲出现的时间，目前尚无定论。其中小曲较早，一般认为是秦汉以前；而大曲较晚，大约在元代。

为什么用糵造醴的方法会被淘汰呢？明代宋应星在《天工开物》中指出：“古来曲造酒，糵造醴。后世厌醴味薄，逐致失传，则并糵法灭亡。”从发酵原理看，谷芽在发酵过程中仅起糖化作用，且糖化能力低于曲，加之糵在制造过程中所网罗的野生酵母菌较少，因而糵的糖化发酵能力较曲差，所造的醴酒度低（大概与今日的啤酒相同，其酒度可能只有3°～4°），口味淡薄，最终逐渐被淘汰。而在西方，由于没有发明酒曲，以发芽谷物造酒的方法被一直保留下来，并逐渐发展成为今日的啤酒

酒曲的发明，是我国劳动人民对世界的伟大贡献，被称为除四大发明以外的第五大发明。19世纪末，法国科学家研究了中国酒曲，从此改变了西方单纯利用麦

芽糖化的历史。后来人们把这种用霉菌糖化的方法称为“淀粉酶法”（amylomyces process），又称“淀粉发酵法”（amylo process）。这种用霉菌糖化、用酵母菌发酵制酒的方法，奠定了现代酒精工业的基础，同时也给现代发酵工业和酶制剂工业的形成带来了深远的影响。

三、酒的分类

（一）酿造酒

酿造酒是以谷物或者水果等为原料经发酵后直接过滤得到的酒（非蒸馏酒），一般酒度为3°～18°；酒中除了乙醇和挥发性香味物质之外，还含有一定量的营养物质——糖类、氨基酸、肽、蛋白质、维生素、矿物质等。酿造酒根据原料的不同可分为啤酒、果酒（葡萄酒）、黄酒、米酒和日本清酒等。

（二）蒸馏酒

蒸馏酒是以谷物或者水果等为原料经发酵后再经蒸馏、陈酿、勾兑制成的酒，其酒度比酿造酒高，除乙醇之外还含有一定量的挥发性风味物质。酒度大多为38°～65°，现在也有25°、30°的蒸馏酒。世界上最著名的蒸馏酒有中国白酒、威士忌、白兰地、兰姆酒、金酒、俄得克（伏特加）等。

（三）配制酒

配制酒是以上述的蒸馏酒或者酿造酒为基础酒，加入果汁、香料、药用植物或者芳香植物所配制的酒。主要有中国药酒、味美斯、五加皮酒、竹叶青酒、利乔酒、鸡尾酒等。

第二节　白酒发展史

一、白酒的起源

白酒又名白干、烧酒、火酒，有些少数民族地区称阿刺吉酒，意为“再加工”之酒。它是以粮谷等为原料，以酒曲、活性干酵母（或自培酒母）、糖化酶等为糖化发酵剂，经蒸煮、糖化发酵、蒸馏、贮存、勾兑而制成的蒸馏酒。白酒是我国传统的蒸馏酒，与白兰地、威士忌、俄得克、兰姆酒、金酒并列为世界六大蒸馏酒。但我国白酒生产中所特有的制曲技术、复式糖化发酵工艺和甑桶蒸馏技术等在世界各种蒸馏酒中独具一格。

蒸馏白酒的出现是我国酿酒技术的一大进步。秦汉以后历代帝王为求长生不死之药，不断发展炼丹技术，经过长期的摸索，不死之药虽然没有炼成，却积累了不少物质分离、提炼的方法，创造了包括蒸馏器具在内的种种设备，将蒸馏器具试用来蒸熬酿造酒，就出现了白酒。有不少欧美学者认为，中国是世界上第一个发明蒸馏技术和蒸馏酒的国家。

单就蒸馏技术而言，我国最迟应在公元2世纪以前便掌握了。那么白酒的出现应在何时呢？对于此问题，古今学者有不同的见解，有说始于元代，有说始于宋代、唐代和汉代，至今仍无定论。

1. 始于元代说

白酒元代始创的依据是医药学家李时珍的《本草纲目》，其中写道："烧酒非古法也，自元代始创，其法用浓酒和糟入甑，蒸令汽上，用器承取滴露，凡酸败之酒，皆可蒸烧。近时惟以糯米或粳米，或黍或秫，或大麦，蒸熟，和曲酿瓮中七日，以甑蒸取，其清如水，味极浓烈，盖酒露也。"随着人们对历史的深入研究，认为白酒出现的年代要早得多。不过，在记述元代以前的蒸馏方法时，都是以酿造酒为原料的液态蒸馏，而李时珍所描述的"用浓酒和糟入甑，蒸令汽上……"的蒸馏方法显然与现在所使用的甑桶固态蒸馏相似，无疑固态蒸馏（类似于萃取塔）的提浓效果比液态蒸馏要好得多，其所得白酒的酒度也就要高得多，这也许就是《本草纲目》中白酒出现年代较晚的原因所在。这种特殊的蒸馏方式，在世界蒸馏酒上是独一无二的，是我国古代劳动人民的创举。

2. 始于宋代（金代）说

白酒的制造与蒸馏器具的发明是分不开的。1975年，河北省青龙县出土了一套铜制烧酒锅，以现代甑桶与之相比，只是将原来的天锅改为了冷凝器，桶身部分与烧酒锅基本相同。经有关部门进行蒸馏试验与鉴定，该锅为蒸馏专用器具。它的制造年代最迟不晚于金世宗大定年间（公元1161～1189年），距今已有800多年。1163年南宋的吴悮大《丹房须知》中记载了多种类型完善的蒸馏器，同期的张世南在《游宦纪闻》卷五中也记载了蒸馏器在日常生活中应用的情况。北宋田锡的《麴本草》中描述了一种美酒是经过2～3次蒸馏而得到的，度数较高，饮小量便醉。此外，在《宋史》第八十一卷中记载："太平兴国七年（公元982年），泸州自春至秋，酤成鬻，谓之小酒，其价自五钱至卅钱，有二十六等；腊酒蒸鬻，候夏而出，谓之大酒，自八钱至四十八钱，有二十三等。凡酝用秫、糯、粟、黍、麦及曲法酒式，皆从水土所宜。"这就充分说明从北宋起就有蒸馏法酿酒了。《宋史》中所指的"腊酒蒸鬻，候夏而出"正是今日大曲酒的传统方法。

3. 始于唐代说

白酒始于唐代有诗词为证，如白居易的"荔枝新熟鸡寇色，烧酒初开琥珀香。"雍陶的"自到成都烧酒熟，不思身更入长安。"显然，烧酒即白酒已在唐代出现，而且比较普及。从蒸馏工艺来看，唐开元年间（公元713～755年）陈藏器在《本草拾遗》中有"甄（蒸）气水，以器承取"的记载。此外在出土的隋唐文物中，还出现了只有15～20mL的酒杯，如果没有烧酒，肯定不会制作这么小的酒杯。由此可见，在唐代出现了蒸馏酒已是毋庸置疑的。

4. 始于汉代说

1981年，马承源先生撰文《汉代青铜蒸馏器的考察和实验》，介绍了上海市博物馆收藏的一件青铜蒸馏器，由甑和釜两部分组成，通高53.9cm，凝露室容积

7500mL，贮料室容积1900mL，釜体下部可容水10500mL，在甑内壁的下部有一个圈穹形的斜隔层，可积累蒸馏液，而且有导流管至外。马先生还作了多次蒸馏实验，所得酒度平均20°左右。经鉴定这件青铜器为东汉初至中期之器物。在四川彭县、新都先后两次出土了东汉的“酿酒”画像砖，其图形为生产蒸馏酒作坊的画像，该图与四川传统蒸馏酒设备中的“天锅小甑”极为相似。

综上所述，我国是世界上利用微生物制曲酿酒最早的国家，也是最早利用蒸馏技术创造蒸馏酒的国家，我国白酒的起源要比西方威士忌、白兰地等蒸馏酒的出现要早1000年左右。

二、白酒技术发展史

如前所述，我国白酒的历史已有2000年左右，我们的祖先为世界酿酒生产技术的发展和科学文化的创造做出了杰出的贡献。然而，人类认识微生物的历史仅有100多年，我们的祖先并不知道酿酒是微生物发酵作用的结果，因而在如此漫长的历史时期白酒生产技术并没有获得大的进展。中国白酒生产技术的快速发展始于20世纪50年代，50多年来，白酒界许多专家、学者和工程技术人员辛勤耕耘，创造了众多科技成果，大大提高了白酒生产的技术水平，推动了中国白酒的发展。

（一）白酒生产新工艺

1. 麸曲白酒

1935年，原黄海化学研究社提出用纯种曲霉制造麸曲生产白酒，随后在威海酒厂试产成功，由此开始了纯种培养微生物糖化发酵剂在我国白酒生产中的应用。1955年，《烟台酿酒操作法》的诞生使麸曲白酒的生产规范化。该操作法总结的“麸曲酒母、合理配料、低温入窖（池）、定温蒸烧”十六字经验，不仅成为当时酿酒操作技术的先进代表，而且成为指导整个白酒工艺操作的经典。与大曲酒相比，麸曲白酒具有发酵周期短、原料出酒率高等特点，但酒的香味不及大曲白酒。20世纪60年代后，纯种培养生香酵母（产酯酵母）技术等的应用，使麸曲白酒的质量得以不断提高，并产生了许多如六曲香、宁城老窖等优质麸曲白酒。

2. 液态法白酒与新工艺白酒

采用液态发酵法生产白酒是我国白酒工业史上的一次大胆创新。与固态法相比，该法具有出酒率高、劳动强度低等许多优点。20世纪50年代曾有多家工厂做过酒精加香料调制白酒的试尝，但由于就受当时技术条件所限，产品缺乏白酒应有的风味质量而未获成功。20世纪60年代中期，原北京酿酒总厂采用固液结合的串香工艺，将酒精生产出酒率高和白酒传统固态发酵的特点有机地结合起来，生产出了风味达到普通固态法白酒水平的红星白酒。此后，全国各地在固体香醅制作、香醅提香方法、己酸菌发酵液增香以及酒精蒸馏方法的改进等方面进行了大量的科学研究与生产实践工作，创造出了“液态发酵酒除杂、固态发酵醅增香、固液法结合的工艺路线”。这条工艺路线不仅增加了产量，提高了效益，同时使液态法白酒的质量有了很大的提高。20世纪70年代末，以食用酒精为基酒，利用固态发酵优质白酒的副产物——“酒头、酒尾”为调香物质兑制的白酒，成为当时物美价廉的新工艺品白酒。20世纪80年代，采用优质食用酒精加部分优质白酒和少量食用香精，经勾兑而生产出来的第二代新工艺白酒，使液态法白酒的质量进一步提高，作为中档白酒产品而受到广大消费者的欢迎。20世纪90年代后出现的白酒调味液加食用酒精的生产方法使新工艺白酒的生产工艺得以进一步优化。

3. 低度白酒

20世纪70年代以前，除南方某些地区的小曲白酒外，大多数白酒都是60°以上的高度酒。发展低度白酒不仅可节约粮食、降低消耗、提高经济效益，同时有利于人们的身体健康。自20世纪70年代中期开始，研制成功了多项解决白酒降度后除去浑浊物的工艺，如冷冻法、淀粉沉淀法、活性炭吸附法、硅藻土过滤法等。1987年，在国家经委、轻工业部、商业部和农业部联合召开的全国酿酒工作会议上，确定了我国酿酒工业必须坚持“优质、低度、多品种、低消耗”的发展方向。20世纪80～90年代，全国各地在提高原酒质量、增加香味成分、减少降度除杂过程中的香味损失和精心勾兑等诸多方面进行了大量的研究工作，基本上解决了低度白酒口味淡薄的问题。目前，在中、高档白酒中，50°以下降度白酒和低度白酒已成为市场上的主导产品。

（二）传统白酒的技术改造

中国白酒的发展以名优酒厂的技术进步为代表。自20世纪50年代末开始，各名优酒厂在科研院校的协助下，在白酒微量成分分析、传统工艺总结、白酒设备的改造、高新技术的应用等方面进行大量卓越有效的工作，从而提高了我国白酒工业的生产技术水平，使我国白酒生产工业逐渐走上了科学发展的轨道。现将传统名优白酒所取得的主要科研成果列举如下。

1. 浓香型白酒

① 确定了酿造浓香型白酒必须使用窖泥，发明创造了“人工老窖”，推动了浓香型白酒的迅速发展。

② 从优质窖泥中分离出产己酸的己酸菌，经酵母发酵后可产己酸乙酯。随后发展的己酸菌培养技术和己酸菌培养液的应用技术，对稳定和提高浓香型白酒的质量起到了关键作用。

③ 研制成功了多项增香工艺，如回糟发酵、双轮底发酵、夹泥发酵、己酸菌液灌窖、酯化液灌窖、回酒蒸馏提香等，这些技术的应用使浓香型白酒的名优酒率得以大大提高。

④ 通过对浓香白酒微量成分的分析研究，确定了白酒微量成分与白酒质量和风格特点的关系，同时有效地指导了白酒的勾兑工作。

2. 酱香型白酒

① 总结了气候条件对酿制酱香型大曲白酒的影响，高温、多雨、潮湿的气候

条件比较适合酱香型大曲的制造和多轮次发酵工艺的特点。

② 确定了酱香型大曲白酒“四高一长”的工艺特点，即高温制曲、高温堆积、高温发酵、高温流酒和长期贮存。同时确定了酱香型大曲白酒由“酱香、醇甜、窖底香”三种典型体的基酒构成及其各自所占的比例。

③ 酱香型麸曲白酒的研制取得了可喜成效，从而使北方地区也可生产具有酱香风格的麸曲白酒。

3. 清香型白酒

① 总结出地缸发酵的优点，明确了地缸是酿造清香型大曲酒的理想设备。

② 分析了清茬、后火、红心三种大曲在微生物、酿酒酶系及成分上的差异，确定了三种大曲合理的贮存期和科学的搭配使用比例，从而规范了清香型大曲酒的酿造工艺。

③ 研究了清香型大曲酒的微量成分及其量比关系，确定了乙酸乙酯为主体香，在此基础上制定了清香型白酒的质量指标。

4. 小曲白酒

① 从传统小曲中分离了多株优良的根霉菌株，发展了根霉纯种培养技术及其在小曲白酒中的应用技术，大大提高了小曲白酒的出酒率。

② 食品工业部制酒工业管理局组织编写了《四川糯高粱小曲酒操作法》一书，规范了小曲白酒的酿造操作工艺。

③ 科学地总结了小曲白酒（米香型白酒）中香味成分的特征，主体香味成分是β-苯乙醇、乳酸乙酯和乙酸乙酯，其中醇含量高于酯含量，乳酸乙酯占总酯的73%以上。

（三）白酒生产设备的更新

长期以来，白酒生产完全是手工操作，工人劳动强度大，操作环境恶劣。自20世纪50年代开始，研制和发展了许多白酒生产设备，使白酒生产逐步机械化，彻底改变了我国白酒生产设备简陋、劳动环境恶劣、生产效率低下的落后面貌。目前白酒机械化生产普遍采用的有：风送式二次除尘除杂原料粉碎系统、大曲机械化制曲系统、麸曲机械通风制曲系统、白酒酿造采用机械通风晾糙、吊车抓斗运输及活动甑等。白酒贮存采用了10～100t不等的大型容器。酒的老熟采用了包括高频处理、超声波处理、磁场处理和微波处理等在内的先进仪器设备。在过滤设备中，较为先进的设备有硅藻土过滤机、分子筛过滤机、超滤膜过滤机、活性炭过滤设备和多孔吸附树脂过滤设备等。

（四）高新技术在白酒工业中的应用

1. 白酒微生物菌种的选育与应用

酿酒微生物是酒类生产过程中糖化与发酵的动力，菌种的性能直接影响到酒的产量与质量。所以，选育适合于白酒酿造的优良微生物菌种一直是行业技术工作的重点。同时，白酒行业微生物纯种培养技术的应用，可抑制有害微生物对生产过程的影响、部分地净化白酒酿造的微生物体系，不仅大大提高了原料出酒率和白酒质量，同时推动了白酒行业的技术进步。

(1) 曲霉菌的选育与固体麸曲培养技术的进展　最早用于白酒酿造的是黄曲霉和米曲霉，其缺点是糖化力低，耐酸性差，所以后来应用广泛的是耐酸性较强的黑曲霉。自20世纪70年代开始，中国科学院微生物研究所在黑曲霉生产菌种的选育上进行了一系列的研究工作，先后成功选育出优良的糖化菌株AS3.4309 (UV-11) 和UV-48，使固体麸曲的糖化力从最初的几百单位提高至6000单位左右。20世纪90年代后，采用国外菌种生产，麸曲的糖化力可达10000～20000U/g。此外，黑曲霉育种技术的进步为酒精生产用的液体曲糖化剂和专业化糖化酶的生产奠定了基础。目前，黑曲霉液体培养的糖化力可达40000U/mL以上，糖化酶的生产成本和价格大幅度下降。至20世纪90年代末，以黑曲霉为菌种的固体麸曲已逐渐被商品糖化酶所代替。

(2) 产酯酵母的分离与应用　产酯酵母的分离、纯化与应用最初始于麸曲白酒，主要是解决麸曲白酒酯含量低和口味淡薄的问题。自20世纪60年代初开始，轻工业部食品发酵研究所、中国科学院微生物研究所、内蒙古轻化工科学研究所等单位在产酯酵母菌种的分离、白酒产酯机理、产酯酵母培养条件及在白酒生产中的应用等方面进行了大量卓有成效的研究工作。进入20世纪70年代，固态或液态纯种培养的产酯酵母在麸曲白酒的生产中得到广泛应用，对提高麸曲白酒的质量起了关键作用。1990年，天津轻工业学院采用液-固结合培养和低温气流快速干燥等新技术，其生产的产酯ADY活细胞数达100亿～200亿个/g，与最初的纯种培养产酯酵母（活细胞数2亿～5亿个/g或2亿～5亿个/mL）相比提高了几十倍，从而使产酯酵母实现了商品化生产。目前，产酯ADY的年产量约1500t，其应用范围包括麸曲、小曲和大曲等各种白酒。

(3) 己酸菌的分离与应用　1964年茅台试点确认了窖底香的主体成分是己酸乙酯。随后内蒙古轻化工科学研究所、辽宁大学生物系等单位，从名优酒厂优质窖泥中分离到产己酸的己酸菌，并用含己酸菌的老窖泥为种子，扩大培养后用于“人工老窖”参与发酵，增加酒的主体香味成分。20世纪70年代后，此项技术在全国浓香型白酒中普遍推广应用，并研究开发了多种己酸菌培养技术和在白酒中的使用方法。己酸菌应用技术打破了只有陈年老窖才能酿造优质浓香型白酒的规律，同时使自然条件相对较差的北方地区也能生产出优质的浓香型白酒。自20世纪80年代开始，天津轻工业学院、中国科学院成都生物研究所等许多单位研制开发了多种己酸菌应用新技术，如固定化己酸菌技术、己酸菌酯化液培养技术、己酸菌固体香醅培养技术、活性己酸菌干剂制造技术等，使己酸菌在白酒生产中的应用多样化。

2. 色谱分析的应用

白酒微量成分的分析是白酒科学分类、勾兑和正确评定白酒质量的基础。20世纪60年代以前，由于受分析手段的限制，只能采用常规化学方法分析测定白酒中的总酸、总酯、总醛、甲醇、杂醇油等成分。由于对这些构成白酒香味的成分不能细分，因此人们对白酒的风味质量无从认识。20 世纪 60 年代后，采用纸层析和柱层析的方法首先定性了酒中几十种香味成分；自 70 年代开始，气相色谱用于白酒分析，使香味成分的定性组分增加至上百种；80 年代，毛细管色谱和色质联用的使用，可定性和定量测定白酒香味成分几百种，并明确了香味成分量比关系是形成白酒酒体特征的基础；90 年代初，应用分离性能更好的键合型毛细管柱和先进的仪器设备，进一步剖析了各种名优白酒的微量成分以及量比关系的重要作用。色谱分析的应用极大地促进了白酒生产技术的发展，明确了各种白酒的香气特征，为划分白酒香型奠定了科学依据。同时，微量成分的准确分析使人们认识到已酸菌、丁酸菌、丙酸菌、甲烷菌等细菌在白酒酿造中的重要作用，并加速推动了新工艺白酒的发展。进入 21 世纪后，气质联用、固相微萃取等分析技术的应用使人们可分析出更多的白酒微量成分，并开始对这些微量成分的形成机理与控制进行研究；而指纹图谱技术的应用为白酒的质量评价与产品鉴定开辟了一条新的途径。

3. 计算机的应用

除分析和管理外，计算机在白酒生产中的应用主要包括如下两个方面。

（1）白酒勾兑工作　在色谱分析数据的基础上，通过软件系统计算机能直接完成白酒勾兑配方的设计。计算机的参与，不但可提高白酒勾兑的工作效率、稳定酒的质量，同时可提高优质品率和工厂的经济效益。

（2）计算机控制制曲　把传统大曲堆放培养的方式改为架子培养，通过计算机控制，采用自动循环通风系统维持培养室内的温度和湿度。这种制曲方法的成曲质量优于传统大曲或与传统大曲基本相当，而工人的劳动环境得以彻底改善。

4. 酶制剂与活性干酵母的应用

20 世纪 80 年代初，随着酶制剂生产技术的发展，酶制剂的活力单位得以迅速提高，为酶制剂在酿酒工业中的应用创造了条件。最初是麸曲制造设备和技术不完善的工厂使用糖化酶代替麸曲生产麸曲白酒，随后天津轻工业学院等单位对糖化酶、纤维素酶和酸性蛋白酶在白酒生产中的应用技术进行了一系列的研究工作，目前酶制剂在白酒生产中的应用已相当广泛。

1988 年天津轻工业学院（天津科技大学）首先完成了酒精活性干酵母的研究工作，随后在广东东莞糖厂酵母分厂和宜昌食用酵母基地顺利投入生产。1988 年 8 月，他们在《酿酒科技》杂志上发表了“酿酒行业生产模式的变革——活性干酵母在酿酒工业中的应用”一文，此文为我国 ADY 在酿造工业中应用的第一篇论文，对我国酿造工业生产模式的改革具有重要意义。1989～1991 年，他们先后发表了“在液态法制醋中应用 ADY 的研究”、“用 ADY 代替传统酒母发酵的研究”、“大曲酒生产工艺改革的研讨”、“酒精 ADY 的活化与活细胞率的测定”等一系列文章，并于 1994 年出版了《酿酒活性干酵母的生产与应用技术》一书。详细介绍了酿酒活性干酵母的性能、复水活化和扩大培养的基本原理、在各种酿酒生产中的使用方法与工艺，论述了用现代生物技术改造传统酿造工业的研究方向，以及酿酒工业生产模式变革的必要性、在国民经济中的地位和经济效益分析。从此在全国各地出现了酿酒活性干酵母在酿造工业中应用研究和生产实践的高潮。自20世纪90年代中期开始，酿酒ADY在白酒行业得到广泛应用，并已成为各酒厂稳定质量、降低消耗、安全渡夏、提高原料出酒率和经济效益的主要措施。

三、白酒工业展望

白酒是我国特有的传统酒种，在漫长的发展过程中，形成了独特的工艺和风格，它以优异的色、香、味、格而受到广大饮用者的喜爱。与其他食品工业相比，白酒工业具有投资省、上马快、积累高、能耗低等特点，在我国国民经济中具有重要作用。目前，具备一定生产规模的白酒企业有1万多家，年产量1万吨以上企业有60余家，2009年全行业白酒总产量达700万吨，年销售收入约2000亿元，利税500多亿元。

（一）低度、纯净、生态是白酒发展的主要方向

世界蒸馏酒的酒度大多在40°左右，如酒度超过43°则被视为烈性酒。按此标准，我国目前烈性酒的比例仍然较大。据报道，我国人群中乙醛脱氢酶缺陷型人所占的比例比欧美人高，其中汉族占44%，壮族占45%，侗族占48%。此外，女性所占比例大于男性，南方人所占比例大于北方人。而乙醛在体内的积累会引起交感神经兴奋性增高、心率加快、皮肤温度升高等症状，乙醛脱氢酶活性低的人酒量较少，不宜饮高度白酒。在现有基础上，继续降低酒度，使平均酒度降至40°左右或更低，实现高度酒向低度酒的转变，不仅可降低生产成本，同时有利于人们的身体健康，并使我国白酒的酒度与国际蒸馏酒的酒度趋于一致。

白酒中的许多杂质，如甲醇、高级醇、醛类等对人体有毒害作用，确保酒质纯净、卫生、安全，是白酒行业可持续发展的保证。应适当提高我国白酒国家标准的卫生指标，甲醇、杂醇油所允许含量应进一步调低，醛类物质的含量也应有所限制。我国国家标准大多是参照名优酒厂的产品标准制定的，在卫生指标的提高上，名优白酒厂应继续起带头作用。要采用高新技术，对传统工艺中的某些环节进行改造，尽量减少酒中不利于健康物质的种类和含量，使白酒成为既香味协调又酒体纯净的“绿色”饮用酒。

白酒是自然固态发酵的产物，对自然生态环境的要求较高，因此发展白酒产业要注意保护和建设生态环境。目前一些名优酒厂已建成良好的生态园区、先进的环保设施和完善的生态产业链，为白酒厂的可持续发展打下了夯实的基础，也为当地的生态环境保护和建设做出了积极的贡献。

（二）名优白酒和新工艺白酒将成为白酒市场的主体

白酒积沉着深厚的中华民族文化和消费习惯，是中华民族产业的精髓之一。各种香型的名优白酒与当地独特的气候、土质、原料等有关，其形成的独特风格培育了一代代消费者，数千年来只要有中华民族居住的地方就有中国白酒的消费市场。那些依靠科技进步，香味成分明了、风格突出、纯净卫生，适合全国多数人口味的

名优白酒将得到进一步发展；而有害杂质较多、质量不稳、风格不明显的白酒将会逐渐被淘汰。当前，经济全球化导致各国市场开放程度加大，外国人可以到中国培育洋酒消费市场，我们也应在捍卫本土市场的同时，培育中国白酒的国际消费市场，用我们独特的风格、多样化的产品、深厚的酒文化去引导世界各族人们喝中国白酒。

近年来，我国酒精工业取得了长足的进步，新制定的食用酒精标准已达世界先进国家水平，可为新工艺白酒提供优良的酒基。另一方面，分析技术的进步、对各种香型白酒香味成分的剖析，为新工艺白酒的进一步发展创造了条件。随着勾兑、调味技术的成熟，新工艺白酒口味较淡的弱点将得到弥补，而纯净、卫生的优势将得到发挥，使得新工艺白酒得以更快发展，有可能成为未来白酒市场的主体。

（三）技术进步是白酒持续发展的动力

科学技术是第一生产力，在我国白酒工业的发展中得到了充分的体现，而今后白酒工业的发展仍将依靠技术进步。

① 深入研究各类白酒生产中的微生物区系及其代谢机理，适当调整和改造传统制曲、制酒工艺中的某些环节，限制有害微生物的生长和代谢，增强有益微生物的生长和代谢，减少或去除浓香型白酒中的粪臭味和清香型白酒中的糠味等异味物质，提高白酒的产量与质量。

② 利用现代生物技术进一步选育白酒生产的优良菌株。对于液态发酵（包括生料液态发酵），应选育低产杂醇油的酿酒酵母，从而提高液态发酵酒基的质量。对于传统固态发酵，应继续研究纯种培养微生物（包括霉菌、酵母和细菌等）和酶制剂（包括酸性蛋白酶、纤维素酶、酯化酶等）与传统酒曲协同糖化发酵的机理及其应用技术，并逐步发展以各种纯种培养的重要功能微生物为主体的多微工程大曲，以达到部分净化白酒微生物发酵体系、降低消耗、提高原料出酒率和白酒质量的目的。

③ 进一步探索新工艺、研制新设备，组织力量攻关，解决好酒糟综合利用的课题，以达到增加经济效益和减少环境污染的双重目标。

④ 加大白酒生产设备研制的力度，及时吸收其他饮料酒和国外酿酒行业的新技术、新成果，创造性地应用，使白酒工业的现代化水平逐渐与其他酿酒工业看齐，并向国外蒸馏酒的先进水平靠近。

⑤ 规范和提高酿酒原料的质量标准，逐步实现原料的良种化、基地化，从而稳定白酒的质量，突出产品的地域风格和酒文化的内涵。

⑥ 尽可能利用色谱、质谱、光谱等现代化分析仪器设备，对各种香型的白酒进行剖析，继续研究酒中微量成分的种类及其量比关系对白酒风味和风格的影响，为进一步提高白酒质量和科学管理提供依据。

⑦ 小曲酒是重要的酒种，但对它的研究大大落后于大曲酒。然而，小曲酒是很有希望进入国际市场的品种。固态法生产的小曲酒因品质纯、净，有希望成为中

国式的“俄得克”。半液态法小曲酒因高级醇含量较高，醇香突出，其风格近似威士忌和白兰地。如对它们进行深入研究和适当的改造，有可能创造出外国人喜欢的酒种。

第三节　白酒的分类

我国白酒种类繁多，地域性强，产品各具特色，生产工艺各有特点，目前尚无统一的分类方法，现就常见的分类方法简述如下。

一、按生产方式分类

（一）固态法白酒

固态法白酒是我国大多数名优白酒的传统生产方式，即固态配料、发酵和蒸馏的白酒。其酒醅含水分60%左右，大曲白酒、麸曲白酒和部分小曲白酒均采用此法生产。不同的发酵和操作条件，产生不同香味成分，因而固态法白酒的种类最多，产品风格各异。

（二）半固态法白酒

半固态法白酒是小曲白酒的传统生产方式之一，包括先培菌糖化后发酵工艺和边糖化边发酵工艺两种。

（三）液态法白酒

液态法白酒采用与酒精生产相似的方式，即液态配料、液态糖化发酵和蒸馏的白酒。但全液态法白酒的口味欠佳，必须与传统固态法白酒工艺有机地结合起来，才能形成白酒应有的风味质量，根据其结合方法的不同又可分为三种。

(1) 固液结合发酵法白酒（也称串香白酒）　这是一种以液态发酵白酒或食用酒精为酒基，与固态发酵的香醅串蒸而制成的白酒。

(2) 固液勾兑白酒　以液态发酵的白酒或食用酒精为酒基，与部分优质白酒及固态法白酒的酒头、酒尾勾兑而成的白酒。

(3) 调香白酒　以优质食用酒精为酒基，加特制白酒调味液和少量食用香精等调配而成的白酒。

上述三种方法生产的白酒，既具有酒精生产出酒率高的优点，又不失中国传统白酒所应有的风格特征，因而都称为新工艺白酒或新型白酒。

二、按糖化发酵剂分类

（一）大曲白酒

以大曲为糖化发酵剂所生产的白酒，分续糟法和清糟法两种基本操作工艺。大曲一般采用小麦、大麦和豌豆等为原料，拌水后压制成砖块状的曲坯，在曲房中培养，让自然界中的各种微生物在上面生长而制成。因其块形较大，因而得名大曲。

在大曲酒生产中，大曲既是糖化剂又是发酵剂。同时，在制曲过程中，微生物的代谢产物和原料的分解产物，直接或间接地构成了酒的风味物质，使白酒具有各种不同的独特风味，因此，大曲还是生香剂。一般情况下，大曲白酒的风味物质含量高、香味好，但发酵周期长、原料出酒率低、生产成本高。

（二）小曲白酒

以小曲为糖化发酵剂所生产的白酒。小曲包括药小曲、酒饼曲、无药白曲、浓缩甜酒药和散曲等，无论何种小曲，在制作过程中都接种曲或纯种根霉和酵母菌，因而小曲的糖化发酵力一般都强于大曲。小曲中的主要微生物有根霉、毛霉、拟内孢、乳酸菌和酵母等。其微生物种类不及大曲多，但仍属于“多微”糖化发酵酒曲。与大曲白酒发酵相比，小曲白酒的生产用曲量少、发酵周期短、出酒率高、酒质醇和，但香味物质相对较少，酒体不如大曲白酒丰满。

（三）麸曲白酒

麸曲白酒是20世纪30年代发展起来的，是以麸皮为载体培养的纯种曲霉菌（包括黑曲霉、黄曲霉和白曲霉）为糖化剂、以固态或液态纯种培养的酵母为酒母而生产的白酒。麸曲白酒的操作工艺与大曲白酒大体相同，由于采用纯种培养的微生物作糖化发酵剂，因而麸曲白酒的生产周期较短，出酒率较高，但酒质一般不如大曲白酒。目前，以黑曲霉为菌种制造的麸曲已被商品糖化酶所代替，而酒厂的自培酒母也被ADY所取代。因而麸曲白酒的定义应延伸为以纯种培养的微生物为糖化发酵剂，采用固态发酵法生产的白酒。

三、按白酒香型分类

（一）浓香型白酒

浓香型白酒以泸州老窖特曲为代表，因而也称为泸型酒，其他代表性产品有五粮液、洋河大曲酒、剑南春酒、古井贡酒、全兴大曲酒、双沟大曲酒、宋河粮液、沱牌曲酒等。采用续糌法生产工艺，其风格特征是窖香浓郁、绵甜醇厚、香味谐调、尾净爽口。其主体香味成分是己酸乙酯，与适量的乙酸乙酯、乳酸乙酯和丁酸乙酯等一起构成复合香气。

（二）酱香型白酒

酱香型白酒以茅台酒为代表，其他代表性产品有郎酒、武陵酒等。由于它具有类似于酱和酱油的香气，故称酱香型白酒。采用高温制曲、高温堆积、高温多轮次发酵等工艺，其风格特征是酱香突出、幽雅细腻、酒体醇厚、后味悠长、空杯留香持久。酱香型白酒的香气成分比较复杂，它以4-乙基愈疮木酚、丁香酸等酚类物质为主，以多种氨基酸、高沸点醛酮类物质为衬托，其他酸、酯、醇类物质为助香成分，组成了独特而优美的典型风格。有关酱香型白酒主体香味成分的确定目前仍在研讨之中。

（三）清香型白酒

清香型白酒以汾酒为代表，此外还有黄鹤楼酒、宝丰酒等。采用清楂法生产工艺，其风格特征是清香纯正、醇甜柔和、自然协调、后味爽净。其主体香味成分是乙酸乙酯，与适量的乳酸乙酸等构成复合香气。

（四）米香型白酒

米香型白酒以桂林三花酒、全州湘山酒、广东长乐烧等为代表，是以大米为原料生产的小曲白酒，其特点是米香纯正、清雅，入口绵甜，落口爽净，回味怡畅。其主体香味成分是β-苯乙醇、乳酸乙酯和乙酸乙酯。

（五）凤香型白酒

凤香型白酒以西凤酒为代表。其主要特点是醇香秀雅，醇厚甘润，诸味谐调，余味爽净。以乙酸乙酯为主、一定量己酸乙酯为辅构成该酒酒体的复合香气。

（六）兼香型白酒

以湖北白云边酒和黑龙江玉泉酒为代表。其风格特点是酱浓谐调、幽雅舒适，细腻丰满，回味爽净、余味悠长，风格突出。

（七）药香型白酒

以贵州董酒为代表。其风格特征是清澈透明、香气典雅，浓郁甘美、略带药香、谐调醇甜爽口，后味悠长，风格突出。

（八）芝麻香型白酒

以山东景芝白干酒、山东扳倒井、江苏梅兰春酒、内蒙古纳尔松酒等为代表，其特征性成分是3-甲硫基丙醇。风格特征是清澈透明、酒香幽雅，入口丰满醇厚，纯净回甜，余香悠长，风格突出。

（九）特香型白酒

以江西四特酒为代表。其风格特征是无色清澈透明，无悬浮物、无沉淀，香气幽雅、舒适，诸香协调，柔绵醇和香味悠长，风格突出。

（十）豉香型白酒

以广东玉冰烧酒为代表。其风格特征是玉洁冰清，豉香独特，醇厚甘润，后味爽净，风格突出。其特征性成分有庚二酸二乙酯、辛酸二乙酯、壬二酸二乙酯。

（十一）老白干香型白酒

以河北衡水老白干酒为代表。其风味特征是清亮透明，酒体谐调，醇厚甘冽，回味悠长，具有乳酸乙酯和乙酸乙酯为主体的复合香气。它与清香型白酒的主要区别在于其乳酸乙酯的含量大于乙酸乙酯的含量。

（十二）馥郁香型白酒

以湖南酒鬼酒为代表。其风格特征是色清透明，诸香馥郁、入口绵甜、醇厚丰满，香味协调、回味悠长，风格典型。

四、其他分类法

按酒质可分为高档白酒、中档白酒和低档普通白酒，按酒度可分为高度白酒（50°以上）、降度白酒（41°～50°）和低度白酒（40°以下）；按发酵时使用原料的不同可分为高粱白酒、玉米白酒、大米白酒等。

第四节　世界蒸馏酒概述

一、白兰地

白兰地是以葡萄或其他水果为原料，经发酵、蒸馏、橡木桶贮存，调配而成的蒸馏酒。白兰地（Brandy）一词由荷兰“烧酒”转化而来，有“可烧”的意思。在欧洲，“白兰地”指“用葡萄酒蒸馏而成的烈酒”；在美国，白兰地的定义不仅限于葡萄，而是指“葡萄等水果发酵后蒸馏而成的酒”。

“Brandy”一词虽然来源于英语，但它的主要产地为盛产葡萄的法国科涅克（Cognec），大约起源于公元13～14世纪。在法国“科涅克烈酒”被称为“生命之泉”，后来科涅克成了世界性葡萄白兰地的代名词。现市场上常见的科涅克白兰地有轩尼诗（Hennessy）、马爹利（Martell）、人头马（Remy Martin）、告域沙（Courvuoisier）等。

除法国外，世界上许多国家都生产白兰地，其中产量较大的有意大利、西班牙、德国、美国、澳大利亚等。用葡萄酒蒸馏生产高度酒，在我国已有悠久的历史，而白兰地的真正工业化生产则是在1892年烟台张裕葡萄酒公司建立后才开始的。

二、威士忌

威士忌（Whisky或Whiskey）在英国被称为“生命之水（water of life）”，是以谷物及大麦为原料，经发酵、蒸馏、贮存、调兑而成的蒸馏酒，酒精含量为40％～42％。

威士忌已有悠久的历史，大约在公元12世纪已开始生产。最早的产地是爱尔兰，目前盛产于苏格兰和爱尔兰，在美国、加拿大、日本等地也有较大的产量。威士忌颇受世界各地消费者的欢迎，在国际市场上销量很大，也是国际通畅型产品。最著名的苏格兰威士忌有红牌约翰走路威士忌（Johnnie Waler Red）、珍宝威士忌（J & B Rare）、百云坛威士忌（Ballantine's）等。

我国最早生产威士忌的是青岛葡萄酒厂。20世纪70年代后，有关单位对威士忌的生产进行了研究，取得了一定的成果。但由于不符合我国人们的饮用习惯，一直没有大的进展。

三、兰姆酒

兰姆酒（Rum）是以甘蔗汁或甘蔗糖蜜为原料，经发酵、蒸馏、贮存和勾调而成的蒸馏酒，酒精含量一般在40%以上。

兰姆酒的主要生产特点是：选择特殊的产酯酵母、丁酸菌等共同发酵，蒸馏后酒精含量高达75%，新酒在橡木桶中经长年贮存后再勾兑成酒精含量为40%～43%的成品酒。

兰姆酒盛产于西印度群岛的牙买加、古巴、海地、多米尼加及圭亚那等加勒比海国家，是国际上畅型产品，也是世界上消费量较大的酒种之一。常见的兰姆酒有皮尔陶里乐兰姆酒（Puerto Rico Rum）、维京岛兰姆酒（Virgin Island Rum）、牙买加兰姆酒（Jamaican Rum）、巴贝多兰姆酒（Barbado Rum）等。

四、俄得克

俄得克又名伏特加，是俄语"Vodka"的译音，含有"可爱之水"的意思。俄得克主要以小麦、大麦、马铃薯、糖蜜等为原料，经发酵蒸馏成食用酒精，而后以食用酒精为酒基，经桦木炭脱臭、除杂后加工成产品。成品酒要求无色、晶莹透明，具有洁净的醇香，味柔和、干爽，无异味。

俄得克源于俄罗斯和波兰，深受这两个国家人们的喜爱，人均饮用量居世界之冠。俄得克属于国际性的重要酒精饮料，除东欧地区外，美国、英国、法国等国家的消费量也很大。

我国山东青岛葡萄酒厂生产俄得克的历史较长，产品在国内历届评酒中均获过奖。20世纪80年代后，新疆、安徽、内蒙古等地开始生产俄得克，其产品主要出口俄罗斯和中亚国家。

五、金酒

金酒（Gin）也叫琴酒，又名杜松子酒，酒精含量在35%以上。金酒是以食用酒精为酒基，加入杜松子及其他香料（芳香植物类）共同蒸馏而制成的蒸馏酒。

金酒起源于荷兰，但发展于英国。在荷兰，由于杜松子具有利尿作用，金酒最初视为特效药用饮料，传入英国后逐渐发展成为饮料酒中的一种定型产品。

世界最负盛名的金酒是荷兰金酒和英国金酒，此外，在法国、德国、比利时等均生产各具特色的金酒产品。

六、其他蒸馏酒

（一）利口酒

利口酒（Liqueur）也称利久酒，"Liqueur"是法语的甜酒；英语则叫"Cordial"，是芳香烈酒的意思。利口酒是以食用酒精、白兰地等为酒基，再加上香草、果实、砂糖等制成的，因其所用原料不同、加工方法各异，通常可分为如下几种。

① 浸渍法：将果实、草药、木皮等浸入葡萄酒或白兰地中，再经分离而成。

② 滤出法：利用吸管原理，将所用的香料滤到酒精里。

③ 蒸馏法：将香草、果实、种子等放入酒精中蒸馏即得。

④ 香精法：将植物性的天然香精加入白兰地中，再调整其颜色和糖度。

常见的利口酒有派诺酒（Pernod）、法国当酒（D. O. M）、夏突鲁士酒（Chartreuse）、意大利种力酒（Samubca）等。

（二）龙舌兰酒

龙舌兰酒（Tequla）是墨西哥的特产名酒。它是以龙舌兰为原料酿造而成的蒸馏酒，酒精含量在45%左右。

在酿造时，先将龙舌兰的枝干切成四等份，然后放入蒸汽锅内加热，取出后经粉碎、压榨取汁，泵入发酵槽内发酵2天，即可蒸酒。这种酒一般不需经过贮存即可出售，但也有人将其贮存后以陈年龙舌兰酒销售。

（三）白兰地烈酒

这是北欧大众化的国民酒，以小麦和马铃薯等为原料，经发酵后蒸馏，再加入菜籽一起精馏而成。这种酒和金酒的味道接近，酒度在40%～50%（体积分数）之间。丹麦人在饮用此酒时常以啤酒来加以冲淡。

（四）直布罗加酒

直布罗加酒是波兰所产的国民酒，也称Grain Walk，呈淡淡的黄绿色，看起来很清凉，酒度50°左右。因为在这种酒的瓶子内放有一颗野牛爱吃的直布拉草，所以又名牛草酒。

第二章　白酒酿造微生物基础知识

微生物（microorganism，microbe）是指那些个体微小（一般<0.1mm）、构造简单、需借助显微镜才能看清其外形的一类低等生物的总称，它们有的是单细胞，有的是多细胞，还有的是没有细胞结构，包括原核类的细菌、放线菌、蓝细菌、支原体、立克次氏体和支原体；真核类的真菌（酵母菌、霉菌和担子菌）、原生动物和显微藻类；以及非细胞类的病毒和亚病毒（类病毒、拟病毒和朊病毒）等。微生物具有体积小、面积大，吸收快、转化快，生产旺、繁殖快，易变异、适应性强，种类多、分布广五大特点。它们不但广泛存在于人们周围，与人们的日常生活有着密切的关系，而且在解决人类的衣食、健康、能源、资源和环境保护等方面显示出越来越重要且不可替代的独特作用。

在白酒生产中，通常所涉及的微生物主要有细菌、酵母菌和霉菌三大类。

第一节　霉　　菌

霉菌亦称丝状真菌，是真菌的一部分。凡生长在营养基质上形成绒毛状、蜘蛛网状或絮状菌丝体的真菌，统称为霉菌，即人们日常生活中见到的长毛的菌。

霉菌是工农业生产上极其重要的一类微生物，也是历史上应用较早的微生物。近年来霉菌在生产上的应用范围更加广泛，在农业、医药、化学、纺织、丝绸、食品、皮革等工业中都已广泛利用。但是也有些霉菌是动植物的病原菌，在南方潮湿季节，霉菌往往引起各类工业原料、成品及农业产品的腐蚀和霉烂而造成损失，土壤中有大量霉菌存在，空气中也常有霉菌孢子污染，霉菌喜欢在偏酸性的环境条件下生活。

霉菌在白酒酿造过程中起到至关重要的作用。大曲的制作原理就是最大限度地让霉菌等有益微生物着生繁殖，从而富集有利于后续发酵的酶类和微生物。霉菌的结构和形态因霉菌种类、生长环境、生长阶段的不同而不同，因而在大曲的培制过程中，可见大曲的断面呈五颜六色，制曲人员也通常凭借经验由其颜色来大体判定大曲的质量。霉菌的功能分化，对大曲的培养起着关键性的作用，当菌丝长入大曲坯体时，会吸收消耗曲坯内部的水分，不至于使大曲中的水因无出口而膨胀裂口，所以有“菌丝内插，水分挥发”的培养原理。这里要区别的功能是，菌丝起引水作用，孢子起着色作用，故而霉菌的这些特殊功能决定了大曲的质量特性。

工业上常用的霉菌有根霉、曲霉、毛霉、木霉、红曲霉和青霉等。

一、根霉

根霉分为黑根霉、米根霉、中华根霉、无根根霉几种。除具有假根的特征外主要和酵母菌共存。在制曲过程中，曲块表面用肉眼可以观察到的形状如同网状似的菌丝体就是根霉（其间可并存毛霉等）。根霉菌丝初始为白色，随着大曲发酵的品温不断上升和水分的挥发变为灰褐色或黑褐色。如果用显微镜观察，可以明显地看到其孢子囊。根霉如同曲霉，随着发酵的深入，菌丝插到大曲的基质中去。在某个方面，大曲菌丝的生长情况主要看根霉的着生状态，比如大曲中有断面整齐一说，就是看根霉菌丝是否健壮（图 2-1）。

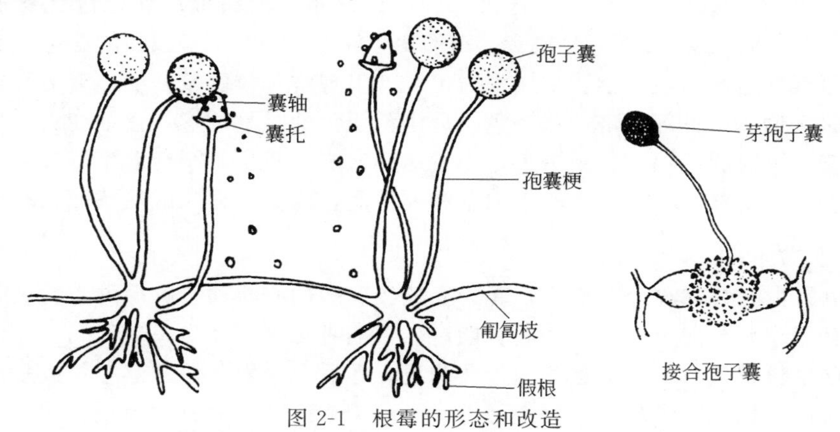

图 2-1　根霉的形态和改造

根霉在生命活动过程中分泌大量淀粉酶，将淀粉转化为糖，所以根霉是有名的糖化菌种。根霉还应用在甾体激素生产和延胡索酸发酵等方面。大曲中的根霉实际上以米根霉为主。米根霉除具有较强的糖化力外，还兼有一定的发酵力。另外可以产生相当量的乳酸，这显然对大曲和大曲酒的发酵不利。因此，要控制米根霉的生长繁殖和代谢产物积累，既要保证它在曲中的地位，又要抑制它生成乳酸的量。当掌握和了解了米根霉的生活习性以后，则不难做到这点。

米根霉的最适生长温度为 37～41℃，但它的最适发酵（作用）温度在 30～35℃。因此不难看出，如制曲培菌品温不超过 38℃即可达到控制米根霉大量生长繁殖的目的。所以，目前国内各香型大曲的前期培养品温，规定不超过 40℃，其目的是了然的。米根霉是较强的糖化菌，无论在制曲和发酵过程都至关重要，所以恰到好处地控制它是生产工艺上的质量管理点。由于米根霉所产生的 L-乳酸（占总酸的 70%）及丁烯二酸等物质对大曲酒的酒质影响较大，故大曲的生产过程始终把根霉属的总量和品种及大曲的工艺加以固定。

二、曲霉

曲霉菌在自然界分布广泛，几乎在一切类型的基质上都能出现。曲霉菌产生酶的能力很强，故在发酵工业、医药工业、食品工业、粮食贮藏等方面均有重要应用，目前已被利用的就有50～60种，几千年来我国劳动人民就用曲霉酿酒、做酱、制醋等。

曲霉属的菌丝体发达，具横隔，多分枝，多核，无色或有明亮的颜色。曲霉属的分类根据K. B. Raper和D. I. Fennell的《曲霉属》（*The Aspergillus*，1965年）一书，可共分为18个种群、132个种和18个变种。曲霉是大曲和其他曲中最常用的菌，其时常呈现的颜色有黑、褐、黄、绿、白五色。

（一）黑曲霉

在白酒生产中应用的黑曲霉实际上指的是一个群，是指许多具有黑色或近于黑色孢子头的菌株。例如，宇佐美曲霉就是从黑曲霉中选育出来的；沪轻Ⅱ号及其变异株东酒Ⅰ号也是从黑曲霉中选育出来的。近几年，全国推广使用的优良糖化菌UV-11、UV-48、UV-10等，仍属黑曲霉的变异株。它们都具有很强的糖化酶活力。

黑曲霉的菌落一般较小，初期为白色，常呈现鲜黄色区域，继而变为厚绒状黑色，背面无色或中央部分略带黄褐色。分生孢子头幼时呈球形，逐渐变为放射形或分裂成若干放射的柱状，为褐黑色，顶囊球形，小梗双层，全面着生于顶囊，呈褐色。分生孢子呈球形，褐色素积于内壁和外壁间，成为短根状或块状而较粗糙。

（二）黄曲霉

黄曲霉群在自然界分布极广，无论土壤、腐败的有机质、贮藏的粮食及各类食品中都有出现。黄曲霉中的某些菌系能产生黄曲霉毒素。

菌落生长较快，由带黄色变为带黄绿色，最后色泽发暗。菌落平坦或呈放射状皱纹，背面无色或略带褐色。分生孢子头呈疏松放射状，后变为疏松柱状，小梗单层、双层或单双层并存于一个顶囊，顶囊呈球形或烧瓶形。在小型顶囊上仅有一层小梗。分生孢子呈球形，粗糙。

（三）米曲霉

米曲霉是黄曲霉群中在酿造工业上应用最广泛的一个种，已被证明不产生黄曲霉毒素。米曲霉及黄曲霉的糖化力较低，且不耐酸，但液化力及蛋白质分解力较强，一般用于制米曲汁的米曲培养。

菌落初始呈白色，逐渐疏松、突起变为黄色、突起变为黄色、褐色至淡绿色，反面无色。分生孢子头呈放射状，少见疏松柱状，小梗单层，偶有双层，也有单、双层小梗并存于一个顶囊的状况，顶囊似球形或烧瓶形。分生孢子幼时呈洋梨状或椭圆形，老后似球形，表面粗糙或近于光滑。

曲霉作用于大曲后可形成糖化力、液化力、蛋白质分解力和形成多种有机酸。曲霉中的黑曲霉具有多种活力较强的酶系，并可产生少量酒精。曲霉的生长和发酵温度都在35～40℃之间，其习性同根霉。事实上，大曲发酵中的培菌过程主要指霉菌的生长过程。

三、毛霉

毛霉因其形状似头发而得名，与根霉极为相似，是一种低等真菌，在阴暗、潮湿、低温处常可遇到，它对环境的适应性很强，生长迅速，是制大曲和麸曲时常遇到的污染杂菌。毛霉的菌丝无隔膜，在培养基或基质上能广泛地蔓延，但无假根和匍匐菌丝，包囊梗直接由菌丝体出生，一般单生，分枝较少或不分枝，分枝大致有两种类型：一种为单轴式即总状分枝；另一种为假轴状分枝，分枝顶端都有膨大的孢子囊，孢子囊呈球形，囊轴与孢子囊柄相连处无囊托。

毛霉所需的生长发酵温度也与根霉差不多。毛霉主要着生于大曲培养的“低温培菌”期，特别是温湿度大，两曲相靠时，更易生长。生产上常常叫做长“水毛”的大多数就是毛霉。毛霉属中的鲁氏毛霉能产生蛋白酶，有分解大豆的能力，我国多用它来做腐乳。鲁氏毛霉也是最早被用于淀粉法制造酒精的一个菌种。总状毛霉是毛霉中分布最广的一种，几乎在各地的土壤中、生霉材料上、空气中和各种粪便上都能找到，四川豆豉即用此菌制成。在大曲的微生物区分中，毛霉属于感染菌，也可以说是有害菌。但毛霉作用于培养基后所代谢的产物和自身积累的酶系又具有蛋白质分解力，或可产生乙酸、草酸、琥珀酸及甘油等。因此，少量的毛霉可能对大曲的“综合能力”有一定的作用。

四、木霉

木霉在土壤中分布很广，在木材及其他物品上也能找到。一方面，有些木霉菌株能强烈分解纤维素和木质素等复杂物质，以代替淀粉质原料，对国民经济有十分重要的意义；另一方面，某些木霉又是木材腐朽的有害菌。木霉菌丝有横隔，蔓延生长，形成平的菌落，菌丝无色或浅色，菌丝向空气中伸出直立的分生孢子梗，孢子梗再分枝成两个相对的侧枝，最后形成小梗，小梗顶端有成簇的分生孢子而不成串，孢子为绿色或铜绿色。

木霉的可利用范围很广，并日益引起重视，木霉含有多种酶系，尤其是纤维素酶，是生产纤维素酶的重要菌种，它能够利用农副产品，如麦秆、木材、木屑等纤维素原料使之转变为糖质原料，但目前纤维素酶的活力还不够理想，纤维素酶生产和应用成本较高，有待进一步研究提高。

五、红曲霉

红曲霉是腐生菌，具有产糖化酶的能力，也能产多种有机酸。大曲、制曲作坊、酿酒醪液等都是适于它们繁殖的场所。

菌落初期为白色，老熟后变为淡粉红色、紫红色或灰黑色等，因种而异，一般以红色呈现。通常都能产生鲜艳的红曲霉红素和红曲霉黄素。菌落背面有规则的放射状褶叠。

红曲霉的生长温度为26～42℃，最适温度为32～35℃，pH值为3.5～5.0，能耐pH＝2.5和10％的酒精。可以看出它的生长温度范围大，偏酸性。特别是它可利用糖、酸为碳源，产生淀粉酶、麦芽糖酶、蛋白酶、柠檬酸、琥珀酸、乙酸等。大曲中心所呈现的红、黄色素就是红曲霉作用的结果。

六、青霉

青霉是产生青霉素的重要菌种。在自然界分布很广，空气、土壤及各类物品上都能找到。目前除应用于生产青霉素外，还应用于生产有机酸及纤维素酶等酶制剂和磷酸二酯酶等。青霉的菌丝与曲霉相似，营养菌丝有隔膜，因而也是多细胞的。但青霉孢子穗的结构与曲霉不同，分生孢子梗由营养菌丝或气生菌丝生出，大多无足细胞，单独直立成一定程度的集合体或成为菌丝束。分生孢子梗具有横隔，光滑或粗糙。它的上端生有扫帚状的分枝，称为帚状枝。青霉的分生孢子一般是蓝绿色或灰绿色、青绿色，少数有灰白色、黄褐色。不同生长时期的分生孢子颜色差异很大（图 2-2）。

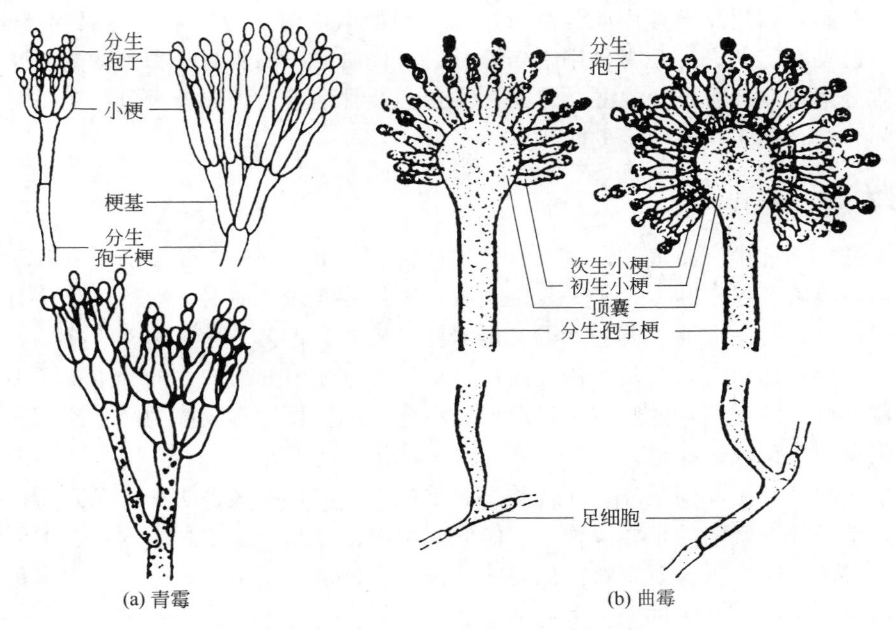

图 2-2　青霉和曲霉的分生孢子头

青霉在大曲或酿酒生产上完全属于有害菌。青霉系列菌都喜好在低温潮湿的环境中生长，对大曲中其他有益微生物的生长具有极大抑制力。另一方面青霉也可能在大曲入库以后，由于管理不善，又有适合它的生长条件时会滋生。无论如何，大曲是不需要此类菌的，因此在制作大曲时要注意防湿。

第二节　酵　母　菌

酵母菌是一类单细胞微生物，属真菌类，是人类实践中应用较早的一类微生物。早在 4000 年前的殷商时代，我国劳动人民就运用它酿酒。以后，人们利用酵母烤制面包、做馒头，进行酒精发酵、甘油发酵等。近年来已应用在石油脱蜡生产有机酸等新型发酵工业中，由于酵母细胞含有丰富的蛋白质、维生素和各种酶，所以又是医药、化工和食品工业的重要原料，例如生产菌体蛋白、酵母片、核糖核酸、核苷酸、核黄素、细胞色素C、辅酶A、凝血质、转化酶、脂肪酶、乳糖酶等。以及利用石油为原料发酵制取柠檬酸、反丁二烯酸、脂肪酸，在农业上做糖化饲料等。酵母菌在酒精发酵工业中的地位是非常重要的，但也有一部分酵母菌种是发酵工业上的污染菌，它们消耗酒精，降低产量或产生不良气味，影响产品的质量，少数酵母还能引起植物病害和人类疾病，如鹅口疮，少数鲁氏酵母和蜜蜂酵母能使果酱和蜂蜜败坏。

在自然界中，酵母菌主要分布在含糖量较高的偏酸性环境中，在蔬菜和水果的表面，酿酒厂周围环境和果园土壤中存在较多。石油酵母则多存在于油田和炼油厂周围的土壤中。我国民间制造的米曲、糠曲、麦曲等小曲中，也含有大量酵母菌。

酵母菌的生长温度范围在4～30℃，最适温度为25～30℃，pH＝4.5～5.5，发酵的适宜温度为30～34℃，pH＝4～6。

酿酒酵母是兼性厌氧微生物，在繁殖时需要供给大量空气，属好气性。在进行酒精发酵时，它不需要空气，属厌气性，所以酒精酵母是一种兼性微生物。

一、酵母菌的形态

（一）个体形态

研究酵母菌的特征，应采用米曲汁、麦芽汁等营养丰富的培养基，并以新鲜的细胞来表示。因为每株酵母菌的形态，随培养时间、新鲜营养成分的状况以及其他条件而变化。酵母菌的个体类似细菌，大多数以单细胞状态存在，酵母细胞的大小，根据不同种差别很大，一般在宽1～5μm，长5～30μm，在白酒工业中通常培养的酵母细胞平均直径为4～6μm。酵母细胞的形态多样，依种类不同而有差异，普通的以椭圆形、卵形、球形为最多。特殊的有腊肠形、黄瓜形、柠檬形、三角形及丝状等。

（二）菌落特征

酵母菌的菌体是单细胞。酵母细胞虽比细菌细胞大得多，但是肉眼还是看不到，当把酵母培养在固体培养基上，许许多多的酵母菌体长成一堆时，肉眼即可看到，像这样由单一细胞在固体培养基表面繁殖出来的细胞群体叫做酵母的菌落。酵母菌的菌落表面一般都光滑，润湿，有黏稠性，但也有的粗糙带粉粒和有褶皱，边缘整齐，或带刺状。一般比细菌菌落大并较厚，用针挑取酵母菌时，很容易将菌挑起。酵母菌落大多数不透明，呈油脂状或腊肠状，大多数是乳白色的，只有少数呈红色，在固体培养上生长较久后，外形逐渐生皱及边干，颜色也往往变暗。在已知的几百种酵母中，都产生不相同的菌落，故酵母菌的菌落特征是鉴定酵母的依据之一。

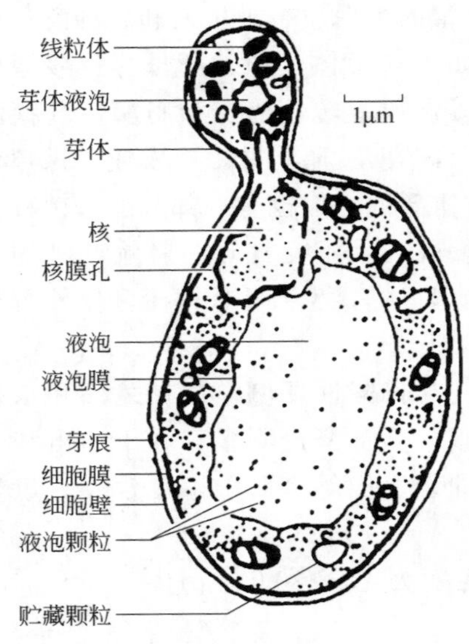

图 2-3 酵母菌细胞构造的模式

二、酵母菌的细胞结构

酵母菌具有典型的细胞结构，酵母细胞是由细胞壁、细胞膜、细胞核、细胞质、液泡、线粒体、内质网、微体、微丝以及各种贮藏物组成的，还有出芽痕和诞生痕。通常酵母菌是无鞭毛、不运动性的。酵母菌细胞构造的模式如图 2-3 所示。

（一）细胞壁

幼嫩细胞的细胞壁较薄，有弹性，以后逐渐变厚、变硬。细胞壁厚约 0.05μm。细胞壁由特殊的酵母纤维素构成，它的主要成分是甘聚糖（31%）、葡萄糖（29%）、蛋白质（13%）和类脂质（8.5%），不含一般真菌所具有的甲壳质和纤维素。

（二）细胞膜

细胞膜与细菌细胞一样，位于细胞壁内侧。细胞膜厚约 0.02μm，它以磷脂双分子层为基本结构，中间镶嵌蛋白质。在功能上具有重要的生物活性，能选择性地由环境中吸收细胞代谢所必需的营养物质，并将一些废物排出体外。酵母菌细胞膜的主要成分为蛋白质（约占干重的 50%）、类脂（约 40%）和少量糖类。

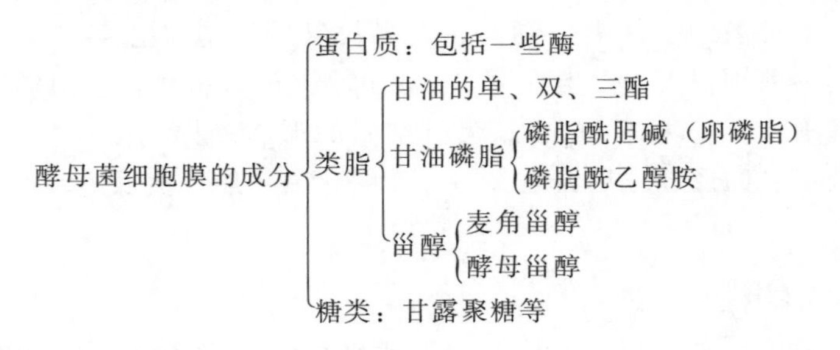

（三）细胞质及贮藏物

细胞质是细胞新陈代谢的主要场所，是一种黏稠的胶体。幼细胞的细胞质较稠密而均匀，老细胞的细胞质则出现较大的液泡和各种贮藏物。液泡的成分为有机酸及其盐类水溶液，贮藏物则以颗粒的形式存在。

1. 异染颗粒

异染颗粒是酵母细胞中的重要成分之一，最初起源于细胞质，然后定位于液泡中。此种颗粒由多聚偏磷酸盐和其他形式的无机磷酸盐，少量脂肪，少量的蛋白质及核酸所组成，可用过氯酸和三氯乙酸提取。在幼龄培养物内，细胞代谢活动旺盛，很少能积累异染颗粒。当细胞变老，活动较少时，异染颗粒可表现为相当大的团块。此种颗粒在未经染色的制片中呈现出强折射性，对碱性染料有极大的亲和力，说明其性质为酸性。此种颗粒为细胞贮藏的营养物质。

2. 肝糖

肝糖是白色无定形的碳水化合物，可被淀粉酶水解为葡萄糖，用稀碘液染成红褐色。它的含量与细胞的年龄和营养有关系。营养丰富时，在生长旺盛的幼龄细胞内可以看到大量的肝糖，而在营养不良时，肝糖含量就减少或消失。肝糖浓度随酵母菌的菌龄而增加，48h 后达到最大量。当发酵作用快结束时，肝糖含量逐渐减少，最后就完全消失。肝糖在孢子生成时积累在子囊内，在孢子成熟时被孢子吸收。

3. 脂肪滴

酵母细胞的细胞质中含有脂肪，呈大小不一、具有很强折射性的小滴。当酵母形成子囊孢子时，脂肪滴含量增加，作为子囊孢子的营养。脂肪滴在有些酵母菌中含量很高，如产脂内孢霉的细胞中，脂肪含量可达 30%以上，可供生产脂肪用。

4. 细胞核

细菌的细胞核只是一些没有核膜，没有核仁，没有固定形状的核质体，而酵母为真核生物，细胞质中具有核膜、核仁及染色体的完整的细胞核。核对细胞的生命活动起着重要的作用，尤其在增殖作用时，细胞核要先行分裂。细胞核的形态有圆球形、卵圆形等，在休眠期细胞核为圆球形。细胞核的直径为 1μm，在活细胞中的细胞核必须经特别染色方法染色后才能在显微镜下识别出来。

5. 线粒体

线粒体是酵母细胞质内所含有的细胞器，它主要是呼吸酶系的载体，其功能是为细胞运动、物质代谢、活性运输提供足够能源，所以可称为细胞的“动力车间”。

三、酵母菌的繁殖

酵母在适宜的条件下，通过酶的作用，不断呼吸外界的营养物质，进行一系列代谢活动，将营养物转变成细胞本身的物质，使细胞的原生质总量不断增加，个体逐渐长大，这个过程叫做生长。当酵母的细胞出芽或分裂时，引起细胞数增多的过程叫做繁殖。现把代表性的繁殖方式表解如下。

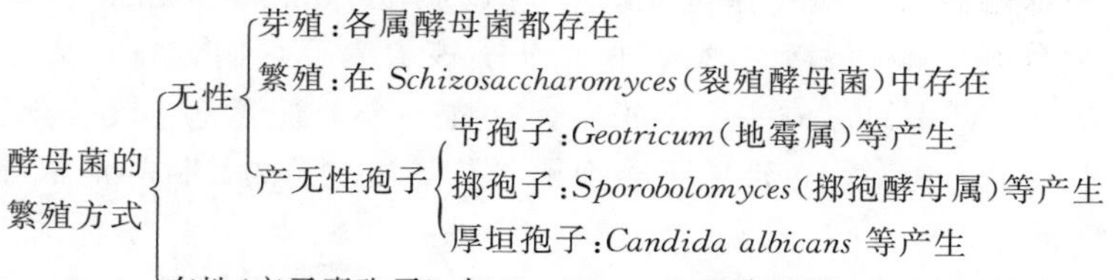

酵母菌的繁殖方式分无性繁殖和有性繁殖两种，在正常条件下，以无性繁殖为主，在生产上，多以酵母菌的无性繁殖而产生大量的菌体。有人把只进行无性繁殖

的酵母菌称为“假酵母”或“拟酵母”（pseudo-yeast），而把具有有性生殖的酵母菌称为“真酵母”（euyeast）。

（一）无性繁殖

1. 芽殖（budding）

芽殖是酵母菌最常见的一种繁殖方式。在良好的营养和生长条件下，酵母菌生长迅速，几乎所有的细胞上都长出芽体，而且芽体上还可形成新的芽体，于是就形成了呈簇状的细胞团。当它们进行一连串的芽殖后，如果长大的子细胞与母细胞不立即分离，其间仅以狭小的面积相连，则这种藕节状的细胞串就称为假菌丝（pseudohyphae）；相反，如果细胞相连，且其间的横隔面积与细胞直径一致，则这种竹节状的细胞串就称为真菌丝（euhyphae）。

芽体又称芽孢子（budding spore），在其形成时，先在母细胞将要形成芽体的部位，通过水解酶的作用使细胞壁变薄，大量新细胞物质包括核物质在内的细胞质堆积在芽体的起始部位上，待逐步长大后，就在与母细胞的交界处形成一块由葡聚糖、甘露聚糖和几丁质组成的隔壁。成熟后，两者分离，于是在母细胞上留下一个芽痕（bud scar），而在子细胞上相应地留下了一个蒂痕（birth scar）。任何细胞上的蒂痕仅一个，而芽痕有一至数十个，根据它的多少还可测定该细胞的年龄。

2. 裂殖（fission）

少数酵母菌如 *Schizosaccharomyces*（裂殖酵母属）的种类具有与细菌相似的二分裂繁殖方式。

3. 产生无性孢子

少数酵母菌如 *Sporobolomyces*（掷孢酵母属）可在卵圆形营养细胞上长出小梗，其上产生肾形的掷孢子（ballistospore）。孢子成熟后，通过一种特有的喷射机制将孢子射出。因此如果用倒置培养皿培养掷孢酵母，待其形成菌落后，可在皿盖上见到由射出的掷孢子组成的模糊菌落“镜像”。有的酵母菌如 *Candida albicans* 等还能在假菌丝的顶端产生具有厚壁的厚垣孢子（chlamydospore）。

（二）有性繁殖

酵母菌是以形成子囊（ascus）和子囊孢子（ascospore）的方式进行有性繁殖的。它们一般通过邻近的两个形态相同而性别不同的细胞各自伸出一根管状的原生质突起相互接触、局部融合并形成一条通道，再通过质配（plasmogamy）、核配（caryogamy）和减数分裂（meiosis）形成4或8个子核，然后它们各自与周围的原生质结合在一起，再在其表面形成一层孢子壁，这样一个个子囊孢子就成熟了，而原有的营养细胞则成了子囊。能否形成子囊孢子以及子囊孢子的数目和形状都可作为鉴定酵母菌的依据。

酵母菌的繁殖主要是出芽方式，酵母菌在适宜的环境中，大约每2h繁殖一次。但一些酒精厂试验认为，酵母起始繁殖较慢，后来繁殖较快，平均13min增加一个芽孢。如果酵母菌2h繁殖一代，一昼夜就是12代。借此估算，一个酵母菌在适合的条件下，经过 24h 就可以变成 4100 个。

四、白酒生产常见酵母菌

迄今已鉴定了 700 多种酵母菌，但只有很少一部分具有工业应用价值。其中酿酒酵母是酵母属中应用最广泛的酵母，其次是假丝酵母。

（一）酿酒酵母（*Saccharomyces cerevisiae*）

酿酒酵母俗称啤酒酵母，属酵母属酵母。细胞多为圆形、卵圆形或卵形，长与宽之比为 1～2，一般小于 2。其中分大、中、小三型，大型 (4.5～10)μm×(5.0～21.0)μm，中型 (3.5～8.0)μm×(5.0～17.5)μm，小型 (2.5～7.0)μm×(4.5～11.0)μm。无假菌丝，或有较发达但不典型的假菌丝。生长在麦芽汁琼脂上的菌落为乳白色，有光泽、平坦、边缘整齐。能产生子囊孢子，每囊有 1～4 个圆形光面的子囊孢子（图 2-4）。其生理特性能发酵葡萄糖、麦芽糖、半乳糖、蔗糖及 1/3 棉籽糖，不能发酵乳糖和蜜二糖，不同化硝酸盐。

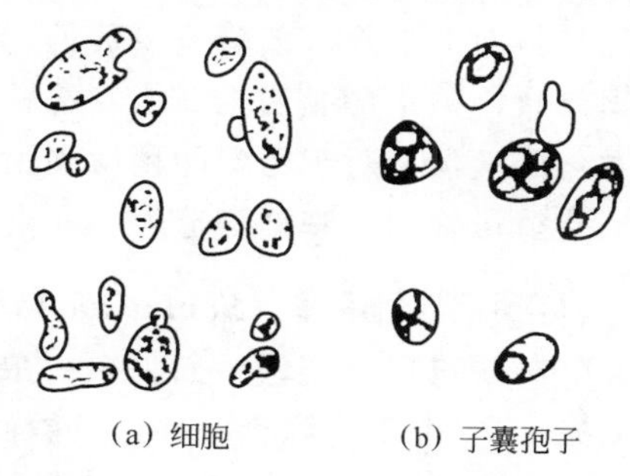

(a) 细胞　(b) 子囊孢子

图 2-4　酿酒酵母

啤酒酵母是酿造啤酒典型的上面发酵酵母，也是发酵工业最常用的酵母菌。

目前酿酒酵母的应用包括如下四个方面。

① 酿酒工业，包括酒精及白酒、葡萄酒、啤酒、清酒等各种饮料酒。在我国淀粉质原料酒精发酵常用的菌种有 1300、1308、K 酵母、Rasse12 号等；糖质原料酒精发酵常用的菌株有台湾 396 号、古巴 1 号、古巴 2 号、甘比 1 号、四川 345 号、川 102 等。

② 酵母工业，包括面包酵母、药用酵母和食用酵母等。

③ 利用酵母生产酵母提取物、酵母浸出物和酵母风味物质等。

④ 作为基因工程的受体菌用来生产重组子蛋白产物。

（二）葡萄汁酵母（*Saccharomyces uvarum Beijerinek*）

葡萄汁酵母属于酵母属，它与酿酒酵母相类似，最主要的区别是它能全发酵棉籽糖。在麦芽汁中 25℃ 培养 3 天，细胞为圆形、卵形、椭圆形或腊肠形，大小为 (3～5)μm×(7～10)μm（图 2-5）。培养液呈浑浊状态，管底有菌体沉淀。在麦芽汁琼脂斜面上培养的菌落为乳白色，平滑、有光泽、边缘整齐。能产生子囊孢子，每个子囊内有 1～4 个圆形或椭圆形、表面光滑的子囊孢

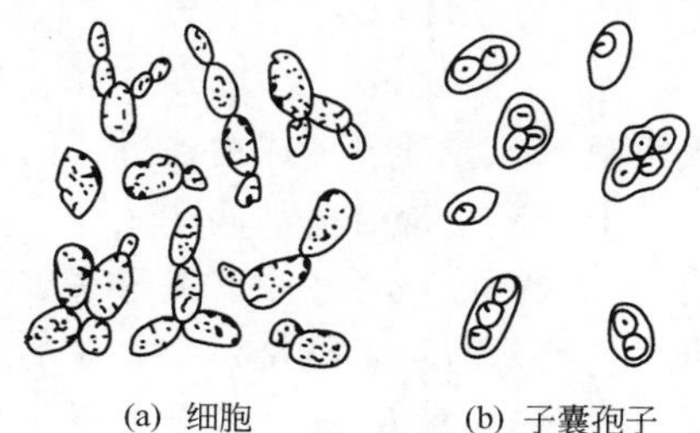

(a) 细胞　(b) 子囊孢子

图 2-5　葡萄汁酵母

子。其生理特性能发酵葡萄糖、蔗糖、麦芽糖、半乳糖、蜜二糖，不能发酵乳糖，对棉籽糖却能完全发酵，不能同化硝酸盐。

葡萄汁酵母除用于酿酒工业外，也可用于面包酵母、药用酵母和食用酵母等。

(三) 卡尔斯伯酵母 (*Sacch. Carlsbergensis Hansen*)

由丹麦卡尔斯伯（Carlsberg）地方而得名，是啤酒酿造业中典型的下面发酵酵母。麦芽汁在25℃培养24h后，细胞呈椭圆形或卵形，(3～5)μm×(7～10)μm。出芽的幼细胞连续生长，培养3日后生成沉淀，培养2个月后生成薄皮膜，在麦芽汁琼脂斜面上培养，菌落呈浅黄色，软质，具光泽，产生微细的皱纹，边缘生成细的锯齿状，孢子形成困难。能发酵葡萄糖、半乳糖、蔗糖、麦芽糖及全部棉籽糖。不同化硝酸盐，对于乙醇能稍微利用。

此酵母除用于啤酒酿造外，亦可做食用、药用和饲料酵母。

(四) 裂殖酵母 (*Schizosacharomyces*)

裂殖酵母以分裂繁殖而得名。最常见的种是非洲粟酒彭贝裂殖酵母（*Schizo. Pombe*），它由于起源于一种彭贝酒而得名，曾多次在糖蜜中找到。该菌发酵力强，适于37℃的高温，广泛地适用于制造酒精；用于糊精和含菊芋糖的原料发酵，能得到很高的酒精产量。马拉塞裂殖酵母是牙买加劳姆酒酿造用的酵母。

(五) 汉逊酵母 (*Hanssenula*)

营养细胞为多边芽殖，细胞呈圆形、椭圆形、卵形、腊肠形。有假菌丝，有的有真菌丝。子囊形状与营养细胞相同，子囊孢子呈帽形、土星形、圆形、半圆形，表面光滑。子囊成熟后破裂放出子囊孢子。汉逊酵母属的各个种，可以是单倍体、双倍体或两种类型都有。同宗配合或异宗配合，发酵或不发酵糖，形成或不形成醭。可产生乙酸乙酯，同化硝酸盐。

此属酵母多能产生乙酸乙酯，并可自葡萄糖产生磷酸甘露聚糖，应用于纺织及食品工业。汉逊酵母有降解核酸的能力，并能微弱利用十六烷烃，汉逊酵母也常是酒类饮料的污染菌，它们在饮料表面生长成干而皱的菌醭。由于大部分的种能利用酒精作为碳源，因此是酒精发酵工业的有害菌。但在我国白酒工业中，它是白酒产香的主要菌种之一。目前国内使用的汉逊酵母菌种有2.297、1312、2300、汾1、汾2等。

(六) 毕赤酵母 (*Pichia*)

细胞具有不同形状，多边芽殖，多数种形成假菌丝。在子囊形成前，进行同型或异型接合，或不接合。子囊孢子呈球形、帽形或土星形，常有一油滴在其中。子囊孢子表面光滑，有的孢子壁外层有痣点。每囊1～4个孢子，通常子囊容易破裂放出孢子。发酵或不发酵，不同化硝酸盐，这个属的酵母对于正癸烷、十六烷的氧化力较强，日本曾用石油或农副产品或工业废料培养毕赤酵母来生产蛋白质。另外，毕赤酵母属里的有的种能产生麦角固醇、苹果酸、磷酸、甘露聚糖。该菌的一些种在白酒生产中能产生类似汉逊酵母的香气，它与汉逊酵母的主要区别是不利用硝酸盐。毕赤酵母在其他饮料酒类中属污染菌，常在酒醪的表面生成白色干燥的菌醭。近年来，巴斯德毕赤酵母（*Pichia pastoris*）成为一种新型的基因表达系统，与大肠杆菌相比，它具有高表达、高稳定、高分泌、高密度生长及可用甲醇严格控制表达等优点。

（七）假丝酵母（*Candida*）

细胞呈圆形、卵形或长形。无性繁殖为多边芽殖，形成假菌丝，也有真菌丝，可生成厚垣孢子、无节孢子、子囊孢子、冬孢子或掷孢子。不产生色素，很多种有酒精发酵能力，有的种能利用农副产品或碳氢化合物生产蛋白质，供食用或饲料用，是单细胞蛋白工业的主要生产菌。在白酒工业中，假丝酵母广泛存在于大曲及陈腐的酒糟中，多数种能产生酯香。在我国白酒增香菌种中，应用比较广泛的假丝酵母菌株是朗比克假丝酵母（*c. lambica*）2.1182。也有的种能产生脂肪酶，可用于绢纺原料脱脂。此外有的种能致病。

1. 产朊假丝酵母（*Candida utilis*）

细胞呈圆形、椭圆形和圆柱形，大小为（3.5～4.5）μm×（7～13）μm。液体培养无醭，有菌体沉淀，能发酵。麦芽汁培养基上的菌落为乳白色，平滑，有光泽或无光泽，边缘整齐或呈菌丝状。在加盖片的玉米粉琼脂培养基上，仅能生成一些原始的假菌丝或不发达的假菌丝，或无假菌丝。

从酒坊的酵母沉淀、牛的消化道、花、人的唾液中曾分离到产朊假丝酵母，它也是人们研究最多的微生物单细胞蛋白生产菌之一。产朊假丝酵母的蛋白质和维生素B含量均比啤酒酵母高。它能以尿素和硝酸做氮源，在培养基中不需要加任何生长因子即可生长。特别重要的是它能利用五碳糖和六碳糖，既能利用造纸工业的亚硫酸纸浆废液，也能利用糖蜜、土豆淀粉废料、木材水解液等生产出人畜可食用的单细胞蛋白。

2. 热带假丝酵母（*Candida tropicalis*）

在葡萄糖-酵母膏-蛋白胨液体培养基中于25℃培养3天，呈细胞卵形或球形，大小为（4～8）μm×（5～11）μm（图2-6）。液体有醭或无醭，有环，菌体沉淀于管底。

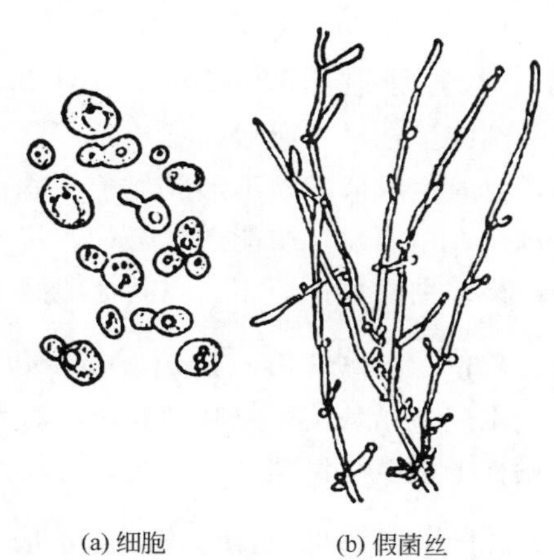

图2-6　热带假丝酵母

在麦芽汁琼脂斜面上培养，菌落为白色到奶油色，无光泽或稍有光泽，软而光滑或部分有皱纹，培养久时，菌落逐渐变硬，并呈菌丝状。在加盖片的玉米粉琼脂培养基上培养，可见大量假菌丝，包括伸长的分枝假菌丝，上面带有芽生孢子，或轮生而分枝的或呈短链的芽生孢子。有时有圆酵母型的假菌丝，真菌丝也可产生。

对葡萄糖、麦芽糖、半乳糖、蔗糖能发酵；对乳糖、蜜二糖、棉籽糖不能发酵。不能同化硝酸盐，不分解脂肪。

热带假丝酵母氧化烃类能力强，可利用煤油，在正烷烃 C_7～C_{24} 的培养基中培养，只能同化壬烷。在230～290℃石油馏分的培养基中，经22h后，可得到相当于烃类重量92%的菌体，故为石油蛋白生产的重要酵母。用农副产品和工业配料也可培养热带假丝酵母作饲料。

3. 解脂假丝酵母解脂变种（*Candida lipolytica*）

细胞呈卵形或长形，卵形细胞大小为（3～5）μm×（5～11）μm，长细胞的长度达20μm。液体培养时有菌醭产生，有菌体沉淀，不能发酵。麦芽汁斜面上的菌落为乳白色，黏湿，无光泽。有些菌株的菌落有褶皱或有表面菌丝，边缘不整齐。在加盖片的玉米琼脂培养基上可见假菌丝和具有横隔的真菌丝。在真、假菌丝的顶端或中间可见单个或成双的芽生孢子，有的芽生孢子轮生，有的呈假丝形。

从黄油、人造黄油、石油井口的油墨土和炼油厂等处均可分理出解脂假丝酵母。它不能发酵，能同化的糖和醇也很少，但是，它分解脂肪和蛋白质的能力很强，这是它与其他酵母的重要区别；它是石油发酵生产单细胞蛋白的优良菌种。它能利用正烷烃，使石油脱蜡，降低凝固点，且比物理化学的脱蜡方法简单；它同化长链烷烃的效果比其他假丝酵母好。英国、法国等国家都用烃类培养解脂假丝酵母，生产单细胞蛋白。

解脂假丝酵母的柠檬酸产量也较高。有人在含4%～6%的正十烷、十二烷、十四烷、十六烷的培养基中，26℃振荡培养解脂假丝酵母6～8天，柠檬酸的转化率可达13%～53%，产量为5～34mg/mL。有报道将解脂假丝酵母培养在含8.0%的市售石蜡（C_{10}～C_{19}）的培养基中，加入适量的维生素 B_1，可积累谷氨酸的前提物 α-酮戊二酸5.68%，转化率71%。用以上烷烃作碳源，解脂假丝酵母可产生较多的维生素 B_6，产量可达400μg/L左右。

（八）球拟酵母（*Torulopsis berlese*）

细胞呈球形、卵形或略长形。营养繁殖为多边芽殖，在液体培养基内有沉渣及环，有时生成菌醭。不形成孢子。适宜于高温培养，许多白酒厂用于高温培养固体酵母，在白酒发酵中能产生酯香，甚至酱香。现在由茅台酒醅中分离出来的球拟酵母在许多白酒厂中应用。在其他酿酒工业中球拟酵母属于败坏菌。

（九）酒香酵母（*Brettanomuces knfferathet van laer*）

本属包括从英国黑啤酒和比利时朗比克啤酒中分离的酵母。该菌耐酒精，在通气条件下能氧化酒精产生醋酸；在长期缺氧条件下，可产生特有的香气。

（十）红酵母（*Rhodotorula harrison*）

细胞呈圆形、卵形或长形，多边芽殖，有明显的红色或黄色色素，很多种因产生荚膜而形成黏质状菌落。

红酵母属的菌种均不发酵，但能同化某些糖类，不能用肌醇作为唯一碳源，无酒精发酵能力，但有较好产脂肪的菌种，可由菌体提取大量脂肪。有的种对正癸烷、正十六烷及石油有弱氧化作用，并能合成β-胡萝卜素。例如黏红酵母黏红变种［*Rhodotorula glutinis*（*Fr.*）*Harrison var. glutinis*］，这个种能氧化烷烃，为较好的产脂肪菌种，脂肪含量可达干物质的50%～60%，但合成脂肪速率缓慢，如培养液中添加氮及磷，可增快合成速率，产1g脂肪约需4.5g葡萄糖。在一定条件下还能产生α-丙氨酸和谷氨酸，其产蛋氨酸的能力很强，可达干重的1%。

（十一）白地霉（*Geotrichum candidum link*）

在28～30℃的麦芽汁中培养1天，会产生白色的、呈毛绒状或粉状的醭；具真菌丝，有的分枝，横隔或多或少，菌丝宽2.5～9μm，一般为3～7μm；裂殖，节孢子单个或连接成链，呈长筒形、方形，也有呈椭圆形或圆形，末端圆钝；节孢子绝大多数大小为（4.9～7.6）μm×16.6μm，在28～30℃的麦芽汁琼脂斜面划线培养3天，菌落白色，呈毛状或粉状，皮膜型或脂泥型。菌丝和节孢子的形态与其在麦芽汁中相似。

白地霉能水解蛋白，其中多数能液化明胶、胨化牛奶，少数只能胨化牛奶，不能液化明胶。此菌最高生长温度为33～37℃。

从动物粪便、有机肥料、烂菜、泡菜、树叶、青贮饲料和垃圾中都能分离到白地霉，其中以烂菜中最多，肥料和动物粪便中次之。白地霉的营养价值并不比产朊假丝酵母差，因此可供食用或作饲料，也可用于提取核酸。白地霉还能合成脂肪，但其产量不及红酵母和脂肪酵母等。

（十二）致病菌

某些酵母菌可引起人类和温血动物疾病，其中最重要的两个种在假丝酵母属（*Candida*）和隐球酵母属（*Cryptococcus*）中。

① 白假丝酵母（*Candida albicans*），是最常见的致病酵母，可在人体中导致念珠菌病。它影响口腔黏膜，引起轻度感染，同时也可能是支气管炎、肺部感染和皮炎的首要病因。普通人能在嘴里、肠道内或阴道内携带此类微生物。

② 新型隐球酵母（*Cryptococcus reformans*），最致命的酵母，是隐球菌病的病原成分。起始于肺的系统感染，可以扩散至整个身体，最后侵入脑膜和大脑。

第三节 细 菌

细菌在自然界中种类繁多，利用范围日益扩大，有许多细菌被不断应用于工农业生产中，除过去一些早已建立起来的发酵工业和乳酸、醋酸、丙酮丁醇、抗菌素及一些食品工业外，最近又利用细菌进行氨基酸、核苷酸、维生素、酶制剂等方面的发酵，并利用细菌产生一些多糖类物质应用于食品工业及医药工业等方面。在石油发酵、石油勘探、石油脱硫及细菌浸矿等方面，细菌也有很大的应用潜力。农业上利用细菌进行杀虫的生物防治和制成细菌肥料。但也有不少细菌是人和动植物的病原菌。

一、细菌的形态

细菌的形态包括个体形态（如细菌的大小、形状等）和菌落特征（即在固体培养基上长成一定形状的微生物群体结构）两部分。

（一）细菌的个体形态

细菌是一群个体微小的单细胞生物，属于真细菌纲。形体的直径多数为 1μm 左右，球菌直径为 0.2～1.5μm；大型杆菌的宽×长为（1.0～1.5)μm×(31.0～81.5)μm，中型杆菌为（0.5～1.0)μm×(2.0～3.0)μm，小型杆菌为（0.2～0.4)μm×(0.7～1.5)μm。通常用 1000 倍以上的光学显微镜或电子显微镜观察。细菌的基本形态有球状、杆状及螺旋状三种，分别把它们叫做球菌、杆菌和螺旋菌。白酒工业中常见和常用的是球菌和杆菌，尤以杆菌为主。

1. 球菌

呈球状的细菌称为球菌。根据球菌分裂的方向及分裂后各子细胞排列的状态不同，又可分为单球菌、双球菌、链球菌、四联球菌、八叠球菌及葡萄球菌等。

2. 杆菌

呈杆状的细菌称为杆菌。各种杆菌的长短和形状差别很大。短的杆菌有时接近椭球形，几乎和球菌一样，易与球菌相混淆，称为短杆菌。长的杆菌呈圆柱状，有时甚至呈丝状。按其细胞长宽比和排列方式可分为长杆菌、短杆菌、棒杆菌、链杆菌。杆菌的形状因菌种的不同而呈现各种形态，有的两端呈平截状，有的钝圆，有的略尖，有的膨大。这些形状上的细致特征对细菌的识别有一定的帮助。

3. 螺旋菌

细胞弯曲呈螺旋状的细菌，通称为螺旋菌。螺旋菌按其弯曲状况又可分为弧菌、螺旋菌和螺旋体。弯曲不足一圈的叫做弧菌。弯曲超过一圈而呈螺旋状的叫做螺旋菌。前者往往为偏端单生鞭毛或丛生鞭毛，后者两端都有鞭毛。螺旋菌为主要的病原菌。

细菌的个体形态与环境因素有关，如培养温度、菌龄、培养基的浓度和成分等。各种细菌在幼嫩时期和适宜的环境条件下，表现正常的形态。当培养条件改变或菌体衰老时，时常出现变形体，如再给它们适宜的环境条件，又可恢复其原来形状。

测量细菌的大小时，通常要使用放在显微镜中的显微测微计。细菌细胞的质量约为 $1\times10^{-9}\sim1\times10^{-10}$ mg，即每克细菌含有 1 万～10 万亿个细胞。细菌体积虽小，但其相对表面积很大，这样有利于细胞吸收营养物质和加强新陈代谢。

（二）细菌的菌落特征

不同种的细菌所形成的菌落形态也不相同。同一种细菌常因培养基成分、培养时间等不同，菌落形态也不相同，但同一菌种在同一培养基上所形成的菌落形态，有它一定的稳定性和专一性，这是掌握菌种纯度、辨认菌种等的重要依据。

细菌的菌落多数是光滑、湿润、半透明或不透明的，有些还具有各种颜色（如绿脓杆菌菌落呈绿色，金黄色葡萄球菌菌落呈金黄色）。但也有一些细菌表面干燥，有褶皱（如枯草杆菌）。细菌菌落一般都比较小，菌落与培养基结合不紧，用针很容易将菌挑起。菌落外形的特点如菌落大小、边缘形状、颜色、光色度、透明度等，都可作为鉴别细菌的依据之一。

二、细菌的细胞结构

细菌细胞的构造模式如图 2-7 所示。图中把一般细菌都具有的构造称为一般构造，包括细胞壁、细胞膜、细胞质、核质体等，而把仅在部分细菌中才有的或在特殊环境条件下才形成的构造称为特殊构造，主要是鞭毛、菌毛、性菌毛、糖被（包括荚膜和黏液层），有的细菌在细胞内部可形成芽孢。

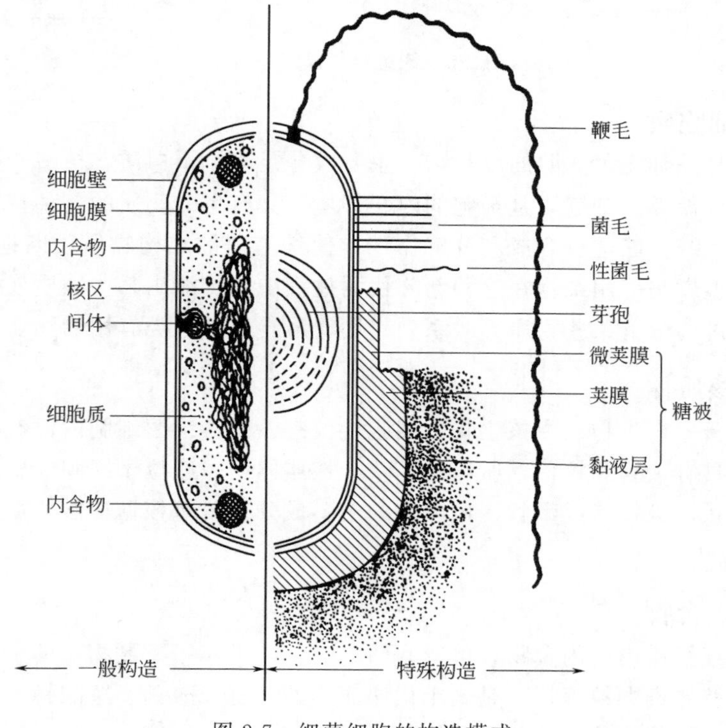

图 2-7　细菌细胞的构造模式

（一）细胞壁

细胞壁是细菌细胞的外壁，是一层无色透明的薄膜。细胞壁比较坚韧而略有弹性，有固定菌体的外形和保护菌体的作用。

细菌细胞壁主要是由蛋白质、类脂质和多糖复合物等组成。不同细菌细胞壁的化学成分有差异，如大肠杆菌的细胞壁是由类脂质-蛋白质组成，金黄色葡萄球菌的细胞壁是由甘油、磷酸、蛋白质组成，有些醋酸菌的细胞壁含有纤维素成分。

（二）细胞膜

细胞膜亦称细胞质膜或原生质膜，是在细胞质与细胞壁之间的一层柔软而富有弹性的半渗透性膜，是由60％的蛋白质，40％的脂类组成。细胞膜是一层具有高度选择性的半透性薄膜，起控制细胞体内外一些物质的交换渗透作用，同时是许多重要酶系统的活动场所。因为膜含有核糖核酸的成分，所以是嗜碱性的，即与碱性染料结合能力很强。有关细胞膜的模式构造如图2-8所示。

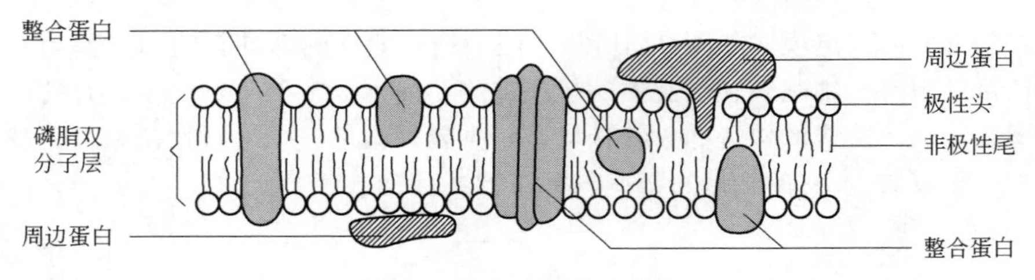

图2-8　细胞膜的模式构造

（三）细胞质

细胞质是一种无色透明的胶状物，主要成分是水、蛋白质、核酸、脂类及少量的糖类和无机盐类。细胞质是细胞的内在环境，具有生命物质的各种特性。细胞质具有各种酶系统，能进行合成和分解作用，使细胞内的结构物质不断地吐故纳新。人们在生产上就是应用细胞在这种新陈代谢过程中，排泄出某些物质或分泌出某些酶类，或通过酶分解某些物质等一系列作用，最终成为人类有用的物质。

（四）核质体

细菌属于原核生物。原核生物的细胞核没有核膜，细菌细胞内没有一个结构完善的核，不具有核膜和核仁，所以只是一个核质体。一般位于细胞的中央部分，呈球状、卵圆状、哑铃状或带状。核质体的主要成分为脱氧核糖核酸，功能是传递遗传特性。

（五）内含物

存在于细胞质内的内含物，可分为两大类：一是属于贮藏物质的，有脂肪、肝糖、淀粉以及异染颗粒等；二是属于代谢产物的，有硫酸钙、草酸钙、硫颗粒、色素和某些杀虫细菌所特有的伴胞晶体等。

（六）其他结构

以上部分是一般细菌共同具有的结构，除此之外，有些细菌有鞭毛、荚膜、芽孢等特殊的结构，这对识别细菌的种类有实用意义。

1. 荚膜

某些细菌在一定条件下，常向细胞壁表面分泌黏液状的物质，形成较厚的膜，称为荚膜。荚膜的厚度因菌种不同或环境不同而有差异，一般厚约200nm，其硬度和弹性远远小于细胞壁。

荚膜含有大量水分，约占90%以上，其固形物为多糖或多肽的聚合物。有些细菌的荚膜中含有多糖、磷脂及蛋白质等。

荚膜不是细菌的主要结构，而是细菌由细胞壁分泌的糖类衍生物或多肽聚积而成的。如将荚膜除去，并不影响细菌的生存。但具有荚膜的细菌不易被白细胞吞噬，在营养缺乏时荚膜也可以作为碳源及能量的来源而被利用，并有抵抗干燥的作用。

2. 芽孢

某些细菌在其生活史的一定阶段，于营养细胞内形成一个内生孢子，称为芽孢，带有芽孢的菌体叫芽孢囊，能形成芽孢的杆菌称为芽孢杆菌（如枯草杆菌、杀螟杆菌等）。芽孢在细胞内有一定位置，有的位于菌体的一段，有的位于中央。芽孢在细胞中央其直径大于菌体直径时，则细胞呈梭状，如丙酮丁醇梭状芽孢杆菌。芽孢在细胞顶端若其直径大于细胞直径时，细胞呈鼓槌状，如克氏梭状芽孢杆菌；芽孢直径小于细胞直径时，则细胞不变形，如枯草芽孢杆菌。

一个细菌只能形成一个芽孢，所以它不是细菌的繁殖形式。

芽孢遇适宜的环境条件，就会吸收水分和营养，渐渐膨胀，体积增大，外壁破裂，芽管自破裂处突出，然后发育成一个新个体。

由于芽孢壁厚，含水量较营养细胞少，代谢活动极低，化学物质不易渗透，所以对高温、干燥、光线、化学药品等具有很强的抵抗力。芽孢在100℃下经3h方可致死。所以，在发酵工业中，要以是否能杀死在自然界里抗热性最强的嗜热脂肪芽孢杆菌的芽孢为标准，这种细菌的芽孢，需在121℃灭菌12min才能杀死。因此一般湿热灭菌规定，至少在121℃下灭菌15min。在丙酮丁醇生产中常把种子煮沸2～3min，以促进芽孢的萌发并杀死未形成芽孢的营养体。

3. 鞭毛

有许多细菌能从体内长出细长的丝状物，称为鞭毛，鞭毛非常细，直径只有0.02～0.05μm，其长度可超过菌体若干倍，在光学显微镜下用特殊的染色方法才能看到，鞭毛是由原生质而来的，起源于原生质最外层的鞭毛基粒，穿过细胞壁伸出体外。球菌中只有极少数有鞭毛，杆菌与螺旋菌多具有鞭毛。细菌鞭毛数目依种的不同而异，按鞭毛的位置可分为三类：单鞭毛（在菌体一端生一根鞭毛）；丛鞭毛（在菌体一端或两端生一丛或两丛鞭毛）；周鞭毛（在菌体周围生有很多鞭毛）。

原核生物（包括古生菌）的鞭毛都有共同的构造，它由基体、钩形鞘和鞭毛丝三部分组成，G^-和G^+细菌的鞭毛构造稍有区别。如图2-9所示为典型的G^-细菌*E. coli*的鞭毛构造。G^+细菌如*Bacillus subtilis*（枯草芽孢杆菌）的鞭毛结构较简

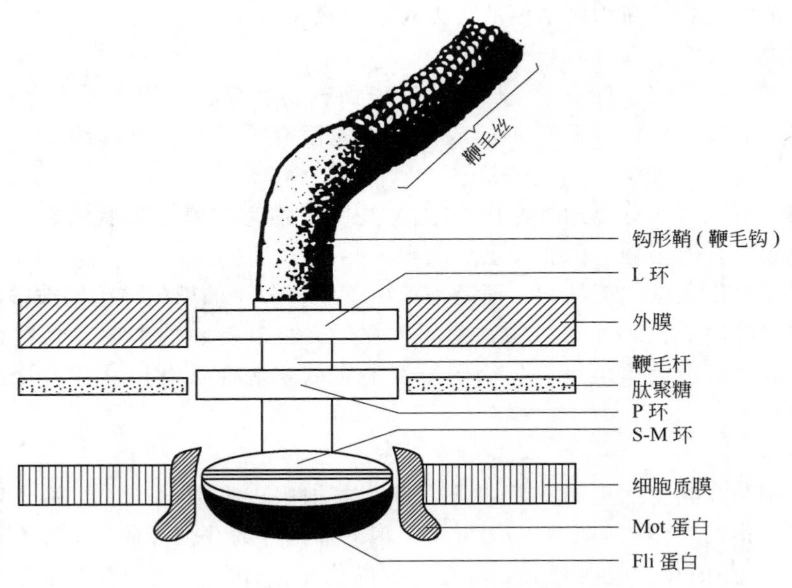

图 2-9 典型的 G^- 细菌 *E. coli* 的鞭毛构造

单，除其基体仅有 S 和 M 两环外，其他均与 G^- 细菌相同。

鞭毛是细菌的运动器官，具有鞭毛的细菌只有在液体中才能借助鞭毛而运动。单毛菌常呈单向运动，周毛菌常呈不规则运动，依赖鞭毛的运动称为真运动。

三、细菌的繁殖

当一个细菌生活在合适条件下时，通过其连续的生物合成和平衡生长，细胞体积、重量不断增大，最终导致了繁殖。细菌的繁殖方式主要为裂殖，只有少数种类进行芽殖。

（一）裂殖（fission）

指一个细胞通过分裂而形成两个子细胞的过程。对杆状细胞来说，有横分裂和纵分裂两种方式，前者指分裂时细胞间形成的隔膜与细胞长轴呈垂直状态，后者则指呈平行状态。一般细菌均进行横分裂。

1. 二分裂（binary fission）

典型的二分裂是一种对称的二分裂方式，即一个细胞在其对称中心形成一层隔膜，进而分裂成两个形态、大小和构造完全相同的子细胞。绝大多数的细菌都通过这种分裂方式进行繁殖。

在少数细菌中，还存在着不等二分裂（unequal binary fission）的繁殖方式，其结果是产生了两个在外形、构造上有明显差别的子细胞，例如 *Caulobacter*（柄细菌属）的细菌，通过不等二分裂产生了一个有柄、不运动的子细胞和另一个无柄、有鞭毛、能运动的子细胞。

2. 三分裂（trinary fission）

有一属进行厌氧光合作用的绿色硫细菌称为*Pelodictyon*（飞暗网菌属），它能形成松散、不规则、三维构造并由细胞链组成的网状体。其原因是除大部分细胞进行常规的二分裂繁殖外，还有部分细胞进行成对的“一分为三”方式的三分裂，即形成一对“y”形细胞，随后仍进行二分裂，其结果就形成了特殊的网眼状菌丝体。

3. 复分裂（multiple fission）

这是一种寄生于细菌细胞中具有端生单鞭毛、称作蛭弧菌（*Bdellovibrio*）的小型弧状细菌所具有的繁殖方式。当它在宿主细菌体内生长时，会形成不规则的盘曲的长细胞，然后细胞多处同时发生均等长度的分裂，形成多个弧形子细胞。

（二）芽殖（budding）

芽殖是指在母细胞表面（尤其是其一端）先形成一个小突起，待其长大到与母细胞相仿后再相互分离并独立生活的一种繁殖方式。凡以这类方式繁殖的细菌，统称芽生细菌（*budding bacteria*），包括*Blastobacter*（芽生杆菌属）、*Hyphomicrobium*（生丝微菌属）、*Hyphomonas*（生丝单胞菌属）、*Nitrobacter*（硝化杆菌属）、*Rhodomicrobium*（红微菌属）和*Rhodopseudomonas*（红假单胞菌属）等10余属细菌。

四、白酒生产的常见细菌

（一）乳酸菌

乳酸菌是自然界数量最多的菌类之一。它包括球菌和杆菌，大多数不运动，无芽孢，通常排列成链，需要有碳水化合物存在才能生长良好；它能发酵糖类产生乳酸。凡发酵产物中只有乳酸者，称为同型发酵；凡发酵产物中除乳酸外，还有乙酸和CO_2者称为异型发酵。

正乳酸菌多是嫌气性杆菌，生成乳酸能力强。白酒醅和曲块中多是异乳酸菌（乳球菌），是偏嫌气或好气性。异乳酸菌有产乳酸酯的能力，并能将已糖同化成乳酸、酒精和CO_2，有的乳酸菌能将果糖发酵生成甘露醇。乳酸如果分解为丁酸，会使酒呈臭味，这是新酒产生臭味的原因之一。还有的乳酸菌将甘油变成丙烯醛而有呈刺眼的辣味。

乳酸菌在酒醅内产生大量的乳酸及乳酸乙酯，乳酸乙酯被蒸入酒中，使白酒具有独特的香味。乳酸菌的侵入与白酒开放式的生产方式是分不开的；白酒生产需要适量的乳酸菌，否则无乳酸及其酯类，就不成白酒风味了。但乳酸过量，会使酒醅酸度过大，影响出酒率和酒质。乳酸过量还会使酒带馊酸味；当前白酒生产中不是乳酸不足，而是过剩，特别是浓香型曲酒，提出“增己降乳”的课题，这是提高浓香型曲酒的技术关键。为了“增己降乳”，除了要做好环境卫生和生产卫生，防止大量乳酸菌入侵外，还应在微生物方面进行研究。大曲中的乳酸菌有三个显著特点：一是既有纯型（同型的），又有异型的；二是球菌居多，占70%：三是所需温度偏低，在28～32℃之间，并具有厌气和好气双重性。大曲中乳酸含量不可过多，主要生成区域是在高温转化时由乳酸菌作用于己糖同化成乳酸，其量的大小往往取决于大曲中乳酸菌的数量和大曲生产发酵时对品温的控制，特别是顶点品温不足，热曲时间短时，更会使乳酸大量生成。

（二）醋酸菌

醋酸菌在自然界中分布很广，而且种类繁多，是氧化细菌的重要菌种，也是白酒生产中不可避免的菌类。醋酸菌在显微镜下呈球形、链球形、长杆、短杆或像蛔虫一样的条形，在温度、时间和培养条件不同时，形状差别很大，因此，单纯从形态上很难鉴别。有的醋酸菌能使液体浑浊，有的附着在器壁上呈环状，有的不呈环状，也有的生成皱纹和皮膜，但它们都是好气性的。固态法生产白酒，是开放式的，在操作时势必感染一些醋酸菌，成为酒中醋酸的主要来源。醋酸是白酒的主要香味成分，同时也是酯的承受体，是丁酸、己酸及其酯类的前体物质。但醋酸含量过多，会使白酒呈刺激性酸味，醋酸对酵母的杀伤力也极大。当前白酒生产中，是醋酸过剩，应在工艺上采取措施。

醋酸菌主要是在大曲发酵前、中期生长繁殖，尤其是在新曲中含量最多。醋酸菌有一个致命的弱点是在干燥低温的环境下芽孢会失去发芽能力。所以，在使用大曲时，要求新曲必须贮存3个月或半年以上，这就是为了使醋酸菌以最少数量进入窖内发酵。

（三）己酸菌

在浓香型大曲酒生产中，发酵窖越老，产酒的质量越好，这是传统工艺的经验总结。为了解释劳教出佳品的奥秘，自20世纪60年代起，我国开展了浓香型白酒与窖泥微生物关系的研究，发现老窖泥中富集多种厌氧功能菌，主要为嫌气性梭状芽孢杆菌，它们参与浓香型白酒发酵，是生成浓香型白酒的主体香味成分己酸乙酯的关键菌种。

（四）丁酸菌

在浓香型酒的老窖泥中可分离到丁酸菌，在酒醅发酵过程中有微量的丁酸发酵。而丁酸是形成丁酸乙酯的前体物质。

（五）甲烷菌

甲烷菌主要产甲烷，同时有刺激产酸作用。甲烷菌与己酸菌共栖，有利于己酸菌生长与发酵的进行。

（六）丙酸菌

丙酸菌能将乳酸转化生成丙酸和乙酸，可降低酒中的乳酸及其酯的含量，使己酸乙酯与乳酸乙酯的比例适当。

第四节　微生物培养的基本知识

一、培养基的分类

培养基是微生物的食物，培养物和装载培养基的器皿是人工繁殖微生物的场所。人们种植农作物需要土壤、肥料、灌溉等；喂养动物需要饲料；养殖水产需要池塘、湖、海等；培殖菌种需要制备培养基。

培养基的种类很多，根据生产和科研的需要一般可以分成以下几类。

（一）按照营养物质的来源分类

1. 自然培养基

自然培养基也称天然培养基，它是直接利用天然物质和动植物的组织或器官切块提取浸出液，如马铃薯、胡萝卜、麸皮、豆饼粉、牛肉汁及豆芽汁等。这种培养基的特点是来源充足，营养丰富，制备方便，价格便宜，适合大规模培养微生物用；缺点是它们的组成成分还不十分清楚或不恒定。自然培养基在白酒生产中是常用的培养基。

2. 合成培养基

合成培养基是由已知化学成分及数量的化学药品配制而成的。合成培养基的成分概括起来，可分为碳源、氮源、无机盐类和水等，有的还添加少量的生长因子。合成培养基的成分都是已知的，它适合于某些定量工作的研究，这样可以减少不能控制的因素。合成培养基的缺点是一般微生物生长缓慢，个别微生物还不能在上面生长。

3. 半合成培养基

在合成培养基中加入某些天然物质，因而其中一部分成分是已知的，它弥补了一般微生物在合成培养基上生长缓慢或不生长的缺点。

（二）按照培养基的形态分类

1. 固体培养基

有两种类型：一是天然固体基质制成的固体培养基，如马铃薯块、麸皮、米糠制成的培养基；二是在液体培养基中添加凝固剂而制成的固体培养基，常用的凝固剂有琼脂、明胶、硅胶等。固体培养基在微生物分离、鉴定、计数、测定、贮藏等方面起着重要作用，生产上也常用固体培养基培养菌种，并作为某些产品的发酵用培养基。

2. 半固体培养基

在液体培养基中加入少量的凝固剂而使之呈半固体状态的一类培养基。例如培养基中只加入0.2%～0.7%的琼脂所制成的培养基。半固体常用于观察细菌运动特征、噬菌体效价鉴定以及厌氧菌培养等方面。

3. 液体培养基

不含任何凝固剂，其组分均匀，用途广泛。常用于微生物生理代谢的各种研究，也是大规模工业发酵生产上普遍采用的培养基。

（三）按照培养基的用途分类

1. 增殖培养基

在自然环境中，总是多种微生物混杂在一起生长。为了适应某种微生物的营养要求，配制适合这种微生物生长而不适应其他微生物生长的培养基，以达到从自然界分离出这种微生物的目的。这种培养基称为增殖培养基，或称加富培养基、富集培养基。此培养基一般在普通培养基内加入额外的营养物质，使某种微生物在其中生长比其他微生物迅速，逐渐淘汰掉其他各种微生物，常用于菌种筛选工作。但增殖培养基的选择性是相对的，其所生长的微生物并不是一个纯种，而是培养基要求相同的微生物类群。

2. 鉴别培养基

用以区分不同微生物种类的培养基称为鉴别培养基。鉴别培养基也被用作分离某种微生物。

3. 选择培养基

在培养基内加入某种化学物质以抑制不需要的菌的生长，而促进需要菌的生长，这样的培养基称为选择培养基。加入的这些抑制剂或杀菌剂没有营养作用，只是抑制不需要菌的生长。加入的抑菌剂或杀菌剂一般多是染色剂、抗菌素等。采用适宜的选择培养基能自混杂有多种微生物的材料内分离和鉴定所需的微生物。

（四）按培养基的使用目的分类

1. 种子培养基

种子培养基用于培养菌种，因而营养成分相对比较丰富。涉及此种培养基时主要考虑以使菌体良好生长为目标，同时要兼顾菌种对发酵培养基的适应能力。为此常在种子培养基中适当添加一些粗放的发酵基质。

2. 发酵培养基

发酵培养基以最大限度地获得代谢产物为目的。它的原料来源一般较粗放，有时还在发酵培养基中添加前体、促进剂或抑制剂，以获得最多的发酵产品。

3. 测定培养基

测定培养基一般是合成培养基，组成成分明确、恒定，以保证测定工作的可靠性和重复性。

二、酿酒生产中主要培养基的制备

培养基种类很多，酿酒工业上培养霉菌及酵母一般均采用自然培养基，下面是几种酿酒常用培养基的配制方法。

(一) 米曲汁的制备

1. 米曲的制备

将大米用水淘洗干净后，浸泡 15～20h（夏天换水两次），淋去余水，蒸煮成米饭，品温冷却至 30～35℃时，拌入种曲（可用 3800 菌种），装入曲盘，30℃保温培养 1 天左右，待米粒上长满白色菌丝，呈现微黄色，即已制成米曲，可供制备米曲汁使用，或于 35～40℃烘干保存备用。米曲培养至布满白色菌丝呈现微黄色时的糖化力最高，做出的培养基色泽也最鲜艳。曲色若呈黄绿色或深绿色时，说明黄曲孢子老熟，则曲酸增加，糖化力降低。同时由于孢子老熟，米内养分多被消耗，使制成的培养基养分不足。刚培养的米曲，因含水分太高，不宜贮存，故需干燥后存放备用。

2. 米曲汁的制备

称取干米曲 500g，加水 2000mL，置 55～60℃水浴锅中糖化至液体无淀粉反应（检查方法：取糖化液 0.5mL，加入碘液 2 滴，不呈蓝紫色即糖化完善）。将糖化液煮沸（米曲糖化后不易过滤，操作时间长，夏季气温高，易引起杂菌繁殖，会造成曲汁酸败，故需在过滤前进行一次加热杀菌，确保米曲汁的质量），用白细布过滤，若初滤液浑浊不清，可倒入滤布内反复重滤，直至滤液透明为止，滤液呈淡黄色比较正常，该培养基的主要成分为麦芽糖和糊精。

(二) 葡萄糖豆芽汁的制备

1. 黄豆芽的发芽

将黄豆用水冲洗干净，浸泡 12～15h（夏季应注意换水 1～2 次），使黄豆吸收膨胀，然后倒去余水，放于瓷盘等容器内，上盖湿布，20～25℃保温，每天用温水冲洗 1～2 次，至芽长 5cm 左右时即可使用。黄豆发芽的另一种方法：可将浸泡过的黄豆放在用水拌湿的锯木屑内，黄豆即可发芽生长，该方法的优点是生长过程不需管理，而且生长迅速。

2. 豆芽汁的制备

称取洗净的黄豆芽 100g，加水 1000mL，煮沸 40min，用纱布过滤，滤液用水补充至原来的体积（1000mL），即为 10%的豆芽汁。如加入适量的葡萄糖，则为葡萄糖豆芽汁培养基。

(三) 麦芽汁培养基的制备

1. 麦芽的制备

普通大麦浸泡一天，置于木制或草制筐内，上面盖一层湿布，20℃左右保温，每天冲水 1～2 次，至芽长为大麦本身的一倍时，即可风干，捣碎，制成大麦粉。

2. 麦芽汁的制备

每千克大麦粉，加 55～60℃的温水 4kg，在 55～60℃的水浴锅中保温糖化3～4h，至液体中加碘无淀粉反应为止（检查方法同米曲汁制备），用纱布过滤，装瓶加棉塞，并包扎油纸，0.1MPa 蒸汽高压灭菌 25～30min，杀菌后杂质沉淀，贮存备用。

麦芽汁制备的另一种方法是称取大米500g，加水3～3.5kg，煮成稀饭，凉至50℃，加麦芽500g，搅拌均匀，在55～60℃的水浴锅中糖化4～6h，过滤，所得滤液即为麦芽汁，其浓度约为13°Bx，这种方法一般在麦芽供应不足时采用。

(四) 葡萄糖马铃薯培养基制备

将马铃薯去皮切成薄片，切片后立即浸放于水中，以避免氧化变黑。每200g马铃薯加自来水1000mL，加热至80℃热浸1h，用纱布过滤，滤液用水补足至1000mL，加入5%的葡萄糖，搅拌溶解，即为葡萄糖马铃薯汁培养基。若马铃薯煮得过烂，对菌生长不利。本培养基适用于根霉及产脂酵母的培养。如能以30%～40%的比例与麦芽汁或曲汁混合使用更好。

(五) 甜酒水培养基

将糯米淘洗干净，浸泡后蒸煮成饭，冷凉至30℃左右拌入根霉甜酒曲（不含酵母），装入清洁容器内，30℃保温培养1～2天后即成甜酒酿，煮沸后过滤，滤液即为甜酒水培养基。该培养基含葡萄糖较高，一般30%左右，宜稀释后使用。制成固体培养基传代培养将使霉菌糖化力和酵母发酵力下降，故多用于生产上三角瓶种子液的扩大培养。

(六) 麸皮固体培养基

将较细麸皮加水70%～80%充分拌匀，装入试管或三角瓶，装入量不宜过多或过少，一般约为1.5cm，然后用试管刷将附于试管壁上的麸皮刷干净，制备棉塞，用0.1MPa的蒸汽高压灭菌40min，即为麸皮固体培养基，该培养基应随作随用。

在上述培养液中，米曲汁、麦芽汁、甜酒水等浓度超过要求时，可加水稀释，加水量可按下列公式计算：加水量=(米曲汁数量×浓度/要求浓度)－米曲汁数量

三、培养基的灭菌

在生产实践和科学实验中，对微生物都要求用纯种培养，不应存在任何杂菌。培养基配制后，本身带有很多杂菌，盛装培养基的玻璃器皿以及接种用具上也有不少杂菌，因此在接种前都必须进行彻底灭菌。一般采用加热灭菌法。由于高温使微生物细胞内的蛋白质凝固，同时纯化或破坏微生物体内的酶系统，因而造成微生物细胞或芽孢的死亡。灭菌是微生物实验的基本技术之一，人们必须很好地掌握它，常用的灭菌方法有如下几种。

(一) 煮沸灭菌法

直接将要灭菌的物件放在水中煮沸5min以上，即可杀灭细菌的全部营养细胞和一部分芽孢。如果灭菌时间延长10～20min（或在水中加入1%的碳酸钠）则效果更好。此法适用于毛巾及其他用具等的灭菌。

（二）蒸汽加压灭菌法

此法利用高压蒸汽温度高，含水量高，微生物蛋白质凝固快的特点，灭菌效果最好，是实验室和发酵工业上最常用的一种灭菌方法。一般在0.1MPa的气压下，灭菌20～30min即可杀灭各种微生物及其芽孢。

蒸汽加压灭菌法需要有蒸汽、高压灭菌锅等设备，由于高压锅外压力不断增高，温度也随之增高，因此可以提高杀菌力，并缩短灭菌时间。实验室经常用的压力为0.1MPa，温度为121℃，维持15～20min。常用的培养基、水及其他不适宜干热灭菌的物品均可采用此法灭菌。

使用高压灭菌锅时，必须将灭菌锅内的冷空气全部排除，否则温度表所指示的温度不能正确反映出锅内的灭菌温度，致使灭菌不彻底。

灭菌完毕，应使锅内压力缓慢降低，若急速减压，则容器内装的液体剧烈沸腾，将棉塞顶出或弄湿。应在压力下降到零后再打开灭菌锅盖子，否则蒸汽会外溢烫伤人。

（三）间歇灭菌法

间歇灭菌是采用反复几次的常压蒸汽灭菌，以达到杀死微生物营养体和芽孢的目的。具体方法是：将需灭菌的物品，在常压下以蒸汽加热1h，杀灭其中微生物的营养细胞，冷却后，放于30～37℃的恒温箱中培养一天，使残存的微生物芽孢萌发为营养细胞，再以同法加热，如此反复三次一般可达到彻底灭菌的要求。间歇灭菌法适用于不宜高压灭菌的物质，如糖类明胶牛奶培养基等，但此法操作较麻烦，工作周期也长。在没有高压设备及蒸汽供应的条件下可代替蒸汽加压灭菌法。

（四）巴斯德消毒法（低温消毒法）

巴斯德消毒法是利用微生物的营养细胞在60℃加热30min后即被杀灭的原理。使用温度有两种：一种是62℃加热处理30min；另一种是在72℃处理15min。由于巴斯德消毒温度较低，能保持食品原有的营养价值和色香味；因此，凡是要保持营养成分的食品，如啤酒、黄酒、酱油、食醋、牛奶等常用巴斯德消毒法。

四、接种与培养

微生物的接种技术是微生物学研究中的一项最基本的操作技术。在微生物学的科学实验及发酵生产中，都要把一种微生物移接到另一种灭过菌的新鲜培养基中，使其生长繁殖并获得代谢产物。接转的菌种都是纯培养的微生物，为了确保纯种不被杂菌污染，在接种过程中必须进行严格的无菌操作。

（一）常用的微生物接种、分离工具

根据不同的目的可采用不同的接种方法，如斜面接种、液体接种、平板接种、穿刺接种等。接种方法不同，常有不同的接种工具，如接种针、接种环、接种钩、滴管、移液管、涂布器等。

（二）无菌操作

培养经灭菌后，用经过灭菌的接种工具在无菌条件下接种含菌材料于培养基上，这一操作称为无菌操作。

1. 无菌检查

灭过菌的新培养基要经过无菌检查方能使用。此外，还要定期对接种室（无菌室）、实验室、发酵车间等处的空气进行无菌（含杂菌量）检查，以便采取措施及时对空气进行消毒灭菌，或改进接种的操作方法。

检查空气含菌程度通常采用平板法和斜面法。用普通肉汤或麦芽汁、曲汁琼脂培养基制备琼脂平板及斜面。取平板或斜面若干分别放置于被检测场所的四角和中间区域，每处同时放两个平板，打开其中一个平板的盖或拔去斜面的棉塞，另一个作为空白对照。平板暴露于环境 5min 后盖好皿盖；斜面经 30min 无塞暴露后，再将棉塞塞好。最后与空白平板或斜面一起置于 30～32℃的恒温箱内培养 48h，观察有无菌落生长，并计数。一般要求对所测场所内空气中的含菌量及杂菌种类，采用相应的灭菌措施，提高灭菌效果。如霉菌较多，可先用 5%的石碳酸全面喷洒室内，再用甲醛熏蒸；如细菌较多，可采用乳酸与甲醛交替熏蒸。

2. 无菌操作原理和基本方法

空气中的杂菌在气流小时，由于也随灰尘落下，易造成污染。因此，在接种时打开培养皿的时间要尽量短，试管应倾斜，且放在火焰区的无菌范围内（酒精灯火焰中心半径 5cm）操作，操作要熟练准确。用于接种的工具必须先经过干热、湿热或火焰灭菌。通常，在接种时将接种环在火焰上充分灼烧灭菌。

3. 无菌室中实验台的要求

用于接种用的实验台，不论是什么材料制成，必须要光洁、水平。光洁是便于用消毒剂擦拭；水平是为了制备琼脂平板时，有利于皿内培养基厚度均匀一致。

（三）微生物的接种方法

1. 接种前的准备工作

① 接种室应经常保持无菌状态，定期用 5%的煤皂酚或 75%的酒精溶液擦拭桌面、墙壁、地面，或用乳酸、甲醛熏蒸，定期做无菌检查

② 接种前，将要接种的全部物品移入无菌室的缓冲间内，用 75%的酒精棉球擦拭干净，并在要接种的试管、平皿、三角瓶上贴好标签（斜面试管的标签贴在斜面的正上方，距管口 2～3cm 处，平皿的标签贴在皿盖的侧面），在标签上注明菌种名称、接种日期，有的还要注明培养基的名称。

③ 接菌完毕，清理物品，在缓冲间脱去工作服、鞋、帽等，将物品移出，打开紫外灯进行 20～30min 灭菌。工作服、鞋、帽为无菌室专用，要经常换洗和消毒灭菌。

2. 接种的操作方法

（1）斜面接种法　斜面接种是从已保存菌种的斜面上挑取少量菌种移接到一个

新鲜斜面培养基上的一种接种方法，其操作程序如下。

① 点燃酒精灯，用75%的酒精棉球擦手。

② 在左手的中指、无名指间分别夹住原菌种试管和待转接斜面试管（斜面朝上）。

③ 右手拿接种针或环，在火焰上将针、环等金属丝部分烧红灭菌，然后将其余要伸入试管部分的针柄也反复通过火焰灭菌。然后用握有接种针的右手中指、无名指拔出试管上的棉塞，操作应在火焰区域进行。

④ 将接种环水平通过火焰并插入原菌试管内，先在管壁上或未长菌体的培养基表面冷却，然后用接种环轻轻蘸取少量菌苔后，将接种环自原菌种管抽出，抽出时勿碰管壁，也勿通过火焰。

⑤ 在火焰旁将蘸有菌苔的接种环迅速伸入另一个待接斜面试管中，自斜面培养基底部向上划线，使菌体黏附在培养基的斜面上。划线时环要放平，勿用力，否则会将培养基表面划破。

⑥ 接种完毕，将接种环由试管内抽出，同时将试管口在火焰上灼烧一下，塞上棉塞。注意不要用试管口去迎棉塞，以免试管口在移动时，杂菌侵入造成污染。

⑦ 接种环在放回原处前应在火焰上彻底灭菌。放下接种环后，再用右手将棉塞进一步塞牢，避免脱落。最后将已接种好的斜面试管放在试管架上。

根据微生物不同和实验目的不同，接种的方法有许多，如下所示。

① 细菌斜面接种法

a. 点接　把菌种点接在斜面中部，利于在一定时间内暂时保存菌种。

b. 中央划线　在斜面中部自下而上划一条直线，比较细菌的生长速度时采用此法。

c. 稀波状蜿蜒划线法　对于易扩散的细菌常用此法。

d. 密波状蜿蜒划线法　此法能充分利用斜面，以获得大量的菌体细胞，细菌接种时常用此法。

e. 分段划线　将斜面分成上下3～4段，在第2～3段划线接种前，先灼烧接种环进行灭菌，待冷却后蘸取前段接种处，再行划线，以分得单个菌落。

f. 纵向划线　此法便于快速划线接种。

② 放线菌的斜面接种　方法同细菌，多用密波状蜿蜒划线法接种，以便观察气生菌丝和孢子的颜色。

③ 酵母菌的斜面接种　常用中央划线法接种，用来观察菌种的形态和培养特征。

④ 霉菌的斜面接种　属扩散型生长、绒毛状气生菌丝。常用点接法，即点种在斜面中部偏下方处。

对部分真菌，如灵芝等担子菌类，常用挖块接种法，挖去菌丝体连同少量琼脂培养基，再移接到斜面培养基上。

（2）液体接种法　液体接种技术是用移液管、滴管或接种环等接种工具，将菌液移接到液体三角瓶、试管培养基中的一种接种方法。此法用于观察细菌、酵母菌的生长特征、生化反应特性及发酵生产中菌种的扩大培养。

① 由斜面培养基接入液体培养基　操作方法基本与斜面转斜面接种相同，但在接种时要注意略使试管口向上，以免使液体培养基流出。接入菌体后，要将接种环与管壁轻轻研磨，将菌体擦下，接种后塞好棉塞，将试管在手掌中轻轻敲打，使菌体充分分散。

② 由液体培养基接种到液体培养基　原菌种如为液体时，除用接种环外，还可以根据具体情况采用下列几种方法：用无菌滴管或移液管吸取菌液接种；直接把液体培养液摇匀后倒入液体培养基中；利用无菌空气被压后，把液体培养液注入另一个容器的液体培养基中，如啤酒酵母扩培时，从汉森罐到扩大罐就是采用此法；利用负压将液体培养液吸收到液体培养基中，如在抗生素生产中，从种子瓶接种到种子罐时就是采用此法。

(3) 穿刺接种法　穿刺接种法用于接种试管深层琼脂培养基（柱状），经穿刺接种后的菌种常作为保存菌种的一种形式，同时也是检查细菌运动能力的一种方法，可作为鉴定细菌特征的方法之一。穿刺接种只适用于细菌和酵母菌的接种培养，其方法是用笔直的接种针，从原菌种上挑取少量菌苔，再从柱状培养基中心自上而下刺入（试管口朝下），直到接近管底（勿穿到管底），然后，沿原穿刺途径慢慢抽出接种针。

(4) 平板接种法　平板接种法是指在平板培养基上点接、划线或涂布接种。平板接种前，需要先将已灭菌的琼脂培养基放在水浴锅中充分加热熔化，待冷却到50℃左右后（手握三角瓶不觉得太烫为宜），用无菌操作法倒平板。若熔化的琼脂培养基的温度太高时，会产生较多的冷凝水，影响观察。待培养基冷却后即可进行接种。

① 点接　用接种针从原菌种斜面上挑取少量菌苔，点接到平板的不同位置上，培养后观察巨大菌落形态（细菌、酵母菌）；对于霉菌巨大菌落的观察，通常先在其斜面内侧倒入少量无菌水，用接种环将孢子挑起，制成菌悬液，用接种环点接到平板培养基上，培养后观察巨大菌落的特征。

② 划线接种　划线接种是一种使被接菌种达到菌落纯的方法，其基本原理是在固体培养基表面将含菌培养物作规则划线，含菌样品经多次划线逐渐被稀释，最后在接种针划过的线上得到一个个被分离的、单独存在的细胞，经过培养后形成彼此独立的、由单个细胞发育的菌落。最常用的划线接种方式：首先将平板分成a、b、c三个区域，用接种针从原菌种斜面上挑取少量菌苔，在a区划折线，通过第一次划的线使接种针上带上菌种，再在b区划线，划线路线不再和第一次划过的线接触；同样，将接种针在火焰上杀灭其上残余的菌体，然后使接种针和第二次划的线交叉，并过第二次划的线使接种针上带上菌种，在c区划线，划线路线不再和前两次划过的线接触。这种操作方式不断使接种针上的被接菌种越来越少，最终达到菌落纯的目的。

③ 涂布接种　涂布接种也是一种分离纯化菌种的方法，首先将被分离纯化的

含菌培养物制成稀释菌悬液，用无菌移液管吸取0.1mL于固体培养基平板中，用涂布器将样品在琼脂培养基表面均匀涂布，使样品中的菌体在培养基上经培养后能形成单个菌落。

五、菌种的分离、复壮与保存

(一) 菌种的分离

无论科学研究还是生产，都需要纯粹的菌种。但自然界的微生物都是群居杂聚的，同时在生产上也常常遇到菌种污染及退化等问题；因此，为了保持菌种性状，不退化、不污染，奋力工作就显得很重要。

菌种分离的方法很多，但常用的有以下两种。

1. 平板划线分离法

具体操作和三区划线接种法相同。

2. 稀释分离法

稀释分离法简称稀释法。本法是被分离的样品经适当稀释后，得到分散的菌体，使平板表面产生许多单个菌落，即可分得纯菌种。取被分离的样品，用无菌水稀释。事先将固体培养基在水浴中加热熔化，放置于装有50℃左右的热水的烧杯中备用，并插入温度计，待温度下降至42～45℃时，用接种针从无菌水中挑取一针，接入第一管，再接第二管、第三管。然后趁热摇匀，倒入培养皿中，摇转摆成平面，保温培养，按时检查生长情况，及时移接。另一种倾注平板的方法是取无菌培养皿三套，每个皿中各加1～2mL的无菌水，再用接种环取样品一环于培养皿中进行稀释并混匀，然后将熔化后冷却至42～45℃的琼脂培养基倾注入于培养皿中，摇匀，凝固后置恒温箱中培养。

分离后的菌种，在大生产使用前必须进行生产性能的测定，测定结果良好，才能用来进行扩大培养以应用于生产。

(二) 菌种的复壮

让菌种在长期生产中保持优良的生产性能，便于长期使用，是一件比较困难的工作。在生产上，由于各种各样的原因，菌种退化是一种潜在的威胁。因此，只有掌握了菌种退化的某些规律，才能采取相应措施，使退化了的菌种复壮，或用一定的手段减少菌种的退化和死亡。

1. 菌种衰退的现象和原因

菌种在生长过程中，遗传物质DNA通过不断的复制将其形状遗传给子代，遗传是生物体最本质的属性之一。但是，遗传是相对的，由于DNA在其半保留复制过程中，会出现低频率的碱基错配，引起基因突变，这种突变是不可避免的。突变往往造成菌种生产性能的变化，可能是产量升高的正突变，也可能是下降的负突变。一般情况下，负突变可能性远远大于正突变，而且负突变菌株的生长速度比正突变菌株以及正常的生产菌株都快，因此随着菌体不断的生长，负突变菌株的数量占整个菌体数量的比例增大，最终导致菌株的生产性能大幅度下降，这就是菌种的衰退。菌种的衰退除表现为产量下降外，还有生孢子能力下降、菌体颜色变化等。

菌种衰退的原因是自发负突变的结果，是一个由量变到质变的过程，最后以负突变占绝对优势而告终。

2. 菌种衰退的防止

（1）防止基因的自发突变　由于菌种衰退是由自发突变引起的，因此凡是能控制菌株自发突变的方法都能防止菌种的衰退。

① 提供合适的培养条件　因为改善培养条件，可以避免微生物本身一些有毒代谢产物对碱基的修饰作用。

② 筛选多重突变株　营养缺陷型的回复突变在工业生产中经常遇到，如果一个性状的回变率是 10^{-8}，则在原有的遗传性状基础上再增加一个遗传标记，其发生回复突变至初始状态的可能性就会减少到 10^{-16}。

（2）防止退化细胞在群体中占优势

① 少传代　菌体每次从斜面传到新的培养基后，都会快速生长。菌体生长意味着 DNA 复制增加，必然增加碱基错配的概率。

② 加压培养　当生产菌株对某种物质具有抗性时，可以在培养过程中活菌体保存时，添加该抗性物质作为压力筛选手段，一旦出现负突变则被抑制或杀死。

（3）选择合适的菌种保存手段　合适的菌种保存手段可以防止菌种不必要的繁殖，而且在菌种保存时也可以根据所保存菌种的特性选择不同的休眠体，如细菌的芽孢、放线菌的孢子、霉菌的孢子等。

（4）菌种管理的日常工作　变异是绝对的、不可避免的，因此防止菌种衰退的最有效方式还是阻止负突变从量变到质变的飞跃。而且，菌种出现负突变后，其中可能也有少数正突变的菌株，通过经常性的分离纯化和性能测试，能够确保生产菌株不会衰退。

3. 衰退菌种的复壮

（1）分离纯化　正如菌种管理的日常工作，分离纯化不仅是防止菌种衰退的有效措施，而且也是对衰退菌种复壮的方法。分离纯化的纯度可以达到菌落纯或菌株纯，这主要取决于分离的方法。达到菌落纯的方法有平板涂布、划线分离、平板倾注法；菌株纯可以采用单细胞分离器（显微操作器）、丝状菌的菌丝尖端切割法（用无菌小刀切割菌落周围菌丝的尖端）或悬滴法等手段。

（2）通过宿主体内生长进行复壮　对于寄生性微生物的退化菌株，可以将退化的菌株接种到宿主体内以提高其致病性，如果一次不能达到效果，可以从第一次致死的宿主体内分离产毒的菌株再接种到宿主中，通过反复多次的驯化，便可得到高致病力的菌株。

（三）菌种的保存

1. 菌种保存的原理

菌种保存方法主要是根据微生物的生理、生化特点，人工创造条件，使微生物的代谢处于不活跃，生长繁殖受抑制的休眠状态。这些人工造成的环境主要是低温、干燥、缺氧、缺乏营养物质条件等。而且菌种保存还要挑选典型的优良纯种，最好是微生物的休眠体（如分生孢子、芽孢等）。

2. 菌种保存的方法

菌种保存的方法很多，常用的方法主要有斜面冰箱保存法、半固体冰箱保存法、砂土管保存法、石蜡油封存法、甘油管保存法、真空冷冻干燥（安瓿管）保存法。几种保存菌种方法的比较见表 2-1。

表 2-1 几种常用保藏菌种方法的比较

方法名称	主要措施	适宜菌种	保藏期
斜面冰箱保存法	低温	各大类	3～6 月
半固体冰箱保存法	低温	细菌、酵母菌	6～12 月
石蜡油封存法	低温、缺氧	各大类	1～2 年
砂土管封存法	干燥、无营养	产孢子的微生物	1～10 年
甘油管保存法	低温、加保护剂	各大类	1～2 年
真空冷冻干燥保存法	干燥、缺氧、低温、加保护剂	各大类	5～15 年

一种良好的菌种保存方法，首先应保持原菌优良性状长期稳定，同时还应考虑方法的通用性、操作的简便性和设备的普及性。具体的方法很多，现把多种方法按类排列后作一综合性表解，以便读后有一全面了解。

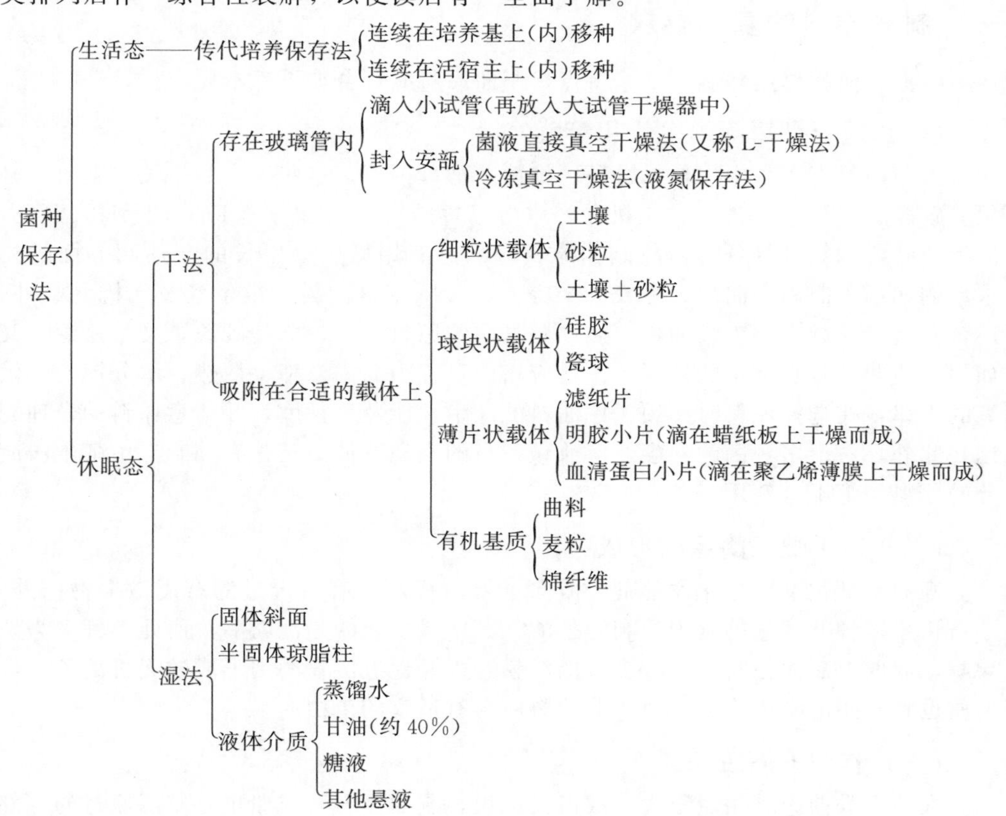

第三章　原　料

白酒生产的原料包括制酒原料、制曲原料和制酒母原料三部分；白酒生产的辅料则主要指固态发酵法白酒生产中用于发酵及蒸馏的疏松剂（填充料）。白酒生产的原辅料种类很多，不同白酒种类和不同的生产工艺所用原料有所不同，其中固态发酵主要原料为高粱和玉米；半固态发酵主要原料为大米；液态发酵主要原料为玉米和大米。

第一节　制曲原料

传统白酒酿造的糖化发酵剂包括曲子和酒母两大类，随着活性干酵母技术的发展，白酒厂的自培酒母已逐渐淘汰，因而下面只介绍制曲原料。

一、制曲原料的基本要求

根据酒曲的作用和制作工艺特点，制曲原料应符合如下基本要求。

（一）适于有用菌的生长和繁殖

酒曲中的有用微生物包括霉菌、细菌及酵母菌等。这些菌类的生长和繁殖，必须有碳源、氮源、生长素、无机盐、水等营养成分，并要求有适宜的 pH、温度、湿度及必要的氧气等条件。故制曲原料应满足有用微生物生长的上述两方面的要求。例如制大曲和小曲的大麦及大米等原料，除富含淀粉、维生素及无机元素外，还含有足以使微生物生长的蛋白质；制麸曲的原料麸皮，既是碳源，又是氮源。又如为了使曲坯具有一定的外形，并适应培曲过程中品温升降、散热、水分挥发、供氧的规律，在选择原料时必须考虑曲料的黏附性能及疏松度，并注意原料的合理配比。此外，对于多种菌的共生，应兼顾各自的生理特征。凡含有抑制有用菌生长成分的原料，都不宜使用。

（二）适于酿酒酶系的形成

酒曲是糖化剂或糖化发酵剂。故除了要求成曲含有一定量的有用微生物以外，还需积累多种并多量的胞内酶和胞外酶，其中最主要的是淀粉酶。而此类酶多为诱导酶，故要求制曲原料含有较多量的淀粉，以及促进淀粉酶类形成的无机离子。蛋白质也是产酶的必要成分，故制曲原料应含有适宜的蛋白质。

（三）有利于酒质

大曲及麸曲，其用量很大，故广义地说，制曲原料和成曲也是制酒原料的一部分。例如大曲原料的成分及制曲过程中生成的许多成分，都间接或直接与酒质有关。另外，制曲原料不宜含有较多的脂肪，这也是与制酒原料的相同之处。

二、制曲原料

（一）麸皮

麸皮是制麸曲的主要原料，具有营养种类全面、吸水性强、表面积及疏松度大等优点，它本身也具有一定的糖化能力，而且还是各种酶的良好载体。质量较好的麸皮，其碳氮比适中，能充分满足曲霉等生长繁殖和产酶的需要。但因小麦加工时出粉率的不同，麸皮的质量也有很大的差异。例如对于质量较差的红麸皮，以及含氮量低而出粉率高达95%以上的“全麦面麸皮”之类，在用于制麸曲时，应添加适量的硫酸铵等无机氮源或豆饼粉等有机氮源。但在白麸皮中淀粉含量较高而氮含量不足的情况下，采用添加玉米粉的方法则不可取，这会使碳源过剩而升温迅猛，导致烧曲现象的发生。

（二）大麦

黏结性能较差，皮壳较多。若用以单独制曲，则品温速升骤降。与豌豆共用，可使成曲具有良好的曲香味和清香味。

（三）小麦

含淀粉量最高，富含面筋等营养成分，含氨基酸20多种，维生素含量也很丰富，黏着力也较强，是各类微生物繁殖、产酶的优良天然物料。若粉碎适度、加水适中，则制成的曲坯不易失水和松散，也不至于因黏着力过大而存水过多。

（四）豌豆

黏性大，淀粉含量较高。若用以单独制曲，则升温慢，降温也慢。故一般与大麦混合使用，以弥补大麦的不足。但用量不宜过多。大麦与豌豆的比例，通常以3∶2为宜。也不宜使用质地坚硬的小粒豌豆。若以绿豆、赤豆代替豌豆，则能产生特异的清香。但因其成本很高，故很少使用。其他含脂肪量较高的豆类，会给白酒带来邪味，不宜采用。

第二节　制酒原料

一、原料成分与酿酒的关系

白酒界有“高粱香、玉米甜、大麦冲、大米净”的说法，概括了几种原料与酒质的关系，一般情况下，粮谷原料要求籽粒饱满，有较高的干粒重，原粮水分在14%以下。国家名优大曲酒，是以高粱为主要原料，适量搭配玉米、大米、糯米、小麦及荞麦等。不同的原料其出酒率和成品酒的风味也不相同。即使是同一种原料，因其成分的差异，酿出的成品酒也有区别，所以原料的成分与酿酒有密切的关系，其中碳水化合物、蛋白质、脂肪、灰分以及果胶、单宁等的含量对酿酒都有不同程度的影响。

(一) 碳水化合物

原料中含有的淀粉或蔗糖、麦芽糖、葡萄糖等，在微生物和酶的作用下，可发酵生成酒精。因此淀粉（包括可发酵性糖）含量越高，出酒率也越高。此外，它们也是酿酒过程中微生物的营养物质及能源。

碳水化合物中的五碳糖等非发酵性糖，在生产中不能生成酒精，有些在发酵过程中易生成糠醛等有害物质，因此这类物质含量越少越好。纤维素也是碳水化合物，但不能被淀粉酶分解，可起填充作用，对发酵没有直接影响。

(二) 蛋白质

在酿酒过程中，原料蛋白质经蛋白酶分解，可成为酿酒微生物生长繁殖的营养成分。一般情况下，当发酵培养基中氮含量合适时，曲霉菌丝生长旺盛，酵母菌繁殖良好，酶含量也高。此外，蛋白质的分解产物可增加白酒的香气。例如：氨基酸在微生物作用下水解，脱氨基并释放二氧化碳，生成比氨基酸少一个碳的高级醇。但若蛋白质含量过高，易造成生酸多，妨碍发酵，影响产品风味。因此原料中蛋白质含量要适当，不宜过多。

(三) 脂肪

酿酒原料中，脂肪含量一般较低，在发酵过程中可生成少量脂类。脂肪含量高，发酵过程中升酸快，升酸幅度大。

(四) 灰分

灰分为原料经碳化烧灼后的残渣，与酿酒关系不大。灰分中含有多种微量元素，这些元素在某种程度上与微生物的生长相关联，如灰分中的磷、硫、钙、钾等是构成微生物菌体细胞和辅酶的必需成分。

(五) 果胶

块根或块茎作物中果胶含量较多（如甘薯、木薯等），果胶在高温情况下易分解生成甲醇，不但对人体有害，而且影响醪液黏度。

(六) 单宁

单宁有涩味，具有收敛性，遇铁生成蓝黑色物质，使蛋白质凝固，因此单宁对酿酒微生物的生长有害。但也有资料介绍，高粱中的少量单宁，在发酵过程中可生成丁香酸、丁香醛等香味物质。

(七) 其他物质

有的原料中存在一些有碍发酵的成分，如木薯中的氢氰酸，发芽马铃薯中的龙葵素，野生植物中的生物碱。这些成分经蒸煮、发酵过程后大多数可被分解破坏。

二、谷物原料

（一）高粱

高粱按黏度分为粳、糯两类，北方多产粳高粱，南方多产糯高粱。糯高粱几乎全为支链淀粉，结构较疏松，能适于根霉生长，以小曲制高粱酒时，淀粉出酒率较高。粳高粱含有一定量的直链淀粉，结构较紧密，蛋白质含量高于糯高粱。通常将粳高粱称为饭高粱。现在已有多种杂交高粱种植。

高粱按色泽可分为白、青、黄、红、黑几种，颜色的深浅，反映其单宁及色素成分含量的高低。通常高粱含水分13%～14%，含淀粉64%～65%，含粗蛋白质9.4%～10.5%，五碳糖约2.8%（高粱糠皮含五碳糖7.6%）。其中部分五碳糖在分析时亦作粗淀粉计，但实际上很难被发酵。

高粱内容物多为淀粉颗粒，外有一层由蛋白质及脂肪等组成的胶粒层，易受热分解。高粱的半纤维含量约为2.8%。高粱壳中的单宁含量在2%以上，但籽粒仅含0.2%～0.3%。微量的单宁及花青素等色素成分，经蒸煮和发酵后，其衍生物为香兰酸等酚元化合物，能赋予白酒特殊的芳香；但若单宁含量过多，则抑制酵母发酵，并在开大汽蒸馏时会被带入酒中，使酒带苦涩味。高粱蒸煮后疏松适度，黏而不糊。

（二）玉米

玉米有黄玉米、白玉米、糯玉米和粳玉米之分。通常黄玉米淀粉含量高于白玉米。玉米的胚芽中含有大量的脂肪，若利用带胚芽的玉米制白酒，则酒醅发酵时生酸快、生酸幅度大，并且脂肪氧化而形成的异味成分带入酒中会影响酒质。故用以制白酒的玉米必须脱去胚芽。玉米中含有较多的植酸，可发酵为环已六醇及磷酸，磷酸也能促进甘油（丙三醇）的生成。多元醇具有明显的甜味，故玉米酒较为醇甜。不同地区玉米成分含量不同，但主要成分含量适中。玉米的半纤维素含量高于高粱，常规分析时淀粉含量与高粱相当，但出酒率不及高粱。玉米淀粉颗粒形状不规则，呈玻璃质的组织状态，结构紧密，质地坚硬，难以蒸煮，但一般粳玉米蒸煮后不黏不糊。

（三）大米

大米有粳米和糯米之分，粳米的蛋白质、纤维素及灰分含量较高；而糯米的淀粉含量和脂肪含量较高。一般情况下大米含量以淀粉为主，占68%～73%，含有少量的糊精及糖分，在米粒的糠皮内含有较多的粗蛋白。在米糠内还含有一定量的脂肪，但作为酿酒原料，脂肪含量较高，酒质将受到一定影响。粳米淀粉结构疏松，利于糊化。但如果蒸煮不当而太黏，则发酵温度难以控制。大米在混蒸混烧的白酒蒸馏中，可将饭的香味带至酒中，使酒质爽净。故五粮液、剑南春等均配有一定量的粳米；桂林三花酒、玉冰烧、长乐烧等小曲酒以粳米为原料。糯米质软，蒸煮后黏度大，故需与其他原料配合使用，使酿成的酒具有甘甜味。如五粮液、剑南春等均使用一定量的糯米。

（四）大麦及小麦

大麦和小麦除用于制曲外，还可以用来制酒。

小麦中的碳水化合物约占70%，除淀粉外，还有少量的蔗糖、葡萄糖、果糖等（其含量为2%～4%），以及2%～3%的糊精。小麦的蛋白质含量约为15%，粗脂肪约占2%，粗灰分约1.5%，水分12%。其蛋白组分以麦胶蛋白和麦谷蛋白为主，麦胶蛋白中以氨基酸为多。这些蛋白质可在发酵过程中形成香味成分。五粮液、剑南春等均使用一定量的小麦。但小麦的用量要适当，以免发酵时产生过多的热量。

大麦中的碳水化合物约占80%，除淀粉（约60%）外，还有纤维素、半纤维素、麦胶物质（其含量为15%～20%），以及2%的糖类。大麦的蛋白质含量约为11%，粗脂肪约占2%～3%，粗灰分约4%，水分15%。大麦中存在的蛋白质主要是非水溶性的无磷高分子简单蛋白质。

三、薯类原料

甘薯、马铃薯、木薯等都含有大量淀粉，在粮食短缺时期是我国白酒生产的主要原料之一。但总体来说，薯类原料的酒质不及谷物原料，不宜在白酒生产中采用。但薯类原料淀粉出酒率高，适于酒精生产，而在酒精生产中采用精馏方法可将不好的杂质除净。

（一）甘薯

甘薯的淀粉颗粒大，组织不紧密，吸水能力强，易糊化。

鲜甘薯含粗淀粉25%左右，其中可溶性糖约占2%，薯干含粗淀粉70%左右，其中可溶性糖约占7%，红薯干含粗蛋白5%～6%，薯干的淀粉纯度高，含脂肪及蛋白质较少，发酵过程中升酸幅度较小，因而淀粉出酒率高于其他原料。但薯中微量的甘薯树脂对发酵稍有影响，薯干中含有的4%左右的果胶质，是白酒中甲醇的主要来源，成品酒中甲醇含量较高。

染有黑斑病的薯干，将番薯酮带入酒中，会使成品酒呈“瓜干苦”味。若酒内番薯酮含量达100mg/L，则呈严重的苦味和邪味。用黑斑病严重的薯干制酒所得的酒糟，对家畜也有毒害作用。黑斑病薯经蒸煮后有霉坏味及有毒的苦味，这种苦味质能抑制黑曲霉、米曲霉、毛霉、根霉的生长，影响酵母的繁殖和发酵，但对醋酸菌、乳酸菌等的抑制作用则很弱。

番薯酮的分子式为$C_{15}H_{22}O_3$，是由黑斑病作用于甘薯树脂而产生的油状苦味物质。对于病薯原料，应采用清蒸配醅的工艺，尽可能将坏味挥发掉。但对黑斑病及霉坏严重的薯干，清蒸也难于解决问题。若制液态发酵法白酒，则可采用精馏或复馏的方法，以提高成品酒的质量。对于苦味较重的白酒，可采用活性炭吸附法使苦味稍微减轻，但也不能根除，且操作复杂并造成酒的损失。甘薯的软腐病和内腐病是感染细菌及霉菌所致，这些菌具有较强的淀粉酶及果胶酶活性，致使甘薯改变形状。使用这种甘薯制酒并不影响出酒率，但在蒸煮时应适当多加填充料及配醅，并采用大火清蒸，缩短蒸煮时间，以免糖分流失和生成多量的焦糖而降低出酒率。使用这种原料制成的白酒风味很差。

（二）马铃薯

以马铃薯为原料采用固态发酵法制白酒，则成品酒有类似土腥气味，故多先以液态发酵法制取食用酒精后，再进行串蒸香醅而得成品酒。马铃薯是富含淀粉的原料，鲜薯含粗淀粉 25%～28%，干薯片含粗淀粉 70%左右，马铃薯的淀粉颗粒大，结构疏松，容易蒸煮糊化。但应防止一冻一化，以免组织破坏，使有用物质流失并难以糊化。如用马铃薯为原料固态发酵法制白酒，则辅料用量要大。

马铃薯发芽呈紫蓝色，其有毒的龙葵苷含量为 0.12%左右；经日光照射而呈绿色的部分，其龙葵苷含量增加 3 倍；幼芽部分的龙葵苷含量更高。龙葵苷对发酵有危害作用。

（三）木薯

木薯淀粉含量丰富，可作为酿酒原料。木薯中含胶质和氰化物较高，因此在用木薯酿酒时，原料应先经过一系列的加工程序。如水塘沤浸发酵法，可使皮层含有的氰化物，经过腐烂发酵而消失；石灰水浸泡处理法，可利用碱性破坏氰化物；开锅蒸煮排杂法，可在蒸煮过程中排除氰化物（分离出来的是氰化氢或氢氰酸）。应注意化验成品酒，使酒中所含甲醇及氰化物等有毒物质含量不超过国家的食品卫生标准。

以木薯为原料、麸曲为糖化剂、酒母为发酵剂进行固态发酵；也可采用液态发酵法生产食用酒精后，再用香醅串蒸得成品酒。淀粉出酒率通常可达 80%以上。

四、其他原料

（一）豆类

用于酿酒的豆类原料主要有豌豆和绿豆。

豌豆所含的碳水化合物中，主要成分为淀粉，含量约为 40%，糊精约为 6.5%，还有半乳聚糖、戊聚糖等。另外豌豆中还含有 1%左右的卵磷脂，蛋白质主要为豆球蛋白及豆清蛋白等。

绿豆中淀粉含量约为 55%，糊精约为 3.5%，还有粗纤维、戊聚糖等。

豌豆与绿豆并用，制成大曲作为糖化剂，或磨粉后与高粱粉混合，供“立楂”用。以绿豆为主要原料依法制成的蒸馏酒，特称绿豆烧。

（二）糖蜜

甜菜糖厂的甜菜废糖蜜，甘蔗糖厂的甘蔗废糖蜜，葡萄糖厂或异构糖厂的废糖蜜，饴糖厂的废液等，都含有丰富的糖分（50%左右），可以作为酿酒的原料。经过加工处理，选用强力酵母，合理的蒸馏操作，可以制得良好的蒸馏白酒。

废糖蜜为制糖厂或炼糖厂的一种不可避免的副产物，其中含有糖分及其他有机和无机化合物，作为酒精厂或制酒厂的原料，具有价格便宜的特点。

在甘蔗糖产区，如古巴、牙买加、波多黎各等地区，利用甘蔗汁或甘蔗糖浆为原料，经过发酵、蒸馏、贮存和勾兑而制成蒸馏酒，称为老姆酒。

（三）代用原料

所谓代用原料，就是在特殊情况下，利用当地的资源，代替传统原料，酿造相应的白酒。在粮食供应较为紧张的时期，全国有关酒厂，曾经利用过含淀粉的农副产品下脚料，如淀粉渣、高粱糠等，制造白酒。也曾设法利用含有淀粉和糖分的野生植物制造白酒，如橡子、土茯苓、蕨根、葛根等经过粉碎等加工程序后，与粮食原料配用，可酿造一般白酒。其缺点是单宁含量较多，单宁对淀粉糖化与发酵的酶类有破坏作用，对酵母菌有抑制作用，不利于白酒的生产，应设法将其除去。

五、辅料

制白酒所用的辅料，按其作用可分为两大类：一类是利用其成分，如固态或液态发酵，均使用酒糟以及液态发酵中使用的少量豌豆、大麦等；另一类则主要利用其物性特点，如稻壳等。

辅料要求杂质较少、新鲜、无霉变；具有一定的疏松度与吸水能力；或含有某些有效成分；少含果胶、多含缩戊糖等成分。利用辅料中的有效成分，调剂酒醅的淀粉浓度，冲淡或提高酸度，吸收酒精，保持浆水，使酒醅具有适当的疏松度和含氧量，并增加界面作用，保证蒸馏和发酵顺利进行，利于酒醅的正常升温。

白酒厂多以稻壳、谷糠、麸皮、酒糟为辅料；花生壳、玉米芯、高粱壳、甘薯蔓、稻草、麦秆等用得较少。因为玉米芯等含有多量的多缩戊糖，在发酵过程中会产生较多的糠醛，使酒稍呈焦苦味；高粱壳的单宁含量较高，能抑制酵母的发酵，甘薯蔓含果胶质较多，经曲中黑曲霉等分泌的果胶酶作用后，会生成多量的甲醇。下面介绍几种常见的辅料。

（一）稻壳

又名稻皮、砻糠、谷壳，是稻谷加工的副产物。稻壳含有纤维素 35.5%～43%，多缩戊糖 16%～22%，木质素 24%～32%，是理想的疏松剂和保水剂，用作白酒生产的辅料有长期的实践经验。.

一般使用 2～4 瓣的粗壳，不用细壳，因细壳中含大米的皮较多，脂肪含量高，疏松度也较低。稻壳因质地坚硬、吸水性差，故使用效果及酒糟质量不如谷糠，但经适度粉碎的粗稻壳的疏松度较好，吸水能力增强，可避免淋浆现象。又因价廉易得，被广泛用于酒醅发酵和蒸馏的填充料。稻壳含有多量的多缩戊糖及果胶质，在生产过程中会生成糠醛和甲醇，故需在使用前清蒸 30min。

（二）谷糠

又名米糠，是小米和黍米的外壳，一般指淀粉工厂和谷物加工厂的副产品。细谷糠为小米的糠皮，因其脂肪含量较高，疏松度较低，不宜用作辅料。制白酒所用的是粗谷糠，其用量较少而发酵界面较大。在小米产区多以它为优质白酒辅料；也可与稻壳混用。使用经清蒸的粗谷糠制大曲酒，可赋予成品酒特有的醇香和糟香；若用作麸曲白酒的辅料，也是上乘的辅料，成品酒较纯净。

（三）高粱壳

高粱籽粒的外壳，吸水性能较差。故使用高粱壳或稻壳作辅料时，醅的入窖水分稍低于使用其他辅料的酒醅。高粱壳虽含单宁较高，但对酒质无明显的不良影响。西凤酒及六曲香等均以新鲜的高粱壳为辅料。

（四）玉米芯

指玉米穗轴的粉碎物，粉碎度越大，吸水量越大。但多缩戊糖含量较多，对酒质不利。

（五）其他辅料

高粱糠及玉米皮，既可以制曲，又可作为制酒的辅料。花生壳、禾谷类秸秆的粉碎物、干酒糟等，在用作制酒辅料时必须进行清蒸排杂。使用甘薯蔓作辅料的成品酒质量较差；麦秆能导致酒醅发酵升温猛、升酸高；荞麦皮含有紫芸苷，会影响发酵；以花生皮作辅料，成品酒甲醇含量较高。

第三节　白酒生产用水

一、概述

白酒生产用水是指在白酒生产过程中各种用水的总称，包括工艺用水和锅炉用水、冷却用水等非酿造用的生产用水。

水是白酒生产过程中必需的原料，有了水就可以完成各种生物化学作用，也可以让微生物完成各种新陈代谢反应，从而形成酒精及有关的各种风味物质和芳香成分，因此白酒工厂对酿酒用水非常重视，认为“水是酒的血”。白酒生产一般采用自来水、河水、井水，也有利用湖水和泉水的。水质的好坏，不仅影响酒味，也影响到出酒率的高低。俗话说“名酒必有佳泉”。为了酿制名优酒，对酿酒用水应该高度重视。一般对酿酒用水的感官要求是：无色透明、无臭味，具有清爽、微甜、适口的味道，应达到国家规定的生活用水标准。

白酒工艺用水是指与原料、半成品、成品直接接触的水，可分为三部分：一是制曲时拌料、微生物培养、制酒原料的浸泡、糊化稀释等工艺过程使用的酿造用水；二是用于设备、工具清洗等的洗涤用水；三是成品酒的加浆用水，也即高度白酒勾兑（降度）用水与高度原酒制成低度白酒时的稀释用水。

在液态发酵法或半固态发酵法生产白酒的过程中，蒸煮醪和糖化醪的冷却，发酵温度的控制，以及各类白酒蒸馏时冷凝，均需大量的冷却用水。这种水不与物料直接接触，故只需温度较低，硬度适当。但若硬度过高，会使冷却设备结垢过多而影响冷却效果。为节约用水，冷却水应尽可能予以回用。

锅炉用水，通常要求无固形悬浮物，总硬度低；pH 值在 25℃时高于 7，含油量及溶解物等越少越好。锅炉用水若含有砂子或污泥，则会形成层渣而增加锅炉的排污量，并影响炉壁的传热，或堵塞管道和阀门；若含有多量的有机物质，则会引起炉水泡沫、蒸气中夹带水分，因而影响蒸气质量；若锅炉用水硬度过高，则会使炉壁结垢而影响传热，严重时，会使炉壁过热而凸起，引起爆炸事故。

二、白酒酿造用水

（一）酿造用水的基本要求

酿造用水中所含的各种组分，均与有益微生物的生长，酶的形成和作用，以及醅或醪的发酵直至成品酒的质量密切相关。

白酒酿造用水应符合一般生活用水的标准，并在以下几个方面高于生活用水水质标准。

① pH＝6.8～7.2。

② 总硬度 2.50～4.28mmol/L（7～12°d）。

③ 硝酸态氮 0.2～0.5mg/L。

④ 无细菌及大肠杆菌。

⑤ 游离余氯量在 0.1mg/L 以下。

（二）水中离子对酒质的影响

1. 硬度

水的硬度是指溶解在水中的碱金属盐的总和，而其中钙盐和镁盐是硬度指标的基础。我国水的硬度曾采用德国硬度（°d）表示，即 1L 水中含有相当于 10mg 氧化钙的钙、镁离子称为 1°d。现使用的硬度单位为 mmol/L，1mmol/L＝2.804°d。一般分为 6 个等级：硬度 0～1.427mmol/L（0～4°d）的水为最软水；硬度 1.462～2.853mmol/L（4.1～8.0°d）的水为软水；硬度 2.889～4.280mmol/L（8.1～12°d）的水为中等硬水；硬度 4.315～6.420mmol/L（12.1～18°d）的水为较硬水；硬度 6.455～10.699mmol/L（18.1～30°d）的水为硬水；硬度 10.699mmol/L（30°d）以上的水为很硬水。白酒酿造用水以中等硬水较为适宜。

2. 无机成分

水中的无机成分有几十种，它们在白酒的整个生产过程中起着各种不同的作用。

有益作用：磷、钾等无机有效成分是微生物生长的养分及发酵的促进剂。在霉菌及酵母菌的灰分中，以磷和钾含量为最多，其次为镁，还有少量的钙和钠。当磷和钾不足时，则曲霉生长迟缓，曲温上升慢；酵母菌生长不良；醅（醪）发酵迟钝。这说明磷和钾是酿造水中最重要的两种成分。钙、镁等无机有效成分是酶生成的刺激剂和酶溶出的缓冲剂。

有害作用：亚硝酸盐、硫化物、氟化物、氰化物、砷、硒、汞、镉、铬、锰、铅等，即使含量极微，也会对有益菌的生长，或酶的形成和作用，以及发酵和成品酒的质量，产生不良的影响。

应当指出，上述各种成分的有益和有害作用是辩证的。如某些有毒金属元素、曲霉及酵母对此有极微量的要求；而有益成分也应以适量为度，如钙、镁等过量存在，会与酸生成不溶于水和乙醇的成分而使物料的 pH 值高，影响曲霉和酵母菌的生长以及酶的活性与发酵；镁量进入成品太多，将会减弱酒味。如 $MgSO_4$ 是苦的，若拖带到成品酒中，会使酒产生苦味，影响口感。某种无机成分也往往有多种功能，如锰能促进着色，却又是乳酸菌生长所必需的元素。无机成分本身，也会在白酒生产过程中与其他物质进行离子交换而发生各种变化。

三、白酒降度用水

（一）降度用水的要求

水是酒中的主要成分，水质的好坏直接影响到酒的质量，没有符合要求的降度用水，是难以勾兑出质量优良的白酒的，特别是低度白酒尤为重要。故历代酿酒业对水的质量是十分重视的，称“水是酒的血”，“水是酒的灵魂”，“好酒必有佳泉”，所以要重视降度用水的质量。优质自来水可直接使用，但要作水质分析，特别注意余氯、硬度、锰、铁、细菌等指标。白酒降度用水具体要求如下。

1. 外观

无色透明，无悬浮物及沉淀物。降度水必须是无色透明，如呈微黄，则可能含有有机物或铁离子太多；如呈浑浊，则可能含有氢氧化铁、氢氧化铝和悬浮的杂物；静置 24h 后有矿物质沉淀的便是硬水，这些水应处理后再用。

2. 口味

把水加热到 20～30℃，用口尝应有清爽的感觉。如有咸味、苦味不宜使用；如有泥臭味、铁腥味、硫化氢味等也不能使用；取加热至 40～50℃的挥发气体用鼻嗅之，如有腐败味、氨味、沥青和煤气等臭味的，均为不好的水，优良的水应无任何气味。

3. pH 值

pH 值为 7、呈中性的水最好，一般微酸性或微碱性的水也可使用。

4. 氯含量

有尿混入的水以及靠近油田、盐碱地、火山、食盐场地等处的水，常含有多量的氯，自来水中往往也含有活性氯，极易给酒带来不舒适的异味。按规定，1L 水里的氯含量应在 30mg 以下，超过此限量，必须用活性炭处理。

5. 硝酸盐

如果水中含有硝酸盐及亚硝酸盐，说明水源不清洁，附近有污染源。硝酸盐在水中的含量不得超过 3mg/L，亚硝酸盐的含量应低于 0.5mg/L。

6. 腐殖质含量

水中不应有腐殖质的分解物质。由于这些腐殖质能使高锰酸钾脱色，所以鉴定标准是以 10mg 高锰酸钾溶解在 1L 水里，若 20min 内完全褪色，则此水不能用于降度。

7. 重金属

重金属在水中的含量不得超过 0.1mg/L；砷不得超过 0.1mg/L；铜不得超过 2mg/L；汞不得超过 0.05mg/L；锰在水中的含量应低于 0.2mg/L。

8. 总固形物

总固形物包括矿物质和有机物。每升水中总固形物含量应在 0.5g 以下。

凡钙、镁的氯化物或硫酸盐都能使水味恶劣，碳酸盐或其他金属盐类，不管含量多少，都会使水的味道变坏。比较好的水，其固形物含量只有 100～200mg/L。

9. 水的硬度

水的硬度越大说明水质越差。白酒降度用水要求总硬度在 4.5°d 以下（软水）。硬度高或较高的水需经处理后才能使用。用硬度大的水降度，酒中的有机酸与水中的钙、镁盐缓慢反应，将逐渐生成沉淀，影响酒质。

（二）水的净化处理

水的净化，越来越受到酿酒厂的重视，尤其对降度酒和低度白酒更为重要。下面介绍几种常用的净化方法。

1. 沙滤

浑浊不清的水通过自然澄清后，再经过砂滤，即可得到清亮的水。砂滤设备是陶瓷缸或水泥池，两面分别铺上多呈卵石、棕垫、木炭、粗砂和细砂等而成（砂子要用稀盐酸处理并洗净后才用）。浑浊水通过滤层后，砂子滤去悬浮物，木炭可吸附不良气味和一些浮游生物等。此法简单易行，效果也较好，这是我国传统净水方法。也有再让水通过微孔过滤器的，效果更佳。

2. 煮沸

含有碳酸氢钙或碳酸氢镁的硬水，经煮沸后，可分别转变为难溶于水的碳酸钙或碳酸镁，这样水的硬度就可以降低。同时，经过煮沸，也可达到杀菌的目的。煮沸后的水，要经过沉淀、过滤才能使用。此法在酿造工业上应用较少。

3. 凝集作用

往原水中加入铝盐或铁盐，使水中的胶质及细微物质被吸着成凝集体。该法一般与过滤器联用。

4. 活性炭吸附处理

活性炭表面及内部布满平均孔径为 2～5nm 的微孔，能将水中的细微粒子等杂质吸附。再采用过滤的方法将活性炭与水分离。

活性炭用量通常为0.1%～0.2%（质量浓度）。先将粉末状活性炭与水搅匀，静置8～12h后，吸取上清液，经石英砂或上有硅藻土滤层的石英砂层过滤，即可得清亮的滤液。也可装置活性炭过滤器，即在过滤器底部填装0.2～0.3m厚的石英砂，作为支柱层。再在其上面装0.75～1.5m厚度的活性炭。原水从顶部进入，从过滤器底部出水。

吸附饱和的活性炭可以再生，即先用清水、蒸汽从器底进行反洗、反冲后，再从器底通入40℃、浓度为6%～8%的 NaOH 溶液，其用量为活性炭体积的1.2～1.5倍。然后用原水从器顶通入，正洗至出水符合规定的水质要求即可正常运转。通常总运转期可达3年。若再生后的活性炭无法恢复吸附能力，则应更新。

5. 离子交换法

离子交换法是白酒厂普遍采用的水处理方法。使用离子交换树脂与水中的阴阳离子进行交换反应即可吸附水中的各种离子。再以酸、碱液冲洗等再生法将离子交换树脂上的钙镁等离子洗脱后，即可继续使用。

阳离子交换树脂分为强酸型和弱酸型两类；阴离子交换树脂有强碱型和弱碱型两类。若只需除去钙、镁离子，则可选用弱酸型阳离子交换树脂；若还需除去氢氰酸、硫化氢、硅酸、次氯酸等成分，则可选用弱酸型阳离子交换树脂与强碱型阴离子交换树脂联用，或强酸型阳离子交换树脂与弱碱型阴离子交换树脂联用。

离子交换柱一般有一个柱内装一种树脂或两种树脂的单元装置；也可由两个或多个柱串联使用，按水处理量及水质要求而定。一般柱体的直径相当于柱高的1/5；柱材为有机玻璃；在柱内的筛板间，填装离子交换树脂，树脂高度通常为1.2～1.8m。

通常含氯量高的自来水，应先经活性炭吸附后，再从柱顶部通入，1h的出水量为树脂体积的10～20倍。

树脂再生时先用相当于树脂体积1.5～1.7倍的纯水进行反洗10～15min；然后用再生剂冲洗。阳离子交换树脂一般以盐酸或硫酸为再生剂；阴离子交换树脂通常以氢氧化钠为再生剂。再生剂的具体浓度、温度以及冲洗的流速、流量和时间等条件，以再生后达到的水质要求而定。最后再用纯水正洗，其用量为树脂体积的3～12倍。

用离子交换树脂处理得到的降度用水，不必达到无离子的水平，可按实际需要予以控制。

第四节 原辅料的准备

一、原辅料的选购与贮存

（一）原辅料的选购

白酒的酒质与原辅材料的成分和质量密切相关，原辅材料选择应遵循的一般原则如下。

① 原料资源丰富，能够大批量地收集，贮存不易霉烂，有足够的贮存量保证白酒生产之用。且应就地取材，原料价格低廉，便于运输。

② 原料淀粉和糖分含量较高，蛋白质含量适中，脂肪含量极少，单宁含量适当，并含有多种维生素及无机元素，果胶质含量越少越好，以适于白酒生产过程中微生物新陈代谢的需要。

③ 原料中不含土及其他杂质，含水量低无霉变和结块现象，否则大量杂菌污染酒醅后使酒呈严重的邪杂味。若不慎购进不合格原料必须进行筛选和处理，并注意酒醅的低温入池，以控制杂菌生酸过多。

④ 原料中无对人体有毒、对微生物生长繁殖不利的成分，如氰化物、番薯酮、龙葵苷及黄曲霉毒素等。另外农药残留不得超标。

（二）原辅料的贮存

白酒制曲、制酒的多品种原料，应分别入贮库。入库前，要求含水分在14%以下，已晒干或风干的粮谷入库前应降温、清杂。粮粒要无虫蛀及霉变。高粱等粒状原料，一般采用散粒入仓；稻谷、小米、黍米等带壳贮存，临用前再脱壳；麦粉、麸皮等粉状物料，以麻包贮放为好。原料的贮存应符合如下一般原则。

① 分别贮存，即按品种、数量、产地、等级分别贮存。

② 注意防雨、防潮、防抛撒、防鼠耗。

③ 注意通风，防霉变、防虫蛀；加强检查，防止高温烂粮，随时注意品温的变化，对有问题的原料要及时处理。

④ 出库原料“四先用”，即水分含量高的先用，先入库的先用，已有霉变现象的先用，发现虫蛀现象的先用。

二、原辅料的输送

白酒厂原辅料的出入仓及粉碎、供料过程，均需进行物料输送，通常采用机械输送或气流输送。

（一）机械输送

机械输送的主要设备有带式输送机、斗式提升机和螺旋输送机等。

1. 带式输送机

带式输送是白酒厂中应用较为广泛的一种固体物料输送形式，它不仅可用来输送松散的块状和粉状物料（如薯干、谷物等），也可输送大体积的成件物品（如麻袋包等）；可沿水平方向输送，也可倾斜一定角度输送。带式输送机有固定式和移动式两大类。移动式主要用于装卸物料，我国由定型设计和专业工厂制造；固定式则需要根据厂方的具体条件和输送路线的要求进行专门的设计、制造及安装。

带式输送机的特点是：结构简单，管理方便，平稳无噪声，不损伤被输送的物料，能短途或长距离输送，也能中途卸载，使用范围广，输送量大，动力消耗低。

其缺点是：只能作直线输送，若改变输送方向必须几台机联合使用。

2. 斗式提升机

一般工厂采用的斗式提升机，是在带链条或钢索等物体上，每隔一定距离装上料斗，连续垂直向上运输物料。

物料从升运机下部加入斗内，垂直上升到一定高度，升至顶部时，斗的运行方向改变，物料从斗内卸出，达到将低处物料运送到高位置的目的。

料斗类型的选择决定于物料的性质，如粉状、块状、干湿程度和黏着性等，还与生产能力有关。深斗容量大，但不易将物料排尽，特别是潮湿和黏性物料；与此相反，浅斗排料却很好。

3. 螺旋输送机

该设备应用广泛，常用于输送散粒状物料，也可作加料器。通常用于短距离输送，输送距离一般为20～30m，可进行水平和倾斜20°条件下的物料输送。其工作原理是由电机减速器带动螺旋输送机运转，利用螺旋的推力物料沿轴向直线运动，最后被推向出料口。螺旋输送机的结构比较简单，主要由螺旋、机槽、吊架等组成。

常用的螺旋有全叶式和带式两种。前者结构简单，推力和输送量都很大，效率很高，特别是用于松散物料。对黏稠物料则采用带式螺旋。

（二）气流输送

气流输送简称风送，其输送的原理是采用气体流动的动能来输送物料，物料在密闭的管道中呈悬浮状态。气流输送早在19世纪初就已应用于工业上，只是由于当时相应的控制设备和风机尚未发展，因而限制了它的规模和应用。随着科学技术的发展，气流输送在轻工、化工、等行业得到了越来越广泛的应用。在白酒生产中，薯干与玉米粉碎的气流输送（也称风选风送）取得了很好的效果。实践证明它既能代替结构复杂的机械提升和输送，又能有效地将混在原料中的铁、石分离出来，而且特别适合于白酒生产中散粒状或块状物料的输送。最重要的是能对原料进行风选，除去杂物，同时在整个原料输送过程中处于负压状态，有利于实现粉碎工序的无尘操作。

气流输送的主要设备包括旋风分离器、旋转加料器、除尘设备和风机等，常采用的气流输送类型有真空输送和压力输送两种。工厂中，如需要从几个不同的地方向一个卸料点送料时，采用真空输送系统较为合适。如果从一个加料点向几个不同的地方送料时，可采用压力输送系统。

1. 真空输送

真空输送是将空气和物料吸入输料管中，在负压下进行输送，然后将物料分离出来，从旋风分离器出来的空气，经除尘后由风机排出。这种输送方式的特点是能从几个不同的地方向指定地点送料，不需要加料器，排料处要求密闭性高。由于物料在负压状态下工作，故能消除输送系统粉尘飞扬的现象；但输送距离短，输送时所需风速高，功率消耗大。

2. 压力输送

这种输送方式，整个系统处于正压状态，靠鼓风机输出的气体将物料送到规定的地方。在原料加料处要用密封性能较好的加料器，以防止物料反吹。如将真空输送与压力输送结合起来使用，就组成了真空压力输送系统。这种输送流程集中了压力和真空输送系统的优点。

三、原辅料的除杂与粉碎

（一）原料的除杂

原料在收获时，表面都带有很多泥土、沙石、杂草等，在原料的运输中有时会混有金属之类的物质，若不将这些杂质清理，会使粉碎机等机械设备受到磨损，一些杂质甚至会使阀门、管路及泵发生堵塞。

因此原料在投入生产前，必须先经预处理。白酒厂通常采用振动筛去除原料中的杂物，用吸式去石机除石，用永磁滚筒除铁。也有工厂采用气流输送的工艺，对清除铁块、沙石等杂质有较好的效果。

（二）原料的粉碎

谷物或薯类原料的淀粉，都是植物体内的贮存物质，以颗粒状态存在于植物细胞中，受到植物组织与细胞壁的保护，既不溶于水，也不易和淀粉水解酶接触。因此，为了使植物组织破坏，就需要对原料进行粉碎。经粉碎后的粉状原料，增加了原料的受热面积，有利于淀粉原料的吸水膨化、糊化，提高热处理效率。

白酒原料的粉碎，采用锤式粉碎机、辊式粉碎机及万能磨碎机。粉碎的方法有湿法粉碎及干法粉碎两种。不同的白酒生产工艺对原料粉碎的要求不尽相同，粉碎的具体要求见第六、七、八章。

第五节　原料浸润与蒸煮

一、原料浸润

在各种白酒生产工艺中，大多要对经过预处理的原料进行润水，这一工艺过程俗称润料。润料的目的是让原料中的淀粉颗粒充分吸收水分，为蒸煮时淀粉糊化，或直接生料发酵创造条件。

润料时的加水量及润料时间的长短由原料特性、水温、润料方法、蒸料方式及发酵工艺而定。如汾酒以90℃的水高温润料，但因为采用清蒸二次清工艺，故润料时间为18～20h；浓香型大曲酒的生产采用续糟配料、混蒸混烧工艺，以酸性的酒醅拌和润料，因淀粉颗粒在酸性条件下较易润水及糊化，又为多次发酵，故润料只需要几小时。一般而言，热水高温润料更有利于水分吸收、渗入淀粉颗粒内部。

小曲酒生产中要对原料大米进行浸洗。在浸洗过程中除了使大米淀粉充分吸水为糊化创造条件外，同时还除去附于大米上的米糠、尘土及夹杂物。此外，在浸洗过程中大米中的许多成分因溶入浸米水而流失。据研究，钾、磷、钠、镁、糖分、淀粉、蛋白质、脂质及维生素等，均有不同程度的溶出。

二、原料蒸煮

润水后的原料虽然吸收了水分，发生了一定程度的膨胀，但是其中的淀粉颗粒结构并没有解体，仍然不利于后续的糖化发酵。原料蒸煮的主要目的就是在润水的基础上使淀粉颗粒进一步吸水、膨胀、进而糊化，以利于淀粉酶的作用。

同时，在高温蒸煮条件下，原辅料也得以灭菌，并排除一些挥发性的不良成分。

在原料蒸煮过程中，还会发生其他许多复杂的物质变化。对于续糙混蒸而言，酒醅中的成分也会与原料中的成分发生作用。

（一）碳水化合物的变化

1. 淀粉在蒸煮过程中的变化

在蒸煮过程中，随着温度升高，原料中的淀粉要顺次经过膨胀、糊化和液化等物理化学变化过程。在蒸煮后，随着温度的逐渐降低，糊化后淀粉还可能发生“老化”现象。同时，因为原料和酒曲中淀粉酶系的存在使得一小部分淀粉在蒸煮过程发生“自糖化”。

（1）淀粉的膨胀　淀粉是亲水胶体，遇水时，水分子因渗透压的作用而渗入淀粉颗粒内部，使淀粉颗粒的体积和质量增加，这种现象称为淀粉的膨胀。

淀粉颗粒的膨胀程度，随水分的增加和温度的升高而增加。在40℃以下，淀粉分子与水发生水化作用，吸收20%～25%的水分，1g干淀粉可放出104.5J的热量；自40℃起，淀粉颗粒的膨胀速度明显加快。

（2）淀粉的糊化　随着温度的升高和时间的延长，淀粉的膨化作用不断进行，直到各分子间的联系被削弱而引起淀粉颗粒之间的解体，形成均一的黏稠体。这种淀粉颗粒无限膨胀的现象，称为糊化，或者称为淀粉的α-化或凝胶化。淀粉的糊化过程与初始的膨胀不同，它是一个吸热的过程，糊化1g淀粉需吸热6.28kJ。

经糊化的淀粉颗粒的结构，由原来有规则的结晶层状结构，变为网状的非结晶构造。支链淀粉的大分子组成立体式网状，网眼中是直链淀粉溶液及短小的支链淀粉分子。

由于淀粉结构、颗粒大小、疏松程度及水中的盐分种类和含量的不同，加之任何一种原料的淀粉颗粒大小都不均一，故不同的原料有不同的糊化温度范围。例如玉米淀粉为65～75℃，高粱淀粉为68～75℃，大米为65～73℃。对于白酒酿造用的淀粉质原料，其组织内部的糖和蛋白质等对淀粉有保护作用，故欲使糊化完全，则需要更高的温度。

实际上，白酒原料在常压固体状态下蒸煮时，只能使植物组织和淀粉颗粒的外壳破裂，大部分淀粉细胞仍保持原有状态；而在生产液态发酵法白酒时，当蒸煮醪液吹出锅时，由于压力差致使细胞内的水变为蒸汽才使细胞破裂。这种醪液称为糊化醪或蒸煮醪。

（3）液化　这里的“液化”概念，与由 α-淀粉酶作用于淀粉而使黏度骤然降低的“液化”含义不同。

当淀粉糊化后，若品温继续升高至130℃左右时，由于支链淀粉已经几乎全部溶解，网状结构也完全被破坏，淀粉溶液成为黏度低的、易流动的醪液，这种现象称为液化或溶解。液化的具体温度因原料而异，例如玉米淀粉的为146～151℃。

上述的糊化和液化现象，可以用氢键理论予以解释：氢键随温度的升高而减少，故升温使淀粉颗粒中淀粉大分子之间的氢键削弱，淀粉颗粒部分解体，形成网状组织，黏度上升，发生糊化现象；温度升至120℃以上时，水分子与淀粉之间的氢键开始被破坏，故醪液黏度下降，发生液化现象。

淀粉在膨胀、糊化、液化后，尚有10%左右的淀粉未能溶解，须在糖化、发酵过程中继续溶解。

（4）熟淀粉的老化　经过糊化或者液化后的淀粉醪液，当其冷却至60℃时，会变得很黏稠；温度低于55℃时，则会变为胶凝体，不能与糖化剂混合。若再进行长时间的自然缓慢冷却，则会重新形成晶体。若原料经固态蒸煮后，将其长时间放置，自然冷却而失水，则原来已经被 α-化的 α-淀粉，又会回到原来的 β-淀粉状。

上述两种现象，均称为熟淀粉的“返生”或“老化”或 β-化。根据试验，糖化酶对熟淀粉和 β-化淀粉的作用的难易程度，相差约5000倍。

老化现象的原理是淀粉分子间的重新联结，或者说是分子间氢键的重新建立。因此，为了避免老化现象，若为液态蒸煮醪，则应设法尽快冷却至65～60℃，并立即与糖化剂混合进行糖化；若为固态物料，也应该从速冷却，在不使其缓慢冷却失水的情况下，加曲、加量水入池发酵。

（5）自糖化　白酒的制曲和制酒原料中，大多含有淀粉酶系。当原料蒸煮的温度升至50～60℃时，这些酶被活化，将淀粉部分分解为糊精和糖，这种现象称为“自糖化”。例如甘薯主要含有 β-淀粉酶，在蒸煮的升温过程中会将淀粉部分变为麦芽糖和葡萄糖。整粒原料蒸煮时，因糖化作用而生成的糖量很有限；但使用粉碎的原料蒸煮时，能生成较多的糖，尤其是在缓慢升温的情况下。

以续糙混蒸的方式蒸料时，尽管为酸性条件，但淀粉因此水解的程度并不明显。

2. 糖的变化

白酒生产中的谷物原料含糖量最高可达4%左右。在蒸煮的升温过程中，原料的自糖化也产生一部分糖。这些糖在蒸煮过程中会发生各种变化，尤其是在高压蒸煮的情况下。

（1）羟甲基糠醛的形成　葡萄糖和果糖等己糖，在高压蒸煮的过程中可脱去3分子水而生成的5-羟甲基糠醛，5-羟甲基糠醛很不稳定，会进一步分解为戊隔酮酸及甲酸。部分5-羟甲基糠醛缩合，生成棕黄色的色素物质。这些物质的形成对白酒发酵的影响不大，只是会造成糖分的损失。

$$CHO{-}(CHOH)_4{-}CH_2OH \longrightarrow HOH_2C{-}C_4H_2O{-}CHO \longrightarrow CH_3{-}CO{-}CH_2{-}CH_2{-}COOH + HCCOH$$

己糖　　5-羟甲基糠醛　　戊隔酮酸　甲酸

（2）美拉德反应　美拉德反应是还原糖化合物和氨基化合物之间的反应，又称为氨基糖反应。还原糖和氨基酸经过美拉德反应最终生成棕褐色的“类黑色素”。这些类黑色素为无定形物，不溶于水或中性试剂，不能为酵母发酵利用，除了造成可发酵性糖和氨基酸的损失外，还会降低酵母和淀粉酶的活力。据报道，若发酵醪中的氨基糖含量自0.25%增至1%，则淀粉酶的糖化能力下降25.2%。

生成氨基糖的速度，因还原糖的种类、浓度及反应的温度、pH而异。通常戊糖与氨基的反应速率高于己糖；在一定的范围内，若反应温度越高、基质浓度越大，则反应速率越快。

美拉德反应产物多为食品中极为重要的风味成分，若酒醅经水蒸气蒸馏将微量的氨基糖带入酒中，可能会起到恰到好处的呈香呈味作用。据报道，酱香型白酒主体香味成分的形成与美拉德反应产物有着密切关系。

（3）焦糖的生成　在原料蒸煮时，在无水和没有氨基化合物存在的情况下，当蒸煮温度超过糖的熔化温度时，糖也会因失水或裂解的中间产物凝集，而成黑褐色的无定形产物——焦糖，这一现象称为糖的焦化。当有铵盐存在时会促进焦糖的生成。

焦糖的生成，不但使糖分损失，而且也影响糖化酶及酵母的活力。

由于焦糖化在无水和高于糖的熔点的条件下才能发生，因而只是在蒸煮薯干等含果糖等低熔点糖类多的原料时发生的概率高些，而在蒸煮玉米（主要含蔗糖）时，焦糖很少产生。

蒸煮温度越高、醪液中糖浓度越大，则焦糖生成量越多。焦糖化往往发生于蒸煮锅的死角及锅壁的局部过热处。

在生产中，为了降低类黑色素及焦糖的生成量，应掌握好原料加水比、蒸煮温度及pH等各项蒸煮条件。

3. 纤维素的变化

纤维素是细胞壁的主要成分，蒸煮温度在160℃以下，pH值为5.8～6.3，其化学结构不发生变化，只是吸水膨胀。

4. 半纤维素的变化

半纤维素的成分大多为聚戊糖及少量多聚己糖。当原料与酸性酒醅蒸煮时，在高温条件下，聚戊糖会部分地分解为木糖和阿拉伯糖，并均能继续分解为糠醛。这些产物都不能被酵母所利用。多聚己糖则部分分解为糊精和葡萄糖。

半纤维素也存在于粮谷的细胞壁中，故半纤维素的部分水解，也可使细胞壁部分损伤。

（二）含氮物、脂肪及果胶的变化

1. 含氮物的变化

原料蒸煮时，当品温在140℃以前，因为蛋白质发生凝固及部分变性，会使可溶性含氮量有所下降；当温度升至140～158℃时，则可溶性含氮量会因发生胶溶作用而增加。

整粒原料的常压蒸煮，实际上分为两个阶段。前期是蒸汽通过原料层，在颗粒表面结露成凝缩水；后期是凝缩水向米粒内的渗透，主要作用是使淀粉α-化及蛋白质变性。只有在液态发酵法生产白酒的原料高压蒸煮时，才有可能产生蛋白质的部分胶溶作用。在高压蒸煮整粒谷物时，有20%～50%的谷蛋白进入溶液；若为粉碎的原料，则比例会更大一些。

2. 脂肪的变化

脂肪在原料蒸煮过程中的变化很小，即使在140～158℃的高温，也不能使甘油酯充分分解。在液态发酵法的原料高压蒸煮中，也只有5%～10%的脂类物质发生变化。

3. 果胶的变化

果胶由多聚半乳糖醛酸或半乳糖醛酸的甲酯化合物所组成。果胶质是原料细胞壁的组成部分，也是细胞间的填充剂。

果胶质中含有许多甲氧基（$-OCH_3$），在蒸煮时果胶质分解，甲氧基会从果胶质中分离出来，生成甲醇和果胶酸。

$$\underset{\text{果胶质}}{(RCOOCH_3)_n} \xrightarrow[nH_2O]{\text{果胶酶}} \underset{\text{果胶酸}}{(RCOOH)_n} + \underset{\text{甲醇}}{nCH_3OH}$$

原料中果胶质的含量，因其品种而异。通常薯类中的果胶质含量高于谷物原料。蒸煮温度越高，时间越长，由果胶质生成的甲醇量越多。

甲醇的沸点为64.7℃，故在将原料进行固态常压清蒸时，可采取从容器顶部放气的办法排除甲醇。若为液态蒸煮，则甲醇在蒸煮锅内呈气态，集结于锅的上方空间，故在间歇法蒸煮过程中，应每隔一定时间从锅顶放一次废气，使甲醇也随之排走。若为连续法蒸煮，则可将从气液分离器排出的二次蒸汽经列管式加热器对冷水进行间壁热交换；在最后的后熟锅顶部排出的废气，也应该通过间壁加热法以提高料浆的预热温度。故此，可避免甲醇蒸气直接溶于水或料浆。

（三）其他物质变化

蒸料过程中，还有很多微量成分会分解、生成或挥发。例如由于含磷化合物分解出磷酸，以及水解等作用生成一些有机酸，故使酸度增高。若大米的蒸煮时间较长，则不饱和脂肪酸减少得多，而醋酸异戊酯等酯类成分却增加。

物料在蒸煮过程中的含水量也是增加的。

（四）原料蒸煮的一般要求

原料经过蒸煮其目的是有利于微生物和酶的利用，同时还有利于酿酒生产的操作。故此，蒸煮过程并不是越熟越好，蒸煮过于熟烂，淀粉颗粒易溶于水，看起来有利于发酵，但事实上，淀粉颗粒蒸得过于黏糊，转化为糖、糊精过多，从而使醅子发黏，疏松透气性能差，不利于固态发酵生产操作，同时糖分转化过多过快，会引起发酵微生物酵母的早衰，造成发酵前期升温过猛，发酵过快，影响酵母的生长、繁殖、发酵。中挺时间短，破坏了曲酒生产“前缓、中挺、后缓落”的发酵规律，给大曲酒的产量、质量带来不利影响；相反，如果蒸煮不熟不透，窖内的微生物不能利用，又易生酸。因此对蒸煮时间、蒸煮效果进行控制，要结合具体的生产情况，把好蒸煮关，保证蒸煮达到“熟而不黏，内无生心”的效果。

第四章　糖化发酵剂

糖化发酵剂是酿酒发酵的动力，其质量直接关系到酒的质量和产量。我国劳动人民在长期的生产实践中，发明了许多不同用途和特点的酒曲，酿造出了品种繁多的各色酒类。我国传统的制曲技术蕴含着许多科学道理，如小曲制作过程中的曲种传代，实际上就是相对纯化微生物并予以保存的一种方法。

目前，我国白酒生产中使用的糖化发酵剂种类较多，大体上可分为如下三类：

① 传统酒曲，包括各种大曲和小曲；

② 纯种培养的糖化发酵剂，包括霉菌、酵母菌和细菌的各种纯种培养物；

③ 商品酶制剂和活性干酵母。

第一节　大曲制作技术

一、大曲概述

大曲一般采用小麦、大麦和豌豆等为原料，经粉碎拌水后压制成砖块状的曲坯，人工控制一定的温度和湿度，让自然界中的各种微生物在上面生长而制成。因其块形较大，故而得名大曲。

大曲中的微生物极为丰富，是多种微生物群的混合体系。在制曲和酿酒过程中，这些微生物的生长与繁殖，形成了种类繁多的代谢产物，进而赋予各种大曲酒独特的风格与特色，这是其他酒曲所不能相比的，也是我国名优白酒中大曲酒占绝大多数的原因所在。

（一）大曲的功能

1. 糖化发酵作用

大曲是大曲酒酿造中的糖化发酵剂，其中含有多种微生物菌系和各种酿酒酶系。大曲中与酿酒有关的酶系主要有淀粉酶（包括 α-淀粉酶、β-淀粉酶和糖化型淀粉酶）、蛋白酶、纤维素酶和酯化酶等，其中淀粉酶将淀粉分解成可发酵性糖；蛋白酶分解原料中的部分蛋白质，并对淀粉酶有协同作用；纤维素酶可水解原料中的少量纤维素为可发酵性糖，从而提高原料出酒率；酯化酶则催化酸醇结合成酯。大曲中的微生物包括细菌、霉菌、酵母菌和少量的放线菌，但在大曲酒发酵过程中起主要作用的是酵母菌和专性厌氧或兼性厌氧的细菌。

2. 生香作用

在大曲制造过程中，微生物的代谢产物和原料的分解产物，直接或间接地构成了酒的风味物质，使白酒具有各种不同的独特风味，因此，大曲还是生香剂。不同的大曲制作工艺所用的原料和所网罗的微生物群系有所不同，成品大曲中风味物质或风味前体物质的种类和含量也就不同，从而影响大曲白酒的香味成分和风格，所以各种名优白酒都有其各自的制曲工艺和特点。

3. 投粮作用

众所周知，大曲中的残余淀粉含量较高，大多在50%以上，这些淀粉在大曲酒的酿造过程中将被糖化发酵成酒。在大曲酒生产中，清香型酒的大曲用量为原粮的20%左右，浓香型酒为20%～25%，酱香型酒达100%以上，因此在计算大曲酒的淀粉出酒率时应把大曲中所含的淀粉列入其中。

（二）大曲的制作特征

1. 生料制曲

生料制曲是大曲特征之一。原料经适当粉碎、拌水后直接制曲，一方面可保存原料中所含有的水解酶类，如小麦中含有丰富的β-淀粉酶，可水解淀粉成可发酵性糖，有利于大曲培养前期微生物的生长；另一方面生料上的微生物菌群适合于大曲制作的需要，如生料上的某些菌可产生酸性羧基蛋白酶，可以分解原料中的蛋白质为氨基酸，从而有利于大曲培养过程中微生物的生长和风味前体物质的形成。

2. 自然网罗微生物

大曲是靠网罗自然界的各种微生物在上面生长而制成的，大曲中的微生物来源于原料、水和周围环境。大曲制造是一个微生物选择培养的过程。首先，要求制作原料含有丰富的碳水化合物（主要是淀粉）、蛋白质及适量的无机盐等，能够提供对酿酒有益的微生物生长所需的营养成分；其次，在培养过程中要控制适宜的温度、湿度和通风等条件，使之有利于酿酒有益微生物的生长，从而形成各大曲所特有的微生物群系、酿酒酶系和香味前体物质。

3. 季节性强

大曲培养的另一个特点是季节性强。在不同的季节里，自然界中微生物菌群的分布存在着明显的差异，一般是春秋季酵母多、夏季霉菌多、冬季细菌多。在春末夏初至中秋节前后是制曲的合适时间，一方面，在这段时间内，环境中的微生物含量较多；另一方面，气温和湿度都比较高，易于控制大曲培养所需的高温高湿条件。自20世纪80年代以来，由于制曲技术的不断提高，在不同的季节同样可以制出质量优良的大曲，关键在于控制好不同菌群所要求的最适条件。

4. 堆积培养

堆积培养是大曲培养的共同特点。根据工艺和产品特点的需要，通过堆积培养和翻曲来调节和控制各阶段的品温，借以控制微生物的种类、代谢和生长繁殖。大曲的堆积形式通常有“井”形和“品”形两种，井形易排潮，品形易保温，在实际生产中应根据环境温度和湿度等具体情况选择合适的形式。

5. 培养周期长

从开始制作到成曲进库一般为40～60天，然后还需贮存3个月以上方可投入使用，整个制作周期长达5个月，这也是其功能独特的一个重要因素。

（三）大曲的分类

按照制曲的温度可将大曲分为高温曲和中温曲两大类。高温曲的最高品温为60～65℃，一般情况下酱香型大曲酒都使用高温曲，也有部分浓香型酒使用高温曲。中温曲的最高品温为45～60℃，用于酿制浓香型酒和清香型酒。一般情况下清香型大曲酒的制曲温度比浓香型低，通常控制在45～48℃，最高不超过50℃，所以清香型大曲也称为次中温曲。但清香型大曲不宜称为低温曲，因为小曲、麸曲等的制作温度更低，大多在40℃以下，宜称为常温曲。

二、大曲制作的一般工艺

酿制不同香型的大曲酒，所要求的大曲质量标准不同，因而大曲的制作工艺也不尽相同。下面介绍的是大曲制作的一般工艺，特殊工艺将在随后举例说明。

（一）制曲原料及配料

制大曲的原料，主要有小麦、大麦和豌豆，也有使用少量其他豆类和高粱等。这些原料都要求颗粒饱满，无霉烂、虫蛀，无杂质，无异味，无农药污染。小麦淀粉含量高，蛋白质、维生素等含量丰富，黏着力也较强，是各种微生物生长繁殖和产酶的天然物料，在大曲制造中使用最多。大麦营养丰富，皮多，性质疏松，有利于耗氧微生物的生长繁殖，但水分和热量也容易散失，一般不能单独制曲。豌豆淀粉含量高，黏性大，易结块，水分和热量不易散失，一般与大麦混合使用。

大曲的配料，主要根据各酒厂产品的风格特点来确定，一般情况下，高温大曲多用纯小麦或小麦、大麦、豌豆混合曲；中温大曲大多用大麦、豌豆曲。采用小麦、大麦、豌豆为原料制曲时，通常的配比是5∶4∶1或6∶3∶1或7∶2∶1；采用大麦、豌豆制曲时，通常的原料配比是6∶4或7∶3。几家名优酒厂制曲原料配比见表4-1。

表4-1　大曲制曲原料配比　　单位：%

酒　名	原　料　配　比				
	小　麦	大　麦	豌　豆	高　粱	大曲粉
宜宾五粮液	100				
全兴大曲酒	95			4	1
洋河大曲酒	50	40	10		
贵州茅台酒	100				
山西汾酒		60	40		

(二) 原料粉碎

原料的粉碎度与大曲的质量关系较大，过细则黏性大，曲坯内空隙小，通气性差，水分和热量不易散失，微生物生长缓慢，易造成窝水、不透或圈老等现象；过粗则黏性小，曲坯内空隙大，水分和热量易散失，易造成曲坯过早干燥和裂口，表面不挂衣，微生物生长不良。所以，要严格控制好制曲原料的粉碎度。在实际生产中，应根据制曲原料的种类与配比、曲室培养环境条件和产品的质量风格特点等具体情况，规定适宜的原料粉碎度。

粉碎后的麦粉，要求“心烂皮不烂”。“心烂”是为了充分释放淀粉，“皮不烂”则可保持一定的通透性。采用石磨粉碎可以完全做到“心烂皮不烂”，而采用钢磨粉碎则难以达到要求。因此，采用钢磨时，应先将原料加水润湿后再进行粉碎。

(三) 曲坯制作

1. 拌料与加水比

拌料的目的就是使原料均匀地吃足水分，以利于微生物的生长与代谢。加水比过少，曲坯表面易干燥，菌丝生长缓慢，不挂衣；加水比过大，升温快、湿度大，易烧曲。从微生物的生长情况看，细菌易在水分大的环境中生长，霉菌在曲坯水分含量35%时生长最好，酵母菌在水分含量30%～35%时生长最佳。

一般情况下，拌料后，曲料水分含量在38%左右，标准是“手捏成团不粘手”。而具体加水比则取决于制曲工艺、原料含水量、空气湿度和温度等因素。一般纯小麦曲加水比（指加水量与原料之比）为37%～40%，小麦、大麦、豌豆混合曲的加水比为40%～45%。

2. 制曲坯

曲坯制作方法有人工踩曲和机械制曲两种，曲坯多为砖型，个别者如五粮液大曲，一面鼓起，称为“包包曲”。砖型曲坯的一般尺寸为 (30～33)cm×(18～21)cm×(6～7)cm。曲坯太小，不易保温、保湿，操作费工；曲坯太大，则微生物不易长透。

曲坯的松紧要适度，曲坯过硬，成曲色泽不正，曲心有异味；曲坯过松，操作不方便，易散曲，也不利于保温保湿。

(四) 曲室培养与管理

1. 曲坯入室

(1) 曲房　曲房的结构、材料、高度、门的开向等，均应考虑保温、保潮及通风效果。曲坯入房前，应将曲室打扫干净，并铺上一层稻壳之类的物料，以免曲坯发酵时与地粘连。曲室地面最好是泥地，视气候情况，要适量洒一些清水在地面，天热时必须洒。

(2) 曲坯安放　曲坯入房后，安放的形式有斗形、人字形和一字形三种。其中斗形和人字形较为费事，但可以使曲坯的温度和水分均匀。三种安放形式的曲间、行间距离是相同的，不能相互倒靠（包包曲除外）。根据不同的季节，曲间距有所不同，一般冬季为1.5～2cm，夏季为2～3cm。视情况收拢或者拉开曲间距有调节温度、湿度和通风等功能。

(3) 覆盖　曲坯安放好后，应在曲上面盖上草帘、稻草之类的覆盖物。为了增大环境湿度，还应在覆盖物上适当洒些水。最后，关闭门窗，进入曲坯培菌阶段。

2. 培菌管理

大曲的质量好坏，主要取决于曲坯入室后的培菌管理，特别是入房后的前几天，如管理不当，以后很难挽救。因此必须注意观察，掌握好翻曲时间，适时调节曲室温度、湿度和更换曲室空气，从而控制曲坯的升温，为各种微生物的生长繁殖与代谢提供良好的条件。

不同大曲的制作工艺不同，其大曲的培菌管理亦各不相同。但无论何种大曲，其培菌过程的管理大致可分成如下四个阶段。

(1) 低温培菌期　一般为3～5天，在此期间品温控制在30～40℃，相对湿度控制在90%。培菌期的主要目的是让霉菌、酵母菌等大量生长繁殖，为大曲多功能发酵体系的形成打好基础。控制方法有取下覆盖物、关启门窗和翻曲等。

(2) 高温转化期　一般需5～7天，在此期间根据制造不同大曲的特点控制曲坯的品温（45～65℃），相对湿度应大于90%。在转化期，一方面菌体生长逐渐停止，产孢菌群则以孢子的形式休眠下来；另一方面曲坯中各种微生物所形成的丰富酶系因温度升高后开始活跃，利用原料中的养料形成酒体香味的前体物质。由于不同酶系的最适作用温度不同，因此在此阶段控制不同的温度将会形成不同香味或香味前体物质，并为大曲酒的香型和风格特点打下基础。转化期的主要控制手段是开门窗排潮。

(3) 后火生香期　一般需9～12天，在此期间品温控制一般低于45℃，相对湿度小于80%。后火期的主要作用是促进曲心多余水分挥发和香味物质的呈现。所谓后火生香并不是在此时期内生成大量香味物质，而是要逐渐终止生化反应，使高温转化期形成的大量香味物质呈现出来，否则有可能得而复失，丧失大曲的典型风格。后火期的管理也是根据不同香型大曲的特点来确定的，但不管怎样，后火不可过小，否则曲心水分挥发不出，会导致软心，影响成曲质量。后火期的主要操作有保温、垒堆等。

(4) 打拢　打拢即将曲块转过来集中而不留距离，并保持常温。在此期间只需注意曲堆尽量不要受外界气温干扰即可，经15～30天的存放后，曲块即可入库贮存。

(五) 贮曲

曲块入库前，应将曲库清扫干净，铺上糠壳和草席，并保证曲库阴凉、通风良好。曲块间保持一定距离，以利于通风、散热。如果曲块受潮升温，则会污染青霉菌等有害微生物，使成曲质量下降。

新曲不能立即使用，酿酒时必须用陈曲。大曲经过贮存将淘汰大量生酸杂菌，但大曲在贮存过程中酿酒酶系的活性及酵母菌等有益菌群也会有所下降，因此曲并不是越陈越好。一般贮存 3 个月后即可使用，也有的厂贮存 6 个月以后才使用。

三、典型大曲生产工艺

如前所述，酿制不同香型的大曲酒，其大曲的生产工艺有所不同，下面简要介绍几种典型大曲的制作工艺和操作特点。

（一）清香型大曲

清香型酒曲是中温曲的典型代表，制曲品温不超过 50℃，下面以汾酒曲为例简要介绍清香型大曲的工艺流程及特点。

1. 工艺流程

原料→配合→粉碎→加水搅拌→踩曲（或机械制曲）→曲坯→入房排列→长霉阶段→晾霉阶段→起潮火阶段→起干火阶段→挤后火阶段（养曲）→出房→贮存→成曲

2. 工艺操作要点

（1）制曲原料配比　采用大麦和豌豆，其比例为 6∶4 或 7∶3。视季节不同，适当变化。

（2）粉碎度　要求通过 20 目筛的细粉，冬季占 20%，夏季占 30%；通不过的粗粉，冬季占 80%，夏季占 70%。

（3）加水比　加水量和水温视原料粗细与季节气候而灵活掌握，一般每 100kg 原料用水量为 50～55kg。水温夏季用凉水（14～16℃），春秋季用 25～30℃的温水，冬季用 30～35℃的温水。每块曲用料约 2.7kg，踩成的曲块重 3.7～3.8kg。曲模的规格是内长 27～28cm，内宽 18～19cm，高 5～6cm。

（4）卧曲　曲坯入房后，以干谷糠铺地，上下三层，以苇秆相隔，排列成“品”字形。曲间距 3～4cm，一行接一行，无行间距。苇秆上沾染着许多大曲中的有益微生物，可起部分接种作用。

（5）上霉　汾酒大曲上霉阶段明显。曲坯入房后，将曲室调至一定温度，冬季 12～15℃，春秋两季 15～18℃，夏季也要尽量保持此温度。曲块表皮风干后 6～8h，用喷壶少洒一点冷水，覆盖苇席，再喷水，使苇席湿润，令其徐徐升温，缓慢起火。冬季控制在 72～80h，使曲间品温上升至 38℃，则可上霉良好。如曲间品温超过 38～40℃，应立即揭开苇席，缓缓散热；品温下降后，为防止散潮，需再覆盖苇席，继续培养至 90%以上的曲坯上霉良好。

（6）晾霉　曲坯表皮上霉良好时，揭开苇席，开窗放潮，适时翻曲，增加曲层与曲距，以控制曲坯表面微生物的生长。勿使菌丛过厚，令其表面干燥，使曲块固定成型，这个操作称为“晾霉”。晾霉一般需 2～3 天，品温降至 28～32℃。这段时间每天翻曲一次，并增加曲块层次。

“上霉”和“晾霉”是曲坯培养的重要阶段，要特别注意。如晾霉太迟，菌丛过厚，曲皮起皱，会使曲坯内部水分不易挥发。如过早，菌丛太少，影响曲坯内部微生物进一步繁殖，曲不发松。

（7）起潮火　在晾霉2～3天后，曲坯表面不粘手时，要关闭门窗进入潮火阶段。入房后5～6天，品温升至36～38℃，最高可达42℃，此期间每日要排放2～3次潮气，将曲块上下里外互相翻倒，并将曲层逐渐加高至6～7层。抽去苇秆，由“环墙式”排列改为“人字形”排列。曲坯品温由38℃逐渐升到45～46℃，需4～5天，此后进入大火阶段。这个阶段微生物生长仍然旺盛，菌丝由表面向内生长，水分和热量由里向外散发，通过开启门窗来调节曲坯品温，使之保持在45～46℃的高温（大火）条件下7～8天，但不能超过48℃。

（8）后火　大火期后，曲坯逐渐干燥，品温也缓慢下降，由44℃左右逐渐下降到32～33℃，直至曲块不热为止，进入后火阶段，后火期3～5天，曲心水分会继续蒸发干燥。

整个培菌阶段，翻动曲块时要注意距离远近，按照“曲热则宽，曲凉则近”的原则，灵活掌握。

（9）养曲　后火期后，还有10%～20%曲坯的曲心部位有余水，宜用微温来蒸发，这时曲坯本身已不能发热，采用外保温，保持32℃，品温28～30℃，将曲心内的水分蒸发干，即可出房。从曲坯入房到出曲房，约经一个月左右。

3. 汾酒三种中温大曲的特点

酿制清香型酒使用清茬、后火和红心三种中温大曲，并按比例混合使用。这三种大曲制曲各工艺阶段完全相同，只是在品温控制上加以区别，其特点如下。

（1）清茬曲　热曲最高温度为44～46℃，晾曲降温极限为28～30℃，属于小火大晾。

（2）后火曲　由起潮火到大火阶段，最高曲温达47～48℃，在高温阶段维持5～7天，晾曲降温极限为30～32℃，属于大热中晾。

（3）红心曲　在培养上采用边晾霉边关窗起潮火，无明显的晾霉阶段，升温较快，很快升到38℃，靠调节窗户大小来控制曲坯品温。由起潮火到大火阶段，最高曲温为45～47℃，晾曲降温极限为34～38℃，属于中热小晾。

出房的清香型酒曲，按清茬、后火、红心三种分别存放，垛起，曲间距约1cm。贮曲期约半年。

（二）酱香型大曲

高温制曲是酱香型酒特殊的工艺之一。其特点一是制曲温度高，品温最高可达65～68℃；二是成品曲糖化力较低，用曲量大，与酿酒原料之比为1∶1，如折成制曲小麦用量，则超过高粱；三是成品曲的香气，是酱香的主要来源之一。

1. 工艺流程

曲母、水（加入拌料）；稻草、稻壳（加入堆积培养）

小麦→润料→磨碎→粗麦粉→拌料→装模→踩曲→曲坯→堆积培养→成品曲→出房→贮存

2. 工艺操作要点

（1）配料　制曲原料全部使用纯小麦，粉碎要求粗细各半。拌料时加3%～5%的母曲粉，用水量为40%～42%。

（2）堆曲　曲坯进房前，先用稻草铺在曲房靠墙一面，厚约1寸（1寸≈3.33cm），可用旧草垫铺，但要求干燥无霉烂。排放的方式为将曲块侧立，横三块、直三块地交叉堆放。曲块之间塞以稻草，塞草最好新旧搭配。塞草是为了避免曲块之间相互粘连，以便于曲块通气、散热和制曲后期的干燥。当一层曲坯排满后，要在上面铺一层草，厚约3.3cm，再排第二层，直至堆放到4～5层，这样即为一行，一般每间房可堆六行，留两行作翻曲用。最顶一层亦应盖稻草。

（3）盖草洒水　堆放完毕后，为了增加曲房湿度，减少曲块干皮现象，可在曲堆上面的稻草上洒水。洒水量夏季比冬季要多，以水不流入曲堆为准，随后将门窗关闭或稍留气孔。

（4）翻曲　曲坯进房后，由于条件适宜，微生物大量繁殖，曲坯温度逐渐上升，一般7天后，中间曲块品温可达60～62℃。翻曲时间夏季5～6天，冬季7～9天，一般手摸最下层曲块已经发热了，即可第一次翻曲。若翻曲过早，下层的曲块还有生麦子味，太迟则中间曲块升温过猛，大量曲块变黑。翻曲要上下、内外层对调，将内部湿草换出，垫以干草，曲块间仍夹以干草，将湿草留作堆旁盖草；曲块要竖直堆积，不可倾斜。

曲块经一次翻动后，上下倒换了位置。在翻曲过程中，散发了大量的水分和热量，品温可降至50℃以下，但过1～2天后，品温又很快回升，至二次翻曲（一般进曲房14天左右）时品温又升至接近第一次翻曲时的温度。

从制曲过程中香气的形成来看，制曲温度的高低直接影响成品曲的质量。影响制曲温度的因素很多，除了气温高低、曲室大小、通风情况、培养方式外，还与制曲水分轻重、翻曲次数有着直接关系。表4-2为不同制曲条件下成品曲外观质量与化学成分的比较，从结果看，制曲水分过重过轻或只翻一次曲，都会给成品曲的质量造成影响。

（5）后期管理　二次翻曲后，曲块温度还能回升，但后劲已经不足，难以达到一次翻曲时的温度。经6～7天，品温开始平稳下降，曲块逐渐干燥，再经7～8天，可略开门窗换气。40天后，曲温接近室温，曲块已基本干燥，水分降至15%左右。这时可将曲块出房入仓贮存。

表4-2　不同制曲条件下成品曲外观质量与化学成分的比较

曲样	外　观	香　味	水分/%	酸度	糖化力/[mg 葡萄糖/(g 曲·h)]
重水分曲	黑曲和深褐色曲较多，白曲较少	酱香好，带糊香	10.0	2.0	109.44
轻水分曲	白曲占一半，黑曲很少	曲香淡，曲色不匀，部分有酶味	10.0	2.0	300.00
只翻一次曲	黑曲比例较大，与重水分曲相似	酱香好，糊苦味较重	11.5	1.8	127.20

(三) 浓香型大曲

浓香型酒制曲最高品温在酱香型酒曲和清香型酒曲之间，大多控制在 55℃左右。浓香型大曲酒的品种较多，各酒厂都有自己传统的制曲工艺，主要是在配料和最高品温控制上有所差异（表 4-3），但其基本生产工艺大同小异，现就其主要操作要点简述如下。

表 4-3 几种浓香型酒大曲原料配比及最高品温

酒　名	原料配比/%					制曲最高品温/℃
	小麦	大麦	豌豆	高粱	大曲粉	
宜宾五粮液	100					56～60
全兴大曲酒	95			4	1	55～60
洋河大曲酒	50	40	10			48～50
泸州大曲	90～97			3～10		53～60
古井贡酒	70	20	10			50 以上
剑南春	90	10				50
口子酒	60	30	10			56

1. 工艺流程

原料（小麦等）→发水→翻糙→堆积→磨碎→加水拌和→装箱→踩曲→晾汗→入室安曲→保温培菌→翻曲→打拢→出曲→入库贮存

2. 工艺操作要点

（1）制曲原料配比　各酒厂情况不一，有单独用小麦制曲的，如四川宜宾五粮液酒厂；有用小麦、大麦和豌豆等混合制曲的，如江苏洋河酒厂和安徽亳县古井酒厂等；也有的以小麦为主，添加少量大麦或高粱的，如四川绵竹剑南春酒厂和四川泸州曲酒厂。

（2）粉碎度　原料的粉碎度与麦曲质量关系很大。按传统的制曲要求是将小麦磨成“心烂皮不烂”的“梅花瓣”，即将麦子的皮磨成片状，心子磨成粉状。各酒厂对制曲原料的粉碎度的要求略有差异，如洋河酒厂是将制曲原料磨成粗细各半（用 40 目筛）；安徽古井酒厂是粗粉占 60%左右，细粉占 40%左右；泸州曲酒厂是粗粉占 75%～80%，细粉只占 20%～25%。原料的粉碎度与原料品种、配合比例有关。

（3）加水拌和　加水量视制曲原料品种、配比略有变化，如泸州曲酒厂加水是 30%～33%；洋河酒厂是 43%～45%；古井酒厂是 38%～39%。

（4）曲的大小和形状　传统制曲是用曲模踩制而成，曲模呈长方形，一般内长 26～33cm，宽 16～20cm，高约 5cm。踩出的曲坯多数为“平板曲”，宜宾五粮液酒厂是踩成“包包曲”。

（5）入室安曲　各厂情况有异，以下为泸州曲酒厂的安曲过程。

安曲前先将曲房打扫干净，然后在地面上撒新鲜稻壳一层（约 1cm），安置的方法是将曲坯楞起，每四块曲坯为一斗，曲坯之间相距两指宽（3～4cm）。注意不可使曲坯歪斜和倒伏。安好后，在曲坯与四壁的空隙处塞以稻草，根据不同季节上面用 15～30cm 厚的稻草保温，并用竹竿将稻草拍平拍紧，最后在稻草上洒水（水温视季节而定），洒毕，关闭门窗，保温保湿。

（6）培菌、翻曲　培菌阶段是大曲质量好坏的重要环节。各厂对制曲温度控制和翻曲次数都有差异。传统制曲温度一般最高不超过 55℃（曲心温），20 世纪 70 年代中期始，不少浓香型酒厂提高了制曲温度。

四、大曲生产新技术

大曲制作的基本技术大约在 500 年前就已经形成，但大曲制作的生产条件仍未得到大的改善。自新中国成立以来，大曲生产技术的革新主要有纯种培养微生物的应用、机械化制曲坯和曲室的计算机控制与管理。

（一）强化大曲

长期以来，大曲是靠网罗自然界中的各种微生物在上面生长而制成的，因此微生物的种类很多。然而，自然界中的微生物群体，除了酵母、根霉、曲霉、毛霉等有益菌外，同时也夹带着许多对酿酒有害的菌类，影响大曲酒出酒率和优质酒率。此外，自然界中的微生物受气候、环境等自然因素的影响较大，自然微生物的种群和数量常不以人的意志为转移，从而导致大曲质量的不稳。

小曲制作过程中的接种曲工艺对酿酒微生物种群有一定的优化效果，因为人们在留种时总是选择最好的。正因为如此，小曲的糖化发酵力一般都强于大曲。在大曲制作过程中也有接种曲的，但其效果则远不如小曲。这是因为大、小曲虽然都是糖化发酵剂，但两者的作用有本质的区别。小曲的功能主要是提供活的、处于休眠状态的酿酒微生物，其中主要有根霉、酵母和细菌，在小曲酒酿造过程中它们是主要的酿造菌。而大曲的功能有三个：酿酒酶系、酿酒微生物系和香味前体物质。其中的酿酒微生物主要是在大曲培养后期和贮存期间从空气中网罗的，而并非一定是形成大曲酿酒酶系和香味前体物质的微生物菌群（这些群菌在高温期大多已死亡），因而大曲的接种曲作用不可能有小曲那样明显。当然，在大曲制作中接一定的种曲并不是一点作用也没有，一方面，成曲中的丰富酶系和氨基酸等营养物质有利于大曲培养前期微生物的生长，可缩短大曲穿衣的时间；另一方面，大曲中的生孢微生物不会在高温期死亡，接种曲同样有一定的优化作用。

所谓强化大曲就是在大曲配料时，加入一定量的纯种培养微生物，以提高大曲中酿酒有益菌的浓度，从而达到提高大曲糖化发酵能力的目的。我国最早使用强化大曲技术的是厦门酿酒厂，至今已有 50 多年历史。自 20 世纪 60 年代后，全国各地有许多酒厂进行了糖化大曲的试验研究，采用的微生物有根霉、曲霉、酿酒酵母、产酯酵母、芽孢菌等，其中有的菌株来自于菌种保存机构，有的则来自于生产现场（大曲、晾堂等）的分离，到 90 年代后也有直接加入少量酿酒 ADY 和糖化酶的。实践证明，采用强化大曲具有如下优点。

① 由于接入了大量的纯种培养微生物，曲坯入房后很快发育，升温较快，从而可缩短大曲前期培养的时间，特别适合气温较低时的场合，并可以使成品曲的质量提高。

② 糖化和发酵性能优良微生物的接入，使杂菌的生长受到抑制，成品大曲的糖化发酵能力有所提高，从而可缩短发酵周期，提高原料出酒率。

③ 强化大曲的部分净化作用，可使成品酒杂味减少、酒质变纯净。

④ 若接入的纯种培养种子较多，则易失去天然大曲多维发酵的特点，使成品酒风味变单调，失去大曲酒应有的风格。正因为如此，强化大曲在生产中并不是非常普遍，即使采用也应掌握好分寸。

在下列情况下，可考虑采用强化制曲。

① 在较冷的季节制曲。

② 当地环境中酿酒微生物的菌系不完善，特别是在新制曲场所可通过强化制曲补充某些酿酒有益微生物。

③ 通过加入某种微生物来改善成品大曲的某些缺陷或抑制某种有害微生物的生长。

（二）机制曲坯

机制曲坯始于 20 世纪 70 年代，最初的机制曲是没有间断的长条曲坯，靠人工将其切断。以后逐步发展到单独成型，目前有多种机型可供选择，如液压成坯机、气动式压坯机、弹簧冲压式成坯机等。

机械制曲适合于大规模生产，具有速度快、曲坯成型好、松紧一致、劳动生产率高等特点，其成曲糖化力和发酵力都好于人工踩曲。目前，大多数大型白酒厂均已采用了机械制曲。

（三）微机控制管理

在白酒生产中，曲房的劳动环境最为恶劣。在传统制曲中，一个生产周期需多次人工翻曲。由于曲房内温度高、湿度高、CO_2 含量高，严重影响工人的身体健康。采用微机控制架式制曲系统后，不再需要在高温高湿环境下人工翻曲，彻底改善了制曲的劳动环境。

微机控制架式制曲系统是将成型后的鲜曲坯置于一个封闭或半封闭的环境中，用传感器采集曲房及曲坯的温度、湿度等数据，经模数转换器输入计算机，计算机对采集的数据与预先给定的温度、湿度等控制曲线进行比较，并经优化处理后指挥排风、增湿喷头等系统调节曲室内的温度和湿度，从而实现监控大曲培养的目的。

微机控制架式制曲系统是传统制曲技术与微生物发酵工程、电子计算机技术和自动控制技术相结合的智能控制系统，能对曲房中的发酵过程进行实时监控，提供或模拟一个适合于曲坯中各种微生物生长繁殖的生态环境，从而可保证大曲生产过程的顺利进行，达到稳定大曲质量和减轻劳动强度的目的。生产实践表明，采用微机控制架式制曲系统后，成曲产量比传统工艺高 3～4 倍，成曲质量稳定，糖化力和发酵力都优于传统工艺制曲。

微机控制架式制曲系统的主要设备一般包括计算机和自动控制柜，曲室内装有温度、湿度、CO_2 等传感器，以及自动喷头（用于增湿）、自动通风（排风）装置和自动加热装置等。

五、大曲的质量

成品大曲的质量标准一般包括感官指标、生化性能和化学成分三个方面，其中最重要的是生化性能。表 4-4 为四种名酒大曲的规格与感官指标，表 4-5 为几种名酒大曲贮存三个月后的主要理化指标，供参考。从表中可以看出，不同香型的大曲，由于制曲原料和工艺操作的不同而质量标准不同；对于同种香型的大曲，由于各自的制曲条件和风格特点的不同，其质量标准也存在着一定的差异。必须根据各自的实际情况和风格特点来制定成品曲的质量标准，并结合酿酒生产的情况（出酒率、酒质等）适时修正其质量标准。

表 4-4　四种名酒大曲的规格与感官指标

大曲名	每块曲大小/cm	感官指标	样品说明
山西汾酒大曲(青茬曲)	27.5×16×5.5	外表光滑,皮薄坚硬,茬口清亮,曲香味重	表面白色,两侧有谷皮,原料粉碎较粗,带霉味
四川泸州大曲	34×20×5	白洁坚硬,内部干燥,有浓重曲香味	表面为白色斑点或菌丛,折断后闻有曲香味
贵州茅台大曲	37×23×6.5	表面为黄褐色,内部质松、干燥而有冲鼻的香气	折断后闻有曲香味
陕西西凤大曲(槐瓤曲)	28×18×6	表皮白色,皮薄,茬清发光,质地坚硬,气味清香	两侧有谷皮,原料粉碎细,带霉味

表 4-5　几种名酒大曲贮存三个月后的主要理化指标

大曲名	水分/%	酸度	糖化力/[mg 葡萄糖/(g·h)]	液化力/[g 淀粉/(g·h)]
河南宝丰大曲	13.0	0.65	1680	1.98
四川泸州大曲	14.2	0.70	940	1.32
江苏洋河大曲	14.0	1.33	257	6.80
陕西西凤大曲	10.3	0.56	533	0.19

注：1g 曲消耗 0.1mmol 氢氧化钠为 1 度酸度。

第二节　小曲制作技术

一、小曲概述

小曲是酿制小曲白酒的糖化发酵剂，具有糖化和发酵的双重作用，也可用于生产黄酒。小曲的叫法各地不一，如称酒药、酒饼、白曲、米曲等。它们是以米粉或米糠为原料，有的添加少量中草药或辣蓼粉为辅料，有的加少量白土为填料，接入一定量的种曲和适量水制成坯，在人工控温控湿下培养而成。因其曲块体积较小，故习惯上称为小曲。最初，小曲是利用野生微生物在米粉上自然培养，并通过添加少量中草药抑制杂菌生长而制成的。后来发展为接种少量种曲，经长期传代培养，不断纯化和驯化，使小曲具有较高的糖化发酵力。自 20 世纪 50 年代后，有的小曲生产开始采用纯种培养微生物接种，如厦门白曲、贵州麸皮小曲等。

（一）小曲中的主要微生物

小曲的主要功能是提供活的、处于休眠状态的酿酒微生物，小曲的微生物包括霉菌、酵母、细菌和少量放线菌，其中在小曲酒酿造过程中起主要作用的是根霉和酵母。

1. 霉菌

霉菌一般包括根霉、毛霉、黄曲霉、黑曲霉等，其中主要是根霉。小曲中常见的根霉有河内根霉（*Rhizopus tonkinesis*）、米根霉（*Rhizopus peka*）、日本根霉（*Rhizopus japonicus*）、爪哇根霉（*Rhizopus javanicus*）、中华根霉（*Rhizopus chinesis*）、德氏根霉（*Rhizopus decemar*）、黑根霉（*Rhizopus nigricans*）、台湾根霉（*Rhizopus formosaensis*）等。各菌种之间在生长特性、适应性、糖化力强弱以及代谢产物上存在一定差异。

用于生产小曲的根霉菌，要求其生长迅速，适应力和糖化力强，具有一定产酸能力；对根霉发酵生成酒精的能力，则要求不高。生产中最常使用的菌株有 AS3.866、白曲根霉、米根霉和 Q303 等。其中 AS3.866 糖化力强，能生成乳酸等有机酸，酒化酶活力较高，是应用最广泛的菌种；白曲根霉、米根霉糖化力强，产酸较高，有一定产酒能力，多用于米糠曲和散曲；Q303 生长速度快，糖化力强，产酸较少，酒化酶活力低，性能稳定，在贵州等地使用广泛。

根霉含有丰富的淀粉酶，其中糖化型淀粉酶与液化型淀粉酶的比例为 1∶3.3，而米曲霉为 1∶1，黑曲霉为 1∶2.8。根霉能将大米淀粉结构中的 α-1,4 键和 α-1,6 键切断，使淀粉较完全地转化为可发酵性糖。由于根霉具有一定的酒化酶活性，可使小曲酒整个发酵过程中从始至终能边糖化边发酵连锁进行，所以发酵作用较彻底，淀粉出酒率较高。但根霉的蛋白酶活力低，对氮源要求比较严格，需要氨基酸等有机氮源，若缺乏有机氮，则会影响菌丝体的生长和淀粉酶系的形成。

2. 酵母

传统小曲中的酵母种类很多，有酵母属（*Saccharomyces*）、汉逊酵母属（*Hansenula*）、假丝酵母属（*Candida*）、拟内孢霉属（*Endomycopsis*）、丝孢酵母（*Trichosporon*）等，其中起主要作用的是酵母属和汉逊酵母属。

培养散小曲经常使用的酵母菌种有 RasseⅫ、1308、K 氏酵母和米酒酵母等。其中 1308 和 K 氏酵母发酵力强，速度快，能耐 22°Bx 糖度和 12%（体积分数）的酒精浓度，并能耐较高的发酵温度，在 pH＝2.5～3.0 时仍生长良好，适用于半固态发酵。RasseⅫ和米酒酵母适应性好，发酵力强，产酒稳定，酒质好，也是小曲纯种接种时的常用菌株。

为了提高白酒质量，可在小曲中接入一些生香酵母，以增加成品酒中的总酯含量。常用菌株有AS2.297、AS1.312、AS1.342、AS2.300及汾Ⅰ、汾Ⅱ等。这些酵母的共同特点是产酯能力强（主要是乙酸乙酯），但酒精发酵能力低，如用量过大，会使白酒产量大幅下降。

3. 细菌

由于小曲培养系统是开放式的，因而给细菌的入侵创造了条件。如何减少细菌的污染，是小曲生产中一个不可忽视的问题。

在小曲酒生产中，常见的“污染菌”主要有乳酸菌、醋酸菌和丁酸菌等。一定量的生酸菌污染对生香和控制生产有好处，但过多则有害。污染严重时，会使培菌糟、发酵糟生酸过大而影响产酒率和酒质。

（二）中草药的作用

酒曲中添加中草药是我国古代劳动人民的重要发明。实践证明，在小曲生产中添加适量而又合适的中草药，对促进酿酒有益菌群的繁殖和抑制有害菌群的生长起到一定的作用，同时也给白酒带来特殊的药香风味。小曲用药味数各厂不同，有的只用一种，有的几十种，多的达上百种。药理试验证明，这些药材对小曲的培养过程大多是有益的，但也有部分药材的作用并不显著，而有的药性对制曲生产有妨碍作用。如独活、白芍、川芎、砂头、北辛等有利于根霉菌等的生长，薄荷、杏仁、桑叶等有利于酵母菌的生长，芩皮、硫黄、桂皮、玉桂等对醋酸菌的生长繁殖有抑制作用，薄荷、木香、牙皂等能抑制念珠菌的生长；黄连对酵母菌有害，木香对根霉菌有害，茵陈、川芎等又能促进醋酸菌的生长等。

在应用中草药的问题上，各厂看法不同，有的还带有“无药不成曲”的神秘观念。但随着科技的进步，人们逐渐认识到只需采用适量必要的中草药即可，并尽量减少药的用量。目前小曲生产大部分已向无药、纯种化方向发展。

（三）小曲的分类

小曲的品种较多，按添加中草药与否可分为药小曲和无药白曲；按用途可分为白酒曲、甜酒曲和黄酒曲；按主要原料可分为米粉曲（全部用米粉）与糠曲（全部用米糠或大部分米糠、少量米粉）；按接种方式可分为成品曲接种、种曲接种和纯种培养微生物接种；按地区可分为四川药曲、广东酒饼曲、厦门白曲、绍兴酒药、桂林酒曲丸等。

二、典型小曲的生产工艺

小曲酒在我国具有悠久的历史，小曲的配料和制作工艺各地的差别较大。下面简单介绍几种传统小曲的生产工艺，而纯种根霉和酵母菌的培养将分别在纯种制曲技术和纯种酵母培养技术中介绍。

（一）桂林酒曲丸

1. 原料配比

（1）大米粉　若以总用量20kg计，则其中15kg用于制坯，5kg细粉用作裹粉。

（2）草药　只用一种香药草，用量为制坯米粉重量的13%。香药草一种是茎细小的桂林特产草药，干燥磨粉后使用。

（3）曲母　为上次制小曲时保留的少量酒药。其用量为酒药坯粉的2%，为裹粉重量的4%。

（4）加水　60%左右（以坯粉计）。

2. 操作工艺

（1）浸米　大米浸泡时间夏季为2～3h，冬天为6h左右，沥干备用。

（2）粉碎　先用石臼捣碎，再用粉碎机粉碎，用180目筛筛出其中1/4的细粉作裹粉用。

（3）制坯　每批用米粉15kg，加香药草粉1.95kg、曲母300g、水约9kg，混匀，制成饼状团，再在制坯架上压平，用刀切成约2cm见方的小粒，用竹筛筛成圆的坯。

（4）裹粉　将约5kg细米粉加入0.2kg曲母粉混匀，先撒一小部分裹粉于簸箕中，并第一次洒水于坯上，将坯倒入簸箕中，用振动筛筛圆成型后再裹一层粉，再洒水、再裹，直至细粉用完为止。总洒水量为0.5kg，坯含水量为46%左右。然后将圆坯分装于小竹筛内摊平，入曲室培养。

（5）培曲　可分下列三个阶段。

前期：室温为28～31℃，培养20h左右，待霉菌丝倒下、酒药表面起白泡时，可将盖在上面的空簸箕掀开。这时品温为33～34℃，最高不得超过37℃。

中期：培养20～24h后进入中期，酵母开始大量繁殖。这个阶段约需24h，室温控制在28～30℃，品温不超过35℃。

后期：需48h。该阶段品温逐渐下降，而曲子渐趋成熟。

将成熟的曲子移至40～50℃的烘房内，经一天即可烘干。

3. 成品曲

（1）感观　白色或淡黄色，无黑色，质地疏松，具有特殊芳香。

（2）化验　水分为12%～14%；总酸为0.6%以下；大米出酒率（以58°白酒计）在60%以上。出酒率的具体测定方法如下。

取新鲜精白度较高的大米50g，用水清洗三遍后沥干，置于500mL三角瓶中，加水50mL，塞上棉塞并以牛皮纸包扎，常压蒸30～40min。用灭过菌的玻璃棒将饭团搅散，塞上棉塞，待饭粒凉至30℃左右，加入上述曲粉0.5g，拌匀，在30～31℃下培养24h后，视其有无菌丝生长。加入冷水100mL，继续保温培养至96～100h，再加适量水，蒸馏至馏出液95mL，加水至100mL混匀，用酒精表测酒度，即可换算出大米的出酒率。

（二）广东酒饼曲

1. 酒饼种

（1）制作程序　酒饼种制造通常用米（白米）、饼叶（大叶、小叶）或饼草

(高脚，矮脚)、药材（君臣草)、饼种（酒饼种)、饼泥（酸性白土）和水等作为原料。其制作工艺流程如图 4-1 所示。

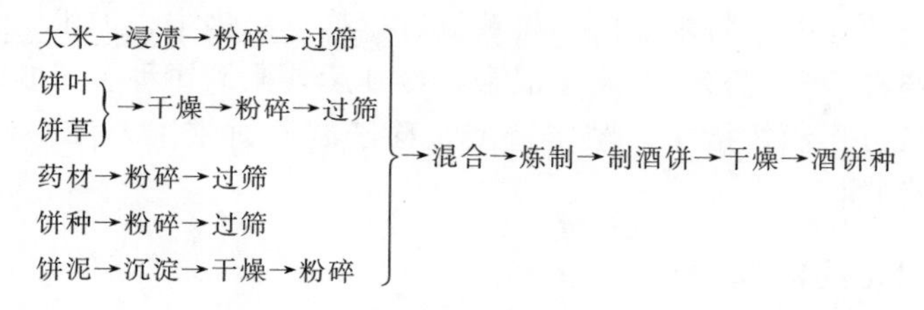

图 4-1 酒饼种制作工艺流程

（2）原料配方 各厂配方略有不同，现举三例进行说明。

【例 1】 米（大米、碎米）50kg、饼叶（大叶、小叶）5～7.5kg、饼草（高脚、矮脚）1～1.5kg、饼种 2～3kg，药材 1.5～3kg。

药材配方：白支 0.5kg、草果 1kg、花椒 1.5kg、苍术 1.25kg、川支 1.75kg、赤苏叶 1.25kg、丁香 0.75kg、稼不必 1.25kg、大茴 1.5kg、牙皂 0.5kg、香菇 1.25kg、波扣 1.5kg、机片 0.05kg、小茴 1kg、年见 0.75kg、吴仔 0.75kg、内扣 0.75kg、樟脑 0.2kg、大皂 1kg、干松 0.75kg、薄荷 2kg、陈皮 2.5kg、中皂 0.5kg、灵先 1.5kg、桂通 1kg、麻五 1.5kg、桂皮 3kg、北辛 1.5kg。

【例 2】 朴米 60kg、桂皮 9kg、大青 4.5kg、大麦 4.5kg、饼种 1.75kg、药材 1.7kg。

药材配方：川椒 1.8kg、良羌 0.15kg、小皂 0.15kg、必发 0.15kg、甘草 0.15kg、干松 0.15kg、三内 0.15kg。

【例 3】 朴米 12kg、橘叶 3kg、大青叶 1kg、桂皮 2kg、饼种 1.5kg、饼泥 35kg。

（3）制法 制作时将原料处理、粉碎、过滤，放入容器中加水混合后，倒放木板上，以四方木格压成饼，用草横直切成小四方形，然后用竹篙筛圆，放于制酒饼室中，保持 25～30℃，经过 48～50h，取出晒干即得酒饼种。

2. 酒饼

（1）制作程序 酒饼制造通常用米、黄豆、饼叶、饼种、饼泥等为原料，其制作工艺流程如图 4-2 所示。

大米→蒸煮→蒸熟
黄豆→混水→煮熟
→混合→放冷
饼叶→粉碎→过筛
饼种→粉碎→过筛
饼泥→沉淀→干燥→粉碎
→混合→炼制→制酒饼→干燥→酒饼

图 4-2 酒饼制作工艺流程

（2）原料混合 原料配方亦随各厂略有不同，现举两例进行说明。

【例 1】 朴米 48kg、黄豆 9kg、饼叶 3.6kg、土泥 9kg。

【例 2】 麸皮 45kg、黄豆 15kg、饼叶 6kg、饼种 1kg、桂皮 0.5kg、土泥 15kg。

(3) 制曲　制作时，将米煮熟，将黄豆置于另一个锅中，加水，加热煮熟，取出，去水后，与蒸饭一起移于饭床中混合，冷却后，撒酒饼种、饼叶及饼泥等搓揉混合后，放入长方形酒饼格中，踏实造型，移于制酒饼室中，保持 25～30℃，约经 10 天即制成酒饼。

(三) 四川无药糠曲

1. 工艺流程

无药糠曲制作工艺流程如图 4-3 所示。

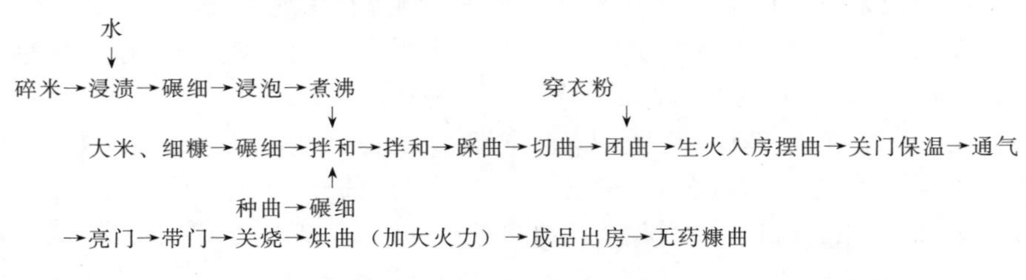

图 4-3　无药糠曲制作工艺流程

2. 配料、碾料

大米细糠 87%～92%，碎米 5%～10%，种曲 3%，水 64%～74%（占总料的比例）。

在配料过程中，应严格控制加水量。若水分过少，则易产生干皮，霉菌菌丝长不出来；若水分过多，则曲子粘手，易酸败，不利于霉菌生长、代谢而影响曲子质量。

大米细糠要碾细，过筛；种曲可与最后碾细的糠合碾，再碾碎大米。在碾米前 1.5～2h，先在米内浇水 20%～25%，碾好后应及时使用。夏天因气候炎热，大米进水后易变馊，也可采用干磨法。

3. 制坯与培曲

(1) 煮米粉　先将应加水量煮沸，再用少量水加入米粉，然后将湿米粉倒入沸水中，煮沸后即可使用。加入的水总量应考虑水的蒸发量，需多加 3%左右，记下用水量。

(2) 拌和　在拌料场上将米糠、种曲粉、米粉用木锨拌匀，加水和成面团，用手握曲料能从指缝滴出 1～2 滴水珠为好。曲料水分含量控制在 45%～48%为宜。

(3) 踩曲、切曲、团曲　踩曲时可两人同踩一箱，要求踩紧、踩平。踩后用曲刀按紧，用木枋赶紧、打平。要求切断、切正、均匀。团曲以团去棱角和团光为准。团曲每次团 60～70 转。团曲时每 100kg 干料撒穿衣粉 0.6kg。所谓穿衣粉是事先用 0.3kg 种曲粉与 0.3kg 碎米粉混合而成。团好后即可入房培养。当天的曲料必须当天用完，以防变质，影响成曲质量。

(4) 生火、摆曲　曲子入房后，室温控制在22℃左右，除夏季外，应在入房前生火保温。

摆曲次序由上而下，先边角而后中心，曲间稍留间隙，不宜靠拢。除夏季外，摆曲时均应关闭门窗，以保持室温、湿度和水分。

(5) 曲房管理　培养过程中应注意调节温度和湿度。经过关门保湿，开气筒流通空气，收汗关门窗，排潮，关气筒，烘曲，成品出房等曲房管理程序，品温由22～25℃升至40℃，共需90h左右。

4. 成品曲

外观检查为具有清香的气味，菌丝生长均匀、密致，曲心有很多空隙，色白有光润，菌丝过心，水分控制在9%～10%，成曲率约为原料的82%。成曲贮藏在干燥、通风良好的库房内，室内相对湿度要求不超过75%。

第三节　纯种制曲技术

一、麸曲培养概述

麸曲是以麸皮为主要原料，蒸熟后接入纯种霉菌，在人工控温控湿下培养的散曲。这种曲具有制作周期短、出酒率高等特点，适合于中、低档白酒的酿制。

我国纯种制作技术始于20世纪40年代，开始时使用的菌种多为米曲霉和黄曲霉。后来，因这两个菌种糖化力低、耐酸性差，故逐渐被糖化力高、耐酸性强的黑曲霉所取代。从黑曲霉变异而来的河内白曲霉，因具有耐酸性强、酸性蛋白酶含量高、酒质好等特点而被广泛应用于优质麸曲白酒的生产。进入20世纪90年代后，由于酶制剂生产技术的不断提高，价格低廉的商品糖化酶已逐渐代替黑曲霉麸曲。

(一) 麸曲的基本培养条件

麸曲为固态培养，一般经试管、三角瓶、曲种、制曲四代培养而成。每代培养都必须提供适宜的营养、水分、温度和通风散热等条件。在整个培养过程中，前三代为种子扩大培养，主要考虑的是种子数量足、健壮、繁殖力强；制曲阶段则要求成品具有较高的酶活力。

1. 营养要求

霉菌对碳源的选择顺序是淀粉、麦芽糖、糊精、葡萄糖，其中以淀粉最好。麸皮中有足够的淀粉可供霉菌利用，是较为理想的碳源。霉菌对氮源有很强的选择性，当培养基中含有硝酸钠、硫酸铵、蛋白胨三种氮源时，霉菌首先利用蛋白胨，同时消化少量硫酸铵，而硝酸钠根本不利用。但当只有一种硝酸钠时，曲霉却长得很好。实践证明，氮源的种类对曲霉菌的生长和糖化酶活力的高低有较大影响。一般情况下，快速利用的氮源对霉菌的生长有利，但外观好看的曲子，其酶活力并不一定很高。在许多情况下，以麸皮为原料时，并不需要另外补充氮源。无机盐的添加视原料和菌种的具体情况而定，常用的无机盐有磷酸盐、镁盐和钙盐等。其中磷酸盐最重要，含量高时，菌体胞内酶活力强；含量低时，则胞外酶活力高。

2. 原料配比

麸皮是制造各种麸曲的主要原料，其中含有丰富的淀粉、蛋白质、无机盐等营养成分，足以满足制曲的营养要求。对面粉含量较多的细麸皮，应适当筛去一定的细粉或添加一定的稻壳，以保证制曲时散热通风良好；而对较粗的麸皮，可配以10%左右的玉米粉，以补充淀粉和营养成分的不足。此外，有许多酒厂在制曲时使用15%～25%的酒糟。利用酒糟制曲的好处有：一是调节酸度，控制杂菌生长；二是提供蛋白质、核酸等有效成分，促进菌体的生长和酶的形成；三是可节约麸皮，降低成本。

3. 水分含量

在制曲过程中，霉菌的生长、通风散热和产酶均受到水分的支配。制曲水分的控制是通过配料加水量、蒸料吸水和培养室湿度三个环节来控制的。配料加水量的大小应根据菌种特性、原料含水量以及环境的温度和湿度来确定，一般为原料的70%～80%。此外，在霉菌培养的不同阶段，对水分的要求有所不同，因此培养室的湿度也应根据不同的阶段作适当调整。

4. 温度

在整个制曲过程中，调节控制好室温和物料品温是保证成品曲质量最主要的工艺操作环节。其中的关键有两条：一是处理好室温与品温的相互关系，掌握住调节的时机；二是后期的培养温度一般高于前期，这有利于酶的生成，提高成曲的质量。

5. pH 值

大多数霉菌的最适 pH 值为 5.0～6.5（偏酸性），但不同霉菌有不同的 pH 值适宜范围，同一霉菌在不同 pH 值下所生成的酶的种类和数量有所不同。实践证明，pH 值稍高，曲的糖化力增高；pH 值稍低，曲的液化力增高。此外，保持配料一定的酸度，有利于培养前期杂菌的控制。加糟制曲是调节酸度的办法之一。对于不加糟的情况，可在配料水中加入适量的硫酸调节酸度。具体加酸量视原料、水质、菌种及杂菌污染情况而定，一般浓硫酸的使用量为原料量的 0.05%（质量分数）左右。

6. 通气

霉菌是好气性微生物，不仅生长繁殖需要足够的空气，而且酶的生成也与空气的供应量有关。但过量的通风，则对物料保持一定的水分和温度不利。制曲时空气的供给通过三个环节来控制，一是配料时调节稻壳、酒糟的用量，使曲料疏松适度；二是调整曲料的堆积厚度，保证散热与空气供应；三是培养过程中培养室的通风与排潮。对于通风制曲，则可通过调节通风量的大小来控制空气的供应。

7. 培养时间

曲霉培养的最终目的是使其生成最多的酶类，所以培养时间的确定大多是根据曲料酶活力的高峰期来确定的（根霉曲除外），出曲时间一般为 40～48h。出曲过早或过迟，都会对成品曲的酶活力有影响。此外，做好的曲子，应及时使用，不可放置时间过长，以防酶活力的损失。

（二）麸曲的种类分

按所用菌种不同，可分为米曲霉麸曲、黄曲霉麸曲、黑曲霉麸曲、白曲霉麸曲、根霉曲等。其中根霉曲用于小曲白酒的酿造，其他则用于酿造麸曲白酒。下面介绍几种常见麸曲的特点。

1. 黑曲霉麸曲

黑曲霉麸曲最常用的菌种是中国科学院微生物研究所选育出的 UV-11（AS3.4309）和 UV-48。该菌酶系较纯，主要有糖化酶、α-淀粉酶和转苷酶，成品麸曲的糖化酶活力可达 6000U/g 左右。该菌所产的糖化酶，适宜 pH 值范围为 3.0～5.5，最适 pH 值为 4.5 左右，最适作用温度为 60℃，在 pH＝4.0、温度为 50℃以下时酶活比较稳定。

采用黑曲霉麸曲酿酒，具有用曲量少（4%左右）、出酒率高、原料适应范围广等优点。但由于成品曲中的酸性蛋白酶含量很少，加之缺乏形成白酒风味的前体物质，因而一般只适合于酿制普通麸曲白酒。由于商品糖化酶生产所用的菌种也是黑曲霉，其酶学性质与黑曲霉麸曲基本相同，因而黑曲霉麸曲已逐渐被商品糖化酶所代替。因此，在下面的叙述中将不再介绍黑曲霉麸曲的生产工艺，读者可参阅较早出版的白酒书籍，其中有不少关于黑曲霉麸曲生产工艺的介绍。

2. 白曲

生产白曲所用的菌种为河内白曲霉，它是黑曲霉的变异种。该菌分泌 α-淀粉酶、葡萄糖淀粉酶、酸性蛋白酶和羟基肽酶等多酶系。虽然其糖化酶活力不如黑曲霉，但由于酸性蛋白酶的分泌较多，有利于酿酒过程中微生物的生长与代谢，并可形成较多的白酒风味物质，因而白曲被广泛用来酿造优质麸曲白酒。

河内白曲霉具有产酸高、耐酸性强等优点，它的 pH 值适应范围为 2.5～6.5，曲子酸度最高时达 7.0。此外，该菌还有耐高温和具有一定生淀粉分解能力的特点。实践证明，用河内白曲酿酒具有如下特点。

① 产酸量大，对制曲、酿酒过程中的杂菌有一定抑制作用。

② 所产酶系耐酸、耐酒精能力强，在发酵过程中，各种酶的稳定性好，持续作用时间长。

③ 酸性蛋白酶含量高，对白酒的香味形成和颗粒物质的溶解，都能起到重要的作用。

④ 白曲生长旺盛，杂菌不易侵入，且操作容易，成品质量稳定，因而很受酒厂欢迎。

⑤ 白曲的糖化酶活力低于黑曲霉麸曲，因而使用量较大，出酒率稍低。

3. 根霉曲

根霉曲主要用于小曲酒的酿造，它与曲霉麸曲（黄曲、白曲、黑曲等）不同，曲霉麸曲酿酒主要是利用成品曲中菌体所分泌的酶起糖化作用；而根霉曲中的菌丝体和孢子处于休眠状态，是活的，健壮的，在酿酒过程中主要起接种作用。在培菌糖化过程中，根霉菌大量繁殖，同时分泌大量的糖化酶使淀粉逐渐糖化。所以，曲霉麸曲的用曲量较大，其中黑曲为原粮的4%左右，白曲、黄曲则超过10%；而纯种根霉曲用量只需0.3%～0.5%即可。

采用根霉酿酒具有如下特性。

① 由于根霉具有边生长、边产酶、边糖化的特征，因而用曲量很少，为曲霉麸曲的1/40～1/10。

② 根霉适宜多菌种混合培养的环境。最初根霉和酵母菌是一起培养的，后来为了控制酵母菌的细胞数，采用根霉、酵母菌单独培养后混合使用。

③ 根霉能糖化生淀粉，在生料培养基上生长旺盛，因而适合生料酿酒。

④ 根霉所产糖化酶系可深入原料颗粒内部，因此采用根霉酿酒时原料的粉碎度较低，对大米原料则不需粉碎。

二、根霉曲的生产工艺

我国利用小曲酿酒的历史非常悠久，而传统小曲中起糖化作用的菌群主要是根霉菌。自20世纪50年代以来，中国科学院微生物研究所等单位对传统小曲中的根霉菌进行了分离鉴定，从中获得了一批优良的根霉菌株。随后，以麸皮为原料，经纯种固态培养的根霉曲在小曲酒中被广泛应用。与传统小曲比较，根霉曲具有成品质量稳定、用曲量少和原料出酒率高等特点。

（一）常用菌株

20世纪70年代以前，根霉菌主要是采用中科院分离的5株菌种：AS3.866、AS3.851、AS3.867、AS3.852和AS3.868。其中应用最多的是AS3.851，其次是AS3.866和AS3.868。20世纪70年代末，贵州和四川分别分离诱变出了性能优良的根霉菌种Q303和YG5-5。

1. AS3.851

属河内根霉，产酸高，出酒率中等（82.23%），适应于各种原料，在20世纪70年代以前应用最广。

2. AS3.866

属河内根霉，生长速度快，产酸高，糖化力较强，出酒率稍低于AS3.851（81.40%）。在夏季，使用该菌种，由于具有产酸高和生长迅速的特点，因而不易污染杂菌，所以一些厂家在夏季喜欢使用AS3.866作菌种。

3. Q303

属台湾根霉，产酸少，糖化力强，出酒率（83.2%）优于AS3.851，适合于酿制甜酒酿和不同原料的小曲酒。

4. YG5-5

由四川3号根霉经诱变而得，它是为降低小曲酒杂醇油浓度和提高原料出酒率而专门研究开发的优良菌株，具有产酸适中、糖化力强和原料出酒率高等特点。适合于以大米、高粱、玉米为原料酿制小曲酒，特别是以玉米为原料时，出酒率明显高于其他菌株。

（二）试管培养（一级种）

生产上习惯于把试管菌种称为一级种子。在根霉曲生产中，常常由于频繁移接而造成试管菌种的污染和退化，导致出酒率下降。为了解决这个问题，贵州省轻工研究所总结出了用麸皮培养试管经干燥后留种的办法，该法对稳定根霉曲的质量起到了良好的作用。

1. 工艺流程

试管→洗净→塞棉塞→干热灭菌定型→装管（麸皮加水拌匀润料）→高压灭菌→冷却→接种→培养→烘干→振荡打散→一级菌种

2. 操作工艺

① 将试管用洗涤剂清洗干净，滤干后塞上棉塞，置干燥箱内，150℃，烘干1h，冷却便用。

② 称取麸皮50g，加水65%左右，拌和均匀后分装试管，厚1～2cm，用小毛刷把管口壁刷干净，塞好棉塞并用牛皮纸封好后高压灭菌，0.1MPa，30min。

③ 接种培养，在无菌条件下接种（菌丝体或干燥的麸皮菌种均可），置培养箱内，28～30℃，培养36h左右至菌丝体长满麸皮料层，升温至35～38℃，烘干，振荡打散麸皮料，即得试管一级种。

④ 将试管菌种放入装有干燥硅胶的玻璃干燥器内，盖好保存。用此法制得的麸皮试管菌种在干燥器内可保存5～10年。

（三）三角瓶培养（二级种）

1. 培养基

称取一定量的麸皮，加水70%～80%，充分拌匀。用大口径漏斗将湿料分装于洗净烘干的500mL三角瓶内，每瓶装料40～50g，厚约2cm，塞上棉塞，用牛皮纸包扎瓶口，0.1MPa，灭菌30min。取出三角瓶，趁热轻轻摇动，将瓶内结块打散，并使瓶壁冷凝水渗入培养基内，冷却后待用。

2. 接种培养

按无菌操作法将根霉试管种子接入三角瓶麸皮培养基上（每支试管种子可接10个左右三角瓶），摇匀，使菌体分散。于28～30℃培养箱培养2～3天，待菌丝体布满培养基并将麸皮连接成饼状后，进行扣瓶。扣瓶时将瓶轻轻振动放倒，使麸皮饼脱离瓶底，悬于瓶的中间，以增加空气的接触面积，使瓶底培养基的根霉菌丝健壮生长繁殖。扣瓶后，继续培养约1天，即可出瓶。

3. 烘干与保存

出瓶操作在无菌室内进行，在无菌操作条件下，用铁钩挑出培养好的曲饼块，装入灭过菌的牛皮纸袋内，褶封袋口，置35～40℃烘干箱内烘干，迅速除去水分

（含水量≤12%），使菌体停止生长，以便保存。

曲饼烘干后，用玻棒碾碎，放在硅胶干燥器内贮存，或将包有二级根霉种的牛皮纸袋放入塑料袋内于冰箱内存放。只要保证不受潮，二级种可长期存放数年不失活。

（四）浅盘培养（三级种）

1. 培养基

称取麸皮，加水70%左右，充分拌匀，打散团块，用纱布包裹或装入箩内，0.1MPa，灭菌30min。

2. 接种培养

麸皮经高温灭菌后，于无菌室内冷却至30℃左右，接入三角瓶根霉种子约0.3%，充分拌匀，分装于经灭菌的木盒或搪瓷盘内。装盘要快，厚度2～3cm，并注意厚薄均匀，中间稍薄，边缘稍厚。然后叠成柱形，放入28～30℃的培养箱内（或培养室）培养。培养约8h后，孢子萌发；12h左右菌丝体开始生长，品温逐渐上升；至18h左右品温升至35～37℃，将曲盘拉成X形或品字形，使品温下降，并调节培养箱温度至26℃左右；培养至24h左右，根霉菌丝体已将麸皮连接成块，即行扣盘；扣盘后，继续于28～30℃培养至品温接近培养箱（或室）温度，总时间36～40h即可出曲。

3. 烘干

烘干分两个阶段进行，前期因曲子水分含量大，微生物对热的抵抗力较差，温度不宜过高，一般控制品温在30～35℃，烘干室温度在35～40℃；随着水分的蒸发，根霉菌对热的抵抗能力逐渐增加，后期品温可控制在35～40℃，烘干室温度在40～45℃。烘干过程要注意翻曲，并用经干热灭菌的玻璃棒等将曲快打散。

烘干的曲子可放在洁净的缸内贮存，也可分装入塑料袋后置冷藏室冷藏，要注意防潮。

（五）根霉曲生产

根霉曲生产有浅盘制曲和通风制曲两种。其中浅盘制曲具有设备简单、上马容易和操作较易掌握等特点，比较适合于小规模生产；而机械通风制曲具有节省厂房面积、节省劳力和设备利用率高等特点，比较适合于较大规模的生产。

1. 浅盘制曲

（1）蒸料　称取麸皮，加水50%～60%，用铲子将料拌和后再用扬麸机打均匀，打开蒸汽，上甑蒸料。要求边上料边进汽，加热要均匀，防止蒸汽走短路。圆汽后再蒸1.5h左右，润1h出甑。

蒸料的目的是使麸皮内的淀粉糊化，并杀死料内杂菌。要特别注意整个操作过程中生、熟料的分界线，生料蒸熟后，不允许再与生料接触，也不允许用拌生料的工具操作熟料，在工具不够使用时，必须将工具清洗杀菌后方可使用。

（2）接种　蒸好的曲料，用扬麸机打散降温，待品温冬季降至35～37℃、春秋季降至30～32℃、夏季降至接近室温时即可接种。接种量一般为原料量的

0.3%～0.5%，夏季较少，冬季稍多。

（3）培养　接种完毕，立即分装于浅盘，厚度3cm左右，注意摊平。浅盘制曲与三级种的培养基本相同，主要是要根据根霉不同阶段的生长繁殖情况，适当调节曲室的温度、湿度和通风排潮，以保证曲子的正常生长。一般情况下，培养开始至12h内，室温控制在28～30℃；待根霉开始大量繁殖、品温迅速上升时，应将曲室的品温适当调低（26℃左右），同时采用柱形、X形、品字形、十字形等不同的浅盘堆排方式，使物料品温控制在30～37℃范围内；培养后期，应间歇通风排潮，降低曲湿度。

扣曲时间一般在24h左右，出曲时间一般为32～36h。

（4）烘干　出曲后，移入烘干室，并将曲打散，摊开，厚度1～2cm。控制品温在30～40℃之间，其中前期30～35℃，后期35～40℃。视情况，烘干室温度控制在35～45℃之间。烘干过程应及时翻料，同时应注意通风排潮，特别是开始阶段应连续通风排潮。

当空气湿度较低时，采用阳光晒干也能达到干燥的目的。

（5）粉碎　干燥后的根霉曲，在使用前需经粉碎。粉碎能打断菌丝体，并使根霉孢子囊破碎，释放出孢子，从而增加接种点，提高根霉曲的效率。常用的粉碎设备有面粉粉碎机、电磨、石磨等。

2. 通风制曲

机械通风制曲的蒸料、润料、扬冷和接种等过程与浅盘制曲基本相同，其余操作要点如下。

（1）装料　装料要求疏松均匀，料层厚度20～25cm，太厚时上下温差太大，通风不良；太薄则生产效率低，且水分不易保持，亦不利于菌丝体生长。

（2）通风培养　夏季控制入池温度28～30℃，冬季32℃左右。培养开始时，主要是孢子发芽，耗氧很少，不需通风。在4～6h后，菌丝体开始生长，品温开始上升，需进行第一次通风。以后，间歇通风控制品温在30～36℃之间，随着培养过程的进行，停止通风的时间应逐渐缩短，通风强度应逐渐增加。培养至15h左右，根霉菌生长旺盛，呼吸作用很强，进入产热高峰期，一般需连续通风培养。这时，物料品温与湿度可通过调节风门的大小或循环风的比例来控制，要注意品温控制在30～37℃之间。培养至20～22h后，放热量有所减小，可改为间歇通风培养。一般入池后培养24～30h，曲内菌丝体密布，连接成块，即可出曲。

（3）干燥　干燥前用扬麸机将曲块打散。干燥方法有两种，中等规模时，可考虑烘干，方法同浅盘制曲；较大规模时，则采用气流干燥器或振荡流化床干燥器干燥。

（4）粉碎　同浅盘制曲。

（六）根霉曲的质量要求

1. 外观

粉末状至不规则颗粒状；颜色近似麦麸，色质均匀一致，无杂色；具根霉曲特有的曲香，无霉杂气味。

2. 水分

水分是根霉曲主要质量指标之一，成品水分越低，越有利于贮存。但要达到较低的水分，就必须提高烘干时的温度，而烘干温度过高易使根霉曲的活性下降。一般情况下根霉曲的水分含量控制在8%～10%范围内为宜。当环境空气的湿度较低时，控制的水分含量可适当低些。

3. 试饭糖分

试饭糖分是根霉曲最重要的质量指标，它反映了根霉曲活性的高低。试饭糖分的测定方法如下。

（1）蒸饭　取大米200g，用水淘洗干净，加水至总质量为420g，进行蒸饭，上大汽后蒸40～45min。要求饭粒熟而不烂。米饭含水量60%，不足部分可用冷开水补充。

（2）培菌糖化　称取60g米饭（称取三个样），凉至35℃左右，拌入米饭质量0.14%的根霉曲样品（即84mg），拌匀后装入直径为10cm的灭过菌的培养皿中，于30℃培养箱中培养40～48h后取出，测定其试饭糖分和酸度。

（3）试饭糖的处理　取糖化饭10g于150mL三角瓶中，加蒸馏水40mL，0.1MPa，灭菌15min（或水浴煮沸1h），取出，迅速冷却后，纱布过滤，定容至500mL（稀释液含糖0.5%～0.6%）。

（4）测定　上述样液可用快速法或典量法测定。用快速法测定时可取稀释液1mL进行测定，此时试饭糖化的计算公式如下：

$$\text{试饭糖分}(\%)=\frac{(V_0-V)c}{1\times1000}\times500\times\frac{100}{10}=5(V_0-V)c \tag{4-1}$$

式中　V_0——标定时滴定标准葡萄糖液的体积，mL；

V——定糖时滴定标准葡萄糖液的体积，mL；

c——标准葡萄糖液的浓度，g/L。

一般情况下，根霉曲的试饭糖分应≥22%。对于小于22%的根霉曲，若外观质量和水分都合格，一般也可投入使用，只是必须适当加大根霉曲的用量；对于试饭糖分大于28%的优质根霉曲，则可适当减少其用量。

根霉曲试饭糖分的测定受大米品种、质量等因素的影响，在检测时要注意实验条件的一致。此外，对作用于不同原料的根霉曲，还可考虑采用其相应的原料做试饭检测。

4. 试饭酸度

试饭酸度是指中和每克糖化饭所消耗0.1mol/L NaOH溶液的体积（mL）。其测定方法为：取上述稀释液50mL（相当于1g糖化饭），以酚酞为指示剂，用0.1mol/L NaOH溶液滴定至微红色，按下式计算试饭酸度。

$$\text{试饭酸度}=\frac{MV\times500}{50\times10\times0.1}=10MV \tag{4-2}$$

式中　M——NaOH 溶液的浓度，mol/L；

V——滴定消耗 NaOH 溶液的体积，mL。

大多数根霉菌种都能产生一定量的有机酸，但试饭酸度过高，往往是被产酸细菌污染所引起的，因此试饭酸度也是根霉曲的质量指标之一。一般情况下，要求试饭酸度≤0.5%。不过，采用不同菌种培养的根霉曲，其试饭酸度的指标值应有所区别。

（七）根霉酒曲

将根霉曲与纯种培养的固体活性干酵母（见本章第四节）按一定比例混合即为酿造小曲白酒的根霉酒曲。根霉酒曲中的活酵母细胞数一般为 0.25 亿～1.0 亿个/g，具体配比则视固体活性干酵母的活细胞数而定。例如，若控制根霉酒曲的活酵母细胞数为 0.5 亿个/g，则每 100kg 根霉酒曲所需的固体活性干酵母的用量可按下式计算：

$$W=\frac{0.5\times100}{x}=\frac{50}{x} \tag{4-3}$$

式中　W——100kg 根霉酒曲所需的固体活性干酵母的用量，kg；

x——活性干酵母的活酵母细胞数，亿个/g。

三、红曲酯化酶的生产工艺

红曲酯化酶的生产菌种多为烟红曲霉，目前国内生产的红曲酯化酶大多为中国科学院成都生物研究所从酒曲中分离的烟红曲霉 A-8 菌株，其主要特性如下。

① 可直接催化己酸和乙醇合成己酸乙酯。在水中和有机相中均有催化作用，而在有机相中的酯化效果明显优于水相。如在蒸馏水中静置酯化 7 天，己酸乙酯的浓度为 1.5g/L；而在环己烷中静置酯化 3 天，己酸乙酯浓度达 27.9g/L。

② 该酶催化反应的温度范围为 25～35℃，最适温度为 28℃，在温度低于 15℃和高于 40℃时，酯化能力很低。

③ 底物己酸和乙醇的初始浓度以 0.5mol/L 为最好，经酯化反应 48h 后，生成的己酸乙酯含量可达 60.7g/L，酯化率为 85%。

红曲酯化酶的生产方法与一般麸曲的生产方法相同，下面简要介绍中国科学院成都生物研究所的生产工艺。

（一）工艺流程

斜面菌种→种子培养→曲盘培养
↓
麸皮→拌料→蒸料→摊凉→接种→厚层通风培养→干燥→粉碎→粗酶制剂

（二）操作方法

1. 斜面菌种培养

培养基：麸皮汁 1000mL，葡萄糖 1%，酵母膏 0.1%，琼脂 2%，pH 自然，98kPa 压力灭菌 30min。冷却、接种后于 28～32℃培养 4～5 天，取出备用。

2. 种子培养

新鲜麸皮，加1%葡萄糖，加水拌和后分装于250mL三角瓶，98kPa压力下灭菌45min，冷却、接种，32～35℃培养3天，取出备用。

3. 曲盘培养

新鲜麸皮加水拌和，98kPa压力下灭菌45min，冷却后分装于曲盘，接种，32～35℃培养2～3天，备用。

4. 厚层通风培养

将新鲜麸皮加水拌和后，置于高压柜中98kPa压力下灭菌45min，取出冷却后接种，接种量为5%，扬散后装箱，控温、通风培养48～72h出箱。

5. 成品

培养成熟的麸曲经干燥、粉碎后，即为粗酶制剂。

第四节 纯种酵母培养技术

一、概述

在传统白酒酿造中，由糖转化为酒的过程是靠网罗自然界中的野生酵母来完成的，由于野生酵母数量少、酒精发酵能力差，因而原料出酒率很低。为了提高出酒率，选用优良酿酒酵母菌种，经纯种扩大培养后用于白酒酿造，是20世纪50年代发展起来的。当时，纯种培养的酵母被称为酒母，主要用于麸曲白酒的生产，后来在液态法白酒中普遍使用。20世纪60年代，为了提高成品酒中（主要是麸曲白酒）酯香物质的含量，又发展了纯种培养产酯酵母用于白酒生产的技术。20世纪70年代初，随着根霉纯种培养技术的成熟，纯种培养的固体酵母逐渐在小曲白酒中推广应用。20世纪80年代末，普通麸曲白酒和液态法白酒中使用的酒母逐渐被性能优良的酿酒活性干酵母（ADY）所代替。20世纪90年代初，酿酒活性干酵母的应用已普及整个白酒生产行业。目前，只有少数优质酒厂仍在自己培养纯种酵母用于白酒生产，其中绝大多数为固体产酯酵母。

（一）常用菌株

1. 酿酒酵母

白酒生产要求酵母菌种具有发酵速度快、繁殖能力强、耐酸耐酒、适应性强、出酒率高等特性，并且能给成品酒带来较好的口味。根据这些要求，各地常用的酿酒酵母菌种有RasseⅫ、1308、K氏酵母、AS2.109、AS2.541、古巴2号、德国20号等菌株，其中后两种主要用于糖质原料酿酒，其余则用于淀粉质原料酿酒。由于目前酿酒活性干酵母已逐渐代替自培酿酒酵母，因而不再对这些菌种的特性作一一介绍。

2. 产酯酵母

产酯酵母，亦称生香酵母，是指对醇、酸有酯化能力的酵母菌，多属于产膜酵母、假丝酵母，主要是汉逊酵母及少数小圆形酵母等。长期以来，它们作为野生酵母在自然界中广为分布，在国外酿酒行业则视为有害菌类。但它们在我国白酒生产中所处地位却完全不同，它们参与酿造发酵，是形成白酒香味成分的主要菌种之一。

自20世纪60年代初开始，各地分离选育了许多优良的产酯酵母菌种。如：1312、1342、1343、1274、汉逊酵母、球拟酵母、汾Ⅰ、汾Ⅱ、AS2300等。下面介绍几种常用的产酯酵母。

（1）汉逊酵母　该菌种是从茅台酒醅中分离得到的。汉逊酵母属子囊菌纲，原子囊亚纲，内孢霉目，酵母科。该菌能产乙酸乙酯，并有一定的产酒精能力，在培养基中添加乙醇和乙酸，其产酯能力有所提高。同时该菌能以酒精、甘油、乙酸乙酯等为碳源，当酒醅中葡萄糖等可发酵性糖不足时，该菌将消耗其中的部分乙醇和乙酸乙酯。该菌最适培养温度为25℃，最适pH值为5.0，酯的分解能力在同类中居中等。

（2）球拟酵母　该菌种也是从茅台酒醅中分离得到的，属于丛梗孢目，隐球酵母科，球拟酵母属。球拟酵母对酸度和温度的适应范围较宽，在温度35℃时仍有产酯能力，因而被广泛应用于发酵温度较高的酱香型酒的生产。在同类中，该菌的酯分解能力最低。

（3）1312　该菌种是原轻工业部食品发酵研究所选育的。该菌种生长速度快，产酒精和产酯能力都高，产酸能力居中，是应用较多的菌种。但该菌的酯分解能力在同类中也是最高的，产酯高峰过后，酯含量将会下降。

（4）1274　该菌种也是原轻工业部食品发酵研究所选育的。该菌最适培养温度为30℃，最适pH值为5.0。该菌不产乙酸乙酯，但能产丙酸乙酯、丁酸乙酯、己酸乙酯等多种酯类，多用于浓香型优质白酒的生产。

（二）纯种酵母的培养方法

在白酒厂，纯种酵母的培养可分为液态和固态两种方法，其中酿酒酵母以液态法培养为主，产酯酵以固态法培养为主。

1. 液态培养法

液态培养法又可分为大缸培养法和罐式培养法两种，其中大缸培养法主要用于麸曲白酒的生产，罐式培养则主要用于液态法白酒的生产，其培养工艺与酒精厂相同。

在白酒厂，从原菌出发到生产使用的酒母，一般需经4～5代扩大培养，其培养液酵母细胞数为1.0亿～2.0亿个/mL。由于各厂所需的酒母量不是很大，培养酒母的设备大多非常简陋，因而很难保证酒母的质量，常导致出酒率下降，产品质量不稳。目前，除个别酒厂外，自培酒母大多已被质量优良的酿酒活性干酵母所代替。因此，在本书中不再介绍生产效率低下的液态自培酒母。

2. 固态培养法

固态培养法可分为曲盘培养法、帘子培养法、地面培养法和机械通风培养法四种。固态培养酒母的方法起源于我国酿酒生产中的制曲（大曲、小曲、麸曲）技术。

自20世纪60年代开始，许多白酒厂用固态培养法培养生香酵母，应用于白酒的生产，以提高白酒的风味质量。但由于用此法培养的成品，其酵母细胞数较低，一般为2亿～5亿个/g，因而不便于形成商品化生产。20世纪90年代初，天津科技大学对固态法培养技术进行了改革，首先是采用了液态纯种培养技术和优化培养基，其次是采用了固态通风培养技术和低温快速干燥技术，使其成品的活细胞数提高了几十倍，从而使固态培养法生产商品酒用活性干酵母成为可能。

固态培养法是以农、副产品为主要原料，经纯种扩大培养（液态或固态）、固态发酵培养和快速低温干燥等工序，制成带有一定载体的酿酒用活性干酵母。此法设备简单、投资省、上马容易、原料来源广、产品成本低，产品质量稳定，可适合于各种白酒、黄酒用活性干酵母的生产。一般情况下，用此法生产的产品其酵母细胞数为30亿～150亿个/g，大约为不带载体的高活性干酵母的10%～30%，生产成本约为高活性干酵母的15%左右。另外此法在固体培养期间不可避免地有少量杂菌污染，主要是野生的生香酵母和醋酸菌等，其总数为培养菌的0.5%～5.0%。但这些杂菌并不一定影响各种白酒的生产，相反有些杂菌对形成白酒的风味有一定的好处。

目前，市场上有各种固态培养的带载体酿酒活性干酵母和产酯活性干酵母供应，但由于品种有限，其发酵性能并不一定适合所有白酒。特别是产酯酵母，各酒厂所用菌种大多不同，因此仍然有许多优质白酒厂自己培养产酯酵母。鉴于此，下面主要介绍固态培养法生产纯种酵母的技术。

二、液态纯种扩大培养

纯种扩大培养，可根据生产条件的不同，采用固态或液态培养。固态纯种培养的工艺流程可为：菌种→固体小三角瓶（100～250mL）→固体大三角瓶（2000～3000mL）→曲盘或帘子。液态纯种培养的工艺流程可为：菌种→小三角瓶（100～250mL）→大三瓶（2000～3000mL）→种子罐（200～500L）。其中固态培养种子设备简单，操作简便，所培养的种子经晾干后可存放几天至几十天，使用方便。但曲盘或帘子培养容易污染小量杂菌，因而种子质量不高。此外，存放种子在接种前需用10～20倍35℃的自来水活化10min左右才能使用。液态纯种培养需带有机械搅拌的密封种子罐，其种子酵母无杂菌，质量较好，但种子成熟后，应立即接种，不能任意存放。下面介绍的是纯种液态培养工艺。

（一）斜面菌种

生产中使用的原始菌种应当是经过纯种分离的优良酵母菌种。保存时间较长的原菌，在投产前，应接入新鲜斜面试管进行活化，以便使酵母菌在处于旺盛的生活状态时接种。

10～12°Bx麦芽汁或米曲汁，加2%琼脂，溶化、分装、灭菌后斜放，待冷凝后即制得斜面固体试管。原种接入斜面试管后，于30℃培养36～48h，即得培养成熟的斜面菌种，作为生产用菌种或作为原种存放在4℃冰箱中。斜面原种存放时间可为3～6个月，但生产用菌种的存放时间不得超过1个月。

（二）种子罐培养基的制备

种子罐培养基一般选择营养丰富的大米或玉米等原料，其中以玉米最好。培养基制备过程包括配料、液化糊化和糖化等过程。

1. 糊化液化

原料粉碎后用3.5～4.5倍的水打浆，每克玉米面加耐高温α-淀粉酶3～4个单位（若用2000U/g的普通α-淀粉酶，则用量为原料量0.3%～0.4%，并加0.3%的无水氯化钙作保护剂），开动搅拌搅匀。在搅拌状态下，通蒸汽加温至85～90℃，在此温度下保温液化10～15min，封罐，继续通蒸汽至表压0.15MPa，保压20～30min，自然冷却至表压为零，开罐冷却至60℃左右。

2. 糖化

加5万单位糖化酶0.2%～0.3%（每克原料100～150单位），搅拌15min，然后保温（55～62℃）糖化2～3h，期间每半小时左右搅动一次，淀粉糖化率应在60%左右。

3. 培养基配制

糖化液用水稀释至13～14°Bx，调pH值至5.0左右。对于玉米糖化醪，一般不需补加任何其他营养物，对其他原料糖化醪则需补充一定量的营养盐。一般情况下，用硫酸铵补充氮源，其用量为原料量的0.1%～0.2%。配制好的培养基再加热至100℃，杀菌5～10min后冷却备用。

（三）纯种扩大培养工艺

1. 小三角瓶

一般用100～250mL三角瓶，12°Bx麦芽汁或米曲汁培养基，pH＝5.0～5.4，装液量30%左右，经灭菌后备用。

在无菌条件下，自斜面试管接种两环，摇匀后于30℃培养24h左右。若为耐高温酵母菌种则温度升高至34℃左右。培养期间对于酿酒酵母每6～8h摇动一次；对于生香酵母则每1～2h摇动一次。

种子质量指标：pH＝4.0～4.5，糖度下降40%左右，细胞数1.0亿个/mL左右，出芽20%～30%，无死细胞，无杂菌。

2. 大三角瓶

一般用2000～3000mL三角瓶，培养基可用麦芽汁、米曲汁，也可用糖化液（由上述糖化醪经过滤而得）培养基，浓度12～14°Bx，pH＝5.0～5.4，装液量25%左右，经灭菌后备用。

接小三角瓶种子，接种量为5%～10%。30℃培养12～16h（耐高温酵母为34℃左右），培养期间，对于酿酒酵母每2h左右摇动一次，对于生香酵母则应连续缓慢摇动。

种子质量指标：pH=3.8～4.2，糖度下降50%左右，细胞数1.2亿～2.0亿个/mL，出芽15%以上，无死细胞，无杂菌。

3. 种子罐培养

培养基冷却至30℃左右接种，接大三角瓶种子时，其接种量为2%～4%；若从种子罐培养成熟的种子中分一部分作为下次种子罐培养的种子（即循环种子），则接种量提高至10%左右。一般情况下，循环种子的次数最多不超过3次。

培养温度28～31℃（耐高温酵母为32～35℃），初始pH=5.0～6.0，期间控制pH=4.0～4.5。间歇通入无菌空气，起搅拌和供氧作用，一般每小时通3～5min。培养后期pH值下降时用纯碱水调pH值至正常值。培养时间为10～16h，视培养条件和接种量而定。

种子质量指标：pH=4.0～4.5，糖度下降60%左右，细胞数2.0亿～4.0亿个/mL，出芽率15%以上，无杂菌，死亡率小于1%。

三、固态发酵培养

固态发酵培养可用的设备有帘子、曲盘和通风发酵池等。但要使其产品的细胞数达80亿个/g以上，则最好采通风良好并具有调温调湿功能的通风发酵池。固态发酵培养生产带载体活性干酵母的生产工艺流程为：配料→蒸料→摊晾→接种入池→通风发酵培养→干燥→包装→产品。

（一）配料

可用于固态发酵生产酵母的原料有麸皮、玉米、稻壳、高粱、酒糟等。配料的原则首先是含有足够的碳源（淀粉或糖）、氮源和酵母生长所需的其他营养物，其次是合适的pH值，最后是保证料层一定的疏松度。各原料的具体用量或配方则可根据实际情况来设计，一般情况下配料中淀粉的含量为固性物总量的50%左右，颗粒较大时淀粉含量要求高些。配料拌匀后，加水50%，再拌匀。原料吸水后，pH=5.0～5.4，pH值高时在配料水中加适量的硫酸，一般情况下用量为原料的0.3%左右。配料的疏松度要求每100kg干物质，吸水拌匀后的视体积为0.4～0.5m^{3}为宜，即表观密度为200～250kg干固物/m^3。

（二）蒸料

将各种原料和水拌匀后，润料30min后蒸料。蒸料起淀粉糊化和杀菌作用，要求边投料边进汽，加热要均匀，防止蒸汽走短路。圆汽后再蒸1h。

（三）接种入池

接种过程包括扬冷、加酶、补充营养盐、补充水分和接种装池等步骤。

1. 加酶

由于酵母菌不能直接利用淀粉作为碳源，而原料中的可发酵性糖含量很低，因而需加入一定量的糖化酶，使原料中的淀粉水解成酵母可利用的糖。糖化酶的添加量为每克原料 100～150 单位，糖化酶添加时的温度以 40℃左右为宜，此外糖化酶在使用前用 45℃的自来水活化 1h 左右。

2. 补充营养盐

尽管多数原料中含有丰富的氮源及多种无机盐，但氮源主要是以植物蛋白的形式存在于颗粒状原料中，其中的大部分氮源和无机盐都不能被酵母所利用。因而有必要补充氮源和某些其他无机盐。具体用量则视原料情况（包括原料种类和粉碎度等）而定。一般情况下，可利用氮为总干固物量的 1.5%左右，可利用 P_2O_5 为总干固物量的 0.5%左右，最好是在正式生产前通过三角瓶试验来确定。

3. 补充水分

入池水分含量控制在 55%～60%，其高低视天气情况而定，气温高、空气湿度大时取低值；反之，取高值。

4. 接种装池

接种量为每克原料 0.1 亿～0.2 亿个酵母细胞，接种量小，升温慢，易引起杂菌污染。具体接种量则视种子的酵母细胞数而定，一般情况下，原料对液体种子的接种量为 10%，对固体种子的接种量为 1%左右。接种温度 26～33℃，夏季取低值，冬季取高值。装料要求疏松均匀，料层厚度 25～30cm，太厚时上下温差太大，通风不良，不利于酵母生长。

(四) 通风发酵培养

1. 前期培养

入池后 6h 左右酵母生长不明显，品温变化不大，冬季要注意保温。控制料层品温 28～30℃，室温 30℃左右，室内相对湿度 85%以上。

2. 中期培养

培养 6～8h，品温开始上升，酵母进入对数生长期生长，要特别注意温度湿度和通风的控制。中期是酵母细胞的积累期，品温控制可在 28～33℃范围内，耐高温酵母则可为 30～36℃，物料水分含量应保持在 50%以上。中期培养开始时，可采用间歇通风，待每克物料的酵母细胞数达 1 亿～2 亿个时，则需采用连续通风。通风强度为每平方米发酵池的通风量为 60～120m^3/min。为了维持料层的温度和湿度，通入空气的温度和湿度都必须是可调的。

3. 后期培养

培养 24h 左右后，当细胞出芽率下降至 10%左右时，开始进入后期培养。通过后期培养使细胞进一步成熟，同时降低物料水分，以利于干燥。后期培养时，门窗大开，品温控制在 35℃以下（耐高温酵母为 38℃以下），通过间歇和连续通干风（风量调至最大）使物料水分逐渐下降，当水分降到 30%左右时，即可出房。总培养时间约为 40h。

四、干燥

所培酵母如工厂自己使用，则不需干燥。但存放时间不宜过长，要注意杂菌污染和发热造成酵母大量死亡。

出房后首先用打渣机打散，然后干燥。可用振动流化床或沸腾床干燥，天气好时亦可采用晾干的办法干燥。但晾干时由于干燥时间较长，易污染杂菌，酵母的活性损失较大，其产品水分含量较高，不易保存。采用流化干燥床或沸腾床则需增加一定能耗，所得产品水分含量8%左右，活细胞率可达80%左右。此产品采用塑料袋普通包装，在常温下保质期为3～6个月，若采用真空包装（产品水分应小于7.5%）则保质期可延长至6～12个月。

第五节　纯种细菌培养技术

白酒生产采用开放式，在酿造过程中不可避免地要侵入各种细菌。对普通白酒的生产来说，细菌的入侵会严重影响出酒率，因而细菌被视为有害菌类。但对优质白酒而言，细菌的许多代谢产物对白酒风味物质的形成起着关键作用。如己酸菌是浓香型白酒生产中主要的产香菌；耐高温的芽孢杆菌在酱香型白酒的大曲中占主导地位；白酒醅中含有适量乳酸、醋酸、丙酸等有机酸的细菌，有利于各种白酒风味物质的形成；窖泥中含有适量的甲烷菌和丁酸菌也有利于浓香型白酒风味的形成。

20世纪60年代，在浓香型白酒中发现了己酸乙酯，并在优质窖泥中分离到产己酸的己酸菌，从此人们开始了纯种培养有益细菌在白酒生产中的应用。

一、己酸菌

在浓香型大曲酒生产中，发酵窖越老，产酒的质量越好，这是传统工艺的经验总结。有的名酒厂的发酵窖号称为300年老窖。为了揭示老窖出佳品的奥秘，自20世纪60年代起，我国开展了浓香型白酒与窖泥微生物关系的研究，发现老窖泥富集多种厌氧功能菌，主要为嫌气性梭状芽孢杆菌，它们参与浓香型白酒发酵的生香作用。参照当时茅台试点的研究成果，发现己酸乙酯是浓香型白酒的主体香成分，无疑，其中的己酸菌就是老窖发酵生香的一种主要功能菌。

（一）菌种

自20世纪70年代开始，许多白酒科技工作者对己酸菌的分离、培养和应用进行了大量的研究工作。从名优酒厂的窖泥、池塘淤泥等分离出了多株高产己酸的优良菌株，如内蒙古30#、黑轻80#、L-Ⅱ、L_4、L_1、K_{21}、W_1、M_2等。几株产己酸菌的特征比较见表4-6。

（二）培养基

巴克根据己酸菌的独特营养要求，确定了14种成分的合成培养基。基于白酒生产应用的目的，1975年内蒙古轻工科学研究所通过对内蒙古30#菌种的实验证明：乙醇、乙酸是己酸菌重要的营养成分，而且没有这两种成分，就不能产己酸；对氨基苯甲酸和生物素是己酸菌的生长因子，缺了它们就会严重影响其产酸能力，

表 4-6 几株产己酸菌的特征比较

项目	菌株 K_{21}	菌株 W_1	菌株 M_2
来源	淡水污泥	窖泥	厌氧消化器中的颗粒污泥
菌落形态	圆形,边缘整齐或呈绒毛状,灰白色,光滑,微凸,直径 1～3mm	圆形,边缘有绒毛,乳脂色,不透明,直径 1.5～3mm	圆形,边缘整齐,灰白色,光滑,微凸,直径 1～3mm
细菌形态	杆状,(0.9～1.1)μm×(3～11)μm	杆状,(0.6～0.7)μm×(3.5～4.6)μm	杆状,(0.9～1.0)μm ×(4～9)μm
革兰染色	阳性	阴性	阳性,易变阴性
乙醇＋乙酸	利用	利用	利用
葡萄糖	不利用	利用	不利用
pH 值范围	6.0～7.5	—	5.4～7.9
最适 pH 值	6.8	6.5～7.5	6.5～7.0
温度范围/℃	19～37	20～45	20～46
最适温度/℃	34	34	35～36
厌氧情况	严格厌氧	耐氧	严格厌氧
对二氧化碳的需求	需要	不需要	需要

但可用酵母膏或酵母自溶液代替；碳酸钙可以中和由己酸菌生成的己酸，同时释放出二氧化碳，故有利于己酸菌生长，有促进己酸生成的明显效果；适量的铵盐、磷酸盐、镁盐均能促进己酸菌的生长和产酸。从而提出经改进和简化了的 7 种成分合成培养基，具体组成见表 4-7。

表 4-7 己酸菌扩大培养常用培养基

成分	含量/%	成分	含量/%
乙醇(灭菌后添加)	2(体积分数)	硫酸铵	0.05
乙酸钠	0.5	磷酸氢二钾	0.04
硫酸镁	0.02	碳酸钙	1
酵母膏	0.1	pH 值	7.0

后来，根据白酒厂的实际情况，以固态发酵的酒糟为原料替代合成培养基，即将酒糟加 4 倍水过滤所得的滤液，添加工业级乙酸钠 1.0%～1.5%，乙醇 2%，碳酸钙 1%。结果表明，可以接近或达到 7 种成分的合成培养基的产酸水平。

此后，各厂对不同己酸菌菌种的培养基组成进行了优化，得出了不同的培养基配方，但主要成分相差不大，在此不再叙述。

(三) 培养条件

1. 热处理

己酸菌孢子有耐热性，而其营养细胞是不耐热的。所以为了菌种纯化，多采用热处理法。

菌种经热处理后，菌数大幅度减少，因而培养时间需要延长，以使健壮纯化菌逐步繁殖，产酸量增加。由老窖泥中分离所得的L菌经80℃热处理10min后，培养7天，己酸产量为456mg/L；至13天后上升为13695mg/L，超过了未处理对照样的己酸产量（3000mg/L）。黑龙江轻工研究所对己酸菌热处理的结果见表4-8。经热处理，使菌种复壮，活菌数和己酸产量都有明显提高。

表4-8 己酸菌经热处理后活菌数及己酸生成量的变化

菌种处理	己酸含量/(mg/100mL)	活菌数/(10^8个/mL)
未经热处理的保存菌种	296	3.4
80℃热处理6min	370	2.7
100℃热处理2min	355	2.5
对照复壮菌	380	5.1

2. 酒精浓度

培养基中酒精浓度是影响己酸产量的重要因素之一。内蒙古轻工科学研究所以内蒙古30# 为菌种在7种成分的简化合成培养基中观察了不同酒精浓度对己酸产量的影响。在32℃培养7天，结果证明，培养基中酒精浓度以2%～3%为宜；1%或4%时己酸量减少；至5%，己酸产量明显减少。沱牌曲酒厂用本厂老窖泥经热处理，用7种简化合成培养基富集培养后，接种于不同酒精浓度的上述培养基中，30～34℃培养3天后，采用革兰染色法染色，用显微镜观察梭状菌。结果表明，酒精浓度为2%～5%时，生长良好，菌体整齐；在8%～11%时，菌体短小，有芽孢出现；在14%～20%的条件下，看不到活菌体。

3. pH值

内蒙古轻工科学研究所用上述菌种及培养基，以盐酸调节培养基pH值为3、4、5、6及自身pH=7，经32℃培养7天，定性测定己酸。结果表明pH=4以下时，不产己酸，在pH=5～7范围内，均能产己酸。沱牌曲酒厂用上述本厂菌种及培养基，用含乳酸70%、乙酸20%、丁酸10%的混合酸，其浓度为20%，调节培养基pH值为2.5、3.5、4.5、5.5、6.5、7.5，在30～34℃培养3天，经革兰染色法染色，显微镜观察。结果表明，梭状菌在pH=2.5～7.5都能存活；但在pH=4.5～6.5，生长良好，菌体整齐，粗壮，数量多；在pH=2.5～3.5和pH=7.5时，菌体数量少，且短小有芽孢；在pH=2.5时有时看不到活菌体。

4. 厌氧条件对产己酸的影响

巴克最初报道的克氏梭菌，是在厌氧条件下才能产己酸的梭状芽孢杆菌。但对内蒙古30# 菌的产己酸实验结果表明，有氧和无氧条件并无差别，说明内蒙古30# 菌为兼性厌氧菌。这一特性，无疑为白酒厂对己酸菌的培养应用，提供了极为有利的经验。在国内各地所分离到的己酸菌，基本上具有同样的属性。

5. 接种量的影响

己酸菌发酵十分缓慢，日本北原氏认为己酸发酵时间长达20～50天是难于工业化的主要原因。巴克也认为己酸菌繁殖缓慢，即使在比较适宜的培养条件下培养，己酸菌干菌体含量也仅有0.015%（150mg/L培养液）。我国在培养己酸菌过程中，同样也出现类似情况。当扩大培养接种量少于5%时，发酵缓慢，一般产己酸到最高峰需8～10天或更长一些时间；当接种量提高到10%时，产己酸便快一些，在7天左右。若利用己酸菌菌体下沉到沉淀物中的特性，将发酵己酸上清液倾出，剩下的菌体沉淀物全部作种子，再加入一定量的新鲜培养基，使接种量更大，则培养5天左右己酸产量即可达最大量。因此，为了解决发酵缓慢问题，在生产上，种子瓶扩大培养接种量不宜低于10%；在己酸发酵阶段，也可将菌体沉淀物全部作为种子，直至发酵产己酸能力下降时再换新种，上清己酸发酵液可供生产使用。

（四）菌种保存

1. 液体培养基保存法

将简化巴氏合成培养基灭菌后，接种，在35℃培养7天。当培养液浑浊度最大，气泡上升也较多时，用石蜡封口，在4℃冰箱中保存。

2. 窖泥管保存法

取酒厂老窖的窖底泥装入试管灭菌后，接入黑轻80#己酸菌液，抽真空后封口。另一种方法是将窖泥干燥后，抽真空封口。

3. 安瓿瓶保存法

将在简化巴氏合成培养基培养好的己酸菌，在无菌室中将上清发酵液倒去，然后在无菌操作条件下将$CaCO_3$沉淀泥分装入安瓿瓶中，冷冻干燥后封口保存。

（五）培养方法

自20世纪70年代中期起，各地在生产性培养己酸菌方面做了大量工作，培养规模依各厂实际情况，从50L～10t以上不等。己酸发酵设备有简易的陶缸，也有用不锈钢罐的。产酸量基本稳定。

1. 大罐培养

（1）50mL三角瓶培养　种子罐以前的培养基成分，除酒精外，都采用化学纯的试剂。培养基配方见表4-7，每一级的培养基应接近于装满容器。

将1支安瓿管菌种或干燥碳酸钙粉末菌种接入50mL三角瓶培养基中，保温30℃培养7～10天。待瓶底有小气泡上升、产气较旺盛时即可转接。这一级的培养是由长期处于休眠状态的芽孢开始生长繁殖，所以培养时间较长。

（2）500mL三角瓶培养　每瓶装450mL培养基，接入已摇匀的50mL三角瓶培养液混匀后，保温30～32℃培养2～3天，培养液浑浊度增大，产气旺盛；镜检时可见长链状菌体断裂成一定数量的单独或双链的短杆菌，且移动性能良好，菌体粗壮、整齐。

（3）5L大三角瓶培养　每瓶装培养基4500mL，接入上述一瓶500mL培养液。培养过程及培养液质量要求同500mL三角瓶。

(4) 50L 种子罐培养　培养基配方同前，但所有原料都为工业用级别，其中醋酸钠应按其纯度加至规定的含量。可用 0.1%酵母粉代替酵母膏，先溶于 10 倍量的水中，保温 50～55℃，18～24h，制成自溶液后再用。

除乙醇外，先用总用水量 15%的水将各种成分溶化混合后，倾入种子罐中，并以直接蒸汽煮沸。再加入其余的水，使品温调整为 30～32℃，然后加入酒精。接入一个大三角瓶的种子液，保温 30～32℃，培养 2～3 天。待菌液质量达到如大三角瓶种子的要求时，即可转接至大罐发酵。

(5) 大罐发酵　培养基配方及制备操作同种子罐。接种量为 10%，保温 30～32℃，培养约 6 天，培养液的己酸含量可达 0.5%以上。培养发酵过程的菌体及发酵液变化见表 4-9。

表 4-9　己酸菌大罐发酵的外观变化情况

项　目	8～20h	20～40h	40～48h	48～144h	144h
色	白色	白色	呈现乳白色	乳白色	淡黄色
闻感	有酒精气味	有轻微的己酸气味	有微弱的己酸气味	有己酸气味	己酸气味较重
产气	开始产气，有小气泡断续上升	产气较旺盛，小气泡继续上升	产气旺盛	产气减弱	停止产气
泡沫	液面有小气泡	气泡变大，液面泡沫增多	液面有气泡较大的泡沫层	大气泡碎裂，液面形成一层薄膜	泡沫消失
浑浊度	较清	开始浑浊	浊度增大	浑浊	开始澄清
显微镜观察	菌体零乱，开始长成长度不等的丝状体，部分菌体能游动	菌体呈长链状，少数为单独杆状，部分菌体能游动	菌体呈杆状成对，也有以单独杆状存在的，菌体均有移动性	单个菌体存在，移动性弱，部分菌体形成芽孢	菌体单个存在，不移动，部分菌体长成芽孢

2. 陶缸培养

(1) 培养过程　固体试管培养基穿刺培养→50mL 三角瓶培养→500mL 三角瓶培养→5L 三角瓶培养→50L 陶缸培养。各容器的液体培养基要基本装满，接种后要密封容器口。每个阶段保温 32～34℃，培养 5～7 天。

(2) 培养基说明　从试管至 500mL 三角瓶的己酸菌培养基配方见表 4-10。除试管固体培养基加 2%琼脂外，其余为液体培养基。试管的装液量为管长的 2/3。乙醇及经干热灭菌的碳酸钙、碳酸钠于接种前在无菌条件下加入由其他试剂配成的无菌培养基中，其他药品用自来水溶解、定容后，进行高压蒸汽灭菌、冷却备用。5L 三角瓶及 50L 陶缸培养基有两种：一种为液体发酵制白酒的液体糟＋4 倍水＋2%乙醇＋1%碳酸钙＋0.5%醋酸钠；另一种为用已成熟的卡氏管酒母醪在 75℃下灭菌 30min，再加 1%碳酸钙和 0.5%醋酸钠。

二、丁酸菌

丁酸乙酯是浓香型白酒的四大酯之一，而丁酸是形成丁酸乙酯的前体物质。因

表 4-10　从试管至 500mL 三角瓶的己酸菌培养基配方

成　　分	含量/%	成　　分	含量/%
乙醇	1	酵母自溶液	0.1～0.2
葡萄糖	0.5	碳酸钙	1
磷酸氢二钾	0.5	碳酸钠	0.01
硫酸镁	0.01	硫酸钠	微量
硫酸铵	0.03		

此，有些浓香型白酒厂采用纯种扩大培养的丁酸菌进行人工窖泥培养，也有将丁酸菌发酵液直接加入池酒醅的，以提高成品酒中丁酸乙酯的含量。

（一）试管培养

1. 培养基

葡萄糖 30g，蛋白胨 0.15g，氯化钠 5g，硫酸镁 0.1g，牛肉膏 8g，氯化铁 0.5g，碳酸钙 5g，磷酸氢二钾 1g，水 1000mL。

2. 培养方法

将沙土管的菌芽孢接入已灭菌的细颈试管液体培养基中，置真空干燥器中抽气至真空度为 80kPa，保温 35～37℃，培养 24～36h。待液面出现菌膜，但无大量气泡产生时，再转接至另一个细颈试管液体培养基中。如此培养活化 1～2 次，即可转接至三角瓶中培养。

（二）三角瓶培养

丁酸菌芽孢的萌发，要求较高的嫌气条件，但一旦成为营养体后，则嫌气性要求并不很高。

三角瓶培养基的配方同试管液体培养基。可取容量为 300mL 的三角瓶（若用平底细口烧瓶则更好），装入培养基 250mL。经灭菌、冷却后，接入上述 10%的试管菌液，可用橡皮塞塞住瓶口，橡皮塞上引出玻璃导管，导入另一个盛有无菌水的三角瓶中，以此水封为嫌氧条件。保温 35～37℃，培养 24～36h 即可。

（三）卡氏罐培养

玉米粉加麸皮 10%，加 7～8 倍的水。常压糊化 1h，冷至 50～60℃，加入粮麸总量 10%的麸曲（或加 150U/g 原料的糖化酶），保温糖化 3～4h 后，加入 1%的碳酸钙及 0.25%的硫酸铵。将此外观糖度为 7～8°Bx 的培养基装入卡氏罐，以 120kPa 的蒸汽灭菌 30min。待冷却至 35～37℃，接入三角瓶种子液 10%。同上法配以水封，培养 24～36h 即可。若需继续扩大培养，可采用种子罐，具体工艺条件同卡氏罐培养。

（四）丁酸菌等混合菌的培养

若以优质老窖泥为种子，可仍按上述步骤进行培养。即在灭菌的培养基中，接入 3%～5%的老窖泥，再在试管或三角瓶中加热至沸腾后立即冷却，可将大部分营养细胞杀灭，只留下具有芽孢的耐热细菌。在35℃下水封培养，在接种后16～24h开始产气，水封鼓泡，用显微镜检查可见大量杆菌及少量大型梭状菌。然后在细颈平底烧瓶或卡氏罐中扩大6～7倍培养，或同法再继续扩大培养。

三、丙酸菌

为了减少浓香型白酒中过多的乳酸及乳酸乙酯含量，有的厂向酒醅中灌入己酸菌发酵液或添加抑制乳酸菌生长的抗生素；有的厂在酒醅中夹窖泥层，或掐取含乳酸及乳酸乙酯较少的前段馏分作酒基，这些措施均有一定效果。为从微生物利用方面开辟新的途径，天津轻工业学院等分离得到了能利用乳酸的丙酸菌。丙酸菌能将乳酸转化生成丙酸和乙酸，在某种条件下又可把丙酸进一步转变为戊酸、庚酸。再在其他微生物所产的酯化酶作用下，产生丙酸乙酯、戊酸乙酯、庚酸乙酯等奇数碳原子的酯类，以增强浓香型白酒的典型性。

（一）丙酸菌的发酵特性

丙酸菌（*Propionibacterium*）为兼性厌氧杆菌，可进行液态深层培养和发酵，设备的装料系数可在95%以上；培养和发酵温度为30℃；pH值为4.5～7.0；时间为7～14天。该菌在厌氧条件下，可利用乳酸、葡萄糖等生成丙酸及乙酸，副产物为二氧化碳、琥珀酸等。在乳酸及糖类共存时，先利用乳酸，而对糖的利用率较低。乳酸菌利用乳酸和葡萄糖发酵的总反应式为：

$$\underset{\text{乳酸}}{3CH_3CHOHCOOH} \longrightarrow \underset{\text{丙酸}}{2CH_3CH_2COOH} + \underset{\text{乙酸}}{CH_3COOH} + CO_2 + H_2O$$

$$\underset{\text{葡萄糖}}{3C_6H_{12}O_6} \longrightarrow \underset{\text{丙酸}}{4CH_3CH_2COOH} + \underset{\text{乙酸}}{2CH_3COOH} + 2CO_2 + 2H_2O$$

（二）丙酸菌的应用

丙酸菌主要来自窖泥，其中上层为19.98%、中层为26.67%、下层为53.35%。四川省食品发酵研究设计院酿酒工业研究所，选育到具有较强降解乳酸能力的丙酸菌，乳酸降解率达90%以上。

丙酸菌对浓香型大曲酒芳香成分的形成起重要作用。该菌的培养基以葡萄糖、乳酸钠或高粱糖化液为碳源，液态深层培养期为7～14天，培养温度为30～32℃，在pH值在4.5～7.0范围内能生长良好和发酵。由于该菌株对培养条件要求不严，故便于在生产中应用，能较大幅度地降低酒中的乳酸及其酯的含量，使己酸乙酯与乳酸乙酯的比例适当，因而有利于酒质的提高。但在生产中应用时，必须与窖泥的其他功能菌、产酯酵母以及相应的工艺配套，方能全面地提高浓香型大曲酒的质量和名优酒的比率。

四、甲烷菌

甲烷菌主要产甲烷，同时有刺激产酸作用。甲烷菌与己酸菌共栖，有利于己酸菌生长与发酵的进行。此外，窖泥中的甲烷菌数是判断老窖成熟的标志。如五粮液酒厂老窖下层窖泥中的甲烷菌数为1460个/g干土，泸州老窖下层窖泥中的甲烷菌数为368个/g干土，而新窖泥中未检测出甲烷菌。

(一) 甲烷菌的培养

培养基的组成为：醋酸钠1.11%、氯化镁0.02%、磷酸氢二钾0.05%、氯化铵0.075%、酒精2%、硫化钠1%与碳酸铵5%混合的去氧剂3%，pH=7.0。将培养基在0.1MPa蒸汽下灭菌30min，冷却后接入纯甲烷菌。再塞上带排气管的胶塞，并用石蜡密封瓶口。在35℃下厌氧培养7～10天。再进行逐级扩大培养，培养基成分同上。

(二) 使用方法

可将甲烷菌与强化大曲、己酸菌及人工窖泥一起进行综合利用。也可将甲烷菌与己酸菌共窖培植“香泥”。例如中国科学院成都生物研究所从泸州酒厂及五粮液酒厂的老窖泥中分离、纯化得到泸型梭状芽孢杆菌系列W_1及CSr1～10菌株；从泸州老窖泥中分离而得布氏甲烷杆菌CS菌株。以黏性红土、熟土为主，添加碳源、磷盐、酒尾、丢糟、曲粉等配料为培养基。踩泥接入上述甲烷菌及己酸菌共酵液，收堆、密封，经培养40～60天成熟后的“香泥”，进行筑窖，窖底搭“香泥”厚度为20cm；窖壁敷“香泥”厚度为10cm。

第六节　酶制剂与活性干酵母

一、酶制剂

我国酶制剂的生产始于20世纪60年代，但在酿酒工业中的推广使用则是从80年代初开始的。最初仅是麸曲制造设备和技术不完善的工厂使用糖化酶代替麸曲生产麸曲白酒，目前，糖化酶已在白酒生产中广泛应用。除此之外，在白酒生产中使用的其他酶制剂还有纤维素、酸性蛋白酶和酯化酶等。

(一) 糖化酶

糖化酶又称葡萄糖淀粉酶，它能将淀粉从非还原性末端水解α-1,4葡萄糖苷键，产生葡萄糖；也能缓慢水解α-1,6葡萄糖苷键，产生葡萄糖。商品糖化酶分固体、液体两种形态，规格有多种，酶活力范围在20000～100000U/g之间。

糖化酶的主要性能及使用方法如下。

① 糖化酶的最适作用温度为60℃，但在温度30～40℃时亦具有较高的活性，且稳定性比60℃时要好。白酒酿造是一个边糖化边发酵的过程，要求其所加糖化酶的作用时间较长，因此没有必要强调在60℃的温度下使用。有些酒厂提高加酶时粮醅的温度实际上并没有好处。

② 该酶适宜pH值范围为3.0～5.5，最适pH值为4.5，在pH值为2.5时仍

具有较高的活性，因而比较适合白酒生产的酸性环境。

③ 对于固体酶，在使用前必须用温水（30～40℃）活化，使酶从固体颗粒中释放出来，否则，由于加酶不匀会严重影响使用效果。对于液体酶，也应适当用水稀释，否则不易混合均匀。

④ 糖化酶的用量，应根据生产工艺和原料的不同来定。对于全部使用糖化酶作糖化剂的麸曲白酒生产，一般每1克原料（指新投入的粮食原料部分，下同）用酶150～250U；对于采用传统酒曲和糖化酶共同发酵的半酶法工艺，则每1克原料的糖化酶用量在20～100U之间不等。

（二）酸性蛋白酶

蛋白酶是分解蛋白质肽键的一类水解酶的总称。蛋白酶的分类方法有多种，按作用方式分为内肽酶和端肽酶；按来源分为胃蛋白酶、胰蛋白酶、木瓜蛋白酶、菠萝蛋白酶、凝乳蛋白酶等。而在酿酒工业中，由于白酒生产的酸性环境，所以只有酸性蛋白酶才能起有效的作用。

现代酿酒理论认为，淀粉质原料的糖化过程是淀粉酶、酸性蛋白酶、果胶酶和纤维素酶协同作用的效果。其中酸性蛋白酶的作用有两个：一是原料中蛋白质对淀粉的包裹作用，阻碍了糖化酶对淀粉的水解作用，添加适量的酸性蛋白酶可促进原料颗粒的溶解，为糖化酶的糖化作用创造了条件，有利于糖化过程的进行；二是酸性蛋白酶的作用产物——氨基酸，既是发酵微生物最好的营养物质和发酵促进剂，也是白酒香味成分重要的前体物质。由此可看出酸性蛋白酶在酿酒生产中的重要性。

酸性蛋白酶的主要特性如下。

（1）酶活力　按QB/T 1803—93的测定方法，蛋白酶的活力单位是以酪素为底物进行测定的，1g固体酶粉，在一定温度和pH值下，1min内水解酪素产生1μg酪氨酸为一个酶活力单位，以U/g表示。目前我国商品酸性蛋白酶的酶活力为范围20000～100000U/g。

（2）作用pH值　酸性蛋白酶作用的适宜pH值范围为2.0～6.0，最适pH值为3～4。当pH<2.0和pH>6.0时，酶活力显著下降。

（3）作用温度　酸性蛋白酶适宜温度范围为30～55℃，最适作用温度为50～55℃，超过55℃酶活力急剧下降。

除酱香型大曲和白曲麸曲外，其他大曲、麸曲和小曲中酸性蛋白酶的含量都很低，在白酒生产中添加适量酸性蛋白酶，有利于提高原料出酒率和改善白酒风味。酸性蛋白酶的用量则应根据生产工艺、原料和糖化发酵剂的具体情况而定，一般情况下，每克原料的酸性蛋白酶用量为4～12U。

（三）纤维素酶

纤维素酶是指降解纤维素生成葡萄糖的一组酶的总称，它不是单一酶，而是起协同作用的多组分酶系。纤维素酶用于白酒生产的主要作用是提高原料出酒率，其依据有两个：首先，高粱、玉米、大麦、小麦等淀粉质酿酒原料中含有1%～7%的纤维素和半纤维素，在纤维素酶的作用下部分可转化成可发酵性糖，使原料中可利用的碳源增加，原料出酒率提高；其次，纤维素酶对纤维素的降解作用，破坏间质细胞壁的结构，使其包含的淀粉释放出来，利于糖化酶的作用。

纤维素酶活力单位的表示方法有许多种，对于酿酒用酶，纤维素酶的活力单位是以羧甲基纤维素钠为底物进行测定的，1g固体酶粉，在一定温度和pH值下，1h内水解羧甲基纤维素钠产生1mg葡萄糖为一个酶活力单位，以U/g表示。目前我国以木霉为菌种采用通风制曲的方法生产的麸曲粗制品，酶活力单位大多为1000～10000U/g。许多试验表明，在白酒生产中使用纤维素酶对提高原料出酒率有一定效果，但并不明显，加之价格较高，使纤维素酶的广泛应用受到限制。

（四）酯化酶

酯化酶不是酶学上的术语，酶学上的解脂酶是脂肪酶、酯合成酶、酯分解酶和磷酸酯酶的统称。酯化酶的种类很多，在白酒生产中最具应用价值的是乙酸乙酯合成酶和己酸乙酯合成酶。

红曲霉和生香酵母都具有较强的酯化能力，其中生香酵母酯化低碳（如乙酸乙酯）酸酯的能力较强，而红曲霉则具有较强的酯化高碳酸酯（如己酸乙酯）的能力。由此可见，提高乙酸乙酯含量使用生香酵母较好，提高己酯乙酯含量则使用红曲霉较好。此外，酵母菌的酯化酶为胞内酶，其酯化作用与酵母菌的生长繁殖有关，使用时必须是活的酵母细胞；而红曲霉酯化酶可分泌至胞外，因而可利用红曲霉来生产酯化酶。

在酿酒生产中，通常所说的酯化酶实际上就是以红曲霉为菌种经扩大培养后制成的麸曲粗酶制剂。酯化酶的使用方法主要有如下两种。

① 直接混入发酵法　此法适应于发酵周期较长的浓香型白酒，用量为投粮量的2%～4%，与大曲等其他糖化发酵剂一起加入即可。

② 用于酯化液制作　酯化液制作各厂不尽相同，现举两例如下。

【例1】 尾酒60%，己酸菌培养液30%，黄浆水5%，红曲酯化酶5%，28～30℃，酯化30天，己酸乙酯含量可达15g/L左右。

【例2】 黄水35%，20°高酸度酒尾55%，香醅4%，高温大曲粉4%，活性窖泥功能菌1%，红曲酯化酶1%，pH＝3～5，温度30～35℃，酯化30～40天，总酯含量可达35～40g/L，其中己酸乙酯含量为15g/L左右。

所得酯化液经蒸馏可制得高酯调味液，或用于串香蒸馏提高普通白酒的酯含量。

二、酿酒活性干酵母

酿酒活性干酵母亦称酒用活性干酵母，常缩写为酿酒ADY（active dry yeast)。20世纪60年代，欧洲人开始研制酿酒用活性干酵母；70年代末，在欧美发达国家的酒精、葡萄酒和蒸馏酒工业生产中，开始普遍使用酿酒活性干酵母。我国酿酒行业首先使用高活性干酵母（活细胞数200亿个/g以上）的是葡萄酒厂。20世纪80年代初，天津中法合资的王朝葡萄酒厂，引进法国葡萄酒业的先进生产技术，其中一项是使用高活性的葡萄酒活性干酵母，在生产中显示出它的巨大优越性。1988年天津轻工业学院（天津科技大学）首先完成了酒精活性干酵母的研究工作，随后在广东东莞糖厂酵母分厂和宜昌食用酵母基地顺利投入生产。从此在全国各地出现了酿酒活性干酵母在酿造工业中应用研究和生产实践的高潮。目前，酿酒ADY已在白酒行业广泛应用，并已成为各酒厂稳定质量、降低消耗、安全渡夏、提高原料出酒率和经济效益的主要措施。

（一）酿酒活性干酵母的分类

1. 按产品有无载体分类

（1）无载体高活性干酵母　此类活性干酵母是酵母厂将培养成熟的酵母细胞，经离心分离洗涤、过滤、挤压成型后，采用快速低温干燥制成。产品水分4%～5.5%，无其他杂物，保存期1～2年，每克产品的酵母细胞数一般在300亿～500亿个之间，视酵母细胞个体大小而定。

（2）带载体活性干酵母　此类产品的载体大多为农副产品，最常见的是麸皮，其中酵母含量5%～25%，水分7%～10%，每克产品的酵母细胞数因生产方法和条件的不同差异较大，低的仅几个亿，而高的可达150亿以上。此类产品的保存期一般为半年左右，使用时大多不需用糖液活化，适合于各类白酒生产使用。

2. 按产品用途分类

酒用活性干酵母按其产品的用途分为酒精活性干酵母、白酒活性干酵母、葡萄酒活性干酵母、黄酒活性干酵母和啤酒活性干酵母等。其中白酒用活性干酵母分为很少产酯的酒精活性干酵母和产酯能力强的生香活性干酵母两类。

3. 按酵母发酵温度分类

（1）常温活性干酵母　最适发酵温度在30℃左右，36℃以上发酵活性明显下降，温度上升至38～40℃时不能正常发酵。

（2）耐高温活性干酵母　一般指40℃以上仍能正常发酵的酵母菌株。目前我国生产的耐高温酒用活性干酵母，适于36～40℃的高温发酵，在40～45℃发酵时活性有所下降，但仍能正常发酵。此类活性干酵母特别适合于酒精与白酒的夏季生产。

（二）酿酒ADY的复水活化

活性干酵母的含水量大多为4%～8%，而自然状态的正常酵母细胞含水分70%左右。酵母在进行发酵或繁殖之前，首先必须吸收大量水分恢复至原来自然状态的含水量，此即为复水，或称为再水化。复水后，再经一定时间的培养，恢复成具有自然状态细胞的正常功能，此即为活化。掌握活性干酵母复水活化机理，选择合适的复水活化条件，以获得最大的活性，是使用活性干酵母至关重要的技术问题。

酿酒活性干酵母的复水活化条件包括复水活化液的组成和用量，以及复水活化的温度和时间。

1. 复水活化液

尽管有报道在复水培养基中添加葡萄糖、麦汁浓缩物、牛奶乳清、铵盐等物质，有利于活性干酵母的复水活化，但在酿酒工业中使用活性干酵母时，添加这些物质会使成本增高，而活性的提高很有限。在白酒生产中，活性干酵母的复水活化液一般有三种：①自来水；②含糖量为2%～4%的白糖或红糖溶液；③浓度为4～5°Bx的稀糖化醪。对于固态白酒生产，一般采用糖溶液作为复水活化液；液态白酒生产可采用大生产的稀糖化醪作复水糖化液。采用稀糖化醪不仅可省去买糖所需的成本，较为经济，同时在稀糖化醪中除糖外还含有酵母生长所需的其他营养成分，有利于酵母的活化与生长繁殖。自来水适合于带载体的酿酒活性干酵母的活化，因为在这些产品的载体中，含有一定的糖及其他营养物质，可部分提供酵母活化时营养的需要。

活化液的酸度在卫生条件良好和糖化醪质量正常的情况下，一般不需调酸。若车间卫生条件差或糖化醪有轻微杂菌污染时，则需调酸至pH4.5～5.0，且需进行高温处理后才能使用。

2. 复水活化液的用量

活性干酵母恢复至自然状态必须吸收大量水分，复水活化液与活性干酵母的最小比例为4.0，最大则不限，可结合使用时的工艺用水量来确定，一般情况下取复水活化液的用量为活性干酵母的20倍左右。若采用较长时间的活化，以便在活化过程中增殖一定量的酵母，从而可适当减少活性干酵母的用量，则活化液的用量应为活性干酵母的50倍以上。

3. 复水活化温度

如果在低于30℃复水，细胞的活性损失将很大，特别是对没有添加保护剂的活性干酵母，更是如此。工业生产中复水的温度范围可在30～43℃之间，对于常温活性干酵母大多采用35～38℃复水，耐高温活性干酵母则在38～43℃复水。对于不添加保护剂的活性干酵母复水温度要求严格控制，而添加保护剂的活性干酵母则可采用适当较低的复水温度，但不得低于30℃。酵母细胞的复水过程一般在10min左右即完成，复水过程完成后，即为活化过程。活化过程的最适温度也就是酵母生长的最适温度，一般为28～33℃。若活化时温度太高，容易使酵母老化，对发酵不利。因此复水10～15min后，若不投入使用，则应使其温度逐渐下降至28～33℃。当活性干酵母使用量不大，活化液体积亦不大时，往往在复水后可自然下降至30℃左右；而活性干酵母用量大，活化液体积大时，则需采用冷却降温措施。

4. 复水活化时间

复水活化时间的长短与复水活化液的组成、用量及活性干酵母的接种量有关。

若复水活化液为自来水，由于自来水中不含有细胞生长所需的各种营养成分，因此活性干酵母复水10～15min后应立即投入使用，否则会使细胞老化。时间长了，还会引起酵母菌自溶和杂菌污染等现象。对于带有大量载体的活性干酵母，则由于载体中含有一定的营养物质，用自来水复水活化时，时间可为15～60min，一般以30min左右为宜。

若复水活化液为白糖或红糖溶液，复水活化时间可在15min～3h以内，一般以2h左右为宜。在纯糖溶液中，虽然含有酵母细胞生命活动所需的基本成分——糖，但缺乏其他营养，因此当酵母细胞开始出芽时即应投入生产。一般情况下，复水活化时间不应超过3h，此外当活性干酵母浓度较大时，活化液中的糖会很快耗尽，这时应缩短活化时间。

若复水活化液为稀糖化醪，复水活化的时间可在15min～8h范围内，一般以2～4h为宜。采用较长的活化时间可适当减少活性干酵母的用量，当活化时间为6～8h时，其活性干酵母的用量一般可减少一半。应当注意的是，当活化时间超过3～4h时，酵母便开始大量繁殖，此时活化液的用量应为活性干酵母用量的50倍以上（对于带载体活性干酵母则25倍以上即可），因为酵母浓度太高不利于细胞的正常生长与繁殖。此外，活化一定时间后，若活化醪中停止或很少产生气泡，说明糖已耗尽，应该停止活化，投入使用。若因各种原因不能及时投入使用，则在活化醪中补加一定的新鲜糖化醪，同时检测活化醪的pH看是否需要调酸或加碱。有时，采用降低温度的办法（20℃以下），亦可延缓活化时间。

第五章　白酒生产机理

本章讨论的白酒生产机理是指酿酒原料转化为成品酒过程中每个工段所涉及的物质的物理变化和化学变化，以及主要步骤的工艺操作原理。了解和掌握这些内容，对于深入理解白酒生产过程工艺要点，进而用理论指导生产实践是大有裨益的。

第一节　与白酒生产有关的酶类

白酒制曲、制酒母及糖化发酵涉及霉菌、酵母菌、细菌及放线菌四大类微生物，酶系非常复杂。本节主要侧重于与糖化、发酵有关的主要酶类，主要介绍其来源、作用方式及作用条件，便于白酒酿造工作者参考。

一、淀粉酶类

淀粉酶也称淀粉水解酶，是能分解淀粉糖苷键的一类酶的总称，包括α-淀粉酶、糖化酶、异淀粉酶、麦芽糖酶等。

（一）α-淀粉酶

1. 来源

产生α-淀粉酶的主要微生物是细菌和霉菌，例如枯草芽孢杆菌、马铃薯杆菌、溶淀粉芽孢杆菌、凝结芽孢杆菌、嗜热脂肪芽孢杆菌、假单胞杆菌、巨大芽孢杆菌、地衣芽孢杆菌以及米曲霉、白曲霉、根霉等。来源于嗜热古菌的耐高温α-淀粉酶在淀粉糖工业中经常用到，但在传统白酒生产过程中很少用到。

以麸皮为主要原料进行固态曲的培养时，碳氮比对产酶的影响不大明显，在微酸性条件下产酶较稳定，就枯草芽孢杆菌而言，产酶的最适品温为37℃，品温达45℃时，产酶能力就降低。若使用枯草芽孢杆菌生产α-淀粉酶酶制剂时，则通常采用液态发酵法。

2. 别名及作用方式

α-淀粉酶，因其生成产物的还原末端葡萄糖单位的C_1为α-构型，故得名；又称为液化淀粉酶，因它能使淀粉糊化物的黏度迅速降低；因其能快速将淀粉切割为大、小糊精，故又名淀粉糊精酶或淀粉糊精化酶；由于它很容易将淀粉长链从内部切成断链的糊精，而对外侧的α-1,4键不易切割，故又名内切型淀粉酶；由于它不能切割α-1,6键，也不能分解紧靠于α-1,6键的α-1,4键，故又称淀粉-1,4-糊精酶。

α-淀粉酶作用于直链淀粉（链淀粉）时，切割为短链糊精后，糊精被继续酶解，最终产物为13%的葡萄糖及87%的麦芽糖。但是实际上若单靠α-淀粉酶的作用，从糊精转化为糖的过程非常缓慢，因此，通常由α-淀粉酶与葡萄糖淀粉酶及异淀粉酶等酶协同作用，或采取“接力”的方式将淀粉进行水解，方可达到预期目的。白酒生产中各种曲所含的淀粉酶多为复合酶，因而能较好地完成糖化作用。

α-淀粉酶作用于支链淀粉（胶淀粉）时，同样任意切割α-1,4键，而留下含α-1,6键的所谓界限糊精，最终产物为界限糊精、麦芽糖和葡萄糖。

由于α-淀粉酶作用于以氧桥连接的糖苷键$C_1—O—C_4$的裂解是在$C_1—O$之间进行的，故生成产物的还原末端葡萄糖单位C_1碳原子为α-构型。

还有一类α-淀粉酶的作用结果是生成较多的还原糖，对淀粉的水解率达75%，故称为糖化型-淀粉酶。

3. α-淀粉酶的作用条件

α-淀粉酶的作用机制及条件等特性，见表5-1。

表5-1　α-淀粉酶的作用机制及条件等特性

酶的来源	作用机制			作用条件		
	淀粉水解限度/%	主要水解产物	碘反应消失点分解限度/%	耐热性（15min处理）/%	适宜pH值	Ca^{2+}保护作用
枯草芽孢杆菌（液化型）	35	糊精、30%麦芽糖、6%葡萄糖	13	65～80	5.4～6.0	+
枯草芽孢杆菌（糖化型）	70	41%葡萄糖、58%麦芽糖、麦芽三糖、糊精	25	55～70	4.8～5.2	—
枯草芽孢杆菌（耐热型）	35	糊精、麦芽糖、葡萄糖	13	75～90		+
米曲霉	48	50%麦芽糖	16	55～70	4.9～5.2	+
一般黑曲霉	48	50%麦芽糖	16	55～70	4.9～5.2	+
黑曲霉（耐热型）	48	50%麦芽糖	16	55～70	4.0	—
根霉	48	50%麦芽糖	16	55～60	3.6	+
拟内孢霉	96	96%葡萄糖	50	35～50	5.4	+
卵孢霉	37	糊精、麦芽糖	14	55～70	5.6	+

注：1. 枯草芽孢杆菌（液化型）及拟内孢霉对麦芽糖有分解力，其余菌无分解力；卵孢霉、拟内孢霉、枯草芽孢杆菌（耐热型）及枯草芽孢杆菌（液化型）对淀粉有吸附性，其余菌无吸附性。

2. “+”表示Ca^{2+}起保护作用；“—”表示Ca^{2+}不起保护作用。

（二）糖化酶

1. 别名及作用方式

糖化酶是习惯上的简称，其系统名为淀粉α-1,4-葡聚糖葡萄糖水解酶；或称作α-1,4葡萄糖苷酶、糖化型淀粉酶、葡萄糖淀粉酶。

该酶能自淀粉的还原性末端将葡萄糖单位一个一个地切割下来。在水解到支链淀粉的分支点时，一般先将 α-1,4 键切开，可再继续水解。糖化酶的底物专一性不是很强，除了能切开生 α-淀粉酶外，也能切开 α-1,6 键和 α-1,3 键，但对这 3 种键的水解速度不同，见表 5-2 所示。故此酶在理论上能将支链淀粉全部分解为葡萄糖，并在水解过程中也能起转位作用，产物为 β-葡萄糖。

表 5-2 黑曲霉糖化酶水解双糖的速度

双　糖	α-键	水解速度/[mg 葡萄糖/(U/h)]	相对速度/%
麦芽糖	1,4-	2.3×10^{-1}	100
黑曲霉糖	1,5-	2.3×10^{-1}	6.6
异麦芽糖	1,6-	8.3×10^{-1}	3.6

2. 来源

产生糖化酶的微生物几乎全部都是霉菌，主要为黑曲霉、根霉、内孢霉及红曲霉。比较而言，米曲霉的 α-淀粉酶活力较强，而糖化酶活力较弱。黑曲霉则α-淀粉酶活力较低，而糖化酶活力较强。由于黑曲霉的转移葡萄糖苷酶的活力也较强，故作用的结果往往残留较多异麦芽糖等非发酵性糖。根霉、拟内孢霉及红曲霉的 α-淀粉酶活力弱，糖化酶活力强，转移葡萄糖苷酶活力弱，故几乎能 100%地水解淀粉为可发酵性糖。

当固态培养根霉时，麸皮是最好的原料。根霉喜湿，例如根霉菌 AS3042 以麸皮为原料，加水 130%，使含水量在 64%以上，曲室相对湿度为 90%时，在 30℃下培养 30h，则糖化酶活力可达最高值：1g 绝干麸曲，可糖化 20g 淀粉生成葡萄糖，DE 值达 97%。

3. 作用条件

不同菌种所产糖化酶的作用条件略有区别。例如 AS3.4309 黑曲霉所产糖化酶，其最适作用温度为 60℃，最适作用 pH 值为 3.5～5.0，是耐酸型的。

（三）异淀粉酶

1. 别名及其作用方式

异淀粉酶的最初是指能分解淀粉分子中“异麦芽糖”键的一种特殊淀粉酶，其特点是能切开支链淀粉型多糖的 α-1,6-葡萄糖苷键，故又名脱支链淀粉酶或淀粉 α-1,6-糊精酶。异淀粉酶能将支链淀粉的整个侧链切下变为分子较小的直链淀粉。很明显，异淀粉酶也是属于作用淀粉分子内部键的酶。它也能作用界限糊精的 α-1,6 键。

2. 来源

产生该酶的多为细菌类的杆菌。例如产气杆菌、蜡状芽孢杆菌、多黏芽孢杆菌、解淀粉芽孢杆菌以及某些假单胞菌。霉菌、酵母菌、某些放线菌也能产生异淀粉酶，但产酶的能力差异很大。

3. 作用条件

异淀粉酶的作用适温为 45～50℃，适宜 pH 值为 6～7。由于支链淀粉被切端多具有还原能力，故开始作用时淀粉的还原性增加。但随着切支作用的进行，淀粉对碘的呈色反应则由红变蓝，呈现出直链淀粉的遇碘变蓝特性，这与其他淀粉酶分解淀粉时的变化正好相反，因此不能误认为该酶有合成淀粉的作用。该酶不能单独作用于淀粉而将其水解成单糖或二糖。

（四）β-淀粉酶

1. 别名及其作用方式

该酶从淀粉分子的非还原性末端，作用于1,4-糖苷键依次切下一个个麦芽糖。但它不作用于支链分支点的1,6-键，也不能绕过1,6-键去切开分支点内侧的1,4-键。故此酶若单独作用于支链淀粉，其结果是除产生麦芽糖外，还产生β-界限糊精。所以，β-淀粉酶又名外切型淀粉酶或淀粉-1,4-麦芽糖苷酶。

该酶在切下麦芽糖的同时，发生瓦尔登转位反应（Waden inversion），将α-构型的麦芽糖转变为β-构型，故名β-淀粉酶。

因此，β-淀粉酶不能使淀粉分子迅速变小，不易使淀粉的黏度下降，糊精化的程度也参差不齐；作用过程中的碘显色反应也只能由深蓝变为浅蓝，通常不会变为红色或无色。

2. 来源

β-淀粉酶广泛存在于高等植物中，如大麦、麸皮、甘薯等；巨大芽孢杆菌、多黏芽孢杆菌、吸水链霉菌及某些假单胞菌产生β-淀粉酶。

3. 作用条件

β-淀粉酶是一种耐热性能较差、作用较缓慢的糖化型淀粉酶。其作用的适温为60～62℃，适宜pH值为5.0～5.3。

（五）麦芽糖酶

1. 别名及作用方式

麦芽糖酶又名α-葡萄糖苷酶。此酶能将麦芽糖迅速分解为2分子葡萄糖。通常认为，麦芽糖酶对酒精发酵影响较大，麦芽糖酶活力越高，则酒精发酵率越高。

2. 来源

存在于大麦芽中，酵母菌及大多曲霉中也均含有此酶，其含量高低因菌种而异。

3. 作用条件

酵母菌的麦芽糖酶的最适作用温度为40℃，最适pH值为6.8～7.3；曲霉的麦芽糖酶的最适作用温度为47～55℃，最适pH值为4.0。

（六）转移葡萄糖苷酶

此酶又称葡萄糖苷转移酶，简称转苷酶。这是一种不利于白酒发酵的酶，因其作用是将麦芽糖等水解下来的一分子的葡萄糖，转移给作为“受体”的另一分子葡萄糖或麦芽糖，生成通常被认为非发酵性的异麦芽糖或潘糖，致使出酒率下降。

该酶大多由黑曲霉产生。在筛选制取麸曲等的糖化酶菌种时，应尽可能地挑选产生该种酶最少的菌株。

（七）磷酸酯酶

该酶能将磷酸与醇式羟基结合成酯的磷酸糊精，水解成葡萄糖，并释放出磷酸，使原本不能被酵母菌等直接利用的有机磷得以利用。此酶还具有极明显的液化力。

磷酸酯酶的最适作用温度为57℃左右，最适 pH 值为 5.5～6.0。

黑曲霉等微生物能产此酶。

二、蛋白酶类

蛋白酶，即蛋白水解酶，是对能水解蛋白质的酶的习惯称谓。按其作用 pH 值的不同，蛋白酶可分为酸性蛋白酶、中性蛋白酶及碱性蛋白酶。与白酒生产有关的为酸性蛋白酶、中性蛋白酶及介于两者之间的酸性-中性蛋白酶。

（一）酸性蛋白酶

因该酶作用最适 pH 值在 2～5，故得名。该酶与动物的胃蛋白酶和凝乳酶的性质相似，在 pH 值升高时酶活力很快丧失。

能产该酶的微生物主要为米曲霉、黑曲霉和根霉等。

（二）中性蛋白酶

该酶的最适作用 pH 值为 7 左右，在 45～50℃时酶活力最高。

不少细菌和霉菌都能产中性蛋白酶。如枯草芽孢杆菌、嗜热溶朊芽孢杆菌、蜡状芽孢杆菌及米曲霉、灰色链霉菌、栖土曲霉及转化微白色链霉菌等。

最适作用在 pH 值为 5～7 之间的酸性-中性蛋白酶，其主要产生菌为曲霉菌。

三、纤维素酶类

纤维素酶类包括纤维素酶和半纤维素酶。

（一）纤维素酶

1. 作用方式

纤维素酶是指能将水解纤维素的β-1,4-葡萄糖苷键的酶，可使纤维素变为纤维二糖和葡萄糖的一类酶的总称。微生物产生的纤维素酶是多种酶的混合物，包括 C_1 酶、C_x 酶和β-1,4-葡萄糖苷酶等。C_1 酶能将天然纤维素分解为短链纤维素；C_x 酶则能将直链纤维素内部切断，水解为纤维二糖和纤维寡糖，它也能把羧甲基纤维素水解为纤维二糖；β-1,4-葡萄糖苷酶能将纤维二糖水解为葡萄糖。纤维素的酶解机理如图 5-1 所示。

纤维素酶将纤维素分解至葡萄糖，在理论上是可以实现的，但由于纤维素与果胶、半纤维素等成分交织在一起，外面被更难水解的木质素包裹，且纤维素本身多

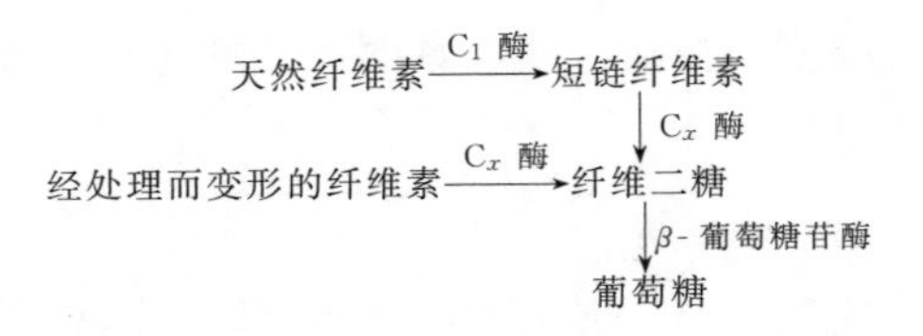

图 5-1 纤维素的酶解机理

处于高度结晶状态，故很难被纤维素酶接触而分解，需要一定程度的预处理。在白酒生产中应用到某些纤维素酶，大多含有半纤维素酶，当其作用于细胞壁时，会使细胞裂解，因而细胞内容物得以被较充分的利用，故提高了出酒率。通常，制酒的谷类、麸皮、薯干等原料，经纤维素酶处理后，由于细胞破裂，易于蒸煮，原料利用率得以提高。

2. 来源

能产生纤维素酶的微生物有细菌、放线菌、霉菌等，以霉菌为主，尤其是绿色木霉、黑曲霉、青霉及根霉。木霉产生的纤维素酶活力最强，其中包括 C_1 酶、C_x 酶、纤维二糖酶及淀粉酶等酶；黑曲霉产生的纤维素酶中，常混有较多的淀粉酶、果胶酶和蛋白酶。市售的商品纤维素酶制剂中，一般含有半纤维素酶等酶类。

纤维素酶是一种诱导酶，可采用固态麸曲法培养、产酶。

3. 作用条件

纤维素酶作用的适宜温度为 40～50℃，高于 60℃时，酶的活力迅速下降至失活；最适 pH 值为 4.0～5.0。纤维素酶的反应产物，包括纤维二糖，都是酶作用的抑制剂；Cu^{2+} 及 Hg^{2+} 会抑制某些纤维素酶的活力；醌也是抑制剂。

（二）半纤维素酶

所谓半纤维素，是一种杂聚多糖化合物。它与纤维素一样，同属于多糖类。但纤维素由葡萄糖苷组成，是由 β-D-葡萄糖以 β-1,4-葡萄糖苷键相连的（不同于淀粉和糖原），无支链；半纤维素则由 2 种或 2 种以上的单糖（葡萄糖、甘露糖等六碳糖和木糖、阿拉伯糖等五碳糖）构成，且具有支链。其分子量低于纤维素，化学稳定性也小于纤维素；水解产物为木糖、葡萄糖、阿拉伯糖、甘露糖、半乳糖、糖醛酸等。

半纤维素酶包括昆布多糖酶、内切-木聚糖酶、外切-木聚糖酶、木二糖酶及阿拉伯糖苷酶等 β-葡聚糖酶和戊聚糖酶。如昆布多糖酶，可由霉菌产生，可内切水解 β-葡聚糖的 1,3-键或 1,4-键。其作用温度在低于 60℃时，很稳定，短时间内作用温度可达 70～80℃；最适 pH 值为 4～5。

四、脂肪酶

脂肪酶是分解脂肪的酶，这里所说的脂肪是指生物产生的天然油脂，即三脂肪酸甘油酯。分解的部位是油脂的酯键。该酶是一种特殊的酯键分解酶，其底物的醇部是甘油，即丙三醇；酸部是不溶于水的 12 个碳原子以上的长链脂肪酸，即通常所说的高级脂肪酸。

能产生脂肪酶的微生物有黑曲霉、白地霉、毛霉、荧光假单胞菌、无根根霉、圆柱形假丝酵母、耶尔球拟酵母、德氏根霉、多球菌及黏质色杆菌等。

脂肪酶分解三脂肪酸甘油酯所得的部分甘油酯、脂肪酸及甘油等，除了供给生物体所需的能量外，也是合成磷脂等具有重要生理功能的类脂的主链和前体。

五、酵母菌胞内酶

酵母菌胞内酶是维持酵母新陈代谢、生长繁殖的基础，故种类繁多，此处只提及与白酒生产相关的酵母胞内酶。直接参与白酒发酵的酵母菌胞内酶有十几种，其中最主要有三种，即酒化酶、杂醇油生成酶及酯化酶。

酒化酶是指参与从葡萄糖酵解至酒精生成各个生化反应途径的各种酶和辅酶的总称，主要包括己糖磷酸化酶、氧化还原酶、烯醇化酶、脱羧酶、磷酸酶及乙醇脱氢酶等。酒化酶的作用温度为30℃左右，最适 pH 值为4.5～5.5。

杂醇油生成酶包括转氨酶、脱羧酶及还原酶等，主要为由支链氨基酸转氨生成α-酮酸，或由糖代谢生成α-酮酸，α-酮酸脱羧、还原生成各种杂醇的生化途径中所涉及的各种酶，与白酒质量密切相关。

酯化酶包括酰基辅酶 A 及醇酸缩合酶等。

六、其他酶类

（一）单宁酶

单宁酶即单宁酰基水解酶，又称鞣酸酶，是一种对带有两个苯酚基的酸（如鞣酸）具有分解作用的酶。其分解产物为没食子酸及葡萄糖。

产生单宁酶的微生物大多为霉菌，如黑曲霉及米曲霉等。

（二）果胶酶

1. 分类及作用方式

果胶酶是分解果胶质的多种酶的总称。可分为解聚酶及果胶酯酶两大类。而解聚酶又可按如下三点进一步分类：对底物作用的专一性，是作用于高度酯化的果胶还是作用于果胶酸；对 D-半乳糖醛酸间的糖苷键的作用机理，是水解作用还是反式消去作用；切断糖苷键的方式，是无规则地切断还是顺序逐个加以切断，即外切式还是内切式，可用比较黏度的降低、还原力的增加等方法予以区分。果胶酶的具体分类如下。

（1）果胶质解聚酶

① 主要对果胶作用的解聚酶

a. 聚甲基半乳糖醛酸酶　按作用方式，又分以下两种酶。

ⓐ 内聚甲基半乳糖醛酸酶　经水解作用，无规则地切断果胶分子（先于对高度酯化果胶）的α-1,4 糖苷键。

ⓑ 外聚甲基半乳糖醛酸酶　经水解作用，顺次切断果胶分子非还原性末端的 α-1,4 糖苷键。

b. 聚甲基半乳酸醛酸裂解酶（PMGL）

ⓐ 内聚甲基半乳糖醛酸裂解酶　经反式消去作用，无规则地切断果胶分子的 α-1,4 糖苷键，生成在非还原性末端的 C_4 和 C_5 之间具有不饱和键的半乳糖醛酸酯。

ⓑ 外聚甲基半乳糖醛酸裂解酶　经反式消去作用顺次切断果胶分子的 α-1,4 糖苷键，生成具有不饱和键的半乳糖醛酸酯。

② 对果胶酸作用的解聚酶

a. 聚半乳糖醛酸酶（PG）

ⓐ 内聚半乳糖醛酸酶　经水解作用无规则地切断果胶酸分子的 α-1,4 糖苷键。

ⓑ 外聚半乳糖醛酸酶　经水解作用顺次切断果胶酸分子的 α-1,4 糖苷键。

b. 聚半乳糖醛酸裂解酶（PGL）

ⓐ 内聚半乳糖醛酸裂解酶　经反式消去作用无规则地切断果胶酸分子的 α-1,4 糖苷键，生成具有不饱和键的半乳糖醛酸酯。

ⓑ 外聚半乳糖醛酸裂解酶　经反式消去作用顺次切断果胶酸分子的 α-1,4 糖苷键，生成具有不饱和键的半乳糖醛酸酯。

（2）果胶酯酶（PE）　此类酶使果胶分子中的甲酯水解，最终生成果胶酸。

2. 来源

果胶酶广泛存在于植物果实和微生物中，通常动物细胞不能合成这类酶。

霉菌能产生多种解聚酶，大多可产内聚半乳糖醛酸酶；少数酵母菌也能产果胶酶；假单胞菌能产生内聚半乳糖醛酸裂解酶。在少数霉菌和细菌中，也有果胶酶的存在。

3. 作用条件

由曲霉菌属产生的聚半乳糖醛酸酶，可随机分解果胶及其他聚半乳糖醛酸中的 α-1,4 糖苷糖醛酸键。该酶在 40℃ 以下作用时，性能稳定；最适 pH 值为4.0～4.8，低于 3.0 时酶迅速失活。高浓度的可溶性成分对该酶有抑制作用，当可溶性干物质浓度达 50％时，则酶几乎全部失活；酚类化合物也是该酶的抑制剂。

与该酶并存的，可能还有甲基半乳糖醛酸裂解酶，作用的最终产物为单半乳糖醛酸或双半乳糖醛酸。

（三）氧化还原酶

催化两分子间发生氧化还原反应的一类酶的总称。其代表性反应式为：$A \cdot 2H + B \longrightarrow A + B \cdot 2H$。式中，A·2H 为氢的供体；B 为氢的受体。按供氢体的性质，通常可分为氧化酶和脱氢酶两类。

1. 氧化酶类

① 催化底物脱氢，氧化生成 H_2O_2。其通式为：

$$A \cdot 2H + O_2 \longrightarrow A + H_2O_2$$

这类酶需要FAD（黄素腺嘌呤二核苷酸）或FMN（黄素单核苷酸）为辅基。该酶作用时，底物脱下的氢先交给FAD·2H；FAD·2H再与氧作用，生成H_2O_2，放出FAD。例如葡萄糖氧化酶等。

② 催化底物脱氢，氧化生成水。其通式为：

$$A \cdot 2H + \frac{1}{2}O_2 \longrightarrow A + H_2O$$

例如多酚氧化酶，先催化酚基的化合物氧化成醌，再经一系列脱水、聚合等反应，最终可生成黑色物质。

2. 脱氢酶类

这类酶能直接从底物上脱氢。例如乙醇脱氢酶、谷氨酸脱氢酶等。

氧化还原酶是已知数量最多的一类酶。按所作用的供体类别可分为17个亚类，分别作用于供体的CH—OH基团、醛基或酮基、CH—CH基团、CH—NH_2基团、CH—NH基团、NADH或NADPH、其他含氮化合物、含硫基团、血红素基团、二酚类……各亚类中，又按受体的类别分亚亚类。

七、综合认识

综上所述，可得出如下四点认识。

1. 酶的分类易统一，酶的命名不易统一

酶的种类很多，已研究的约3000种，但国内外应用于生产的约120种。与白酒生产有关的酶系非常复杂，涉及各大酶类，所以有必要对酶的总的常识作简要的介绍。

关于酶的命名，绝大多数酶是以其底物命名的，如淀粉酶是指分解淀粉的酶；某些酶是按底物和所催化的反应性质命名的，如乳酸脱氢酶是指催化乳酸分子脱氢的酶；某些酶则以其来源物命名，如枯草芽孢杆菌蛋白酶；某些酶则冠以特性，如酸性蛋白酶、液化型淀粉酶、外切型淀粉酶、β-淀粉酶等。这些均为习惯命名，或称常用名，比较简单，但缺乏系统性。往往出现一酶数名或一名数酶的混乱现象。例如前面提到的α-淀粉酶，有七种名。但这些酶名都是经学者们根据酶的特性提出后，得到公认而沿用至今的，具有形象化和生命力，因此一时难以取消。

1961年，由国际生物化学联合会（International Union of Biochemistry，IUB）酶学委员会（Enzyme Commission，EC）公布了酶的系统命名法及其分类的报告，1972年、1978年、1984年又先后三次做出修改补充，至今已得到国际上的普遍认可。此系统中按酶的催化反应的类型，将酶分为六大类，再根据更具体的作用方式和性质进一步分为亚类、亚亚类。

这六大酶类依次为：氧化还原酶类，转移酶类，水解酶类，裂合酶类，异构酶类，合成酶类。

每一种酶还指定一个推荐名称、系统名称和分类编号。推荐名称简短，适于日常应用，即如前所述的常用名。系统名称则按其所催化的作用命名，要求列入底物及作用类型，即××底物××反应类型酶；若为双分子反应则两种底物的名称均需列入，并在两者间加冒号。分类编号用4个数字表示。编号的前面为EC，表示酶学委员会；第1个数字（1～6）表示它属于六大酶类的哪一类；第2和第3个数字表示它属于哪个亚类和亚亚类；第4个数字表示该酶的序号。酶的系统命名法使得一种酶对应唯一一个分类编号，消除了一酶数名或一名数酶的混乱现象。但是系统名称较复杂，难以记忆，在一般性生产和应用过程中较难普及采用。

2. 一酶产自多菌，一菌产多酶

任何一种微生物甚至是某一菌株，因其复杂生化代谢的需要，不可能只产生一种酶，往往主产几种或几类酶，但各菌株所产的各种酶必有主次之分。例如黑曲霉与米曲霉相比，黑曲霉产糖化酶较多，而产α-淀粉酶及蛋白酶较少，黑曲霉也产较多的果胶酶；而米曲霉则与此相反。同样，一酶可产自多菌。如果胶酶可产自霉菌、细菌等多类微生物。

因此，在白酒生产中如何按产品的成分要求，结合酶学和微生物学理论知识，合理地组合应用各类微生物，是酿造工作者们必须经常考虑和研究的课题。

现将与白酒生产有关的若干主要酶的作用条件及相关的微生物归纳于表5-3中。

表 5-3 若干白酒生产相关酶类

酶大类	酶　名	酶　来　源	最适作用条件	
			pH值	温度/℃
氧化还原酶	乙醇脱氢酶	酵母菌	6.0	30
	过氧化氢酶	黑曲霉等	6.8	25
	葡萄糖氧化酶	黑曲霉等	5.6	30～38
转移酶	胱丙转氨酶	酵母菌	—	—
水解酶	α-淀粉酶	枯草芽孢杆菌、黑曲霉、米曲霉等	6.2	90
	糖化酶	黑曲霉、红曲霉等	4.6	62
	蛋白酶	枯草芽孢杆菌、米曲霉、黑曲霉、白曲霉、灰色链球菌等	6.8～7.0	40～45
	脂肪酶	假丝酵母、类酵母、米根霉等	7.5	40
	纤维素酶	木霉、根霉、黑曲霉等	4.5	45
	半纤维素酶	木霉、黑曲霉等	4.5	40
	果胶酶	黑曲霉、黄曲霉、米曲霉、枯草芽孢杆菌、马铃薯芽孢杆菌等	3.0～3.5	50
	单宁酶	黑曲霉等	—	—
裂解酶	脱羧酶 脱氢酶 脱水酶 醛缩酶	酵母菌等	—	—
异构酶	葡萄糖异构酶	酵母菌等	6.0～9.0	65
合成酶	酯化酶	酵母菌等	—	—

3. 酶的协同作用

各种酶的协同作用，犹如“接力赛”。譬如淀粉在α-淀粉酶的作用下，生成大量的糊精，必须由糖化酶及β-淀粉酶进行分解，否则影响发酵的速度。有的厂在添加酶制剂时，没有仔细分析醅中各种淀粉酶的状况，使α-淀粉酶的用量过大，不但未能达到加速糖化的目的，反而阻碍了发酵。其表面现象是发酵温度下降，但因不知各种机理之间的联系，故不能解释这种现象并采取改进措施。

添加酸性蛋白酶、纤维素酶、半纤维素酶、果胶酶等酶从而提高出酒率，也是这些酶与淀粉酶、糖化酶协同作用的结果。

白酒的固态和半固态发酵均为并行复式发酵，或称为同步糖化发酵，即糖化与发酵是同时进行的，在不同的发酵阶段，要求糖化和发酵的速度相对平衡。譬如添加活性干酵母，实际上等于加入酒化酶等酶。总之，一切生化反应都是酶的作用，酶则来源于微生物。因此，只有在对各种微生物的生理及各类酶的生化特性基本了解的基础上，才能理清错综复杂的各种关系，进而掌握白酒制曲、发酵过程中的规律，酶则贯穿于全过程中。

白酒生产中的制曲过程由各种大曲微生物可产生多种酶，酵母菌也含有多种酶，但是由于白酒成分的复杂性，单纯添加这些酶类无法达到预期的效果。一些由微生物在制曲、发酵过程产生、非人工添加酶类所催化生成的物质往往是决定白酒品质关键性因素。

4. 未知的酶还有很多

前面介绍的与白酒生产有关的酶，仅仅是全部酶中的一小部分。即使是与白酒生产有关酶类，由于认识的局限性，目前仍不能展示全貌，需要结合现代生物技术不断拓展发现新的酶种，深入认识不同酶类在白酒发酵中的作用。黑曲霉等霉菌大多产生胞外酶、诱导酶；酵母多产生胞内酶，也产生胞外酶。所谓诱导酶，又称适应酶，是微生物适应于底物或底物的类似物（诱导物）而产生的一种酶；酶的反应产物和反应产物的类似物也可作为酶的诱导物。如纤维素酶为诱导酶，该酶只有在纤维素及纤维二糖等存在时才能产生。所谓胞外酶，是指由微生物细胞在胞内合成后分泌至胞外，在胞外进行催化作用的酶，主要为水解酶，如淀粉酶、蛋白酶、脂肪酶、果胶酶、单宁酶等。目前工业生产的酶制剂，大多为胞外酶。胞内酶是由细胞合成后并不分泌到胞外而在胞内作用的酶。这类酶的种类很多，如氧化还原酶、转移酶、裂解酶、异构酶及合成酶等。胞内酶在细胞内通过各种质膜而被区域化，有些在细胞的细胞质内行使催化功能，有些在质膜上活动。在细胞质中作用的酶，呈可溶性的游离状态存在；或与细胞质中的特定成分结合在一起。因各种胞内酶有严格的作用区域划分，故使胞内的许多物质代谢活动得以有规则地进行。目前市售的酶制剂，仅有少数是胞内酶。因胞内酶受反馈阻遏的影响，在胞内的数量基本上恒定；正因为胞内酶存在于细胞内，虽易与培养液分开，但要将其从细胞分离出来并与其他酶分开，则较为困难。另外，对未知的酶如何进行定性和定量分析，均需有理论指导和必要的仪器、药品及方法等条件作保证。但随着科学技术的日益发展，白酒生产中的酶系状况，将会越来越清晰。

第二节　糖化与发酵

蒸煮后原料中的淀粉已经糊化，为接下来的糖化和发酵步骤奠定了基础。向蒸煮糊化后的原料中加入酒曲等糖化发酵剂，就进入了糖化发酵的关键工艺阶段。在白酒生产中，除了液态法白酒是先糖化、后发酵外，固态或半固态发酵的白酒，均是糖化和发酵同时进行的。

一、淀粉的糖化

淀粉经酶的作用生成糖及其中间产物的过程，称为糖化。淀粉酶解生成糖的总的反应式如下：

$$\underset{\text{淀粉}}{(C_6H_{10}O_5)_n} + \underset{\text{水}}{nH_2O} \xrightarrow{\text{淀粉酶}} \underset{\text{葡萄糖}}{nC_6H_{12}O_6}$$

理论上，100kg淀粉可生成111.12kg葡萄糖。但是实际上，淀粉酶包括α-淀粉酶、糖化酶、异淀粉酶、β-淀粉酶、麦芽糖酶、转移葡萄糖苷酶等多种酶。这些酶同时在起作用，产物除葡萄糖等单糖外，还有二糖、低聚糖及糊精等成分。

实际上，除了液态发酵法白酒外，醅和醪中始终含有较多的淀粉。淀粉浓度的下降速度和幅度受曲的质量、发酵温度和生酸状况等因素的制约。若酒醅的糖化力高且持久、酵母发酵力强且有后劲，则酒醅升温及生酸酸度稳定，淀粉浓度下降快，出酒率也高。通常在发酵的前期和中期，淀粉浓度下降较快；发酵后期，由于酒精含量及酸度较高、淀粉酶和酵母活力减弱，故淀粉浓度变化不大。在扔糟中，仍然含有相当浓度的残余淀粉。

（1）糊精　糊精是介于淀粉和低聚糖之间的酶解产物。无一定的分子式，呈白色或黄色，无定形，能溶于水成胶状溶液，不溶于乙醚。淀粉酶解时，能产生不同的糊精，通常遇碘呈红棕色（或称樱桃红色），生成的无色糊精遇碘后不变色。

（2）低聚糖　人们对低聚糖的定义说法不一。有人认为其分子组成为2～6个葡萄糖单位的，或说2～10个、2～20个葡萄糖单位的；也有人认为它是二、三、四糖的总称；还有人称其为寡糖的。但一般认为的寡糖是非发酵性的三糖或四糖。低聚糖以二糖和三糖为主。

凡是直链淀粉酶解至分子组成少于6个葡萄糖苷单位的低聚糖，都不与碘液起呈色反应。因为每6个葡萄糖残基的链形成一圈螺旋，可以束缚1个碘分子。

（3）二糖　又称双糖，是分子量最小的低聚糖，由2分子单糖结合而成。重要的二糖有蔗糖和麦芽糖，均为可发酵性糖。1分子麦芽糖经麦芽糖酶水解时，生成2分子葡萄糖；1分子蔗糖经蔗糖酶水解时，生成1分子葡萄糖、1分子果糖。

（4）单糖　单糖是不能再继续被淀粉酶类水解的最简单的糖类。它是多羟醇的醛或酮的衍生物，如葡萄糖、果糖等。单糖按其含碳原子的数目又可分为丙糖、丁糖、戊糖和己糖。每种单糖都有醛糖和酮糖，如葡萄糖，也称右旋糖，是最为常见的六碳醛糖。果糖也称左旋糖，是一种六碳酮糖，是普通糖类中最甜的糖。葡萄糖经异构酶的作用，可转化为果糖。

通常，单糖和双糖能被一般的酵母利用，是最为基本的可发酵性糖类。

白酒醅中还原糖的变化，微妙地反应出了糖化与发酵速度的平衡程度。通常在发酵前期，尤其是开始的几天，由于发酵菌数量有限，而糖化作用迅速，故还原糖含量很快增长至最高值；随着发酵时间的延续，因酵母等微生物数量已经相对稳定，发酵力增强，故还原糖含量急剧下降；到了发酵后期时，还原糖含量基本不变。发酵期间还原糖含量的变化，主要是受曲的质量及酒醅酸度的制约。发酵后期醅中残糖的含量多少，表明发酵的程度和酒醅的质量。不同大曲，酒醅的残糖也有差异。

二、糖化过程中其他物质的变化

（一）蛋白质

蛋白质在蛋白酶类的作用下，水解为胨、多肽及氨基酸等中、低分子量含氮物，为酵母菌等提供营养。

（二）脂肪

脂肪由脂肪酶水解为甘油和脂肪酸。一部分甘油为微生物的营养源；脂肪酸的一部分受曲霉及细菌的β-氧化作用，除去两个碳原子而生成各种低级脂肪酸。

（三）果胶

果胶在果胶酶的作用下，水解生成果胶酸和甲醇。

（四）单宁

单宁在单宁酶的作用下生成丁香酸。

$$\underset{\text{单宁}}{CH_2O\ (CHOR)_5} \xrightarrow{\text{单宁酶}} \underset{\text{丁香酸}}{\text{(4-OH, 3,5-}(OCH_3)_2\text{-}C_6H_2\text{-}COOH)}$$

OH
H_3CO—⬡—OCH_3
COOH
丁香酸

（五）有机磷化合物

在磷酸酯酶的作用下，磷酸自有机酸化合物中释放出来，为酵母等微生物的生长和发酵提供了磷源。

（六）纤维素、半纤维素

部分纤维素、半纤维素在纤维素酶及半纤维素酶的催化下，水解为少量的葡萄糖、纤维二糖及木糖等糖类。

（七）木质素

木质素在白酒原料中也存在，它是一种含苯丙烷邻甲氧基苯酚等以不规则方式结合的高分子芳香族化合物。在木质素酶的作用下，可生成酚类化合物，如香草醛、香草酸、阿魏酸及4-乙基阿魏酸等。若粮糟在加曲后、入窖前采用堆积升温的方法，则可增加阿魏酸等成分的生成量。

此外，在糖化过程中，氧化还原酶等酶类也在起作用；加之发酵过程也在同时进行，故物质变化是错综复杂的，很难说得非常清楚。

三、酒精发酵

淀粉被糖化为可发酵性糖后，就可被发酵微生物利用而进入发酵阶段。酒精是白酒中的主要成分，因而酒精发酵也是白酒发酵过程中的主要生化反应过程。除了酒精发酵外，在发酵过程中还生成白酒风味物质，这些物质虽然量少，但对于白酒的风味来说必不可少。

酵母菌、细菌及根霉都能将葡萄糖发酵生成酒精（乙醇），但发酵机理不同。

（一）酵母菌的酒精发酵机理

酵母菌在酒化酶的作用下将葡萄糖发酵生成酒精和二氧化碳。这一过程包括葡萄糖酵解（简称EMP途径或EM途径）和丙酮酸的无氧降解两大生化反应过程，但通常将它们总称为葡萄糖酵解。简言之，由1mol葡萄糖生成2mol丙酮酸；丙酮酸先由丙酮酸脱羧酶脱羧生成乙醛，再由乙醇脱氢酶还原生成乙醇。总的反应式为：

$$\underset{\text{葡萄糖}}{C_6H_{12}O_6}+2ADP+2H_3PO_4\xrightarrow{\text{酒化酶}}\underset{\text{酒精}}{2C_2H_5OH}+2CO_2+2ATP+10.6kJ$$

酒化酶是指从葡萄糖到酒精一系列生化反应中的各种酶及辅酶的总称，主要包括己糖磷酸化酶、氧化还原酶、烯醇化酶、脱羧酶及磷酸酶等。这些酶均为酵母的胞内酶。

从上式可看出，100kg葡萄糖在理论上可生成51.1kg酒精。

在实际生产中，理论值与实际产率总有差距。如在发酵过程中，酒精仅是主产物，伴生的副产物很多；菌体繁殖、维持生命以及生成酶类、各工段损失和发酵残留的糖分等，都要消耗糖分。在发酵后期，还会发生很多化学反应和酒精挥发而使酒精损失。各种白酒因生产工艺不同，实际出酒率存在着较大差异。一般情况下，液态法白酒的淀粉出酒率可达理论出酒率的80%～90%，小曲酒为65%～80%，麸曲白酒为60%～75%，而大曲白酒只有40%～65%。

在正常条件下，酒醅中的酒精含量随着发酵时间的推移而不断增加。在发酵前期，因醅中含有一定量的氧，故酵母菌得以大量繁殖，而酒精发酵作用微弱；发酵中期，因酵母菌已经达到足够的数量，酒醅中的空气也已经基本耗尽，故酒精发酵作用较强，醅的酒精含量迅速增长；发酵后期，因酵母菌逐渐衰老或死亡，故酒精发酵基本停止，酒醅中的酒精含量增长甚微，甚至略有下降。通常混蒸续糁法大曲酒的大糁酒醅出窖时的酒精含量约为6%，高者达到7%～8%；清蒸清糁法大曲酒大糙酒醅出缸时酒精含量为 11%～12%，但二糙酒醅出缸时酒精含量仅为 5% 左右。

（二）细菌的酒精发酵机理

细菌由 ED（entner doudoroff）途径将葡萄糖发酵成酒精。即葡萄糖被磷酸化后，再氧化成 6-磷酸葡萄糖酸。这时，因脱水而形成 2-酮-3-脱氧葡萄糖酸-6-磷酸（KDPG）后，再经 KDPG 缩酶的分解作用，可由 1mol 的葡萄糖生成 2mol 的丙酮酸，并生成 1mol ATP。

ED 途径的具体过程如图 5-2 所示。

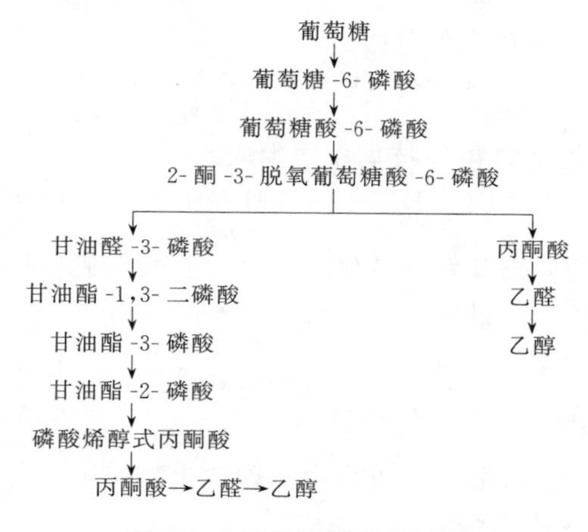

图 5-2　ED 途径的具体过程

ED 途径与上述 EMP 途径相比，EMP 途径由 1mol 葡萄糖生成 2mol ATP；而 ED 途径只生成 1mol ATP。通常，ATP 的生成量与菌体量成正比，故利用细菌发酵产酒精时，生成的菌体量也约为酵母菌的一半。因细菌菌体生成量较少，故酒精产率较高。但能产酒精的细菌，大多同时生成一些副产物，诸如丁醇、2,3-丁二醇等醇类，甲酸、乙酸、丁酸、乳酸等有机酸，阿糖醇、甘油和木糖醇等多元醇，以及甲烷、二氧化碳、氢气等气体。因而细菌发酵时酒精的实际得率比酿酒酵母要低。

在白酒生产中，酒精发酵过程主要是由各种酵母菌来完成的。

第三节　风味物质的形成

白酒中除了水和酒精外，还含有多种微量成分，这些微量成分虽然含量少，但却对白酒风味起着决定性作用，故称其为风味物质。白酒风味物质主要有酸、醇、酯、醛（酮）、芳香族化合物等几大类物质。这些风味物质主要是在制曲和发酵过程中由微生物代谢产生的，有些可由蒸粮、蒸酒和老熟过程中的化学反应产生，有些则直接来自于酿酒和制曲原料。

一、酸类物质

白酒醅（醪）中形成的有机酸种类很多，酸类产生的途径也很多。酵母菌在产酒精时，产生多种有机酸、根霉等霉菌产乳酸等有机酸，但大多数有机酸是由细菌生成的。

（一）乙酸（醋酸）的生成

① 酵母菌酒精发酵产乙酸。

$$\underset{\text{葡萄糖}}{2C_6H_{12}O_6}+\underset{\text{水}}{H_2O}\longrightarrow\underset{\text{酒精}}{C_2H_5OH}+\underset{\text{乙酸}}{CH_3COOH}+\underset{\text{甘油}}{2CH_2OHCHOHCH_2OH}+\underset{\text{二氧化碳}}{2CO_2}$$

② 醋酸菌将酒精氧化为乙酸。

$$\underset{\text{酒精}}{CH_3CH_2OH}+O_2\longrightarrow\underset{\text{乙酸}}{CH_3COOH}+\underset{\text{水}}{H_2O}$$

③ 糖经发酵生成乙醛，再经歧化作用生成乙酸。

$$\underset{\text{乙醛}}{2CH_3CHO}+H_2O\longrightarrow\underset{\text{酒精}}{C_2H_5OH}+\underset{\text{乙酸}}{CH_3COOH}$$

通常，在酵母菌的生长及发酵条件较好时，乙酸生成量较少。若酒醅中进入枯草芽孢杆菌，则乙酸的生成量较多。

④ 异型乳酸菌也产乙酸。见下述。

（二）乳酸的生成

乳酸是含有羟基的有机酸，它也可由多种微生物产生。

1. 由乳酸菌发酵生成乳酸

（1）正常型乳酸菌发酵　又称同型或纯型乳酸发酵，即发酵产物全为乳酸。

$$\underset{\text{葡萄糖}}{C_6H_{12}O_6}\longrightarrow\underset{\text{乳酸}}{2CH_3CHOHCOOH}$$

（2）异型乳酸发酵　或称异常型乳酸发酵。其产物因菌种而异，除了生成乳酸外，还同时生成乙酸、酒精、甘露醇等成分。大体有以下三种途径。

$$\underset{\text{葡萄糖}}{C_6H_{12}O_6}\longrightarrow\underset{\text{乳酸}}{CH_3CHOHCOOH}+\underset{\text{酒精}}{C_2H_5OH}+\underset{\text{二氧化碳}}{CO_2}$$

$$\underset{\text{葡萄糖}}{2C_6H_{12}O_6}+\underset{\text{水}}{H_2O}\longrightarrow\underset{\text{乳酸}}{2CH_3CHOHCOOH}+\underset{\text{酒精}}{C_2H_5OH}+\underset{\text{乙酸}}{CH_3COOH}+\underset{\text{二氧化碳}}{2CO_2}+\underset{\text{氢气}}{2H_2}$$

$$\underset{\text{葡萄糖}}{3C_6H_{12}O_6}+\underset{\text{水}}{H_2O}\longrightarrow\underset{\text{甘露醇}}{2C_6H_{14}O_6}+\underset{\text{乳酸}}{CH_3CHOHCOOH}+\underset{\text{乙酸}}{CH_3COOH}+\underset{\text{二氧化碳}}{CO_2}$$

2. 由霉菌产乳酸

毛霉、根霉等也能产生L-型乳酸。

（三）琥珀酸的生成

琥珀酸又称丁二酸。主要由酵母菌于发酵后期产生，通常延长发酵期可增加其生成量。反应途径有如下两种。

① 由酵母菌作用于葡萄糖和谷氨酸而生成琥珀酸，生成的氨被酵母利用合成自身的菌体蛋白。

$$\underset{\text{葡萄糖}}{C_6H_{12}O_6}+\underset{\text{谷氨酸}}{COOHCH_2CH_2CHNH_2COOH}+\underset{\text{水}}{2H_2O}\longrightarrow \underset{\text{琥珀酸}}{COOHCH_2CH_2COOH}$$

$$+\underset{\text{氨}}{NH_3}+\underset{\text{二氧化碳}}{CO_2}+\underset{\text{甘油}}{2CH_2OHCHOHCH_2OH}$$

② 由乙酸转化为琥珀酸。

$$\underset{\text{乙酸}}{2CH_3COOH}+NAD+ATP\longrightarrow \underset{\text{琥珀酸}}{COOHCH_2CH_2COOH}+NADH_2+AMP$$

红曲霉等霉菌也能生成极微量的琥珀酸。

(四) 丁酸 (酪酸) 的生成

1. 由丁酸菌将葡萄糖、氨基酸、乙酸和酒精转化生成丁酸

$$\underset{\text{葡萄糖}}{C_6H_{12}O_6}\longrightarrow \underset{\text{丁酸}}{CH_3CH_2CH_2COOH}+\underset{\text{氢气}}{2H_2}+\underset{\text{二氧化碳}}{2CO_2}$$

$$\underset{\text{氨基酸}}{RCHNH_2COOH}\xrightarrow{[H]} \underset{\text{丁酸}}{CH_3CH_2CH_2COOH}+\underset{\text{氨}}{NH_3}+\underset{\text{二氧化碳}}{CO_2}$$

$$\underset{\text{乙酸}}{CH_3COOH}+\underset{\text{酒精}}{C_2H_5OH}\xrightarrow{[H]} \underset{\text{丁酸}}{CH_3CH_2CH_2COOH}+\underset{\text{水}}{H_2O}$$

2. 丁酸菌将乳酸发酵为丁酸

有以下 2 种途径。

① $\underset{\text{乳酸}}{CH_3CHOHCOOH}+\underset{\text{乙酸}}{CH_3COOH}\longrightarrow \underset{\text{丁酸}}{CH_3CH_2CH_2COOH}+\underset{\text{水}}{H_2O}+\underset{\text{二氧化碳}}{CO_2}$

② $\underset{\text{乳酸}}{CH_3CHOHCOOH}+\underset{\text{水}}{H_2O}\longrightarrow \underset{\text{乙酸}}{CH_3COOH}+\underset{\text{二氧化碳}}{CO_2}+2H_2$

再由乙酸变为丁酸

$$\underset{\text{乙酸}}{2CH_3COOH}+2H_2\longrightarrow \underset{\text{丁酸}}{CH_3CH_2CH_2COOH}+\underset{\text{水}}{2H_2O}$$

(五) 己酸的生成

克拉瓦梭菌 (*Clostridium Kluyveri*) 与甲烷菌共栖，能将低级脂肪酸合成为较高级的脂肪酸。该菌能将乙酸和酒精合成丁酸和己酸；也可由丁酸和酒精结合成己酸；还能将丙酸和酒精合成戊酸，进而合成庚酸。

1. 由酒精和乙酸合成丁酸与己酸

① 当酒醅中乙酸多于酒精时，主要产物为丁酸。

$$\underset{\text{乙酸}}{CH_3COOH}+\underset{\text{酒精}}{C_2H_5OH}\longrightarrow \underset{\text{丁酸}}{CH_3CH_2CH_2COOH}+\underset{\text{水}}{H_2O}$$

② 当酒醅中乙醇多于乙酸时，主要产物为己酸。

$$\underset{\text{乙酸}}{CH_3COOH}+\underset{\text{酒精}}{2C_2H_5OH}\longrightarrow \underset{\text{己酸}}{CH_3CH_2\ CH_2CH_2CH_2COOH}+\underset{\text{水}}{2H_2O}$$

克拉瓦梭菌中的这一反应过程极为复杂，经研究有 11 步反应之多。

2. 由酒精和丁酸合成己酸

巴克等认为，己酸菌将酒精和丁酸合成己酸时，必须先由丁酸菌将酒精和乙酸合成丁酸。

$$C_3H_7COOH + C_2H_5OH \longrightarrow CH_3CH_2CH_2CH_2CH_2COOH + H_2O$$

丁酸　酒精　己酸　水

3. 由丁酸和乙酸合成己酸

先生成丙酮酸，丙酮酸再变为丁酸，丁酸再与乙酸合成己酸。各反应式如下：

$$C_6H_{12}O_6 \longrightarrow 2CH_3COCOOH + 2H_2$$

葡萄糖　丙酮酸

$$2CH_3COCOOH + 2H_2O \longrightarrow CH_3CH_2CH_2COOH + CH_3COOH + 2O_2$$

丙酮酸　水　丁酸　乙酸

$$CH_3CH_2CH_2COOH + 2CH_3COOH + 2H_2 \longrightarrow C_6H_{11}COOH + CH_3COOH + 2H_2O$$

丁酸　乙酸　己酸　乙酸

二、高级醇

碳原子数在两个以上的一元醇总称为高级醇。白酒中的高级醇以异戊醇为主，包括正丙醇、异丁醇、异戊醇、活性戊醇等。因其溶于高浓度的乙醇而不溶于低浓度的乙醇及水并呈油状，故名杂醇油。

杂醇油主要是由酵母菌利用糖及氨基酸的代谢而形成的，其中 α-酮酸及醛为重要的中间产物，如图 5-3 所示。

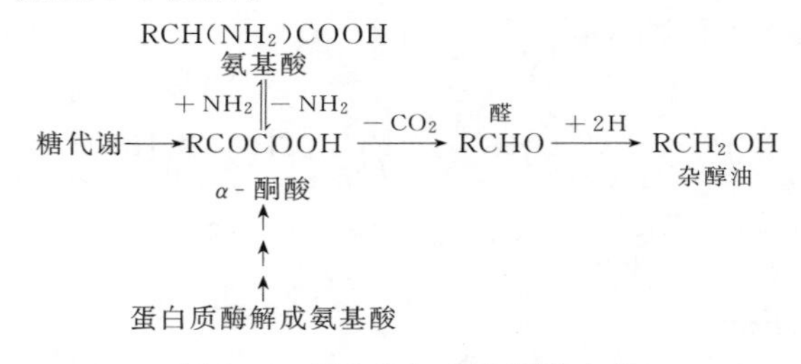

图 5-3　高级醇生成的代谢途径

① 由氨基酸脱氨、脱羧（去 CO_2），生成比氨基酸分子少 1 个碳原子的高级醇。这种反应在酵母细胞内进行，其反应通式为：

$$RCH(NH_2)COOH + H_2O \longrightarrow RCH_2OH + NH_3 + CO_2$$

例如：

$$CH_3(CH_3)CHCH_2CH(NH_2)COOH + H_2O \longrightarrow CH_3(CH_3)CHCH_2CH_2OH + NH_3 + CO_2$$

亮氨酸　异戊醇

$$CH_3(CH_3)CHCH(NH_2)COOH + H_2O \longrightarrow CH_3(CH_3)CHCH_2OH + NH_3 + CO_2$$

缬氨酸　异丁醇

$$CH_3(C_2H_5)CHCH(NH_2)COOH + H_2O \longrightarrow CH_3(C_2H_5)CHCH_2OH + NH_3 + CO_2$$

异亮氨酸　活性戊醇

正丙醇可由苏氨酸生成，也可由糖代谢中 α-酮丁酸生成。

② 由糖代谢生成丙酮酸，丙酮酸与氨基酸作用，生成另一种氨基酸和另一种有机酸（α-酮酸）；该有机酸脱羧变为醛，再还原成高级醇。例如：

丙酮酸 + 胱氨酸 ↗ 丙氨酸
↘ α-酮基异己酸 —脱羧→ 异戊醛 —还原→ 异戊醇

酵母菌生成杂醇油的组分和含量，与原料、菌种、种量、酒醅成分及发酵条件等有关。若原料的蛋白质含量高，曲的蛋白酶活力强，则杂醇油的生成量也较多；乙醇发酵能力弱的酵母菌，产杂醇油量较少，尤其是戊醇的生成量少；酒母用量大时，会迅速将糖分消耗，而对氨基酸的作用不充分，也可大大降低杂醇油的生成量；若酒醅中含有比氨基酸更容易被酵母菌利用的无机氮等氮源时，则能阻止或延迟酵母菌对氨基酸的分解，但蔗糖的存在，却可促进杂醇油的生成；发酵温度及pH值高、醅中含氧量多，均有利于杂醇油的生成；发酵后期，酵母菌自溶时也会产生杂醇油。

三、多元醇

多元醇是指羟基数多于1个的醇类，是白酒甜味及醇厚感的重要成分。如2,3-丁二醇、丙三醇（甘油）、丁四醇（赤藓醇）、戊五醇（阿拉伯醇）、己六醇（甘露醇）、环己六醇（肌醇）等。其中甘油和甘露醇在白酒中含量较多。

（一）甘油的生成

酵母菌在产酒精的同时，生成部分甘油。酒醅中的蛋白质含量越多，温度及pH值越高，则甘油的生成量也越多。甘油主要产于发酵后期。其反应式为：

$$\underset{\text{葡萄糖}}{C_6H_{12}O_6} \longrightarrow \underset{\text{甘油}}{C_3H_5(OH)_3} + \underset{\text{乙醛}}{CH_3CHO} + \underset{\text{二氧化碳}}{CO_2}$$

或

$$\underset{\text{葡萄糖}}{2C_6H_{12}O_6} + \underset{\text{水}}{H_2O} \longrightarrow \underset{\text{甘油}}{2C_3H_5(OH)_3} + \underset{\text{酒精}}{CH_3CH_2OH} + \underset{\text{乙酸}}{CH_3COOH} + \underset{\text{二氧化碳}}{2CO_2}$$

或

$$\text{糖代谢} \longrightarrow \text{羟基磷酸丙糖} \xrightarrow{+2H} \text{甘油磷酸} \xrightarrow{\text{磷酸酯酶}} \text{甘油}$$

某些细菌在有氧条件下也产甘油。

（二）甘露醇的生成

许多霉菌能产生甘露醇，故大曲中含量较多。甘露醇在大曲名酒、麸曲酒及小曲酒中都有检出。某些混合型乳酸菌也能利用葡萄糖生成甘露醇，并生成2,3-丁二醇、乳酸及乙酸。

（三）2,3-丁二醇的生成

除了前述由混合型乳酸菌可生成该醇外，还有如下4种途径。

① 由双乙酰生成。分两步进行，先由双乙酰生成醋翁及乙酸，再由醋翁如下式生成2,3-丁二醇。

$$\underset{\text{醋翁}}{CH_3COCHOHCH_3} + \underset{\text{还原型辅酶 A}}{AH_2} \longrightarrow \underset{\text{2,3-丁二醇}}{CH_3CHOHCHOHCH_3} + \text{辅酶 A}$$

② 由多黏菌及产气杆菌生成。

$$\underset{\text{葡萄糖}}{C_6H_{12}O_6} \longrightarrow \underset{\text{2,3-丁二醇}}{CH_3CHOHCHOHCH_3} + \underset{\text{氢气}}{H_2} + \underset{\text{二氧化碳}}{CO_2}$$

③ 由赛氏杆菌（*Serratia* sp）生成。反应式同②。

④ 由枯草芽孢杆菌生成。同时生成甘油。

$$\underset{\text{葡萄糖}}{3C_6H_{12}O_6} \longrightarrow \underset{\text{2,3-丁二醇}}{2CH_3CHOHCHOHCH_3} + \underset{\text{甘油}}{2C_3H_5(OH)_3} + \underset{\text{二氧化碳}}{4CO_2}$$

四、酯类物质

白酒中的酯主要是乙酸乙酯、乳酸乙酯、丁酸乙酯及己酸乙酯，称为四大酯类。酯是由醇和酸的酯化作用而生成的。其途径有两种：一是通过有机化学反应生成酯，但这种反应在常温条件下极为缓慢，往往需经几年时间才能使酯化反应达到平衡，且反应速率随碳原子数的增加而下降；二是由微生物的生化反应生成酯，这是白酒生产中产酯的主要途径。存在于酒醅中的汉逊酵母、假丝酵母等微生物，均有较强的产酯能力。

在啤酒酵母等微生物的生化反应过程中，酸必须先被活化为相应的酰基辅酶A，才能与乙醇合成相应的乙酯，如下面的通式所示。

$$\underset{\text{酰基辅酶A}}{RCO\sim SCoA} + \underset{\text{醇}}{R'OH} \longrightarrow \underset{\text{酯}}{RCOOR'} + \underset{\text{辅酶A}}{CoASH}$$

催化上述反应的酶称为酯化酶，为胞内酶。

（一）乙酸乙酯的产生

由丙酮酸脱羧为乙醛，再氧化为乙酸，并在转酰基酶作用下生成乙酰辅酶 A；或由丙酮酸氧化脱羧为乙酰辅酶 A。乙酰辅酶 A 在酯化酶的作用下与酒精合成乙酸乙酯。

$$CH_3COCOOH \xrightarrow{-CO_2} CH_3CHO \xrightarrow{O_2} CH_3COOH \xrightarrow[\text{转酰基酶}]{CoASH,\ ATP} CH_3CO\sim SCoA$$

$$CH_3COCOOH \longrightarrow CH_3CO\sim SCoA$$

$$CH_3CO\sim SCoA \xrightarrow[\text{酯化酶}]{CH_3CH_2OH} CH_3COOC_2H_5$$

（二）乳酸乙酯的产生

乳酸乙酯的合成，符合一般脂肪酸乙酯的共同途径。即乳酸经转酰基酶活化成乳酰辅酶 A，再在酯化酶的作用下与乙醇合成乳酸乙酯。

$$CH_3CHOHCOOH \xrightarrow[\text{转酰基酶}]{CoASH\ ATP} CH_3CHOHCO\sim SCoA \xrightarrow[\text{酯化酶}]{C_2H_5OH} CH_3CHOHCOOC_2H_5$$

（三）丁酸乙酯和己酸乙酯的产生

丁酸乙酯及己酸乙酯的合成途径，可用如下的反应式表示。

① 丁酸乙酯的生成。

$$C_3H_7COOH \xrightarrow[\text{转酰基酶}]{CoASH\ ATP} C_3H_7CO\sim SCoA \xrightarrow[\text{酯化酶}]{C_2H_5OH} C_3H_7COOC_2H_5$$

② 己酸乙酯的生成。

$$C_5H_{11}COOH \xrightarrow[\text{转酰基酶}]{CoASH\ ATP} C_5H_{11}CO{\sim}SCoA \xrightarrow[\text{酯化酶}]{C_2H_5OH} C_5H_{11}COOC_2H_5$$

五、醛酮化合物

醛酮类化合物的生成途径很多。如醇经过氧化、酮酸脱酸、氨基酸脱氨、脱羧等反应，均可生成相应的醛、酮。

(一) 乙醛的生成

① 由葡萄糖酵解生成的丙酮酸脱羧而成。

$$\underset{\text{葡萄糖}}{C_6H_{12}O_6} \xrightarrow{-2H_2} \underset{\text{丙酮酸}}{2CH_3COCOOH} \xrightarrow{-2CO_2} \underset{\text{乙醛}}{2CH_3CHO}$$

② 由酒精氧化而成。

$$\underset{\text{酒精}}{2C_2H_5OH} + \underset{\text{氧}}{O_2} \longrightarrow \underset{\text{乙醛}}{2CH_3CHO} + \underset{\text{水}}{2H_2O}$$

③ 由丙氨酸脱氨、氧化而成的丙酮酸脱羧而成。

$$\underset{\text{丙氨酸}}{CH_3CH(NH_2)COOH} \xrightarrow{-NH_3,\ +[O]} \underset{\text{丙酮酸}}{CH_3COCOOH} \xrightarrow{-CO_2} \underset{\text{乙醛}}{CH_3CHO}$$

④ 水解、脱氨、脱酸而成的乙醇氧化而成。

$$\underset{\text{丙氨酸}}{CH_3CH(NH_2)COOH} \xrightarrow[-CO_2,\ -NH_3]{+H_2O} \underset{\text{酒精}}{CH_3CH_2OH} \xrightarrow{-2H} \underset{\text{乙醛}}{CH_3CHO}$$

(二) 丙烯醛的形成

丙烯醛又名甘油醛。酒醅中含有甘油，当酒醅或醪中感染大量杂菌时，则可产生多量的丙烯醛。其反应途径如下。

$$\underset{\text{甘油}}{\begin{matrix}CH_2OH\\|\\CHOH\\|\\CH_2OH\end{matrix}} \xrightarrow{-H_2O} \underset{\text{丙烯醇}}{\begin{matrix}CHO\\|\\CH_2\\|\\CH_2OH\end{matrix}} \xrightarrow{-H_2O} \underset{\text{丙烯醛}}{\begin{matrix}CHO\\|\\CH\\\|\\CH_2\end{matrix}}$$

(三) 糠醛、缩醛、高级醛酮的形成

1. 糠醛的形成

半纤维素经半纤维素酶分解成的戊糖，由微生物发酵生成糠醛。

$$\underset{\text{戊糖}}{\begin{matrix}CHO\\|\\CHOH\\|\\CHOH\\|\\CHOH\\|\\CH_2OH\end{matrix}} \longrightarrow \underset{\text{糠醛}}{\begin{matrix}HC{=}CH\\HC\quad C{-}CHO\\\diagdown O \diagup\end{matrix}} + 3H_2O$$

白酒中含有糠醛、醇基糠醛（糠醇）及甲基糠醛等呋喃衍生物。糠醛可进一步转化为甲基醛和羟基醛；白酒中可能还存在以呋喃为分子结构基础的更复杂的物质。它们也许均为焦香或酱香的成分之一。

2. 缩醛的形成

缩醛由醛与醇缩合而成。其反应通式为：

$$\underset{\text{醛}}{RCHO}+\underset{\text{醇}}{2R'OH} \rightleftharpoons \underset{\text{缩醛}}{RCH(OR')_2}+\underset{\text{水}}{H_2O}$$

例如：

$$\underset{\text{乙醛}}{CH_3CHO}+\underset{\text{酒精}}{C_2H_5OH} \longrightarrow \underset{\text{己酸}}{CH_3CH(OC_2H_5)_2}+\underset{\text{水}}{H_2O}$$

白酒中的缩醛主要是乙缩醛，其含量高者几乎接近于乙醛。

3. 高级醛、酮的形成

高级醛、酮是指分子中含 3 个碳以上的醛、酮。白酒醅或醪中的高级醛、酮，由氨基酸分解而成。结合前述的有关醇、酸的生成机理，可将由氨基酸分解而生成的产物归纳如下式。

$$\underset{\text{L-氨基酸}}{RCH(NH_2)COOH} \xrightarrow[+[O]]{-NH_3} \underset{\alpha\text{-酮酸}}{RCOCOOH} \xrightarrow{-CO_2} \underset{\text{醛}}{RCHO} \xrightarrow{+[O]} \underset{\text{有机酸}}{RCOOH}$$

$$RCHO \xrightarrow{+H_2} \underset{\text{醇}}{RCH_2OH}$$

（四）α-联酮的形成

2,3-丁二醇虽然是二元醇，但它也具有酮的性质，故通常将双乙酰、醋翁及 2,3-丁二醇，统称位 α-联酮。2,3-丁二醇的生成机理已在前面论述。

1. 双乙酰的生成

有如下 3 种途径。

① 由乙醛与乙酸缩合而成。

$$\underset{\text{乙醛}}{CH_3CHO}+\underset{\text{乙酸}}{CH_3COOH} \longrightarrow \underset{\text{双乙酰}}{CH_3COCOCH_3}+\underset{\text{水}}{H_2O}$$

② 由乙酰辅酶 A 和活性乙醇缩合而成。即酵母的辅酶 A 与乙酸作用形成乙酰辅酶 A，再与活性乙醇作用。

乙酰辅酶 A＋活性乙醇⟶ 酸乙酰＋辅酶 A

③ α-乙酰乳酸的非酶分解而成。α-乙酰乳酸是缬氨酸生物合成的中间产物。

$$\text{丙酮酸} \xrightarrow{\text{焦磷酸硫胺素（TPP）}} \text{活性丙酮酸} \xrightarrow{-CO_2}$$

$$\text{活性乙醛} \xrightarrow{\text{丙酮酸}} \alpha\text{-乙酰乳酸} \longrightarrow \alpha\text{-酮基异戊酸}$$

α-乙酰乳酸 ↓（非酶分解）双乙酰；α-酮基异戊酸 ↓ 缬氨酸

2. 醋翁的生成

醋翁又称 α-羟基丁酮或乙偶姻，即 3-羟基丁酮。其生物合成的途径有 4 种。

① 由乙醛缩合而成。

$$\underset{\text{乙醛}}{CH_3CHO}+\underset{\text{乙醛}}{CH_3CHO}\longrightarrow \underset{\text{醋翁}}{CH_3COCHOHCH_3}$$

② 由丙酮酸缩合而成。

$$\underset{\text{丙酮酸}}{2CH_3COCOOH}\longrightarrow \underset{\text{醋翁}}{CH_3COCHOHCH_3}+\underset{\text{二氧化碳}}{2CO_2}$$

③ 由双乙酰生成，同时生成乙酸。

$$\underset{\text{双乙酰}}{2CH_3COCOCH_3}\xrightarrow{+2H_2} \underset{\text{醋翁}}{CH_3COCHOHCH_3}+\underset{\text{乙酸}}{2CH_3COOH}$$

④ 由双乙酰和乙醛经氧化生成醋翁。

$$\underset{\text{双乙酰}}{CH_3COCOCH_3}+\underset{\text{乙醛}}{CH_3CHO}+\underset{\text{水}}{H_2O}\longrightarrow \underset{\text{醋翁}}{CH_3COCHOHCH_3}+\underset{\text{乙酸}}{CH_3COOH}$$

实际上，2,3-丁二醇、双乙酰及醋翁三者之间是可经氧化还原作用而相互转化的。

$$\underset{\text{2,3-丁二醇}}{\begin{array}{c}CH_3\\|\\CHOH\\|\\CHOH\\|\\CH_3\end{array}} \underset{+H_2}{\overset{-H_2}{\rightleftharpoons}} \underset{\text{醋翁}}{\begin{array}{c}CH_3\\|\\CHOH\\|\\CHOH\\|\\CH_3\end{array}} \underset{+H_2}{\overset{-H_2}{\rightleftharpoons}} \underset{\text{双乙酰}}{\begin{array}{c}CH_3\\|\\CHOH\\|\\CHOH\\|\\CH_3\end{array}} \xrightarrow[+2H_2]{\text{酵母还原酶}} \underset{\text{2,3-丁二醇}}{\begin{array}{c}CH_3\\|\\CHOH\\|\\CHOH\\|\\CH_3\end{array}}$$

六、芳香族化合物

白酒中的芳香族化合物多为酚类化合物。它们或直接来自于高粱、小麦等酿酒、制曲原料，或在制曲和发酵过程中经微生物转化生成。

(一) 阿魏酸、香草醛、香草酸、香豆酸的生成

小麦中含有少量的阿魏酸、香草酸及香草醛。在使用小麦制曲时，曲块升温至 60℃以上，小麦皮能产生阿魏酸；由微生物的作用，也能生成大量的香草酸及少量的香草醛。

4-甲基愈创木酚也可以氧化为香草醛：

$$\underset{\text{4-甲基愈创木酚}}{\text{(OH, }-OCH_3\text{, }CH_3\text{ 取代苯环)}} \xrightarrow{O_2} \underset{\text{香草醛}}{\text{(OH, }-OCH_3\text{, }CH_3\text{ 取代苯环)}} + H_2O$$

据报道，木质素可在微生物产生的酚氧化酶（漆酶）的作用下，变为可溶性成分；再在细胞色素有关的氧化酶类的作用下，进一步生成阿魏酸、香草醛、香草酸、香豆酸等产物。

CH_2OH, HC, CHOH, OCH_3, OCH_3, OR → 阿魏酸（OH, OCH_3, HC═CHCOOH）→ 香豆酸（OH, HC═CHCOOH）

阿魏酸 → 香草醛（OH, OCH_3, CHO）→ 香草酸（OH, OCH_3, COOH）→ 香草酸酯（OH, OCH_3, COOR′）

上述反应均可由酵母和细菌发酵而进行。

（二）4-乙基愈创木酚、酪醇及丁香系统成分的生成

1. 4-乙基愈创木酚的生成

① 由阿魏酸经酵母或细菌发酵而生成。

阿魏酸（OH, OCH_3, HC═CHCOOH）$\xrightarrow{-CO_2}$ 4-乙烯基愈创木酚（OH, OCH_3, HC═CH_2）$\xrightarrow{+H_2}$ 4-乙基愈创木酚（OH, OCH_3, H_2C—CH_3）

② 香草醛经酵母菌细菌发酵生成 4-乙基愈创木酚。

③ 大曲经发酵后，部分香草酸生成 4-乙基愈创木酚。

2. 酪醇的生成

酪醇又名对羟基苯乙醇。可由酵母菌将酪氨酸脱氨、脱羧而成。

酪氨酸（OH, $CHCH_2COOH$, NH_2）$+H_2O$（水）→ 酪醇（OH, CH_2CH_2OH）$+NH_3$（氨）$+CO_2$（二氧化碳）

3. 丁香系统成分的生成

据分析，小麦及小麦曲不含有丁香系统成分。而高粱中的单宁经酵母菌发酵后生成丁香醛及丁香酸等芳香族化合物。例如：

$CH_2O(CHOR)_5$（单宁）→ 丁香酸（OH, H_3CO, OCH_3, COOH）

七、硫化物

白酒中的挥发性硫化物，如硫化氢、二甲基硫及硫醇等，大多来自胱氨酸、半胱氨酸及蛋氨酸等含硫氨基酸。

（1）硫化氢的生成　除了根霉外，细菌、酵母菌、霉菌大多能分解半胱氨酸、胱氨酸而产生硫化氢。硫酸盐可经一系列酶促作用变为亚硫酸盐，再由还原酶作用生成硫化氢。另外，当酒醅中含有胱氨酸和半胱氨酸时，在高温蒸馏下能与乙醛及乙酸作用，也可生成硫化氢。

（2）二甲基硫的生成　二甲基硫是通过酵母对蛋氨酸的代谢生成的。

第四节　蒸　　馏

在白酒生产中将酒精和其他伴生的香味成分从固态发酵酒醅或液态发酵醪中分离浓缩，得到白酒所需要的含有众多微量香味成分及酒精分的单元操作称为蒸馏，它属于简单蒸馏。

蒸馏是利用各组分挥发性的不同，以分离液态混合物的单元操作。把液态混合物或固态发酵酒醅加热使液体沸腾，其生成的蒸气总比原来混合物中含有较多的易挥发组分，在剩余混合物中含有较多难以挥发的组分，因而可使原来混合物中的组分得到部分或完全分离。生成的蒸气经冷凝而成液体。

应当指出的是，对于固态发酵酒醅或液态发酵醪，其中除了占绝大部分的水和酒精外，还含有许多种微量香味成分。这些微量香味成分由于极性的不同，与酒精和水之间存在着复杂的分子间相互作用，使得其在酒精水溶液中的挥发性能不完全取决于其沸点的高低。例如一些高沸点高级醇、乙酯类香味物质却在初馏分（酒头）中含量较多。

白酒蒸馏方法分为固态酒醅蒸馏法、液态发酵醪蒸馏法及固、液结合串香蒸馏法。

一、固态酒醅蒸馏法

固态白酒的蒸馏，不仅要将发酵糟醅中的酒精蒸出，更重要的是要将酒醅中的香味成分随酒精一起蒸出，因而传统上有“生香靠发酵，提香靠蒸馏”之说，可见蒸馏对于固态法白酒质量的重要性。

（一）固态蒸馏设备

在传统的固态发酵法白酒生产中，发酵成熟的酒醅采用甑桶蒸馏而得白酒。甑桶是一个上口直径约2m，底口直径约1.8m，高约1m的锥台形蒸馏器。用多孔篦子与下部加热器相隔，上部活动盖与冷却器相接。甑桶是一种不同于世界上其他酒蒸馏器的独特蒸馏设备，是根据固态发酵酒醅这一特性而设计发明的。自白酒问世以来，千百年来一直沿用至今。虽然随着生产量的大幅度增长及技术改造，蒸桶由小变大，材质由木材改为钢筋水泥或不锈钢，冷却器由天锅改为直管式，但间隙式人工装甑的基本操作要点仍然不变，连续进料及排料的机械化至今尚不成功。

甑桶蒸馏可以认为是一个特殊的填料塔。含有60%的水分及酒精和数量众多的微量香味成分的固态发酵酒醅，通过人工装甑逐渐形成甑内的填料层。在蒸汽不断加热下，使甑内酒醅温度不断升高，下层醅料的可挥发性组分浓度逐层变小，上层醅料的可挥发性组分浓度逐层变浓，使含于酒醅中的酒精及香味成分经过气化、冷凝、气化，而达到多组分浓缩、提取的目的。少量难挥发组分也同时带出蒸入酒中。

（二）甑桶蒸馏的作用

甑桶蒸馏的主要作用如下。

① 将含有酒精4%左右的发酵酒醅分离浓缩成含有酒精55%～65%的高度白酒。在混蒸混烧工艺中，在蒸酒的同时，还担负着新投入粮食的淀粉糊化作用。

② 将发酵酒醅中存在的微生物代谢副产物，即数量众多的微量香气成分，有效地浓缩提取到成品酒中。

③ 存在于发酵酒醅中的某些微生物代谢产物，在蒸馏过程中进一步起化学反应，产生新的物质，即通常称为蒸馏热变作用。

④ 对发酵酒醅进行消毒杀菌，用于下排入窖配料。

在名、优质白酒生产中，蒸馏分级截酒还是勾兑工作的起始基础，有人称其为“第一勾兑员”。

（三）甑桶蒸馏的操作要点

装甑技术、醅料松散程度、蒸汽量大小及均衡供汽、分糙、量质摘酒等蒸馏条件是影响蒸馏得率及质量的关键因素。

1. 装甑六字诀

人们在长期生产实践中总结了装甑操作的技术要点，那就是“松、轻、准、薄、匀、平”六字。即醅料要疏松，装甑动作要轻巧，撒料要准确，醅料每次撒得要薄层、均匀，甑内酒气上升要均匀，酒醅料层由下而上在甑内要保持平面。

2. 缓火蒸馏

在甑桶蒸馏时，除了要掌握过硬的装甑技术外，还要掌握好蒸馏火候，要做到“缓火蒸馏”，使得处于粮粒空壳内的毛细管囊内部的有益醇溶酯有足够时间被酒气溶解、渗透出来，跟上主气流同步馏出。如果火力过大，则主气流上升过快，会使反渗出来的高酯酒精相对滞后馏出，削弱主气流中的酒精量和含酯量。

对同一个酒窖的浓香型大曲酒酒醅分别进行缓慢蒸馏和大汽蒸馏，结果表明缓慢蒸馏的乳酸乙酯和己酸乙酯的比例适合，口感甘洌爽口；而大汽蒸馏的乳酸乙酯和己酸乙酯的比例失调，口感发闷，放香不足。可见缓慢蒸馏的重要性。

3. 探汽上甑

甑桶蒸馏要掌握的另一个火候是探汽上甑。所谓“探气上甑”，就是要等到酒气前锋到达料面顶部位置时，才加入冷料。这样做既可以避免“蒸酒不出酒”的热封闭现象，又能产生最大的料层间温度差，获得好的料层间冷凝效果，进而获得高浓度的酒精。

只有做好上述几点才能获得集中出流、浓度高、收尾净、断花干脆、酒尾少的效果。

4. 量质摘酒

所谓量质摘酒，是指从全部白酒的馏分中摘取其特优馏分的方法。在蒸馏时，先掐去酒头，除去其暴辣的部分（俗称“切头”）；边接酒，边品尝，取出优质酒和主体酒；最后为酒尾，是次级酒。

量质摘酒是固态法酒醅上甑后进行蒸馏的关键工序，一般生产厂家都十分重视。

5. 甑桶蒸馏过程中香气成分的行径

固体发酵酒醅装甑蒸馏和液体发酵釜式蒸馏过程中各种香味成分的行径相同。在蒸馏初期集积的主要成分是酯、醛和杂醇油；随着蒸馏时间的延长，它们的含量也随之下降，唯独总酸相反，先低后高。甲醇则在初馏酒及后馏酒部分低，中流酒部分高。乙酸乙酯、丁酸乙酯、己酸乙酯由高到低，主要集中在成品酒中，其中乙酸乙酯更富集于酒头部分。乳酸乙酯则大量地存在于酒精含量为50%以后的酒尾中。

高沸点乙酯中含量最多的棕榈酸乙酯、油酸乙酯及亚油酸乙酯三种成分主要富集于酒头部分，随着蒸馏的进行，呈马鞍形的起伏。

异戊醇、异丁醇、正丙醇、正丁醇和仲丁醇在蒸馏过程中呈较为平稳而缓慢下降的趋势。

乙醛与乙缩醛随着蒸馏进程而逐步下降，较多地集中于前馏分中，总馏出量80%的乙醛及90%的乙缩醛存在于成品酒中。糠醛则仅在中馏酒的后半部分才开始馏出，并呈逐步上升趋势，主要存在于酒尾中，约占总馏出量的80%。

不同的香气成分在蒸馏过程中的不同行径，是科学而有效地掌握掐头去尾蒸馏操作的依据。自天锅改为直管式冷凝器后，20世纪60年代酒厂均采用锡制冷凝器，残留在冷凝器底部的上一甑的酒尾，由于水分大、酸度高，导致与锡料中的铅产生含铅化合物，使得下一甑最初的馏液有短暂的低酒高酸及铅含量超过国家标准的现象出现，所以要进行掐头处理，但是掐头量过大有损于香气成分的收集。

至于去尾问题，不同香型酒有不同的要求。酱香型及芝麻香型酒一般交库酒的酒精含量在57%左右，而浓香型酒需要在酒精含量为65%时交库为宜。对于浓香型酒在蒸馏过程中截取高度酒对增己降乳有很大必要性。

不同的香气成分在蒸馏过程中的不同行径，还显示出酒尾利用的合理性和重要性。酒尾中除了含有20%～30%酒精外，还残存有各种香气成分，特别是各种酸类含量很高。利用酒尾作为固、液结合法的白酒香源和食用酒精勾兑成普通白酒是较为合理的。近年来，将其和黄水混合加酯化曲发酵成白酒香味液，经蒸馏用于勾兑也是可行的。

不同的香气成分在蒸馏过程中的不同行径，同样说明了为什么低度白酒应采用高度酒加水稀释的工艺，而不能直接蒸馏至含酒精40%以下的缘由。主要并不是浑浊不清的外观现象，而是香味组成成分的平衡失调，从而使口味质量下降，甚至失去本品的风格特征。

二、液态发酵醪的蒸馏

除了液态发酵白酒外，广西三花酒、广东米酒和玉冰烧酒等传统白酒，也都采用液体发酵和液体蒸馏。原来直火加热的液态蒸馏方式已被淘汰，现全部改用蒸汽加热。

在液态发酵醪的蒸馏中，某些高级醇和酯类，尽管比酒精沸点高，但是在稀浓度时比酒精容易挥发，因而这些香味成分在初馏液中的含量较多。

白酒发酵醪蒸馏的后馏分中有β-苯乙醇、糠醛等高沸点成分，初馏分中有棕榈酸乙酯、油酸乙酯及亚油酸乙酯等高沸点成分被蒸出。

罐式蒸馏设备简单，加工方便。在蒸馏过程中可以掐头去尾，以及将部分香味成分蒸入酒中。但蒸馏效率低，蒸汽消耗量大，某些香味成分损失较大。

加热蒸汽吹入的不同形式，对蒸汽耗量、蒸馏时间、蒸馏出的酒精比率等都有影响。

三、固、液结合的串香蒸馏法

采用固态长期发酵，然后以小曲酒放置于底锅加热，酒蒸气经固态发酵酒醅串蒸得白酒是董酒生产的传统工艺。20世纪60年代将其引用到酒精串蒸固态发酵香醅生产新型白酒，开创了固、液结合的生产工艺，解决了液态发酵法白酒的质量风味关键问题，发展至今已成为生产白酒的主要方法之一。

在固、液结合的串香蒸馏法中，由于有固态香醅作为填充层，因此在蒸馏过程中在一段相当长的时间内酒精含量在72%左右，酒气温度为88℃左右，在此期间蒸入酒中的酸、酯含量也较平稳。酯在酒头及酒尾中均多，酒头中主要是乙酸乙酯，酒尾中主要是乳酸乙酯。

存在于酒醅中含有6个碳以下的低级脂肪酸乙酯提取率可在80%～95%，高级醇（异戊醇、异丁醇、正丁醇）的提取率可达95%以上。但是乳酸乙酯和各种酸类提取率很低。其他一些含量更微的高沸点香气成分提取率也很低。根据发酵酒醅的质量，适量添加食用酒精串蒸是提高成品酒中的香气成分提取率的有效措施。

四、固态法与液态法蒸馏的差异

液态壶式蒸馏是传统白兰地、威士忌的蒸馏方法，一直沿用至今。甑桶固态蒸馏则是传统白酒的蒸馏方法之一。两种都是间歇式简单蒸馏，但是效果却完全不同，表现在酒精的浓缩效率及香气成分的提取率上差异较大。

固态发酵酒醅的颗粒形成了接触面很大的填充塔，因此能够使仅含酒精5%左右的酒醅，经装甑于低矮的甑桶中，一次蒸得酒精含量65%～70%的白酒。但在壶式蒸馏器中，用酒精含量为10%的醪液，液态蒸馏须经3次才能达到70%的浓度。酒精的浓缩效率甑桶比壶式更优。

固态蒸馏法比液态蒸馏法酸、酯的提取率要高，其中尤以乙酸、乙酸乙酯及乳酸乙酯为高。乳酸也是如此。异戊醇、异丁醇、正丙醇基本上差不多。结果使得酯醇比发生了变化。

对于罐式蒸馏的液态发酵白酒，过去有六低两高之说。即乙酸、乳酸低，乙酸乙酯、乳酸乙酯低，乙醛、乙缩醛低，异丁醇、异戊醇高。成品酒中这些成分含量的不同，主要是由于发酵方式的不同所形成的，但液体发酵酸低酯低的现象与蒸馏方式有密切关系。而高级醇主要是发酵方式不同所致，与蒸馏关系较小。乙醛和乙缩醛也可能是发酵因素为主。

五、蒸馏过程中物质的变化

在白酒蒸馏过程中，通常对馏分中酯类、酸类及杂醇油等风味物质在馏分中含量的多少及其变化规律较为注意，而忽视了新物质的生成。实际上在蒸馏过程中，由于传热、传质的作用，来自酒醅或醪的很多成分本身的变化，以及相互之间复杂的作用，往往会产生一些新的成分。例如前面已经提到的酒醅中的胱氨酸、半胱氨酸与乙醛和乙酸会产生硫化氢等。另外，酒精等醇类在高温下与有机酸也有一定的酯化作用；蒸馏时产生少量的乙醛；还可发生诸如美拉德反应等其他许多反应。

正是这些新成分的产生，使得在蒸馏过程完成“提香”的同时，也起到了或多或少的“增香”作用。

第五节　白酒的贮存

经发酵、蒸馏而得的新酒，还必须经过一段时间的贮存。不同白酒的贮存期，按其香型及质量档次而异。如优质酱香型白酒最长，要求3年以上；优质浓香型或清香型白酒一般需1年以上；普通级白酒最短也应贮存3个月。贮存是保证蒸馏酒产品质量至关重要的生产工序之一。

刚蒸出来的白酒，具有辛辣刺激感，并含有某些硫化物等不愉快的气味，称为新酒。经过一段贮存期以后，刺激性和辛辣感会明显减轻，口味变得醇和、柔顺，香气风味都得以改善，此谓老熟。

一、白酒贮存的老熟机理

（一）新酒杂味物质的挥发

新蒸馏出来的酒，一般比较燥辣，不醇和，也不绵软，主要是因为含有较多的硫化氢、硫醇、硫醚（二甲基硫）等挥发性硫化物，以及少量的丙烯醛、丁烯醛、游离氨等杂味物质。这些物质与其他沸点接近的成分组成新酒杂味的主体。这些新酒杂味成分多为低沸点易挥发物质，自然贮存一年，基本消失殆尽。

（二）氢键缔合作用（物理老熟）

白酒的主要成分是水和酒精，约占总体积的98%，其余的2%为微量香味成分。水和酒精都是液体，相互间具有较强的缔合作用，当水和酒精混合在一起，成为酒精的水溶液时，水与酒精的氢键被破坏，放出潜能，并缩小体积。根据实验，当100mL 12.5℃的酒精，与92mL同温度的水混合时，混合液的温度，就由12.5℃上升到19.7℃，而其体积则缩小3%左右。

在白酒贮存的过程中，水分子与酒精分子也要重新相互组合，其氢键的缔合形式如下：

$$-\mathrm{H}-\underset{\mathrm{CH_2CH_3}}{\underset{|}{\mathrm{O}}}-\mathrm{H}-\overset{\mathrm{H}}{\overset{|}{\mathrm{O}}}-\mathrm{H}-\underset{\mathrm{CH_2CH_3}}{\underset{|}{\mathrm{O}}}-\mathrm{H}-\overset{\mathrm{H}}{\overset{|}{\mathrm{O}}}-\mathrm{H}-\underset{\mathrm{CH_2CH_3}}{\underset{|}{\mathrm{O}}}-$$

随着贮存时间的延长，水和酒精分子之间，逐步构成大的分子缔合群。缔合度增加，使酒精分子受到束缚，自由度减少，也就使刺激性减弱，对于人的味觉来说，就会感到柔和。

白酒中各缔合成分间形成的缔合体要比单纯乙醇水溶液的醇水分子间形成的缔合体的作用强烈，这也进一步说明了微量的香味成分对缔合体的作用有着重要的影响。同时白酒中存在的一定量的有机酸对白酒中氢键的缔合有明显的促进作用。

在短时间内，由于氢键的缔合，使白酒的乙醇固有的刺激性减少，但是所谓的“老酒味”（陈味）并无明显的出现，而是要经长期的贮存才能达到所谓的老熟。因此，氢键缔合作用并非老熟陈酿过程的决定性因素。在贮存期间发生的化学变化（化学老熟）是老熟陈酿过程的决定性因素。

（三）化学老熟

白酒中存在的醇、酸、酯、醛等成分在老熟过程中经过缓慢的氧化、还原、酯化与水解等化学反应相互转化而达到新的平衡，同时有的成分消失或增减，有的成分新产生。这是白酒老熟的主要机理。

1. 酸类的变化

白酒在贮存过程中，总酸呈上升趋势，尤其是乙酸、丁酸、已酸、乳酸。有机酸的来源有两个方面：一是醇、醛的氧化作用；二是酯的水解作用。醇先氧化为醛，进而再氧化为相应的羧酸。醇在没有氧化剂存在下氧化反应缓慢；而醛很容易氧化为相应的酸。白酒中存在的分子氧很难将高级醇氧化，必须将氧激活为活化中间产物，才能有效将醇氧化为醛，进而氧化为酸。在白酒中必须存在氧的激活物质，否则依靠氧分子要将高级醇氧化为酸往往较慢或较困难。

酯类的水解作用是酸含量上升的主要原因。白酒在降度时水的比例增大，促进了酯的水解作用。而羧酸中的碳是最高氧化态，一般条件下很难被还原为醛或醇，加之其挥发系数小，贮存过程中不易挥发，一旦形成很难再减少。

2. 酯类的变化

白酒在贮存过程中，几乎所有的酯都减少。这充分显示了白酒在贮存过程中主要酯类的水解作用是主要的。酯化反应是可逆反应，要提高酯的量，酸和醇必须足够多，平衡才能向产生酯的方向移动；相反，酯和水含量高则出现水解现象，产生酸和醇。低度酒由于含水量大，发生水解的机会大些。

根据对白酒老熟研究的现有结果，可以说清香型、浓香型、酱香型白酒在贮存过程中，含量多的低级脂肪酸乙酯及乳酸乙酯发生水解作用生成相应的酸和酒精，而不是以往推测的酸和酒精酯化生成酯。但是也不能完全排斥有的微量成分可能存在酯化作用。

3. 醇类的变化

对于不同香型的酒，其变化趋势不一。浓香型白酒在贮存过程中高级醇含量呈上升趋势。而对于清香型白酒则是先升后降。高级醇的增加主要是酯类的水解产生的，而其含量的减少，则是因酒中的分子氧被激活，醇的氧化作用突出，进而使高级醇含量下降。另外，高级醇含量的降低还与在贮存过程中其较高的挥发性有关。

4. 醛类的变化

乙缩醛是重要的香气成分，在贮存过程中，可由乙醛和乙醇缩合生成乙缩醛。因而乙缩醛含量上升，乙醛的含量会相应地减少，但这并不表明酒中乙醛的总量就一定减少，因为醇的氧化作用还会生产相应的醛类。

（四）金属离子在老熟过程中的作用

白酒中的金属离子大多来自于盛酒的容器。随着酒的贮存时间增长，酸度增高，使盛酒容器中的金属离子越来越多地溶入酒中。研究表明，Fe^{3+}、Cu^{2+}具有较强的去新酒味能力，Ni^{2+}也有一定的作用。新酒味的主要成分一般认为是硫化物，这些金属离子能与酒中的硫化物反应生成难溶的硫化物。传统上采用陶土容器作为贮酒容器之一，其含有多种金属氧化物，在贮酒过程中溶于酒中，对酒的老熟有促进作用。而采用铝制容器盛酒时，随着贮酒时间的延长，铝的氧化物溶于酒中会产生浑浊沉淀并使酒味带涩。因此，铝制容器最多也只能用于酸度低、贮存期短的一般普通白酒的贮存，或用作勾兑容器。用不锈钢容器贮酒，可避免铝制容器带来的质量问题，但经不锈钢贮存后的优质白酒与传统陶缸贮存的酒相比，口味不及陶缸的醇厚。

另外，铁、铜等金属离子还是分子氧的激活剂，因而对醇氧化生成醛，醛进而生成酸有促进作用。

二、贮存时间与人工老熟

（一）贮存时间与酒质的变化

在酒类生产中，不论是酿造酒或蒸馏酒，都把发酵过程结束、微生物作用基本消失以后的阶段叫做老熟。老熟有一个前提，就是在生产上必须把酒做好，次酒即使经长期贮存，也不会变好。对于陈酿也应有一个限度，并不是所有的酒都是越陈越好。酒型不同，以及不同的容器、容量、室温、酒的贮存期也应有所不同，而不能孤立地以时间为标准。夏季酒库温度高，冬季温度低，酒的老熟速度有着极大的差别。应该在保证质量的前提下，确定合理的贮存期。

清香型和浓香型白酒，在贮存初期，新酒味突出，具有明显的糙辣等不愉快感。经贮存5～6个月后，其风味逐渐转变。贮存至1年左右，已较为理想。而酱香型酒，贮存期需在9个月以上才稍有老酒风味，说明酱香型白酒的贮存期应比其他香型白酒长，通常要求在3年以上较好。酱香型酒入库时的酒精浓度较低，大多在55%左右，化学反应缓慢，需要贮存时间长。

（二）人工老熟

所谓人工老熟，就是人为地采用物理或化学方法，促进酒的老熟，以缩短贮存时间。名优白酒的贮存期长，需占用大量的贮存容器和库房，影响生产资金的周转。为了缩短贮存期，人们进行了大量的新酒人工老熟试验，这些处理方法包括氧化处理、紫外线处理、超声波处理、磁化处理、微波处理、激光处理、^{60}Co γ 射线处理、陶土片催熟、加热催熟等。其中加陶土催熟的效果较好。一般来说，随着原酒质量的提高，人工催熟的效果就降低，也即是质量越差的新酒，经人工催熟后，质量就有所提高，质量好的酒，效果就差些。总之，迄今为止，对新酒的人工催熟尚无一种切实可行的方法，还有待于进一步深入研究与探索。

第六节　白酒的勾兑与调味

一、勾兑调味的作用及其基本原理

勾兑与调味技术是当前名优白酒生产工艺中非常重要的一环，它对稳定酒质、提高优质酒的比率起着极为显著的作用。勾兑与调味由尝评、组合、调味三部分组成，是一个不可分割的有机整体。尝评是组合和调味的先决条件，是判断酒质的主要依据；组合是一个组装过程，是调味的基础；调味则是掌握风格、调整酒质的最后关键。勾兑与调味的作用效果明显，所以现在许多白酒厂都很重视这一工作，并逐渐推广到其他一些饮料厂，液态法白酒、果酒、黄酒、啤酒等都开始采用这一方法。

当酸、酯、醛、醇等类物质在酒中的含量适合、比例恰当时，就会产生独特的愉快而优美的香味，形成固有的风格；但当它们含量不适、比例失调时，则会产生杂味。运用勾兑与调味技术，可以调整各成分之间的比例和含量，从而尽可能地使杂味变成香味，使怪味变成好味，变劣为优，这就是勾兑与调味的主要任务和目的。

现以浓香型曲酒的勾兑技术为例，介绍如下。

(一) 组合

组合就是酒与酒之间的相互掺兑。每个窖所产的酒，酒质是不一致的。即使是同一个窖，每甑生产的酒也有区别，所含微量成分也不一样；加上贮酒容器是坛，每坛酒的质量仍存在着一定的差别；就是经尝评验收后的同等级的酒，在质量上(指香和味)也不完全一样。如不经过组合就一坛一坛地装瓶包装出厂，则酒质极不稳定，故只有通过组合才能统一酒质，统一标准，使每批出厂的酒，做到酒质基本一致，以保证酒质量的稳定。同时，组合还可以到达提高酒质的目的。实践证明，相同等级的各坛酒样，其酒味仍有一定的差异，有各自的优点和缺陷。如有的醇和性好而香味较短；有的醇、香均佳而回味却不长；有的醇、香、回味皆备，唯独甜味清淡；有的酒质虽然全面，但略带杂味而不清爽等。组合实际上就是一个取长补短的生产工艺，它相当于现代化工厂的组装车间，把各车间、各部门生产的零件、部件组合成一个完整的产品，它对成品质量的优劣起着非常重要的作用。酒的组合就是一个组装的过程，它把不同车间、班组、窖池和甑别等生产出来的各种各样的酒，配制成符合本厂产品质量标准的成品酒。这是一项非常重要而巧妙的组装技术。通过组合，使酒全面达到各级酒的质量标准，并能将一部分比较差、不够全面的酒或略带有杂味的酒变为好酒，从而提高相同等级酒的质量和产量。

(二) 调味

调味，是对基础酒进行的最后一道精加工或者艺术加工，通过非常精细而又微妙的工作，用极少量的调味酒，弥补基础酒在香气和口味上的不足，使其优雅丰满，完全符合质量标准。有人认为组合是“画龙”，而调味则是“点睛”。也有人认为，大曲酒的勾兑技术是“四分组合(勾兑)，六分调味”，这都说明了调味工作的重要意义和作用。

验收后的合格酒，经过组合后就成为比较全面的基础酒。基础酒虽然比合格酒质量全面，而且有一定的提高，已接近产品质量标准，但是尚未完全符合产品质量标准，在某一点上还有不足，这就要通过调味加以解决。经过一番调味后，使基础酒全面达到质量标准，使产品质量保持稳定或有所提高。

调味主要是起平衡作用，这可从下述3个方面来分析。

1. 添加微量成分(或称添加作用)

在基础酒中添加微量芳香物质，引起酒的变化，使之达到平衡，形成固有的风格，以提高基础酒的质量。添加微量芳香物质又可分两种情况。一是基础酒中根本没有这种物质，而调味酒中含量较高，这些芳香物质的放香阈值又都很低，例如己酸乙酯的阈值为0.076mg/kg，4-乙基愈创木酚的阈值为0.01mg/kg。甚至在越是稀薄的情况下，香味越好，多了还会发涩和发苦。这些物质在调味酒中的含量较高，香味反而不好；但当它们在基础酒中稀释后，相反会放出愉快的香味，从而改进了基础酒的风格，提高了基础酒的质量。二是基础酒中某种芳香物质的含量较少，没有达到放香阈值，香味未能显示出来，而调味酒中这种芳香物质的含量又较高。若在基础酒中添加了这种调味酒后，则增加了这种芳香物质的含量，从而使之达到或超过它的放香阈值，显示出它的香味，提高了基础酒的质量。

2. 化学反应（或称加成反应、缩合反应等）

调味酒中所含微量成分物质与基础酒中所含微量成分物质的一部分起化学反应，从而产生酒中的呈香呈味物质，引起酒质的变化。例如调味酒中的乙醛与基础酒中的乙醇进行缩合，可产生乙缩醛这种酒中的呈香呈味物质。

3. 分子重排

调味作用与分子重排有关。有人认为酒质可能与酒中分子间的排列有一定的关系，名优酒主要是由水和酒精及2%左右的酸、酯、酮、醇、芳香族化合物等微量成分组成，这些极性各不相同的成分之间通过复杂的分子间相互作用而呈现一定规律的排列。当在基础酒中添加微量的调味酒后，微量成分引起量比关系的改变或增加了新的分子成分，因而改变了（或打乱了）各分子间原来的排列，致使酒中各分子间重新排列，使平衡向需要的方向移动。

普遍认为调味酒的这三种作用多数时候是同时进行的。因为调味酒中所含的芳香物质比较多，绝大部分都多于基础酒，所以调味酒中所含有的芳香物质一部分在起化学反应，另一部分则打乱了分子排列而重排，添加作用在通常情况下普遍存在，被人们所公认。

二、勾兑调味用酒

（一）原度酒与合格酒

每个班组生产的原度酒不是一致的，差距很大。经验收符合组合基础酒标准的原度酒称为合格酒。各厂对合格酒的标准要求不一致。从当前组合技术的现状来看，验收合格酒的质量标准应该是以香气正、味净为基础。在这个基础上，还应具备浓、香、爽、甜、风格等特点。另外有的原度酒味不净，略带杂味，但某一方面的特点突出，也可以做合格酒验收。

（二）基础酒

基础酒是由各种合格酒组合而成的。由各种合格酒经过合理的组合后，才能达到基础酒的质量标准。基础酒通过调味后，就应达到总体设计的要求，因而基础酒的好坏是决定能否达到出厂产品质量标准的重要一环。

（三）调味酒

在整个调味过程中，调味酒是很重要的。调味酒与合格酒、基础酒等，有明显的差异，而且有特殊的用途。单独尝评调味酒，香味怪而不协调，没有经验的人，往往会把它误认为是坏酒。应该根据基础酒的质量标准和成品酒的质量标准，来设计针对性强的调味酒。然后按设计要求生产调味酒或采用特殊工艺制作调味酒。对调味酒的要求是感官上香味独特，别具一格，在微量香味成分含量上有特殊的量比关系。

根据调味酒的感官特征，并结合色谱分析，可分为如下4种类型。

(1) 甜浓型调味酒　感官特点是甜、浓突出，香气很好。酒中已酸乙酯含量很高，庚酸乙酯、己酸、庚酸等含量较高，并含有较高的多元醇。它能克服基础酒香气差、后味短淡等缺陷。

(2) 香浓型调味酒　感官特点是香气正，主体香突出，香长，前喷后净。酒中己酸乙酯、丁酸乙酯、乙酸乙酯等含量高，同时，庚酸乙酯、乙酸、庚酸、乙醛等含量较高；乳酸乙酯含量较低，能克服基础酒香、浓差，后味短淡等缺陷。

(3) 香爽型调味酒　感官特点是突出了丁酸乙酯、己酸乙酯的混合香气，香度大，爽快。酒中丁酸乙酯含量很高，已酸乙酯含量也高，但乳酸乙酯含量低。能克服基础酒带上的糟气、前段香劲不足（能提前香）等缺陷。

另外还有已酸乙酯、乙酸乙酯含量高的爽型调味酒。它的感官特征是香而清爽，舒适，以前香而味爽为主要特点，后味也较长。这种调味酒用途广泛，副作用也小，能消除基础酒的前苦味，对前香、味爽都有较好的作用。

(4) 其他型（包括馊香、馊酸、木香）调味酒　馊香型调味酒的感官特点是馊香、清爽或有已酸乙酯和乙酸醛香，酒中乙缩醛含量高，已酸乙酯、丁酸乙酯、乙醛等含量较高。能克服基础酒的闷、不爽等缺陷。但应防止冲淡基础酒的浓味。

馊酸型调味酒的感官特点是馊香、清爽，或有乙酸乙酯和已酸乙酯香。酒中乙缩醛、乙酸含量高，已酸乙酯、乙酸乙酯、2,3-丁二醇、丁二酮等含量较高。能克服基础酒中的后涩、苦、后味杂、香单、味单等缺陷。

木香型调味酒的感官特点是带有木香气味（或中药味）。酒中戊酸乙酯、已酸乙酯、丁酸乙酯、糠醛等含量较高。能解决基础酒的新味问题，增加陈味等。

根据当前调味酒的来源，调味酒又可分为以下几个方面。

(1) 双轮底调味酒　双轮底调味酒又可分为一般双轮底调味酒和特制双轮底调味酒。一般双轮底调味酒是在生产中尝评验收酒质时发现的、由双轮底糟所产的、符合调味酒条件的酒。特制双轮底调味酒是选用比较老的窖池或生产正常、酒质比较好的窖池的双轮底糟中加曲，回酒，延长双轮底糟的发酵时间（做三四轮底等），从而促使这些窖的双轮底糟所产的酒，达到（或符合）调味酒的质量要求，称为调味酒。

双轮底糟调味酒的特点是：香气正，糟香味大，浓香味好，能增进基础酒的浓香味和糟香味；口感一般较燥辣。

(2) 陈酿调味酒　选用生产中正常的窖池，将发酵周期延长半年到1年，以便生产出特殊香味的调味酒。发酵周期长的调味酒，可以提高基础酒的后味和糟香味、陈味，所以叫做陈酿调味酒。发酵周期长的调味酒，总酸、总酯含量特别高。

(3) 老酒调味酒　老酒调味酒是从贮存3年以上的老酒中选择出来的调味酒。有些酒经过3年以上的贮存后，酒质变得特别醇和、浓厚，具有特殊的风格。可以有意识地贮存一些各种不同香味的酒，以便以后作调味酒用。一般说来，3～5年的老酒，都有其一定的特点，都可以作为调味酒使用，至少可作为带酒。老酒调味酒能提高基础酒的风味和陈醇味，是调味工作中不可缺少的。

(4) 酒头调味酒　在生产中取用比较正常的、产品质量比较好的酒头作调味酒。有两种酒头调味酒：一种主要用于正品酒的（优质酒）调味，这种酒头调味酒主要取好的老窖和双轮底糟的酒头，然后混装一起成为一类；另一种是一般的酒头调味酒，用于一般副产品酒的调味。酒头中含有较大量的芳香物质，其中低沸点成分居多。但酒头中含醛高，低沸点杂质也多，所以刚蒸出来的酒头既香又怪。酒头收集后经过一段时间的贮存，酒头中的醛类等物质，在贮存中进行转化和一部分挥发，使酒中各种微量成分变化更为活跃，从而使酒头成为一种非常好的调味酒。酒头调味酒可以提高酒的前香和喷头。

从酒头的分析结果来看，酒头的总酯含量高，而且除了主要的挥发酯外，还含有较多的多元醇。总醛含量虽然不高，但主要是低沸点的乙醛，没有形成乙缩醛，所以醛杂味重。总酸含量比较低，但多为低沸点有机酸。

(5) 酒尾调味酒　选用生产中产品质量较好的糟酒酒尾作为调味酒。如选用双轮底糟的酒尾或选用延长发酵期试验窖池的底糟酒酒尾等。酒尾调味酒可以提高基础酒的后味，使酒质回味长和浓厚。酒尾和较好质量的丢糟黄水酒含有较多高沸点的香味成分，酸、酯含量也都比较高，杂醇油（多元醇）、高级脂肪酸等含量也高。但由于含量比例不协调和存在部分高沸点的杂质，味很怪。单独尝评酒尾调味酒，味和香都很特殊，但作为某些基础酒的调味是很理想的。

据分析，酒尾中的亚油酸乙酯、棕榈酸乙酯和乙酸乙酯等高沸点脂肪酸乙酯及乳酸乙酯构成了酒尾中的主要酯类，也是很好的呈味物质，在贮存中还会起着有益的转变，这是酒尾调味酒的基本特征。

(6) 曲香调味酒　选择质量好、曲香味大的优质小麦大曲，按2%的比例加入双轮底糟酒中，经充分搅拌后，密封贮存1年左右。小麦大曲中，尤其是高温发酵的曲块中，含有大量的各种类型氨基酸，此外还含有一定数量的4-乙基愈创木酚、酪醇、香草醛、阿魏酸、香草酸、丁香酸等芳香族化合物，从而起到曲块“曲香味”浸出作用。曲香调味酒带微黄色，但因其用量小，故不影响酒质。

(7) 窖香调味酒　用酒将老窖泥中形成的各种成分（有机酸、酯类等物质）浸泡出来，即称为窖香调味酒。选择质量好的老窖窖泥，按2%～5%的用量加入双轮底糟酒中，搅拌均匀后密封贮存1年左右，取上层清液，下层泥脚酒可拌和在双轮底糟（或一般老酒母糟）中回蒸，蒸馏出来的双轮底糟酒或者窖糟酒，又可用作浸泡老窖泥之用。窖香调味酒可提高基础酒的窖香味和浓香味，老窖泥中含有较多的己酸乙酯、丁酸乙酯。己酸、丁酸等各种有机酸和酯，以及其他呈香味的有益物质，可形成窖泥的特殊香味。

(8) 酱香调味酒　选用一个比较小的窖池，基本上采用茅台酒的生产方法进行生产，小麦大曲也同样按照茅台酒的生产方法生产，生产出来的酒，即为酱香型调味酒。酱香型调味酒含芳香族化合物和形成酱香型味道的物质比较多，这类物质在浓香型大曲酒中虽然含量很少，但在香型的组成中，也起着很重要的作用，是必不可少的，它能使基础酒香味增加和丰满。

（9）酯香调味酒　在生产中可采用特殊的工艺来生产这种调味酒。其操作方法是：粮糟出甑打量水、摊晾撒曲后，堆积在场地上拍光，经 20～24h 堆积发酵后，粮糟温度达到 50℃左右。然后拌匀再入窖，密封发酵 45～60 天，开窖蒸酒。所产的酒，含酯量很高，可达 1.2g/100mL 以上，香味大，用作调味酒可提高基础酒的前香（进口香），增进后味浓厚，是比较理想的一种酯香调味酒。

从上述调味酒的情况来看，一般都要经过 1 年以上的贮存，才能投入生产使用。

现在初步认为，在调味酒中起主要作用的微量成分有：乙酸醛、异丁醇、正丁醇、戊醇、己酸乙酯、丁酸乙酯、戊酸乙酯、乙酸、己酸、丁酸。

三、勾兑调味方法

白酒勾兑与调味的工艺流程如图 5-4 所示。

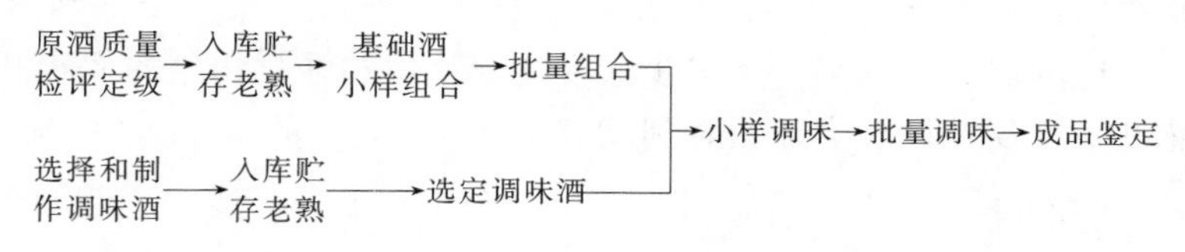

图 5-4　白酒勾兑与调味的工艺流程

（一）原酒质量鉴评定级

检验每批（每桶或坛）蒸馏酒的酒质，测定其理化指标、感官特征和缺陷，确定其质量等级。

（二）选择和制作调味酒

在正常生产的蒸馏酒中挑选调味酒，或运用专门技术制作某项感官特征特别突出的酒，用以进行调味。

（三）基础酒小样组合

按质量要求和批量大小，从各贮酒容器中抽取样品进行组合，以确定最佳组合方案。共分为 3 个步骤。

（1）选酒　根据各原酒的感官和理化检验结果，先挑若干具有优异感官特征的酒，编为一组，称为“带酒”，再在改等级酒中挑选能够互相补偿彼此缺陷的普通酒，编为一组，称为“大宗酒”，然后在下一等级的酒中挑选若干有一定优点的次等酒，作为“搭酒”。选酒时应考虑组合时可能达到的理化指标，并尽可能照顾到不同贮存期的酒，不同发酵期的酒，新窖酒和老窖酒，热季酒和冬季酒，各种糟醅酒的合理搭配。

（2）取样　取出选定的酒样，并记录各样品代表的容器的实际酒量。

(3) 小样试组合　这是勾兑的核心环节。其小试组合程序如图 5-5 所示。

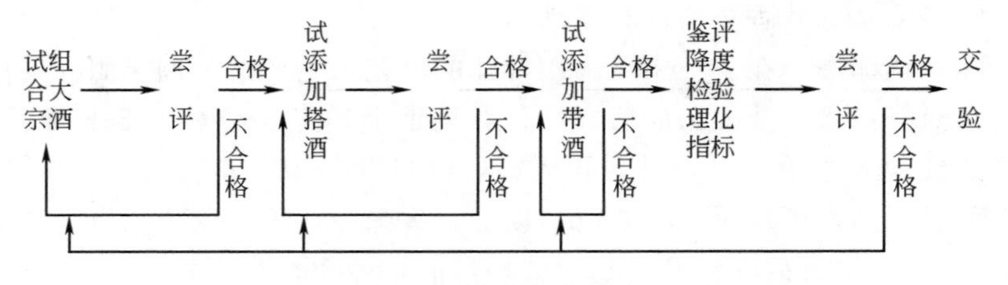

图 5-5　小试组合程序

(四) 批量组合

根据最后确定的组合方案，将各酒样所代表的各批（坛、桶）酒按“大宗酒”、“搭酒”、“带酒”的组合次序，将酒打入大型勾兑容器，每打入一组，都要充分搅拌均匀。抽取酒样与小样相比较，如有较大差异，应查明原因，进行必要调整。

(五) 小样调味

通过小样的试调，确定最佳调味方案。分三步进行：第一步仔细鉴定组合酒（基础酒），找准其弱点和缺陷；第二步选取能起补偿和强化作用的调味酒；第三步试添加调味酒，反复试调、尝评，直到满意为止。

(六) 批量调味

根据小样调味确定的调味方案，计算出各调味酒的总需量。将其加入勾兑容器中，充分搅拌均匀，取样尝评，应与小样调味结果一致，否则再重调。

(七) 成品鉴定

每批成品酒均应由专门的质量检验部门，按出厂标准进行全面理化分析和尝评检验，合格后方可出厂。

四、勾兑人员的基本要求

(一) 勾兑人员的条件和选拔

勾兑人员在酒厂既是酒的质量检验员，又是决定产品最终出厂质量的关键人物，因此对勾兑人员必须严格要求，并使勾兑人员自觉做到以下几点。

(1) 刻苦钻研勾兑技术　勾兑的技术性及艺术性都很强，既要有一定的文化知识和丰富的生产知识，又要有过硬的评酒功夫。否则，即使车间生产出的合格酒，也难以勾兑成好酒并保证质量的稳定。因此，勾兑员必须刻苦钻研生产、品评、勾兑技术，注意积累经验，逐步提高自己的勾兑技术水平。

(2) 确保本厂产品质量　准确地识别基础酒和调味酒，并逐步掌握它们之间的微妙关系。每批勾兑好的酒，都应保留样品，以作对照和备查。应把好出场酒的质量关，每批酒应与标准酒样对照，低于标准的一律不准出厂。注意酒的贮存期，名优白酒对贮存期有较严格的要求，酱香型酒应 3 年以上，浓香型、清香型及其他香型酒也要1年以上。未到贮存期的酒，不能勾兑出厂。

（3）保证经济效益　为提高本厂经济效益，将质量稍次的酒勾兑成质量较好的酒，即将档次较低的酒勾兑成档次较高的酒，以增加收入。当然，这需要有过硬的勾兑技术。

（4）保留合理的贮备　勾兑员应对酒库的各种酒有全面的了解，作出长计划短安排。好酒，特别是调味酒要保证一定的数量，这是使产品质量长期稳定的重要保证。切不可因销售情况良好就把库存的好酒全部卖空，以致影响以后酒的质量。

（5）工作细致，做好记录　这是对勾兑员的起码要求，对逐步提高勾兑技术水平极有益处。

（二）勾兑人员的培训

在选拔勾兑人员时，首要的条件就是要具有强烈的责任心和事业心。在此基础上，有计划、有目的地组织勾兑人员学习技术和理论，特别是要系统地学习勾兑技术的基础知识，使勾兑人员清楚地了解酒类的概况、各名优酒中含有的主要微量成分以及它们对酒型的影响。

勾兑人员除系统学习有关酒的勾兑技术外，还要具有尝评、组合、调味的实践经验，要训练和掌握尝评的方法。

五、微机勾兑

所谓微机勾兑，是将设计的基础酒标准中代表本产品特点的主要微量成分含量和测得的不同坛号合格酒的特征微量成分含量输入微机；微机再将代表指定坛号的合格酒中各类微量成分含量，经过特定的数学模型，通过大量计算进行优化组合，使各类微量成分含量控制在基础酒的规定范围内，达到基础酒的标准。然后勾兑人员再根据微机给出的多组配方，经小样勾兑尝评，选择出既能满足质量要求，成本又低的配方进行大批量勾兑。

微机勾兑是与气相色谱、液相色谱较先进分析手段联系在一起的，没有快速、精确的分析测试基础，微机勾兑就无法很好地现实其快速、精确的优越性。通过气相、液相等分析手段可以对不同的合格酒中多种特征性微量成分进行精确的定性、定量测量，得出的数据才能作为微机进行不同的合格酒优化组合的数据源。

微机勾兑使得勾兑过程更加标准化、数据化，不但能确保产品质量的稳定性，还能降低生产成本，经济效益显著，其推广应用必将促进白酒企业的发展。目前，微机勾兑技术，已在贵州、四川等地区的一些名优白酒厂试验并应用，取得了可喜的成果。

第六章　大曲酒生产技术

大曲酒，顾名思义，是以大曲为糖化发酵剂生产的各种香型的白酒的总称，是我国特有的蒸馏白酒。大曲酒中包括浓香、清香、酱香、凤香、兼香和特型六大香型酒。由于白酒消费的民族性、地区性及习惯性，各种香型大曲酒的生产也具有明显的地域性。一般浓香型酒以四川省及华东地区为多；清香型酒以山西省及华北、东北、西北地区为主；酱香型酒主要在贵州省；凤香型酒以陕西省为主；兼香型酒产于湖北、黑龙江省；特香型产于江西省。本章将就各种香型的大曲酒的生产工艺分别予以介绍。

第一节　浓香型大曲酒

一、浓香型大曲酒概述

（一）浓香型大曲酒基本特点

浓香型大曲酒，因以泸州老窖为典型代表，故又名泸型酒。整个浓香型大曲酒的酒体特征体现为窖香浓郁，绵软甘冽，香味协调，尾净余长。

浓香型大曲酒酿造工艺的基本特点为：以高粱为制酒原料，以优质小麦、大麦和豌豆等为制曲原料制得中、高温曲，泥窖固态发酵，续糟（或楂）配料，混蒸混烧，量质摘酒，原酒贮存，精心勾兑。其中最能体现浓香型大曲酒酿造工艺独特之处的是“泥窖固态发酵，续糟（或楂）配料，混蒸混烧”。

所谓“泥窖”，即用泥料制作而成的窖池。就其在浓香型大曲酒生产中所起的作用而言，除了作为蓄积酒醅进行发酵的容器外，泥窖还与浓香型大曲酒中各种呈香呈味物质的生成密切相关。因而泥窖固态发酵是浓香型大曲酒酿造工艺的特点之一。

不同香型大曲酒在生产中采用的配料方法不尽相同，浓香型大曲酒生产工艺中则采用续糟配料。所谓续糟配料，就是在原出窖糟醅中，投入一定数量的新酿酒原料和一定数量的填充辅料，拌和均匀进行蒸煮。每轮发酵结束，均如此操作。这样，一个发酵池内的发酵糟醅，既添入一部分新料、排出一部分旧料，又使得一部分旧糟醅得以循环使用，形成浓香型大曲酒特有的“万年糟”。这样的配料方法，是浓香型大曲酒酿造工艺特点之二。

所谓混蒸混烧，是指在要进行蒸馏取酒的糟醅中按比例加入原、辅料，通过人工操作将物料装入甑桶，先缓火蒸馏取酒，后加大火力进一步糊化原料。在同一蒸馏甑桶内，采取先以取酒为主，后以蒸粮为主的工艺方法，这是浓香型大曲酒酿造工艺特点之三。

在浓香型大曲酒生产过程中，还必须重视“匀、透、适、稳、准、细、净、低”的八字诀。

匀，指在操作上，拌和糟醅、物料上甑、泼打量水、摊晾下曲、入窖温度等均要做到均匀一致。

透，指在润粮过程中，原料高粱要充分吸水润透；高粱在蒸煮糊化过程中要熟透。

适，则指糠壳用量、水分、酸度、淀粉浓度、大曲加量等入窖条件，都要做到适宜于与酿酒有关的各种微生物的正常繁殖生长，这才有利于糖化，发酵。

稳，指入窖、转排配料要稳当，切忌大起大落。

准，指执行工艺操作规程必须准确，化验分析数据要准确，掌握工艺条件变化要准确，各种原辅料计量要准确。

细，凡各种酿酒操作及设备使用等，一定要细致而不粗心。

净，指酿酒生产场地、各种工用器具、设备乃至糟醅、原料、辅料、大曲、生产用水都要清洁干净。

低，则指填充辅料、量水尽量低限使用；入窖糟醅，尽量做到低温入窖，缓慢发酵。

（二）浓香型大曲酒的流派

我国白酒风格的形成，原料是前提，曲子是基础，制酒工艺是关键。苏、鲁、皖、豫等省生产的浓香型大曲酒，与川酒在酿造工艺上虽都遵从“泥窖固态发酵，续糟（楂）配料，混蒸混烧”的基本工艺要求，同属于以己酸乙酯为主体香味成分的浓香型白酒，但由于生产原料、制曲原料及配比、生产工艺等方面的差异，再加上地理环境等因素的影响，出现了不同的风格特征，形成了两大不同的流派。

四川的浓香型大曲酒以五粮液、泸州老窖特曲、剑南春、全兴大曲、沱牌曲酒等为代表，大多以糯高粱或多粮为原料，特别是五粮液和剑南春酒都是以高粱、大米、糯米、小麦和玉米为原料，沱牌曲酒以高粱和糯米为原料，制曲原料为小麦，生产工艺上采用的是原窖法和跑窖法工艺，发酵周期为60～90天，加上川东、川南地区的亚热带湿润季风气候，形成了“浓中带陈”或“浓中带酱”型流派。

苏、鲁、皖、豫等省生产的浓香型大曲酒以洋河大曲、双沟大曲、古井贡酒、宋河粮液等为代表，大多采用粳高粱为原料，制曲原料为大麦、小麦和豌豆，采用混烧老五甑法工艺，发酵周期为45～60天，加上地理环境因素的影响（与四川地区相比，湿度相对较低，日照时间长），形成了“纯浓香型”或称“淡浓香型”流派。

（三）浓香型大曲酒的基本生产工艺类型

1. 原窖法工艺

原窖法工艺，又称为原窖分层堆糟法。采用该工艺类型生产浓香型大曲酒的厂家，有泸州老窖、全兴大曲等。

所谓原窖分层堆糟，原窖就是指本窖的发酵糟醅经过加原、辅料后，再经蒸煮糊化、泼打量水、摊晾下曲后仍然放回到原来的窖池内密封发酵。分层堆糟是指窖内发酵完毕的糟醅在出窖时须按面糟、母糟两层分开出窖。面糟出窖时单独堆放，蒸酒后作扔糟处理。面糟下面的母糟在出窖时按由上而下的次序逐层从窖内取出，一层压一层地堆放在堆糟坝上，即上层母糟铺在下面，下层母糟覆盖在上面，配料蒸馏时，每甑母糟的取法像切豆腐块一样，一方一方地挖出母糟，然后拌料蒸酒蒸粮，待撒曲后仍投回原窖池进行发酵。由于拌入粮粉和糠壳，每窖最后多出来的母糟不再投粮，蒸酒后得红糟，红糟下曲后覆盖在已入原窖的母糟上面，成为面糟。

原窖法的工艺特点可总结为：面糟母糟分开堆放，母糟分层出窖、层压层堆放，配料时各层母糟混合使用，下曲后糟醅回原窖发酵，入窖后全窖母糟风格一致。

原窖法工艺是在老窖生产的基础上发展起来的，它强调窖池的等级质量，强调保持本窖母糟风格，避免不同窖池，特别是新老窖池母糟的相互串换，所以俗称“千年老窖万年糟”。在每排生产中，同一窖池的母糟上下层混合拌料，蒸馏入窖，使全窖的母糟风格保持一致，全窖的酒质保持一致。

2. 跑窖法工艺

跑窖法工艺又称跑窖分层蒸馏法工艺。使用该工艺类型生产的，以四川宜宾五粮液最为著名。

所谓“跑窖”，就是在生产时先有一个空着的窖池，然后把另一个窖内已经发酵完成后的糟醅取出，通过加原料、辅料、蒸馏取酒、糊化、泼打量水、摊晾冷却、下曲粉后装入预先准备好的空窖池中，而不再将发酵糟醅装回原窖。全部发酵糟蒸馏完毕后，这个窖池即成为一个空窖，而原来的空窖则盛满了入窖糟醅，再密封发酵。依此类推的方法称为跑窖法。

跑窖不用分层堆糟，窖内的发酵糟醅可逐甑逐甑地取出进行蒸馏，而不像原窖法那样不同层的母糟混合蒸馏，故称为分层蒸馏。

概括该工艺的特点是：一个窖的糟醅在下一轮发酵时装入另一个窖池（空窖），不取出发酵糟进行分层堆糟，而是逐甑取出分层蒸馏。

跑窖法工艺中往往是窖上层的发酵糟醅通过蒸煮后，变成窖下层的粮糟或者红糟，有利于调整酸度，提高酒质。分层蒸馏有利于量质摘酒、分级并坛等提高酒质的措施的实施。跑窖法工艺无需堆糟，劳动强度小，酒精挥发损失小，但不利于培养糟醅，故不适合发酵周期较短的窖池。

3. 混烧老五甑法工艺

所谓混烧老五甑法工艺，混烧是指原料与出窖的香醅在同一个甑桶同时蒸馏和蒸煮糊化。五甑操作法是指，在窖内有 4 甑发酵糟醅，即 2 甑大楂，1 甑小楂和 1 甑回糟，这 4 甑发酵糟醅出窖后再配成 5 甑进行蒸馏，蒸馏后 1 甑为扔糟，4 甑入窖发酵。具体做法为：回糟不加原料直接蒸酒而得扔糟，不再入窖发酵；小楂也不加原料直接蒸酒，但蒸酒后加入曲粉，重新入窖发酵而成为下排回糟；2甑大楂加入粮粉重新配成3甑，这3甑中1甑加入占总粮粉量20%左右的新料，蒸酒蒸粮后加入曲粉入窖发酵而得下排小楂；另外2甑各加入40%左右新料，蒸酒蒸粮后加入曲粉入窖发酵而得下排的2甑大楂。按此方式循环操作的五甑操作法，即称为老五甑法。

对于刚投产的新窖而言，需要经过从立楂到圆排的生产程序才能转入正常的五甑循环操作。首先是立楂排，共做2甑，在新原料中配入来自其他老窖池的酒醅或酒糟2～3倍，加入适量辅料，蒸煮糊化，泼打量水，摊晾后下曲入窖发酵；第二排时，将首排发酵完毕的2甑糟醅做成3甑，1甑中加入占总粮粉量20%左右的新料，蒸酒蒸粮后加入曲粉入窖发酵而得小楂；另外2甑各加入40%左右新料，蒸酒蒸粮后加入曲粉入窖发酵得2甑大楂；第三排时，共做4甑，将第二排得到的1甑小楂不加新原料，蒸馏后直接入窖发酵成为回糟，将第二排得到的2甑大楂按照第二排中的操作方法重新配成2甑大楂和1甑小楂；第四排称原排，将第三排得到的回糟蒸酒后作丢糟处理，将第三排得到1甑小楂和2甑大楂按第三排的方法配成1甑回糟，1甑小楂和2甑大楂。这样，自圆排始，以后的操作即转入正常的五甑循环操作。

老五甑工艺具有"养糟挤回"的特点。窖池体积小，糟醅与窖泥的接触面积大，有利于培养糟醅，提高酒质，此谓"养糟"；淀粉浓度从大楂、小楂到回糟逐渐变稀，残余淀粉被充分利用，出酒率高，又谓"挤回"。此外，老五甑工艺还有一个明显的特点，即不打黄水坑，不滴窖。

二、泸型大曲酒生产工艺

浓香型大曲酒之所以又称为泸型酒，是因为泸州大曲酒具有浓香型大曲酒生产工艺的代表性。泸州大曲酒产于四川省泸州市泸州酒厂。该酒以高温小麦曲为糖化发酵剂，以当地产的糯高粱为原料，以稻壳为辅料。采用熟糠拌料、低温发酵、回酒发酵、双轮底糟发酵、续楂混蒸等工艺。其生产工艺流程如图6-1所示。

（一）原料

1. 原辅料质量要求

高粱要求成熟饱满，干净，淀粉含量高；麦曲要白洁质硬、内部干燥、曲香浓；稻壳要新鲜干燥，金黄色，无霉变、无异味。

2. 原辅料处理

酿酒原料须先粉碎，使淀粉颗粒暴露出来，扩大蒸煮糊化湿淀粉的受热面积和与微生物的接触面积，为糖化发酵创造条件。粉碎程度以通过20目筛孔的占70%左右为宜。粉碎度不够，蒸煮糊化不够，曲子作用不彻底，造成出酒率低；粉碎过细，蒸煮时易压气，酒醅发腻，会加大糠壳用量，影响成品酒的风味质量。加之大曲酒采用续糟配料，糟醅经多次发酵，因此高粱也无需粉碎较细。

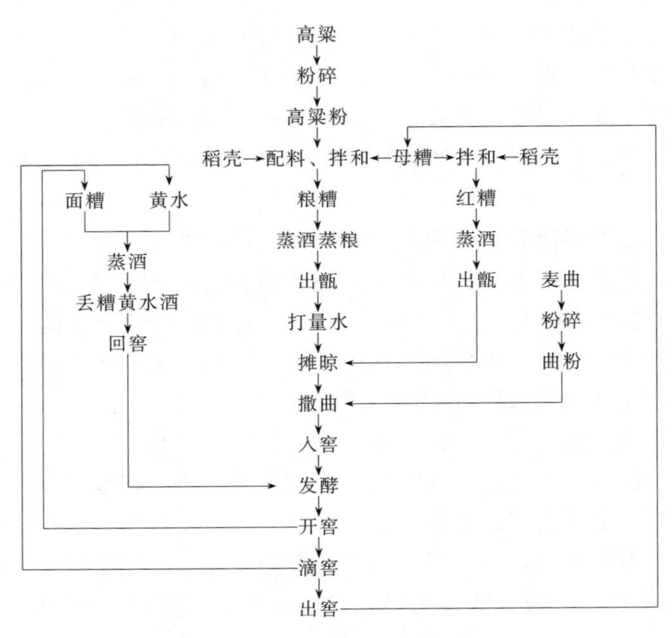

图 6-1 泸州大曲酒生产工艺流程

生产上使用的糠壳，要对糠壳进行清蒸，驱除其生糠味。

大曲在使用生产前要经过粉碎。曲粉的粉碎程度以未通过 20 目筛孔的占 70% 为宜。如果粉碎过细，会造成糖化发酵速度过快，发酵没有后劲；若过粗，接触面积小，糖化速度慢，影响出酒率。

（二）开窖起糟

开窖起糟时要按照剥窖皮、起丢糟、起上层母糟、滴窖、起下层母糟的顺序进行。操作时要注意做好各步骤之间、各种糟醅之间的卫生清洁工作，避免交叉污染。滴窖时要注意滴窖时间，以 10h 左右为宜，时间过长或过短，均会影响母糟含水量。起糟时要注意不触伤窖池，不使窖壁、窖底的老窖泥脱落。

在滴窖期间，要对该窖的母糟、黄水进行技术鉴定，以确定本排配料方案及采取的措施。

（三）配料与润粮

浓香型大曲酒的配料，采用的是续糟配料法。即在发酵好的糟醅中投入原料、辅料进行混合蒸煮，出甑后，摊晾下曲，入窖发酵。因是连续、循环使用，故工艺上称为续糟配料。续糟配料可以调节糟醅酸度，既利于淀粉的糊化和糖化，适合发酵所需，又可抑制杂菌生长，促进酸的正常循环。续糟配料还可以调节入窖粮糟的淀粉含量，使酵母菌在一定的酒精浓度和适宜的温度条件下生长繁殖。

每甑投入原料的多少，视甑桶的容积而定。比较科学的粮糟比例一般是 1∶(3.5～5)，以 1∶4.5 左右为宜。辅料的用量，应根据原料的多少来定。正常的辅料糠壳用量为原料淀粉量的18%～24%。

量水的用量，也是以原料量来确定。正常的量水用量为原料量的80%～100%。这样可保证糟醅含水量在53%～55%之间，才能使糟醅正常发酵。

在蒸酒蒸粮前50～60min，要将一定数量的发酵糟醅和原料高粱粉按比例充分拌和，盖上熟糠，堆积润粮。润粮可使淀粉能够充分吸收糟醅中的水分，以利于淀粉糊化。在上甑前10～15min进行第二次拌和，将稻壳拌匀，收堆，准备上甑。配料时，切忌粮粉与稻壳同时混入，以免粮粉装入稻壳内，拌和不匀，不易糊化。拌和时要低翻快拌，以减少酒精挥发。

除拌和粮糟外，还要拌和红糟（下排是丢糟）。红糟不加原料，在上甑10min前加糠壳拌匀。加入的糠壳量依据红糟的水分大小来决定。

（四）蒸酒蒸粮

1. 蒸面糟

先将底锅洗净，加够底锅水，并倒入黄浆水，然后按上甑操作要点上甑蒸酒，蒸得的酒为“丢糟黄浆水酒”。

2. 蒸粮糟

蒸丢糟黄浆水后的底锅要彻底洗净，然后加水，换上专门的蒸粮糟的蒸箅，上甑蒸酒。开始流酒时应截去“酒头”，然后量质摘酒。蒸酒时要求缓火蒸酒，断花摘酒。酒尾要用专门容器盛接。

蒸酒断尾后，应该加大火力进行蒸粮，以达到淀粉糊化和降低酸度的目的。蒸粮时间从流酒到出甑为60～70min。对蒸粮的要求是达到“熟而不黏，内无生心”，也就是既要蒸熟蒸透，又不起疙瘩。

3. 蒸红糟

由于每次要加入粮粉、曲粉和稻壳等新料，所以每窖都要增长25%～30%的甑口，增长的甑口，全部作为红糟。红糟不加粮，蒸馏后不打量水，作封窖的面糟。

（五）入窖发酵

1. 打量水

粮糟出甑后，堆在甑边，立即打入85℃以上的热水。出甑粮糟虽在蒸粮过程中吸收了一定的水分，但尚不能达到入窖最适宜的水分要求，因此必须进行打量水操作，增加其水分含量，以利于正常发酵。量水的温度要求不低于80℃，才能使水中杂菌钝化，同时促进淀粉细胞粒迅速吸收水分，使其进一步糊化。所以，量水温度越高越好。量水温度过低，泼入粮糟后将大部分浮于糟的表面，吸收不到粉粒的内部，入窖后水分很快沉于窖底，造成上层糟醅干燥，下层糟醅水分过大的现象。

2. 摊晾撒曲

摊晾也称扬冷，是使出甑的粮糟迅速均匀地降温至入窖温度，并尽可能地促使糟子的挥发酸和表面水分挥发。但是不能摊晾太久，以免感染更多杂菌。摊晾操作，传统上是在晾堂上进行，后逐步被晾糟机等机械设备代替，使得摊晾时间有所缩短。对于晾糟机的操作，要求撒铺均匀，甩撒无疙瘩，厚薄均匀。

晾凉后的粮糟即可撒曲。每100kg粮粉下曲18～22kg，每甑红糟下曲6～7.5kg，随气温冷热有所增减。曲子用量过少，发酵不完全；过多则糖化发酵快，升温高而猛，给杂菌生长繁殖造成有利条件。下曲温度根据入窖温度、气温变化等灵活掌握，一般在冬季比地温高3～6℃，夏季与地温相同或高1℃。

3. 入窖发酵

摊晾撒曲完毕后即可入窖。在糟醅达到入窖温度时，将其运入窖内。老窖容积约为$10m^3$，以$6～8m^3$为最好。入窖时，每窖装底糟2～3甑，其品温为20～21℃；粮糟品温为18～19℃；红糟的品温比粮糟高5～8℃。每入一甑即扒平踩紧。全窖粮糟装完后，再扒平，踩窖。要求粮糟平地面，不铺出坝外，踩好。红糟应该完全装在粮糟的表面。

装完红糟后，将糟面拍光，将窖池周围清扫干净，随后用窖皮泥封窖。封窖的目的在于杜绝空气和杂菌侵入，同时抑制窖内好气性细菌的生长代谢，也避免了酵母菌在空气充足时大量消耗可发酵性糖，影响正常的酒精发酵。因此，严密封窖是十分必要的。

4. 发酵管理

窖池封闭进入发酵阶段后，要对窖池进行严格的发酵管理工作。在清窖的同时，还要进行看吹口、观察温度、看跌头等工作，并详细进行记录，以积累资料，逐步掌握发酵规律，从而指导生产。

三、其他浓香型大曲酒生产工艺简介

（一）五粮液

五粮液产于四川省宜宾市。五粮液酿造用水取自岷江的江心。原料配比为：小麦31%，大米28%，高粱24%，玉米10%，糯米7%。制曲原料为小麦，曲的外形和制曲工艺较特殊，曲块中间隆起，称为“包包曲”。成品曲霉菌生长充分，曲块皮薄并具有独特香气。发酵时使用陈年老曲。发酵采用跑窖法工艺，使用老窖，窖底为坚实的黄黏土，窖盖用柔熟的陈泥封平，部分酒发酵期可长达90天。五粮液风味独特，其特点是：“香气悠久，喷香浓郁，味醇厚，入口甘美，入喉净爽，各味协调，恰到好处”。

（二）全兴大曲

全兴大曲产于四川省成都酒厂。该酒以小麦加4%的高粱制得高温大曲为糖化发酵剂，采用陈年老窖发酵，发酵期为60天。蒸馏的酒尾稀释后回窖再发酵，成品酒贮存期为1年。其余工艺与泸州特曲酒相似。

（三）洋河大曲

产于江苏省泗阳县洋河镇，已有300多年的历史。洋河大曲以当地“美人泉”的水和高粱为原料酿酒。用特制中温大曲，这种大曲按小麦70%、大麦20%、豌豆10%的比例配料。采用改进的老五甑生产工艺，老窖发酵。原料与糟醅配比为1∶(4.5～5)，用曲量为原料的22%～24%，辅料糠壳用量为原料的10%～12%，入窖水分为54%～56%，发酵期45天。原酒分级贮存，精心勾兑出厂。具有“芳香浓郁，入口绵甜，干爽味净，以甘为主，香甜交错，酒质细腻，酒味调和”的独特风格，素以“甜、绵、软、净、香”著称于世。

（四）双沟大曲

双沟大曲产于江苏省泗洪县双沟镇，酒质醇厚，入口甜美，这与其原料和工艺有关。采用优质高粱为原料，制曲以大麦、小麦、豌豆为原料。采用传统的混蒸法，发酵采用“少水、低温、回沙、回酒”等工艺，发酵期为60天。蒸馏采用熟糠分层、缓火蒸馏、分段截酒、热水泼浆等操作法。入库酒分级分类贮存1年后，按不同呈香特点勾兑。

（五）古井贡酒

该酒是安徽省亳县古井酒厂的产品，因原为明清两代皇朝的贡品而得名。厂内的古井已有1400多年的历史。

贡酒的工艺特点为大曲为类似汾香型白酒所用的中温曲。但发酵与蒸馏的工艺采用如一般泸香型白酒的老五甑法。制曲原料配比为：小麦70%，大麦20%，豌豆10%，制曲周期为27～30天，成曲要求“全白一块玉”。工艺以混蒸老五甑为基础，并采用蒸糠拌料，混合蒸烧，下四蒸五，低温入池，泥窖发酵，分层蒸馏，量质摘酒，分类入库，贮存1年。古井贡酒酒液清澈透明，黏稠挂杯，香如幽兰，入口醇和，回味悠长。

（六）口子酒

口子酒是安徽省淮北市濉溪酒厂的产品，该地原名为口子镇。口子酒的生产采用老五甑混蒸法，但在用曲等方面有其特点。制曲时小麦60%，大麦30%，豌豆10%，制备中温曲和高温曲。加曲时曲粉用量为高粱新投入量的25%～30%，其中10%为高温曲，15%～20%为中温曲。

（七）剑南春

产于四川省绵竹县剑南春酒厂。剑南春用纯小麦制曲，原料采用五粮，其配比为高粱40%，大米20%～30%，糯米10%～20%，小麦15%，玉米5%。采用浓香型大曲酒生产工艺，发酵期为60天。成品酒具有芳香浓郁，醇和回甜，清洌爽净，余香悠久的特点。

四、提高浓香型大曲酒质量的工艺改革和技术措施

前已提及，己酸乙酯是浓香型大曲酒的主体香味成分。多年来各生产厂家采用

多种技术措施，以提高浓香型大曲酒质量，其实质也大多是围绕如何提高浓香型酒中的已酸乙酯的含量及其他微量成分如何与已酸乙酯合理搭配来进行的。

（一）传统工艺的改革与“原窖分层”工艺

如前所述，我国浓香型大曲酒生产的工艺操作方法习惯上分为“原窖法”、“跑窖法”和“老五甑法”三种类型。其中“原窖法”应用最为广泛。原窖法工艺重视原窖发酵，避免了糟醅在窖池间互相串换，保证了每窖糟醅和酒的风格一致。但对同一窖池的母糟则实行统一投粮、统一发酵、混合堆糟、混合蒸馏以及统一断花摘酒和装坛，却没有考虑同一个窖池内上下不同层次的酒醅发酵的不均匀性和每甑糟醅的蒸馏酒质的不均匀性，导致了全窖糟醅的平均和酒质的平均，这对于窖池生产能力的发挥，淀粉的充分利用，母糟风格的培养以及优质酒的提取和经济效益的提高都有一定的影响。

针对上述问题，泸州老窖酒厂在“原窖法”基础上，吸取了“跑窖法”工艺和“老五甑法”工艺的优点，首先提出了“原窖分层”酿制工艺。

“原窖分层”酿制工艺的基本点就是针对发酵和蒸馏的差异，扬长避短，分别对待，从而达到优质高产、低消耗的目的。其工艺过程可以概括为：分层投粮，分期发酵，分层堆糟，分层蒸馏，分段摘酒，分质并坛，因此又称“六分法”工艺。

1. 分层投粮

针对窖池内糟醅发酵的不均一性，在投入原料时，应予以区别对待。在全窖总投粮量不变的前提下，下层糟醅多投粮，上层糟醅少投粮，使一个窖池内各层糟醅的淀粉含量呈“梯度”结构。

2. 分层发酵

针对窖内各层发酵糟在发酵过程中的变化规律，在发酵时间上予以区别对待。上层糟醅在生酸期后，酯化生香微弱，如让其在窖内继续发酵意义不大，故可提前出窖进行蒸馏。窖池底部糟醅生香幅度大，酒可以延长其酯化时间。一个窖的糟醅，其发酵期不同：面糟在生酸期后（在入窖后30～40天），即将面糟取出进行蒸馏取酒，只加大曲，不再投粮，使之成为“红糟”，将其覆盖在原窖的粮糟上，封窖后再发酵。粮糟发酵60～65天，与面上的红糟同时出窖。每窖的底糟为1～3甑，两排出窖1次，称为双轮底糟（第1排不出窖，但是要加大曲粉）。其发酵时间可在120天以上。

3. 分层堆糟

为了保证各层次糟醅分层蒸馏以及下排的入窖顺序，操作时应将各层次的糟醅分别堆放。面糟和双轮底糟分别单独堆放，以便单独蒸馏。母糟分层出窖，在堆糟坝上由里向外逐层堆放，便于先蒸下层糟，后蒸上层糟，以达到糟醅留优去劣的目的。

4. 分层蒸馏

各层次糟醅在发酵过程中，其发酵质量是不同的，所以酒的质量也不尽相同。

生产中为了尽可能多地提取优质酒，避免由于各层次糟醅混杂而导致全窖酒质下降，各层次的糟醅应该分别蒸馏。在操作上，面糟和双轮底糟分别单独蒸馏。二次面糟在蒸馏取酒后就扔掉。双轮底糟蒸馏取酒后仍然装入窖底。母糟则按由下层到上层的次序一甑一甑地蒸馏，并以分层投粮的原则进行配料，按原来的次序依次入窖。

5. 分段摘酒

针对不同层次的糟醅的酒质不同和在蒸馏过程中各馏分段酒质不同的特点，在生产上为了更多地摘取优质酒，要依据不同的糟醅适当地进行分段摘酒，即对可能产优质酒的糟醅，在断花前分成前后两段摘酒。

6. 分质并坛

采取分层蒸馏和分段摘酒之后，基础酒的酒质就有了显著的差别。为了保证酒质，便于贮存勾兑，蒸馏摘取的基础酒应严格按酒质合并装坛。

“六分法”工艺是在传统的“原窖法”工艺的基础上发展起来的。从酿造工艺整体上说，仍然继承传统的工艺流程和操作方法。而在关键工艺环节上，系统地运用了多年的科研和生产实践成果，借鉴了“跑窖法”、“老五甑法”等工艺的有效技术方法。此工艺通过在泸州老窖酒厂、射洪沱牌曲酒厂等名优酒厂应用，大幅度地提高了名优酒比例，取得了显著的经济效益。

（二）延长发酵周期

延长发酵周期是提高浓香型大曲酒质量的重要技术措施之一。在窖池、入窖条件、工艺操作大体相同的情况下，酒质的好坏很大程度上取决于发酵周期的长短。窖池的发酵生香过程，要经历微生物的繁殖与代谢、代谢产物的分解和合成等过程。而酯类等物质的生成，则是一个极其缓慢的生物化学反应过程，这是由于微生物，特别是己酸菌、丁酸菌、甲烷菌等窖泥微生物生长缓慢等因素所决定的。所以，酒中香味成分的生成，除了提供适当的工艺条件外，还必须给予较长的发酵时间，否则窖池中复杂的生物化学反应就难以完成，自然也就得不到较多的、较丰富的香味物质。

生产实践证明，发酵期较短的酒，其质量差；发酵期长的酒，其酒质好。但是发酵周期也并不是越长越好，因为连续延长发酵周期，会使糟醅酸度增高，抑制了微生物的正常生长繁殖，使糟醅活力减弱；其次，长期延长发酵周期，不利于窖泥微生物的扩大培养和代谢产物的积累，易使窖泥退化变质，窖泥失水，以及营养成分的消耗而使窖泥严重板结，破坏了微生物生存的载体。因此，发酵周期过长，会严重影响生产。另外，发酵周期长，使设备利用率下降，在制品率增大，资金周转慢，成本上升，同时产量也会下降。

浓香型白酒的质量除了与发酵周期有关外，还与窖泥、糟醅、大曲等质量有关，并与工艺条件、入窖条件、设备使用、操作方法等因素有关。应该从多种因素考虑，不能片面地强调发酵周期。一般而言，发酵周期以 45 天以上为宜。

（三）双轮底糟发酵

在浓香型大曲酒生产中，采用双轮底糟发酵提高酒质得到广泛应用，收效明显。所谓“双轮底糟发酵”，即在开窖时，将大部分糟醅取出，只在窖池底部留少部分糟醅进行再次发酵的一种方法。其实质是延长发酵期，只不过延长发酵的糟醅不是全窖整个糟醅，而仅仅是留于窖池底部的一小部分糟醅。

之所以采用窖底糟醅，一是因为窖底泥中的微生物及其代谢产物最容易进入底部糟醅；二是底部糟醅营养丰富，含水量足，微生物容易生长繁殖；三是底部糟醅酸度高，有利于酯化作用。

通过延长发酵期，双轮底糟部分增加了酯化时间，酯类物质增多。而在增加酯化作用时间的同时，双轮底糟上面的粮糟在糖化发酵时产生了大量的热能、二氧化碳、糖分、酒精等物质，这些物质不但促进了双轮底糟的酯化作用，而且还给双轮底糟中大量微生物提供了生长繁殖的有利条件和所需要的各种营养成分，增强了有益微生物的代谢作用，同时也积累了大量的代谢产物，因而使酒质提高。

双轮底糟发酵是制造调味酒一种有效措施，在浓香型大曲酒生产中具有十分重要的意义。目前，白酒生产企业所采用的双轮底糟的工艺措施主要有连续双轮底和隔排双轮底两种。此外还有三排、四排、“夹沙”双轮底等不同的工艺措施。

（四）人工培窖

窖泥是浓香型白酒功能菌生长繁殖的载体，其质量的好坏直接影响己酸乙酯等香味成分的生成，从而对酒质起着十分重要的作用。“老窖”优于“新窖”，也就在于老窖的窖泥质量优于新窖窖泥。

窖泥中水分、总酸、总酯、腐殖质、氨基氮、有机磷等各种成分含量的多少，是衡量窖泥质量的标准。若窖泥中上述成分在一定范围内含量较高，则窖泥微生物生长繁殖、代谢活动旺盛；反之，则差。通过对新、老窖泥的对比表明，老窖泥中的甲烷菌、甲烷氧化菌、己酸菌、丁酸菌等明显多于新窖，其原因就在于老窖泥中窖泥微生物生长代谢需要的营养成分的含量明显高于新窖。自然，老窖能产生优质酒，新窖泥产优质酒的比率就小得多。

人工培养老窖泥是提高浓香型大曲酒质量的一项重要措施而被广泛采用。如何有效地提高窖泥中有效成分的含量，并使各成分间配比合理，为窖泥微生物提供丰富的营养基质，满足窖泥微生物的生长、繁殖和代谢需要，是人工培养老窖泥的最根本的目的。

人工培养老窖泥所需的基本材料是：优质黄泥（沙含量较少，具有黏性），窖皮泥（已用于封窖的泥），大曲粉，黄水，酒尾等。此外还包括尿素、过磷酸钙、磷酸铵等氮磷源物质。当然也可以在人工窖泥中加入己酸菌和丁酸菌培养液，加速窖泥微生物的繁殖，促进窖泥老熟。

还有一个值得注意的问题是加强对窖泥的保养，不断补充营养成分和窖泥微生物，做到“老窖泥不老化”。

（五）回窖发酵

浓香型大曲酒的发酵过程，是多种微生物参与并经过极其复杂的生化反应而完成的。而要提高产品质量，除了诸如原料、辅料、糟醅、工艺操作方法、糖化剂、窖池等诸多因素外，还要采取有利于窖内有益微生物生长繁殖的环境条件，以促进浓香型主体香味的生成。

根据发酵过程中香味物质生成的基本原理和传统工艺生产的实践经验，采取回窖发酵方法，能较大幅度地提高质量。这种方法易于掌握，效果极好。就目前而言，回窖发酵包括回酒发酵、回泥发酵、回糟及翻糟发酵、回己酸菌液发酵、回综合菌液发酵等。

1. 回酒发酵

回酒发酵始于四川省泸州曲酒厂，是该厂的传统工艺。所谓“回酒发酵”是把已经酿制出来的酒，再回入正在发酵的窖池中进行再次发酵，也有称其为“回沙发酵”。由于在窖池发酵过程中，将酒回入窖池，增加了酒精，同时也增加了酸、醇、醛、芳香族化合物等成分，因此，一是它们将被酵母菌及窖泥微生物作为中间产物再次进行生化反应，除酯含量增加外，醛类物质、杂醇油也能转化生成有益的香味成分；二是由于回入了酒精，故有助于控制窖池内升温幅度，使窖内温度前缓、中挺、后缓落；三是回入酒精后，在窖池内生物酶活跃以及窖内温度、酸度适中的有利条件下促进了酯化反应，使酒质在窖内陈香老熟。

回酒发酵可明显地提高酒质，这已被酿酒界所公认。若长期采取这一措施，还能使窖泥老熟，窖泥中己酸菌、丁酸菌、甲烷菌数量增多。水分、有效磷、氨基氮、腐殖质等窖泥成分大幅度增加，同时优质的糟醅风格也能迅速形成。

回酒发酵工艺方法有两种：一是分层回酒；二是断吹回酒。分层回酒就是头一甑粮糟下窖后，在第二甑粮糟下窖前1～2min，将原度酒（丢糟黄水酒、三曲酒）稀释成的低度酒或者低度酒尾均匀撒在窖内头一甑糟醅上，立即装入第二甑糟醅。然后在第三甑糟醅入窖之前，在第二甑粮糟上撒上低度酒，立即装入第三甑糟醅，以此类推。这样每甑糟醅作为一个糟醅层，在层与层（甑与甑）之间回酒的方法，就是分层回酒。断吹回酒就是在封窖发酵15～20天，酒精发酵基本终止（断吹口）时，将原度三曲酒、丢糟黄水酒、老窖黄水和酒尾的等比例混合发酵液等回酒一次性回入窖内的方法，操作上方法不一，但其目的就是使回酒自上而下逐步渗透至窖底。

2. 回泥发酵

浓香型大曲酒的香型与泥土有着十分密切的关系。传统的浓香型大曲酒工艺中摊晾是在泥制的或砖块镶嵌的地晾堂上进行的，糟醅常与泥土接触，泥土中的微生物容易进入窖池参与发酵。而现在摊晾则在金属制造的或竹木制造的摊晾机上进行，故载有微生物的泥土进入窖池的量大为减少。为了不至于使浓香型酒产生型变，丢失固有的酒体风格，故提出了回泥发酵这一措施。操作上是将一定量的用窖皮泥、黄水、酒尾等配制成的回用窖泥，与打量水混合，一并打入每甑糟醅；或者如分层回酒那样，逐甑逐甑回入粮糟上，并迅速覆盖糟醅，以此循环加入。用作回泥发酵的窖池，所产出的酒经尝评鉴定，香气浓郁，有窖糟气味，质量明显提高。从酒质分析结果来看，总酸、总酯等均有所增加。从微生物镜检看，芽孢杆菌大量增加。

3. 回糟发酵及翻糟发酵

回糟发酵及翻糟发酵是在回酒发酵的基础上发展而来的。它是冬季酿酒提高产品质量、提高发酵糟醅风格的一项有效措施。这两种方法不仅起到分层回酒的作用，而且回进了大量有益微生物和酸、酯、醇、醛等有益香味成分，对提高酒质，尤其对提高发酵糟醅的质量有显著的效果。许多资料表明，不少生产浓香型大曲酒的厂家，采用了回糟发酵、翻糟发酵的方法后，生产上取得了良好的效果，产品质量明显提高。故这些方法得以广泛推广，促进了浓香型大曲酒生产的向前发展。

(1) 回糟发酵　选择质量好的发酵糟醅或者双轮底糟，按一定比例拌入每甑粮糟中，入窖发酵。回糟发酵对于提高新窖池的糟醅质量和酒质效果明显，但不宜在热季时采用。

(2) 翻糟发酵　翻糟发酵，行业术语称“翻沙”，是四川某名酒厂在20世纪70年代首创的，并取得了成功。翻糟发酵实质上是第二次发酵、回酒发酵、延长发酵三项措施于一体的技术措施。因此，它的效果是可以充分肯定的，可使浓香型大曲酒的优质品比率大幅度地提高。具体操作是将已经发酵达30天左右的窖池剥去封窖皮，去掉丢糟，将窖池内的发酵糟全部取出，然后每甑糟醅加入一定量的大曲粉拌和后再入窖，上层糟醅先入窖，底层糟醅后入窖。每甑入窖后，回入一定量的原度酒或酯化液，回酯液的数量是下少上多。翻沙完毕后，再拍紧拍光，密封发酵。

(六) 己酸菌发酵液的应用

己酸菌在发酵过程中可以积累己酸，因而对浓香型酒的主体香味成分己酸乙酯的形成具有重要意义。国内许多名酒厂和相关研究单位都相继分离得到一些优良的己酸菌，并将其培养液在浓香型大曲酒的生产中应用。

(七) 丙酸菌在“增己降乳”方面的应用

乳酸乙酯是固态法白酒中必不可少的物质，但是在浓香型大曲酒中若己酸乙酯和乳酸乙酯的比例失调，则严重影响酒质。丙酸菌（*Propionibacterium*）能够利用乳酸生成丙酸、乙酸等己酸前体物质，因而在“增己降乳”方面得到重视。该菌对培养条件要求不严，便于在生产中应用，能够较大幅度地降低酒中的乳酸及其酯的含量，从而调整己酸乙酯和乳酸乙酯的比例，有利于酒质的提高。在生产中，将丙酸菌与人工老窖、强化制曲及其他提高酒质的技术措施相结合，能有效地“增己降乳”。

(八) 强化大曲技术和酯化酶生香技术的应用

传统大曲除了具有糖化发酵作用外，还具有酯化生香的功能，这一点在从泸酒麦曲分离筛选出来首株酯化功能菌（红曲霉 M-101）后得到科学认定。因而在制曲时，为了强化大曲的产酯生香能力，除了添加霉菌和酵母外，还添加红曲霉及生香酵母等酯化生香功能菌。这样的强化大曲的应用提高了出酒率和酒质，用曲量减少。强化大曲技术对于新窖而言，结合人工窖泥技术可取得很好的效果。

随着技术的进步，后来又出现了酯化酶生香技术。该技术模拟老窖发酵产酯，采用窖外酯化酶直接催化，由酸、醇酯化生酯。这样就摆脱了传统工艺的束缚，可以人为控制酯化过程，获得高酯调酒液。香酯液可广泛应用于传统固态白酒提高档次，结合在新型白酒上的应用可使酒质更接近固态白酒风格。红曲霉生产酯酶应用在中国白酒上是一项创新。

（九）黄浆水酯化液的制备和利用

黄浆水是曲酒发酵过程中的必然产物。长久以来，黄浆水多在蒸丢糟时放入底锅，与丢糟一起蒸得“丢糟黄浆水酒”作回酒发酵用。这样一来，黄浆水中除了酒精以外的成分完全丢失。而黄浆水成分相当复杂，富含有机酸及产酯的前体物质，而且还含有大量经长期驯养的梭状芽孢杆菌群。可见，黄浆水中的许多物质对于提高曲酒质量、增加曲酒香气、改善曲酒风味有重要的作用。采用适当的措施，使黄浆水中的醇类、酯类等物质通过酯化作用，转化为酯类，特别是增加浓香型曲酒中的己酸乙酯含量，对提高曲酒质量有重大作用。黄浆水的酯化作用可以通过加窖泥和加酒曲直接进行酯化，也可以添加己酸菌发酵液增加黄浆水中的己酸含量，强化酯化作用。制备的黄浆水酯化液除了用于串蒸提高酒质外，还可用来淋窖灌窖，培养窖泥。

第二节　清香型大曲酒

清香型大曲酒，以其清雅纯正而得名，又因该香型的代表产品为汾酒而称为汾型酒。汾酒产于山西省汾阳县杏花村，距今已有 1400 余年的生产历史。汾酒在 1916 年巴拿马万国博览会上曾荣获一等优胜金质奖章，1952 年在全国第一届全国评酒会上荣获国家名酒称号。随后，武汉市特制黄鹤楼酒和河南宝丰大曲酒相继获得国家金质奖。该香型酒在我国北方地区较为流行。

一、工艺特点及流程

清香型大曲酒的风味质量特点为清香纯正，余味爽净。主体香气成分为乙酸乙酯和乳酸乙酯，在成品酒中所占比例以 55%∶45%为宜。

清香型大曲酒酿酒工艺特点为“清蒸清楂、地缸发酵、清蒸二次清”。即经处理除杂后的原料高粱，粉碎后一次性投料，单独进行蒸煮，然后在埋于地下的陶缸中发酵，发酵成熟酒醅蒸酒后再加曲发酵、蒸馏一次后，成为扔糟。清香型大曲酒的生产工艺流程如图 6-2 所示。

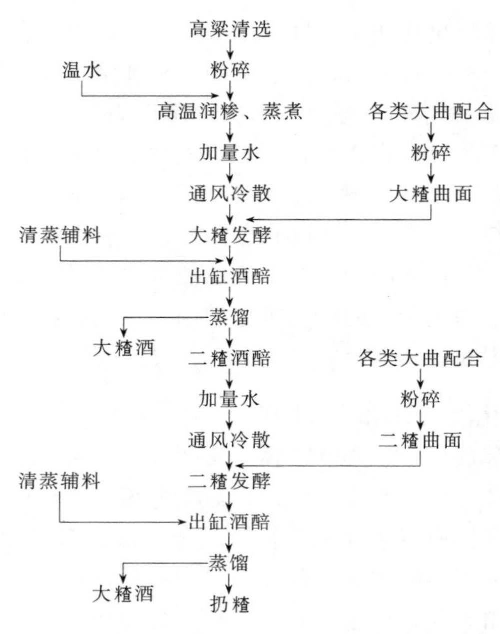

图 6-2　清香型大曲酒的生产工艺流程

二、工艺操作

（一）原料粉碎

原料高粱要求籽实饱满、皮薄、壳少，无霉变、虫蛀。高粱经过清选、除杂后，进入辊式粉碎机粉碎，粉碎后要求其中能通过 1.2mm 筛孔的细粉占 25%～35%，整粒高粱不得超过 0.3%。冬季稍细，夏季稍粗。

大曲的粉碎度应适当粗些，大楂发酵用曲的粉碎度，大者如豌豆，小者如绿豆，能通过 1.2mm 筛孔的细粉占 70%～75%。大曲的粉碎度和发酵升温速度有关，粗细适宜有利于低温缓慢发酵，对酒质和出酒率都有好处。

（二）润糁

粉碎后的高粱称为红糁，在蒸煮前要用热水浸润，以使高粱吸收部分水分，有利于糊化。将红糁运至打扫干净的车间场地，堆成凹形，加入一定量的温水翻拌均匀，堆积成堆，上盖芦席或麻袋。目前已采取提高水温的高温润糁操作。用水温度夏季为 75～80℃，冬季为 80～90℃。加水量为原料量的 55%～62%，堆积 18～20h，冬季堆积升温能升至 42～45℃，夏季为 47～52℃。中间翻堆 2～3 次。若发现糁皮过干，可补加原料量 2%～3%的水。高温润糁有利于水分吸收、渗入淀粉颗粒内部。在堆积过程中，有某些微生物进行繁殖，故掌握好适当的润糁操作，则能增进成品酒的醇甜感。但是若操作不严格，有时因水温不高，水质不净，产生淋浆，场地不清洁，或不按时翻堆等原因，会导致糁堆酸败事故发生。润糁结束时，以用手指搓开成粉而无硬心为度。否则还需要适当延长堆积时间，直至润透。

（三）蒸糁

润好的糁移入甑桶内加热蒸煮，使高粱的淀粉颗粒进一步吸水膨胀糊化。先将湿糁翻拌一次，并在甑帘上撒一薄层谷糠，装一层糁，打开蒸汽阀门，待蒸汽逸出糁面时，用簸箕将糁撒入甑内，要求撒得薄，装得匀，冒汽均匀。待蒸汽上匀料面（俗称圆汽）后，将1.4%～2.9%（粮水比）的水泼在料层表面，称为加闷头量。再在上面覆盖谷糠辅料一起清蒸。蒸糁的蒸气压一般为0.01～0.02MPa，甑桶中部红糁品温可达100℃左右，圆汽后蒸80min即可达到熟而不黏，内无生心的要求。蒸糁前后的水分变化为由45.75%上升到49.90%，酸度由0.62升到0.67。

清蒸的辅料用于当天蒸馏。

（四）加水、冷散、加曲

蒸熟的红糁出甑后，立即加量水30%～40%（相对于投料量），边加水边搅拌，捣碎疙瘩，在冷散机上通风冷却，开动糁料搅拌器，将料层打散摊匀，使物料冷却温度均匀一致。冬季冷散到比入缸发酵温度高2～3℃即可加曲，其他季节可冷散至入缸温度加曲。加曲量为投料量的9%～10%。搅拌均匀后，即可入缸发酵。

（五）大楂入缸

第一次入缸发酵的糁称为大楂。传统生产的发酵设备容器为陶缸，埋在地下，缸口与地面平齐。缸在使用前，应清扫干净，新使用的缸和缸盖，首先用清水洗净，然后用0.8%的花椒水洗净备用。夏季停产期间还应将地缸周围的泥土挖开，用冷水灌湿泥土，以利于地缸传热。

正确掌握大楂的入缸条件，是出好酒、多产酒的前提，是保证发酵过程温度变化达到“前缓升、中挺、后缓落”原则的重要基础，同时也为二楂的再次发酵创造了有利条件。大楂是纯粮发酵，入缸酒醅的淀粉含量在30%以上，水分53%左右，酸度在0.2左右，初始发酵处于高淀粉、低酸度的条件下，掌握不当极易生酸幅度过大而影响酒的产量和质量。为了控制发酵的适宜速度和节奏，防止酒醅生酸过大，必须确定最适的入缸温度。根据季节、气候变化，入缸温度也有所不同。在9～11月份，入缸温度一般以11～14℃为宜；11月份以后为9～12℃；至寒冷季节以13～15℃为宜；3、4月份以8～12℃为宜；5、6月份后进入夏季，入缸温度能低则低。

大楂加曲拌匀后，温度降至入缸要求时即可入缸发酵，封缸用清蒸谷糠沿缸边撒匀，加上塑料薄膜，再盖上石板或水泥板。

（六）大楂发酵

传统工艺的发酵期为21天，为了增强成品酒的香味及醇和感，可延长至28天。个别缸可更长些。

1. 发酵温度变化及管理

大楂酒醅的发酵温度应掌握“前缓升、中挺、后缓落”的原则。即自入缸后，发酵升温应逐步上升；至主发酵期后期，温度应稳定一个时期；然后进入后酵期，发酵温度缓慢下降，直至出缸蒸馏。

① 前缓升　掌握适宜的入缸条件及品温，就能使酒醅发酵升温缓慢，控制生酸。一般正常发酵在春秋季节入缸6～7天后，品温达到顶点最高；冬季可延长至9～10天；夏季尽量控制在5～6天。其顶点温度以28～30℃为宜，春秋季最好不超过32℃，冬季入缸温度低，顶温达26～27℃即可。凡能达到上述要求的，说明酒醅逐步进入主发酵期，则出酒率及酒质都好。

② 中挺　指酒醅发酵温度达最高顶点后，应保持3天左右，不再继续升温，也不迅速下降，这是主发酵期与后发酵期的交接期。

③ 后缓落　酒精发酵基本结束，酒醅发酵进入以产香味为主的后酵期。此时发酵温度回落。温度逐日下降以不超过0.5℃为宜，到出缸时酒醅温度仍为23～24℃。这一时期应注意适当保温。

发酵温度变化是检验酒醅发酵是否正常的最简便的方法。管理应围绕这一中心予以调节。冬季寒冷季节入缸后的缸盖上须铺25～27cm厚的麦秸保温，以防止升温过缓。若入缸品温高，曲子粉碎过细，用曲量过大或者不注意卫生等原因，而导致品温很快上升到顶温，即前火猛，则会使酵母提前衰老而停止发酵，造成生酸高、产酒少而酒味烈的后果。在夏季气温高时，会经常发生这种现象，以至掉排。

2. 酒醅的感官检查

经过长期的实践，已摸索出了一些感官检查酒醅质量的方法。

① 色泽　成熟的酒醅应呈紫红色，不发暗。用手挤出的浆水呈肉红色。

② 香气　未启缸盖，能闻到类似苹果的乙酸乙酯香气，表明发酵良好。

③ 尝味　入缸后3～4天酒醅有甜味，若7天后仍有甜味则发酵不正常。醅子应逐渐由甜变苦，最后变成苦涩味。

④ 手感　手握酒醅有不硬、不黏的疏松感。

⑤ 走缸　发酵酒醅随发酵作用进行而逐渐下沉，下沉愈多，则出酒也愈多，一般正常情况可下沉缸深的1/4，约30cm。

（七）出缸、蒸馏

发酵21天或28天后的大楂酒醅挖出缸后，运到蒸甑边，加辅料谷糠或稻壳22%～25%（对投料量），翻拌均匀，装甑蒸馏。接头去尾得大楂汾酒。

（八）二楂发酵及蒸馏

为了充分利用原料中的淀粉，将大楂酒醅蒸馏后的醅，还需继续发酵一次，这在清香型酒中被称为二楂。

二楂的整个操作大体上与大楂相似。发酵期也相同。将蒸完酒的大楂酒醅趁热加入投料量2%～4%的水，出甑冷散降温，加入投料量10%的曲粉拌匀，继续降温至入缸要求温度后，即可入缸封盖发酵。

二楂的入缸的条件受大楂酒醅的影响，应灵活掌握。如二楂加水量的多少，取决于大楂酒醅流酒多少、黏湿程度和酸度大小等因素。一般大楂流酒较多，醅子松散，酸度也不大，补充新水多，则二楂产酒也多。其入缸温度也需依据大楂质量而调整。

由于二楂酒醅酸度较大，因此其发酵温度变化应掌握“前紧、中挺、后缓落”的原则。所谓前紧即要求酒醅必须在入缸后第 4 天即达到顶温 32℃，可高达 33～34℃，但是不宜超过 35℃。中挺为达到顶温后要保持 2～3 天。从第 7 天开始，发酵温度缓慢下降，至出缸酒醅的温度仍能在 24～26℃，即为后缓落。二楂发酵升温幅度至少在 8℃以上，降温幅度一般为 6～8℃。发酵温度适宜，酒醅略有酱香气味，不仅多产酒，而且质量好。发酵温度过高，酒醅黏湿发黄，产酒少。发酵温度过低，酒醅有类似青草的气味。

由于二楂含糠量大而疏松，故入缸后可将其踩紧，并喷洒一些酒尾。

发酵成熟的二楂酒醅，出缸后加少许谷糠，拌匀后即可装甑蒸馏，截头去尾得二楂酒。蒸完酒的酒糟可做饲料，或加麸曲和酒母再发酵、蒸馏得普通白酒。

(九) 贮存、勾兑

大楂酒与二楂酒各具特色，经质检部门品评、化验后分级入库。优质酒 85 分以上，一级酒 70～85 分，二级酒 60～70 分，等外酒 60 分以下，各等级酒色香味区别见表 6-1。入库酒在陶瓷缸中密封贮存一年以上，按不同品种勾兑为成品酒。

表 6-1　汾酒新酒等级划分

等级	色	香	味
优质酒	无色、清亮、透明	清香纯正	醇厚、爽净、协调、回味长
一级酒	无色、清亮、透明	清香纯正	入口微甜淡、酒体协调较醇厚，回味较长
二级酒	无色、透明	清香正	醇厚、酒体较协调，回味一般
等外酒	不正或浑浊	异香，严重杂香	严重霉味、腻味、铁锈味或有其他邪杂味

三、汾酒酿造工艺操作原则

汾酒酿造历史悠久，历代的酿酒师傅们通过对积累的操作经验的提炼，总结出汾酒酿造的十条秘诀，这十条秘诀概括了汾酒工艺操作必须遵循的要领。

(一) 人必得其精

这就是说酿造的技术人员和工人不仅要懂技术而且要精通技术，因为只知道做而不知道为什么要这样做，工作是做不好的，也就不能算“精”。所谓熟能生巧也就是说，对一件事情精通后才有可能想出更多更好的办法来把工作做好。因此要把酒酿好，精通技术是必要的。

(二) 水必得其甘

这就是说酿好酒，水的质量必须好，所谓名酒产地必有佳泉的意义就在这里。

这个甘是做甘甜解释，以区别于咸水；也可当作好水解释，以区别于含杂质的水。因为水的好坏，直接关系到酒味的优劣和产量的高低，所以古人把水放在原料的第一位是完全正确的。

（三）曲必得其时

这就是说制曲与温度、季节的关系很大。因为曲中根霉、毛霉和酵母菌都是很敏感的微生物，如果制曲中温度掌握不好，有益微生物便不能充分生长繁殖，曲子一定做不好，古人重视温度很合理。其次这“时”还可理解为正确地掌握制曲时间和制曲的意义。

（四）粮必得其实

这就是说要酿好酒，原料质量必须好，因为高粱实必然含淀粉多，淀粉含量多一定能多出酒，如果原料里面空壳、杂质多，产酒一定很少，质量一定不高，因此酿酒对于原料选择要严格，要求颗粒饱满，现在生产使用的是 705 高粱。

（五）器必得其洁

这就是说酿酒与卫生的关系很密切，如果不注意卫生，就会有杂菌侵入，直接影响到酒的质量和产量，古人重视这个道理远在千年以前，而欧洲重视酿酒卫生还是从 19 世纪 80 年代巴斯德的杀菌原理发表以后才开始的。

（六）缸必得其湿

原解释为上阴下阳。所谓阴阳二字，不过是指自然界的阴阳，人们理解是发酵的温度与水分必须合理地控制，在初入缸时发酵缸上部的水分可略多些，温度也可稍低些，而在下部则反之。因为在发酵过程中，上部水分往往要下沉，而热气要上升，这样就可以使得缸内酒醅发酵达到一致。其次发酵品温的升降与产酒的关系很大，而水分的多寡又与温度的升降有直接的关系，因为水分关系到发酵进行的快慢和热量产生的多少。

另一种解释为若缸的湿度饱和，就不再吸收酒而减少酒的损失，同时，缸湿易于保温，并可促进发酵。因此，在汾酒发酵室内，每年夏天都要在缸旁的土地上扎孔灌水。

（七）火必得其缓

有三层意思。一是指发酵控制，火指温度，也就是说酒醅的发酵温度必须掌握“前缓升、中挺、后缓落”的原则才能出好酒。二是指酒醅蒸酒宜小火缓慢蒸馏才能提高蒸馏效率，蒸馏酒时如果火太大，不论什么杂质都随酒馏出，酒的质量一定不好。此外缓慢蒸馏可避免穿甑、跑气等事故发生，流酒温度较低挥发的损失也会减少，既有质量又有产量，做到丰产丰收。三是蒸粮要火大，均匀上气，使原料充分糊化，以利糖化和发酵。

（八）料必得其准

准是指一切酿酒工艺条件必须心中有数，准确掌握，严格按工艺操作规程进行操作。准的首要一点是配料准确，心中有数，以达到入缸工艺条件的准确。生产管理者和带班组长对配料不能只凭大概，对发酵升温、淀粉和酸度的变化要全面了解，这些情况都属于工作责任心，必须做到心中有数。如稍子拉不干净，糊化时间无准数，原料过秤不准，辅料随便用，类似情况均属管理不符合要求。

（九）工必得其细

这就是说，不论什么工作，都有一个粗细的对比，古人教，细比粗好，细是做好工作的主要标志，拿酿酒来说，所谓细主要是指细致操作。只有细致操作，认真执行工艺规程，才能酿出好酒。如配料要细、材料搅拌细致无疙瘩、冷散下曲细、装甑操作要细致等，不论场上、甑上和发酵管理操作均应细致。按照全面质量管理要求，一个生产班组，作为一个整体，所属人员都要团结一心，在分工的基础上做好协调配合，对本组的生产任务和全工艺过程去认真执行，这样才能做好工作，生产任务就会完成好。

（十）管必得其严

所谓管理就是组织和指挥人员为达到既定目标而进行的活动，因此它是一个过程。生产管理是企业的质量管理的中心环节，在企业内部，质量管理的成败关系到产品质量高低，因此它对提高企业管理水平与企业的素质，直至经济效益和生产发展，起着重要作用。并在人类的生产和社会活动中不断地发挥着作用，所以管理是在一定的组织形式下进行的，管理的任务是以最少的投入去实现预期目标，管理是多种学科和实践综合的有机结合，它既是一门科学，又是一门艺术。管理作为一种方法和手段，要求在研究和解决管理问题时要符合辩证唯物主义论点的要求，建立在社会化大生产的基础上，实现管理组织高度化，管理方法、管理手段现代化，管理人员专业化，不断提高企业管理的现代化水平，提高人的素质，调动人的积极性，人人做好本职工作，通过抓好工作质量来保证产品质量和服务质量。因为工业生产的中心是狠抓产品质量，而企业管理的重点必须放在质量管理上，只有这样做，才能把加强管理特别是加强质量管理放在突出的位置上来抓，这也是为生产高质量的产品所必须采取的重大措施。

从1979年开始，汾酒厂致力于在传统工艺与现代化管理融合互长的实践中，走出了一条适合本企业实际的科学化管理新路子。全厂深入推广以TQC为中心的现代化管理手段，1986年汾酒厂获国家质量管理奖，成为食品行业和山西省数以万计企业里获此殊荣的第一家。企业内部形成了全面质量管理十大保证体系。在食品质量检验流程中建立起5道关口、20道防线、120道把关，有效地保证了产品质量的稳定提高，效益年年递增。

四、有关技术问题探讨

（一）大曲原料粉碎度与成品酒产量的关系

“清香型白酒质量的根本在大曲，大曲的质量关键在原料粉碎”。除了制曲培养工艺掌握不当外，制曲原料粉碎度不合格是形成劣质大曲的主要工艺原因。曲料过粗，影响吸水，曲醅压得不紧，表面不易上霉而形成干皮或曲醅升温过猛，水分散失过早，致使微生物在曲心生长不好、成品曲糖化力不高、发酵力不强、出酒率下降。曲料过细，吸水量大，曲醅压得较紧，曲醅表面上霉迅速，霉衣较重，曲心水分不易蒸发，热量也不易散失，造成窝水、积热、形成黑心或软泥状，甚至酸臭变质，出酒率必然不高。

清香型大曲的原料粉碎要求达到皮粗面细。即大麦和豌豆皮要粗，面要细，有皮有面。既使曲醅有一定的空隙，增加透气性，又要使曲醅有足够的紧实度，黏结性，无大空隙，使大曲在培养过程中散热蒸发，保温保潮，达到恰到好处的程度。粉碎的曲料以通过 1mm 筛孔的细粉占 80％～82％为宜。

要使曲料达到上述皮粗面细的粉碎度要求，必须采用辊式磨面机，而不能使用锤式粉碎机粉碎。因为锤式粉碎机粉碎曲料时，将面皮、麦粉全部打碎成细小颗粒，难以达到曲料的粉碎要求。

（二）地缸、地温对发酵的影响

1. 地缸对发酵的影响

盛装固态发酵糟醅的发酵容器的材质、大小和形状，对于白酒的香气组成成分和质量风格具有直接的影响，因而不同香型酒生产对发酵容器的工艺要求也不同。陶缸是清香型大曲酒采用的传统发酵容器，其大小规格大致为：缸口直径 0.80～0.85m，缸底直径 0.54～0.62m，缸高 1.07～1.20m，总体积为 0.43～0.46m^3。一般每缸盛装发酵原料高粱 150kg 左右。在发酵室内将缸埋于地下泥土中，缸口与地面平齐，缸与缸之间的距离为 10～24cm，俗称地缸。

曾经试验用砖砌水泥涂面发酵池及白色陶瓷板砌成的长方形发酵池进行清香型大曲酒的生产，结果产品质量均不如陶缸好。

地缸有新旧之别，在生产中，为了防止缸外土壤微生物对缸内酒醅发酵产生不良影响，保证产品质量，应尽量避免使用陈年老缸和破缸。生产实践证实，将陈旧的破缸换成新缸发酵，优质品率即刻上升。

另外，研究结果表明花椒水对酒醅中的细菌并无杀菌及抑制作用，对霉菌和酵母菌也无促进作用，因而传统工艺中的花椒水洗缸步骤并无抑制有害菌、促进有益菌的作用。

2. 地温对发酵的影响

地缸容积小，缸内单位体积酒醅所占缸体的表面积大，与地下土壤之间的传热面积较大，因此缸外地温对缸内品温影响很大，不容忽视。地温高则品温高，地温低则品温低。利用水的两重性，以水降温，以水保温，通过调节地温来调节品温，从而控制缸内酒醅的发酵进程，提高成品酒的产量和质量是汾酒生产的特色之一。

（三）关于清香型白酒发酵过程中微生物的消长过程

在清香型大曲酒边糖化边发酵的过程中，主要糖化菌为犁头霉。尽管犁头霉糖化力不高，但是在发酵前期其数量一直占有主导地位，而液化、糖化能力较高的曲霉和毛霉数量甚微。另外，糖化力低、产酸能力强的红曲霉，由于其耐酸和耐酒精能力较强，在发酵过程中始终存在。不过，在糖化发酵过程中，起糖化作用的主要是大曲中带入的酶，因而发酵过程中糖化菌类的生长并不重要。

入缸时，产酒能力极弱的拟内孢霉占据主导地位，数量最多。随着发酵进行，产酒精能力最强的酵母菌属急速繁殖，成为汾酒酒醅中进行发酵产酒的主要菌。此外还有一定产香（乙酸乙酯）和产酒精能力的汉逊酵母及假丝酵母。

在二楂酒醅中，乳酸菌在入缸时数量较多，在发酵过程中急速下降。醋酸菌则在入缸后大量繁殖，3 天后开始下降。芽孢杆菌入缸后繁殖至第 7 天，随后急剧下降，这 3 种菌至出缸后仍有存在。这些细菌是主要的产酸菌，在生产工艺中需要控制得当。

（四）大楂和二楂酒的质量差异

清香型大曲酒生产采用清蒸二次清工艺操作，造成大楂和二楂的入缸发酵配料条件不同，从而造成大楂酒和二楂酒质量上的差异。大楂酒和二楂酒尝评后口感上的不同点如下。

大楂酒：清香突出，入口醇厚绵软回甜，爽口，回味较长，并具有一定的粮香味。

二楂酒：清香但欠协调，常伴有少量的辅料味，入口较冲辣，后略带苦涩感，回味较长。

大楂酒和二楂酒的香气成分组成见表 6-2。

表 6-2 大楂酒和二楂酒的香气成分组成 单位：mg/100mL

香气成分	大楂酒	二楂酒	成品酒
乙醛	10～15	35～45	25～30
甲醇	8～12	15～20	10～15
乙酸乙酯	230～270	250～300	240～280
正丙醇	12～15	15～25	15～20
乙缩醛	15～20	40～50	25～40
异丁醇	14～17	14～17	14～17
异戊醇	35～45	50～60	40～55
乙酸	50～60	65～75	55～70
乳酸	8～14	8～14	8～14
乳酸乙酯	150～220	150～220	150～220

可见，大楂酒和二楂酒各具特色，经贮存后，可按不同品种的质量要求勾兑成成品酒。

第三节 酱香型大曲酒

酱香型大曲酒以其香气幽雅、细腻，酒体醇厚丰满为消费者所喜爱。茅台酒是该香型代表产品，故酱香型酒也称茅型酒。茅台酒产于贵州仁怀县西，赤水河畔的茅台镇，因地得名。早在1916年举行的巴拿马万国博览会上，茅台酒就荣获金质奖。在建国后的历届全国评酒会上，均蝉联国家名酒称号。

酱香型大曲酒生产历史悠久，源远流长。建国初期主要仅在贵州省仁怀县茅台镇周围生产。第四届全国评酒会被评为国家名酒的郎酒，其生产厂四川省古蔺县郎酒厂与茅台镇以赤水河相隔。随着各省同行间的广泛技术交流和相互学习，该香型酒在全国10余个省、市、自治区都有生产。

一、工艺特点及流程

酱香型大曲酒其风味质量特点是酱香突出，幽雅细腻，酒体醇厚，空杯留香持久。独特的风味来自长期的生产实践所总结的精湛酿酒工艺。其特点为高温大曲，两次投料，高温堆积，采用条石筑的发酵窖，多轮次发酵，高温流酒。再按酱香、醇甜及窖底香三种典型体和不同轮次酒分别长期贮存，勾兑贮存成产品。

酱香酒生产工艺较为复杂，周期长。原料高粱从投料酿酒开始，需要经8轮次，每次1个月发酵分层取酒，分别贮存3年后才能勾兑成型。它的生产十分强调季节，传统生产是伏天踩曲，重阳下沙。就是说在每年端午节前后开始制大曲，重阳节前结束。因为伏天气温高，湿度大，空气中的微生物种类、数量多而活跃，有利于大曲培养。由于在培养过程中曲温可高达60℃以上，故称为高温大曲。

在酿酒发酵上还讲究时令，要重阳节（农历九月初九）以后才能投料。这是因为此时正值秋高气爽时节，故酒醅下窖温度低，发酵平缓，酒的质量和产量都好。1年为1个生产大周期。

茅台酒酿酒生产工艺流程如图6-3所示。

二、工艺操作

酱香型白酒生产工艺较为独特，原料高粱称为“沙”。用曲量大，曲料比为1∶0.9。采用条石碎石发酵窖，窖底及封窖用泥土。分两次投料，第1次投料占总量的50%，称为下沙。发酵1个月后出窖，第2次投入其余50%的粮，称为糙沙。原料仅少部分粉碎。发酵1个月后出窖蒸酒，以后每发酵1个月蒸酒1次，只加大曲不再投料，共发酵7轮次，历时8个月完成1个酿酒发酵周期。

（一）下沙操作

取占投料总量50%的高粱。其中80%为整粒，20%经粉碎，加90℃以上的热水（发粮水）润粮4～5h，加水量为粮食的42%～48%。继而加入去年最后1轮发酵出窖而未蒸酒的母糟5%～7%，拌匀，装甑蒸粮1h至七成熟，带有3成硬心或白心即可出甑。在晾场上再加入原粮量10%～12%的90℃热水，拌匀后摊开冷散至30～35℃。洒入尾酒及加兑投料量10%～12%的大曲粉，拌匀收拢成堆，温度约30℃，堆积4～5天。待堆顶温度达45～50℃，堆中酒醅有香甜味和酒香味时，

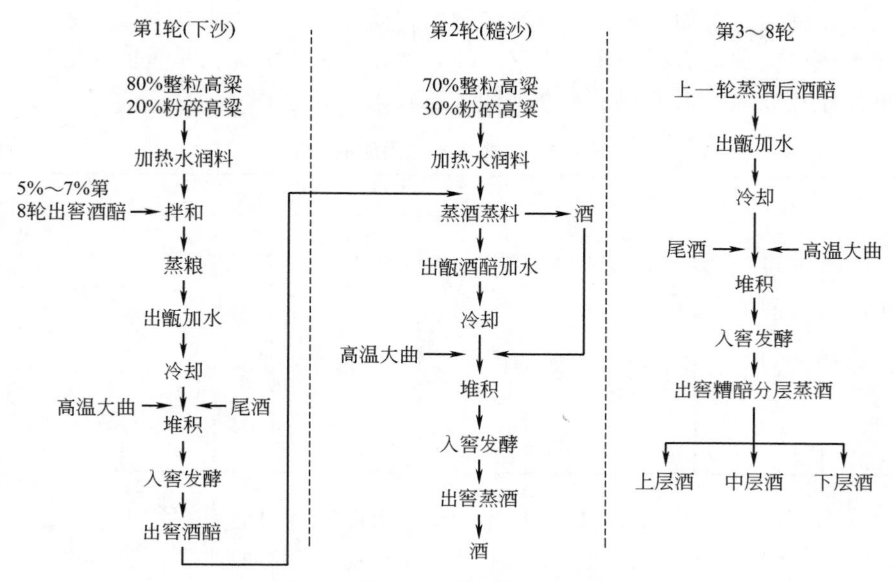

图 6-3 茅台酒酿酒生产工艺流程

即可入窖发酵。下窖前先用尾酒喷洒窖壁四周及底部，并在窖底撒一些大曲粉。酒醅入窖时同时浇洒尾酒，其总用量约 3%，入窖温度为 35℃左右，水分 42%～43%，酸度 0.9，淀粉浓度为 32%～33%，酒精含量 1.6%～1.7%。用泥封窖发酵 30 天。

（二）糙沙操作

取总投料量的其余 50%高粱，其中 70%高粱整粒，30%经粉碎，润料同上述下沙一样。然后加入等量的下沙出窖发酵酒醅混合后装甑蒸酒蒸料。首次蒸得的生沙酒，不作原酒入库，全部泼回出甑冷却后的酒醅中，再加入大曲粉拌匀收拢成堆，堆积、入窖操作同下沙，封窖发酵 1 个月。出窖蒸馏，量质摘酒即得第 1 次原酒，入库贮存，此为糙沙酒。此酒甜味好，但味冲，生涩味和酸味重。

（三）第 3～8 轮操作

蒸完糙沙酒的出甑酒醅摊晾、加酒尾和大曲粉，拌匀堆积，再入窖发酵 1 个月，出窖蒸得的酒也称回沙酒。以后每轮次的操作同上，分别蒸得第 3、4、5 次原酒，统称为大回酒。此酒香浓、味醇、酒体较丰满。第 6 次原酒称小回酒，醇和、糊香好、味长。第 7 次原酒称为追糟酒，醇和、有糊香，但微苦，糟味较大。经 8 次发酵，接取 7 次原酒后，完成一个生产酿造周期，酒醅才能作为扔糟出售作饲料。

三、入窖发酵条件

（一）原料配比

酿制茅台白酒主要原料是高粱和小麦（大曲）。高粱淀粉含量高、蛋白质适中，蒸煮后疏松适度、黏而不糊，是传统酿酒的优质原料。

茅台酒的大曲既有接种作用，又有原料作用，并为酒提供呈香前体物质，所以大曲的用量比较大。大曲用量与酒质的关系较大，见表 6-3。

表 6-3 大曲用量与酒质的关系

高粱用量/kg	大曲用量/kg	产酒量/kg	酒质分布/%			
			酱香	窖底香	醇甜	次品
100	65	29.3	3.1	0.1	85.5	12.3
100	72.3	37.27	4.7	0.3	86	10.0
100	75.6	39.04	6.23	0.28	88.2	5.29
100	82	43	9.51	1.27	84.5	4.76
100	90	43.8	14.7	3.1	78.2	4
100	97.4	44	14.8	2.1	80.2	2.9
100	103.4	33.2	22.5	3.0	71.4	2.1

从表 6-3 可知，若排除操作等其他因素，大曲用量对酒质有较大影响。

① 当大曲量占高粱的 75%以下时，质量很差。由于加曲少，糟醅水分、酸度随轮次升幅较大，生产不正常，出酒率也低。

② 大曲量占 75%～85%时，出酒率最高，但酱香和窖底香酒较少，质量一般。

③ 大曲用量达到 95%以上后，出酒率并未因大曲量的增加而明显增加，甚至相对降低。质量也无明显提高。大曲加得过多还会使酒醅发腻结块，操作困难，水分难掌握，生产难以稳定。

可见，在茅台曲酒生产过程中大曲用量不是越多越好，大曲投入量以占高粱的 85%～90%为宜，每 100kg 小麦一般可做 82kg 曲块，经贮存半年并粉碎后损耗 4%左右，可得曲粉 80kg，照此计算，每 100kg 高粱约需小麦 110kg。因此，高粱：小麦应为 1.0：1.1。

（二）水分

大曲茅台白酒传统要求轻水分操作（相对其余香型酒而言）。只要能使原料糊化、糖化发酵正常进行即可。因为茅台曲酒整个酿造过程是 8 轮发酵、7 次取酒，并不要求一开始就发酵完全。

酿造中若水分过大会出现很多问题。①“水多酸大”，茅台曲酒酿造过程与其余香型曲酒一样，是开放式操作，加上特殊的堆积工序，水分大时微生物（包括杂菌）生长繁殖快，糟醅升温、生酸幅度也大，最终造成温度高、酸度也高；②水分过大，糟醅堆积时流水，不疏松，升温困难，容易产生“包心”，操作困难，不易处理。所以，酒师们常说“伤水的糟子难做”。

糟醅的水分来源主要是润粮水、量水、酒尾、甑边水、蒸汽冷凝水等，这些水都应有适当的用量和控制方法。

1. 润粮水

高粱粉碎后，必须加开水润过以后才能蒸煮糊化。这次加的水称为润粮水，它是酒醅水分的主要来源。

润粮水的作用是使淀粉粒吸水膨胀，保证粮粉糊化。酒师常有“一发、二蒸、三发酵”之说。将润粮工序列为酿酒之首，足见润粮的重要性。水分少，不利于糊化，蒸煮不熟，达不到淀粉膨胀、分裂的目的，出酒率低，酒味生涩，发酵糟冲鼻等，影响酒的质量，水分过多又对糖化发酵不利。

① 润粮水用量要适当。若高粱的含水量正常（13%～14%），润粮水一般为高粱的51%～52%。

② 润粮水温度要高，否则水分会附于原料表面，淀粉粒吸水不足。水温要求在95℃以上。

③ 粮食粉碎度合适，加水后翻糟要好。若翻糟不好，水分容易流失，粮食吸水不均匀，蒸煮后生熟不一。

④ 润粮时间要合理，一般分2次加水，第1次用总水量的60%左右，第2次用总水量的40%左右，中间隔2～4h。2次加水后8～10h蒸粮，让粮食充分吸水。

一般润好的粮食水分含量为40%～41%，颗粒膨胀肥大，表皮收汗利落，剖面无白粉。

2. 量水

粮食出甑后加的水分称为量水，茅台酒一般在下沙、糙沙时用。它可以增加淀粉颗粒的水分，便于曲粉吸水，使曲粉中的有益微生物酶活力增加，提高曲粉的糖化、发酵能力。它还会使有益微生物通过表面水分进入淀粉颗粒，促进糖化发酵作用。

量水的使用量应视蒸沙的水分情况而定。过多的量水会使粮食表皮水分太大、不利落。一般为高粱的5%～8%，量水温度应以95℃以上为好。打量水后要迅速翻糙，使粮食吸水均匀，但不能流失。

3. 酒尾

回酒工艺是酱香型大曲酒的主要特点之一。在摊凉后撒曲前和下窖时都要泼入一定量的酒尾，以抑制有害微生物的繁殖，并促进酯化，提高酒质。

使用酒尾要视蒸沙和糟醅的水分含量而定，水分大的要少用；酸度大的糟醅也要少用，防止升酸过大。回酒的尾子最好是用大回酒的尾子。

4. 蒸汽冷凝水

在蒸馏取酒时，若吊尾时间过长，蒸汽冷凝水会使酒醅含水量增大。所以，3次酒前要少吊酒尾，以减少水分增幅。

5. 甑边水

不锈钢制的甑锅甑沟水较多，出甑时要先将甑沟水放掉，避免流入糟醅中。

总之，茅台酒比较重视水分的控制，既要考虑产量，更要考虑质量。一般入窖水分随轮次递增：入窖糟下沙时在40%左右，糙沙时为42%～44%，以后每轮增加1%～2%。水分偏大一些，出酒率可稍高，但会使酒质下降。

（三）酸度

酸是形成茅台酒香味成分的前体物质。茅台酒的主体香是低沸点的酯类和高沸点的酸类物质组成的复合体，同时酸又是各种酯类的主要组成部分。酒体中的酸来源于生产发酵过程，所以，酒醅中的酸度不够时，酒香味差、味短、口感单调。糟醅中适当的酸可以抑制部分有害杂菌的生长繁殖，保证发酵正常进行。一般在入窖7～15 天中，细菌把淀粉、糖分转变成酒精、酸和其他物质。15 天后到开窖前，已经生成的醇类、酸类、醛类等经生物化学反应，生成各类酯类和其他呈香物质。在此期间，有益微生物及酶类利用已生成的酸和醇，生成众多的香味成分。所以，酸是香味的重要来源。

糟醅中的酸度有利于糖化和糊化作用。但是，如果糟醅中酸度过大，又会对生产造成不利影响。若酸度过大，它会抑制有益微生物的生长繁殖，使糖化、发酵不能正常进行，导致出酒率低下，产酒少，酒的总酸含量高，酸味严重。

各轮次产酸状况见表 6-4，从表中可看出，1 号样酒的酸味出头，口感差，经过贮存后酸略有下降，但仍达 2.82g/L，作为成品酒来说，酸过高。2 号样酒因酸度控制得好，发酵正常，酒质较好。糟醅中乙酸多，酒中乙酸乙酯含量增加，有时竟高出正常值的 10 倍以上，破坏了酒中成分的平衡，严重影响酒体风格。

表 6-4　各轮次产酸状况　　单位：g/L（以乙酸计）

总酸	轮次							混合后	贮存后
	1	2	3	4	5	6	7		
1号	4.25	5.06	3.21	3.11	3.57	3.79	4.02	3.47	2.82
2号	2.97	3.01	2.21	1.87	1.93	2.07	2.32	2.11	1.76

另外，酸度过大，影响出酒率，成本增加。根据茅台酒厂的生产实践，认为入窖糟的酸度应控制在一定范围：下沙、糙沙 0.5～1.0 度；2 轮次酒 1.5 度左右；3、4 轮次酒 2.0 度左右；5、6 轮次酒 2.4～2.6 度，出窖时一般比入窖糟高 0.3～0.6 度。为了使入窖酸度控制在一定范围，应注意下述几点：

① 注意控制水分；

② 堆积时水温不要过高；

③ 控制稻壳用量；

④ 适时下窖，否则糟醅发烧霉变，酸度随之增高；

⑤ 尽量不用新曲；

⑥ 做好清洁卫生，减少杂菌感染；

⑦ 认真管好窖池，防止窖皮裂口；

⑧ 注意酒尾的质量和用量。

（四）温度

温度控制是糖化发酵必不可少的条件，微生物的生长繁殖都需要有适宜的温度，各种酶促反应都有其最适的温度范围。没有合适的温度，微生物的活动就会停止或不能正常生长繁殖。糟醅中的微量成分的生化反应和相互转化也要有适宜的温度。当然，如果糟醅温度过高，微生物活力受到影响，发酵不能正常进行，必然降质减产。茅台曲酒的工艺复杂，生产周期长，季节、轮次差异大，所以温度控制点多，难度大。影响发酵的温度主要有下曲收堆温度、收堆温度、堆积升温幅度、入窖温度、窖内温度等。

1. 下曲收堆温度

由于生产周期长，各轮次自然温差大，各轮次糟醅升温情况也不同。下沙、糙沙升温快，熟糟（3 轮以后）升温慢，所以温度要求也不同。操作要求是：下沙、糙沙收堆 23～26℃，熟糟收堆 25～28℃。下曲温度在冬季比收堆温度高2～3℃，夏季与收堆温度一样。

2. 收堆温度和堆积升温幅度

较高温度的堆积是产生酱香物质的重要条件，由于大曲中基本上没有酵母，发酵产酒所需的酵母要靠在晾堂上堆积网罗。因此，堆积不仅是扩大微生物数量，为入窖发酵创造条件的过程，也是制造酒香的过程。糟醅在堆积过程中，微生物活动频繁，酶促反应速率加快，温度逐渐升高。所以，通过测定堆中温度，可以了解堆积情况。

各轮次升温情况不同，如果在重阳节期间投粮下糙沙，因粮食糙、水分少，比较疏松，糟醅中空气较多，升温特别快，温度也高，即使在冬天也只要 24～48h 就下窖。1、2 次酒的糟醅相对不够疏松，水分增加，残余酒分子含量少，一般在 1～2 月份，气温低，所以升温缓慢。由于气温低，堆积容易出现“包心”，一般要 3～6 天甚至更长的时间才能入窖。3 轮次酒后，气温升高，糟醅的残余酒精等增加，淀粉也糊化彻底，升温就不太困难，一般堆积 2～4 天就可以入窖（见表 6-5）。

表 6-5 糙沙与 3 次酒堆积情况

类别	时间	品温/℃	水分/%	淀粉含量/%	糖分/%	酸度	酒精含量(以体积分数 55%计)/%
糙沙堆积	完堆	24	44.3	38.19	2.24	0.9	2.02
	第 1 天	33	44.3	38.11	2.26	0.9	2.30
	第 2 天	49	44.25	37.83	2.41	1.2	3.39
3 次酒堆积	完堆	26					
	第 1 天	32.5	49.40	26.23	4.80	2.10	1.13
	第 2 天	39	49.90	24.85	5.64	2.15	1.35
	第 3 天	47	50.35	24.00	5.67	2.15	2.55

堆积温度：下糙沙 45～50℃；熟糟 42～50℃。一般以堆积温度不穿皮、有甜香味为宜。堆积入窖温度太低，酒的典型性差，香型不突出；温度过高则发酵过猛，淀粉损失大，出酒率低，酒甜味差，异杂味重。

3. 窖内温度变化

糟醅入窖后，品温逐渐上升，到 15 天后缓慢下降。到开窖时，熟糟一般为

34～37℃。若温度过高，糟醅冲鼻，酒味大，但产酒不多，谓之“好酒不出缸”。

4. 控制温度应注意的问题

① 下曲温度不要过高，否则影响曲药的活力；下曲后翻拌要均匀；各甑之间温度要一致；上堆时，堆子四周同时上，不要只上在一侧；酒醅要抛到堆子顶部；堆子不宜收得太高，否则会造成升温不均匀。

② 如果堆积时升温困难、堆的时间又太长，就要采取措施入窖，否则糟醅馊臭，影响质量。冬天检测堆温，温度计要插得深一些。

③ 入窖时原则上温度高的下在窖底，温度低的下在窖面，保持窖内温度一致。

（五）糟醅条件

糟醅是粮、曲、水、稻壳等的混合物，只有把它们之间的关系平衡谐调，才能培养好的糟醅，产出好酒。大曲茅台酒是2次投料、8轮发酵、7次烤酒，生产周期长，如果糟醅发生问题，即使逐步挽回，也会严重影响全年度酒的产量和质量。

由于高温大曲中基本上没有酵母，主要靠网罗空气中、地面、工具、场地的微生物进行糖化发酵，所以，要求糟醅在堆积和入窖后都要保持疏松。如果太紧，会影响微生物的繁殖，堆积时升温困难，容易产生“包心”现象（即表皮有温度、中间温度低甚至是冷糟）。入窖后容易倒烧，产生酸败。

为了保持疏松，增加糟醅中的空气含量，要做到以下几点。

① 原料不要粉碎太细，不要蒸得太熟。一个生产周期中，原料要经过9次蒸煮，如果原料太细、蒸得烂熟，会使糟醅结团块，不疏松，不利于生产和操作。

② 上堆要均匀，甑的容积要合理，上堆速度要控制。上堆用铲子，堆子要矮，使糟醅和空气的接触大些，以增加糟醅中空气的含量。

③ 下窖要疏松，下窖速度不宜太快，除窖面拍平外不必踩窖。

④ 从3次酒起要加稻壳，以增加疏松程度并调节糟醅中水分、酸度含量。与浓香型酒相比，茅台酒的稻壳用量要少得多，约为高粱的8%。

四、有关技术问题探讨

（一）酱香型大曲酒主体香味成分剖析

自从采用气相色谱法对酱香型大曲酒的香气成分进行分析以来，至今已经检验出几百种的成分。但是其中究竟哪些成分或在哪些成分间的量比关系是构成酱香的主体香源，至今尚无定论。归纳起来有以下几种论点。

1. 高沸点酚类化合物说

日本学者横冢保在研究酱油的主体香气成分时认为，4-乙基愈创木酚具有酱油特征香，是酱油的主体香气成分。1964年茅台酒技术试点时，借鉴了横冢保的实验成果，应用纸色谱分析在茅台酒中检出了4-乙基愈创木酚，首次提出该成分可能是茅台酒的主体香。但是在随后的相关研究中发现，该成分在某些别的香型酒，乃至普通固态法白酒中也存在，有的含量也不低，证明了4-乙基愈创木酚并非是酱香型酒的主体香气成分，而只是茅台酒和某些固态发酵白酒香味的一个组分。1982年，在贵阳召开的"茅台酒主体香成分解剖及制曲酿酒主要微生物与香味关系的研究"成果鉴定会上，贵州轻工业研究所提出茅台酒的主体芳香组分可能是由高沸点的酸性物质和低沸点的酯类物质组成的复合香，前者为后香，后者为前香。后香即喝完酒后残留在杯中经久不散的"空杯香"；所谓前香，即开瓶后首先闻到的那种幽雅细腻的芳香。酱香型酒的闻香与众不同的是由这两部分香气所组成。

2. 以吡嗪类化合物为主说

从枯草芽孢杆菌中分离得到的四甲基吡嗪具有酱油、豆豉、豆面酱的发酵大豆味。酱香型酒生产所采用高温大曲、高温堆积、高温发酵及蒸馏等高温工艺，为美拉德反应创造了条件，因而可以产生多种吡嗪类杂环芳香化合物，而且这些吡嗪类化合物的嗅觉阈值极低。在酒中又检测出数量多、品种多的吡嗪类化合物，从而推测这类杂环芳香化合物有可能是酱香型酒的主体香气成分。

3. 呋喃类和吡喃类衍生物说

周良彦先生推测酱香型酒的主体香气成分有很大可能是呋喃类、吡喃类衍生物。周先生列举了23种具有酱香和焦香的化合物，其中呋喃酮类7种，酚类4种，吡喃酮类6种，烯酮类5种，丁酮类1种。这些化合物的分子结构中基本上都含有羟基或羰基等呈酸性物质，具有5～6个碳原子环状化合物。其环大都含氧原子，分子中具有芳构化活性很强的烯醇或烯酮结构。这些物质的来源是淀粉组成的各种糖类，经水解等因素变成单糖、低糖类和多糖类。

4. 美拉德反应说

庄名扬等人研究认为酱香型白酒香味物质的产生，风格的形成，是由于它特殊的制曲、酿酒工艺造就了特定的微生物区系对蛋白质分子的降解作用，生成了种类繁多的多肽及氨基酸参与了美拉德反应的结果。而高温大曲中的地衣芽孢杆菌所分泌的生物酶对美拉得反应起了较强的催化作用。由美拉德反应所产生的糠醛类、酮醛类、二羟基化合物、吡喃类及吡嗪类化合物，对于酱香型酒风格的形成起着决定性的作用。根据各类化合物的香味特征，5-羟基麦芽酚为酱香型酒的特征组分，其他成分起着助香呈味作用。

（二）高温制曲

高温制曲是酱香型酒的特殊工艺之一。大曲是酿酒发酵的基础，酱香型酒生产用曲量大，与原料高粱比达1∶1，若折算成制曲原料小麦，则其用量超过高粱。因此，高温大曲在酿酒时既作为糖化发酵剂，又是原料的一半有余，显然大曲质量与酒的风味密切相关，历来认为曲的香气是酱香的主要来源之一。

在高温制曲过程中，不同温度阶段的曲药香气是不同的。刚进曲房的曲块其香气是小麦的清香，颜色为灰白色；温度达到30～40℃时是甜甜的带有淡淡糯米味的酒香（醪糟味），曲块表面颜色为浅米黄色；温度达50～58℃时，曲块表面呈淡褐色，有明显的曲香味；当曲块温度达60℃以上时，曲块表面呈深褐色或黑色，曲块横断面为金黄色，并散发出浓郁幽雅的香气（类似于黄粑香），但这种香气还不是酱香；待到第一次翻曲后，随着温度的再次上升和水分的蒸发，曲块的外部变为褐色、深褐色、黑色（极少数为金黄色），内部变成浅褐色时，曲块就散发出浓郁的曲香和淡淡的焦香，这种混合香即为酱香。

高温制曲不同时期具有不同的温度、不同的香气、不同的颜色的现象说明不同时期具有不同的微生物种类、不同的酶系、不同的代谢产物。

（三）高温堆积

高温堆积是酱香型酒生产独特的关键工序之一，它直接关系到产品的质量和产量，业已明确堆积的作用主要是又一次网罗了野生微生物，尤其是酵母菌。堆积前后的微生物变化见表6-6。

表6-6　第2轮堆积微生物种类和微生物的变化　　单位：$\times 10^4$个/g

堆积时间/h	细菌		酵母菌		霉菌		总计	
	种数	数量	种数	数量	种数	数量	种数	数量
0	21	12290	8	6400	—	—	29	18690
48	10	230	11	1530	—	—	21	1760
94	30	650	15	1718	—	—	45	2368

从表6-6可知，堆积后细菌增加9种，酵母菌增加7种。堆积48h前酵母菌大量增加，由开始的占总菌数34.24％提高到86.93％；细菌则由65.76％下降为13.07％。至94h后，随着出甑酒醅不断上堆，堆的体积加大，空气不足，酵母菌有所下降，但仍占总菌数的72.55％。在堆积过程中，酒醅中的酵母菌主要来自酿酒操作的场地，见表6-7。虽然在堆积前粮醅加入了10％左右（对投粮）的高温大曲，但在大曲中97％～99％为细菌，其余为少量的霉菌，而酵母菌很少见。显然酒醅在入窖发酵前经过堆积这一重要工序，微生物的品种、数量、比例都起了很大的变化，因此有人称为“第2次制曲”。茅台试点时曾做过酒醅不经堆积直接入窖发酵的对比试验，结果是在入窖微生物组成比例上，不堆积的酒醅细菌占53.76％，酵母菌占46.24％；堆积的酒醅细菌占5.61％，酵母菌占94.39％。经发酵、蒸馏所得酒的质量检验，前者为不合格产品。两者酒质有明显的差别。

表6-7　某厂酿酒车间环境微生物的测定　　单位：$\times 10^4$个/g

项　目	细菌	酵母菌	霉菌
酿酒场地	62300	13056	0
空气	282	0	0

堆积还使某些发酵基质起了变化。从对氨基酸的测定看，由开始存在的异亮氨酸、缬氨酸、酪氨酸、羟脯氨酸、精氨酸、丙氨酸、赖氨酸、谷氨酸、天冬氨酸、

苏氨酸、丝氨酸、鸟氨酸、甘氨酸13种，堆积后减少为10种，其中精氨酸、丝氨酸及鸟氨酸消失。

生产实践说明了加强堆积管理的重要性。操作以逐渐连续、由上而下、逐甑均匀上堆为好。堆积管理得好，温度上升有规律，堆子质量好；反之，则温度变化无常，堆子质量不好，入窖发酵后产酒少、质量也差。因此，必须掌握好堆积温度较均匀地达标，提倡嫩堆，及时入窖发酵。

(四) 长期贮存

名、优质酒必须经过一定的贮存期才能使酒“老熟”。酱香型酒的贮存期至少在3年以上才能使香气典型性更加完善，酒味醇厚丰满。老熟过程是一个复杂的物理与化学变化，为了科学地掌握老熟程度，为确立合理贮存期提供必要的依据，有人采用雷磁27型电导仪对不同香型、不同轮次、不同贮存期的茅台酒进行了电导测定，结果见表6-8～表6-11。

表6-8 不同年份茅台酒总酸、总酯及电导的变化

香型酒入库年份		测定温度/℃	酒精含量/℃	总酸含量/(g/100mL)	总酯含量/(g/100mL)	电导/kS
A型香酒	1979年	27.4	57.2	0.1263	0.3215	0.064
	1978年	27.2	55.2	0.1970	0.3562	0.094
	1977年	27.1	56.3	0.2057	0.3393	0.099
	1976年	27.1	55.7	0.2284	0.3277	0.105
	1975年	27.2	56.8	0.2588	0.3296	0.101
C型酒	1979年	27.0	57.0	0.1428	0.340	0.076
	1978年	27.3	56.0	0.1709	0.3446	0.088
	1977年	27.6	54.20	0.1746	0.2712	0.103
	1976年	26.8	56.0	0.2058	0.3167	0.101
	1975年	27.5	57.0	0.2186	0.3249	0.110
B型酒	1979年	27.4	58.2	0.2273	0.4221	0.070
	1978年	27.4	56.0	0.2286	0.4112	0.095
	1977年	27.1	55.2	0.2196	0.3489	0.105
	1976年	27.0	56.3	0.2981	0.3570	0.110
	1975年	27.3	56.1	0.3010	0.3492	0.118

表6-9 不同贮存期茅台酒的电导测定结果（测定温度**20℃**）

项　目	电导/kS	项　目	电导/kS
新入库酒	0.0395	贮存5年的酒	0.0577
贮存1年的酒	0.5100	贮存6年的酒	0.0588
贮存2年的酒	0.0541	贮存7年的酒	0.0598
贮存3年的酒	0.0571	贮存20年的酒	0.1238
贮存4年的酒	0.0574		

表 6-10 感官品尝与电导的关系（测定温度 20℃）

样品名称	评语	电导/kS	备注
出厂标准酒	无色透明，特殊芳香，醇和浓郁，味长回甜	0.0873	—
准备出厂酒Ⅰ	无色透明，香，醇，味长	0.0893	同意出厂
准备出厂酒Ⅱ	无色透明，香，稍有辛辣味	0.0815	不同意出厂

表 6-11 不同轮次酒的电导测定结果（测定温度 25℃）

项目	1次酒	2次酒	3次酒	4次酒	5次酒	6次酒
酒精浓度/%	54.8	55.8	55.2	56.2	53.4	52.6
总酸含量/(g/100mL)	0.1395	0.1078	0.1321	0.1239	0.1329	0.1047
总酯含量/(g/100mL)	0.4294	0.4040	0.3978	0.3596	0.3591	0.3626
电导/kS	0.0726	0.0638	0.0678	0.0650	0.0745	0.0580

溶液的电导取决于溶液中的离子性质、浓度及溶液的压力、温度等。酒是含有众多组分的酒精水溶液，它的电导与所含成分有关。经贮存后，发生了一系列物理与化学变化，其电导也相应起了变化。试验结果显示，随着贮存期的增长，电导也增加，在第1年增长较快，其后变化缓慢。电导还受温度、酒精浓度、香型酒种类、酒的轮次等影响。各厂可根据自己产品的特点测定不同条件下的电导数据，并结合品尝、勾兑，探索陈酿老熟的规律。

第四节 其他香型大曲酒

一、凤香型大曲酒

凤香型酒，其代表产品为西凤酒。西凤酒产于陕西省凤翔县柳林镇，始于3000年前殷商晚期的“秦酒”，具有悠久历史。早在1952年第一届全国评酒会上，就被命名为四大名白酒之一。1984年第四届全国评酒会上，在其他香型酒中再次荣获国家名酒称号。1989年第五届全国评酒会上蝉联国家金质奖。1993年正式定名为凤香型酒，继清香、浓香、酱香、米香之后成为五大香型之一。

（一）工艺特点及流程

凤香型大曲酒其风味质量特征为醇香秀雅、甘润挺爽、诸味协调、尾净悠长。习惯说法为酸、甜、苦、辣、香五味俱全，不偏酸、不偏苦、不辛辣、不呛喉而有回甘味。从香气成分上分析，具有乙酸乙酯为主并含有一定量的己酸乙酯为辅的复合香气，国家标准规定优等品的乙酸乙酯含量≥0.60g/L，己酸乙酯0.15～0.5g/L。其工艺特点为：以高粱为酿酒原料；以大麦、豌豆为制曲原料，采用接近浓香型大曲的高温培养工艺，制得的中高温凤香型大曲兼有清香与浓香型大曲两者的特点；发酵期仅为11～14天，是国家名酒中发酵周期最短的。采用续糙配料混烧酿酒工艺。1年为1个大生产周期，每年9月立窖，次年7月挑窖，整个过程经立窖、破窖、顶窖、圆窖、插窖、挑窖 6 个顺序。采用泥窖发酵，每年更换窖皮泥一次，以控制成品酒中己酸乙酯的含量，保持凤香型酒的风格。以特制的酒海作为贮酒容器，酒内由酒海中溶解出来的物质比陶缸多。用荆条编成大篓，内壁糊上百层麻纸，涂以猪血、石灰，然后用蛋清、蜂蜡、熟菜籽油按比例配制而成的涂料涂擦，晾干作为贮存酒的酒海。

凤香型大曲酒的生产工艺流程如图 6-4 所示。

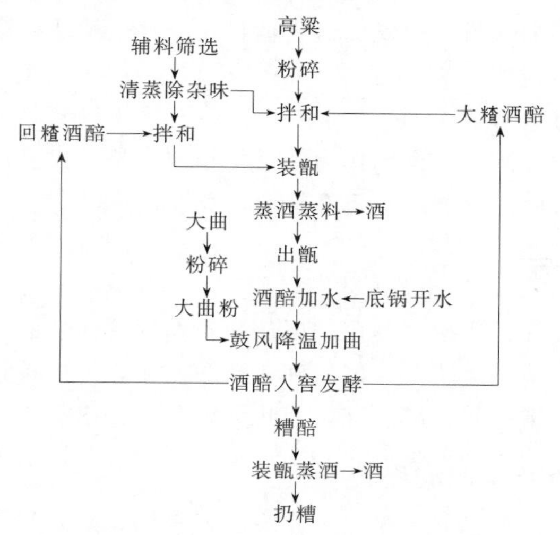

图 6-4 凤香型大曲酒的生产工艺流程

（二）工艺操作

1. 立窖（第 **1** 排生产）

每个班组每日立一个窖，投高粱原料 1000kg，辅料 600kg，酒糟 500kg。粮比水为 1.0∶(1.0～1.1)，加入 90℃以上的热水拌匀，堆积 24h。其间翻拌 2 次，使水分润透粮心。然后分 3 甑蒸煮，每甑蒸煮时间自圆汽计为 90min，高粱楂达到熟而不黏即可出甑。立即加入底锅开水适量，经降温加入 200kg 大曲粉（三甑总量）入窖泥封发酵 14 天后出窖蒸酒。

2. 破窖（第 **2** 排生产）

在发酵成熟出窖底酒醅中，加入粉碎后的高粱 900kg 及适量辅料，分成 3 个大楂、1 个回楂共 4 甑蒸酒。出甑酒醅加底锅开水，降温加大曲，泥封发酵同上述操作。

3. 顶窖（第 **3** 排生产）

出窖酒醅，仍在 3 个大楂中加入高粱 900kg，分成 3 个大楂1 个回楂共 4 甑蒸酒。其加水、加曲、降温操作同前。上次入窖的回楂经蒸酒后不再投粮，入窖成糟醅，加曲、降温后，入窖封泥、发酵。

4. 圆窖（第 **4** 排生产）

出窖酒醅在 3 个大楂中加入高粱 900kg，分成 3 个大楂1 个回楂。上次入窖的回糙蒸酒后成糟醅入窖发酵。上次入窖的糟醅蒸酒后为扔糟。自第 4 排起，即进入正常生产，每日投料、扔糟各一份，保持酒醅材料进出平衡。以后每发酵 14 天为一排。

至 6 月底，由于气候炎热，影响正常发酵，同时泥窖需要更新内壁泥土，故随即停产。在停产前 1 排生产称为插窖。

5. 插窖

该排酒醅中不再加入新料，仅加适量辅料，全部按糟醅入窖发酵。加少量大曲及水，入窖温度提高到 28～30℃。

6. 挑窖（最后 **1** 排生产）

上排糟醅经发酵蒸酒后，全部作为扔糟，至此，整个大生产周期遂告结束。

所产新酒在酒海中贮存 3 年，再经精心勾兑而成产品。

二、特香型大曲酒

特型大曲酒是以江西省生产为主，以江西省樟树县四特酒厂生产的四特酒最为著名。四特酒具有“清亮透明，香气浓郁，味醇回甜，饮后神怡”四大特点，周恩来生前对该酒曾有“清、香、醇、纯，回味无穷”的评语。

（一）工艺特点及生产流程

特型酒的感官风味质量以三型（浓、清、酱香型）具备犹不靠为特征；具有无色透明、诸香协调、柔绵醇和、香味悠长的风格。其工艺特点如下。

1. 采用大米为酿酒原料

与其他大曲酒不同，特型酒采用大米为酿酒原料，采用整粒大米不经粉碎直接和出窖发酵酒醅混合的老五甑混蒸混烧工艺，必然使大米中的固有香气带入酒中；同时大米所含成分和高粱不同，导致发酵产物有所变化。如特香型酒的高级脂肪酸乙酯含量超过其他白酒近 1 倍，相应的脂肪酸含量也较高。用大米原料采用传统的固态发酵法是其特点之一。虽然米香型及豉香型酒原料也是大米，但它们的酿酒工艺及微生物都完全不同，因此产品风格各异。

2. 独特的大曲原料配比

四特酒酿造所用的大曲，其制曲原料是面粉 35%～40%，麦麸 40%～50%，酒糟 15%～20%。这与所有其他大曲酒厂相比是独一无二的。这种配料比是以小麦为基础加强了原料的粉碎细度，同时调整了碳氮比，增加了含氮成分及生麸皮自身的 β-淀粉酶。添加 10%的酒糟既改善了大曲料的疏松度，同时其中残存的大量死菌体有利于微生物的生长；有机酸可以调节制曲的 pH 值；残余淀粉得以再利用，节约制曲用粮，以降低成本。其培养成的大曲是形成四特酒风格的又一因素。

3. 红条石筑发酵窖池

四特酒的酿酒发酵设备由江西特产的红条石砌成，水泥勾缝，仅在窖底及封窖时用泥。它有别于茅台酒的青条石泥土勾缝窖，更不同于浓香型的泥窖和清香型的地缸发酵。红条石质地疏松，空隙多，吸水性强。这种非泥非石的窖壁，为酿酒微生物提供了特殊的环境。

四特酒的生产工艺流程如图 6-5 所示。

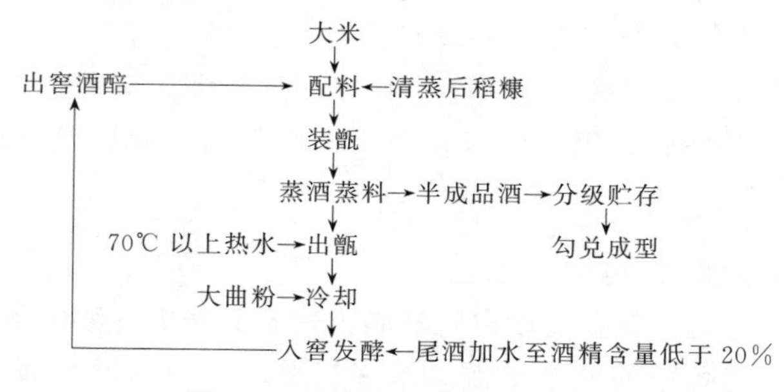

图 6-5 四特酒的生产工艺流程

（二）工艺操作

采用老五甑演变而来的混蒸续楂4 甑操作法。4 甑入窖糟醅分别为小楂、大楂、二楂及回糟。大楂、二楂配料随季节气温变化而有所调整。

发酵完毕的窖池用铁锹铲出封窖泥，在铲除接触窖泥的酒醅约 5cm 丢弃后，根据季节和投料量多少挖取窖池上层的酒醅 5～7 车（300kg/车），加入清蒸后的稻糠 60kg，拌匀打碎团块，装甑蒸酒。出甑经冷却，加大曲翻拌均匀后即入窖发酵，踩平。此为回糟（该厂称为丢糟）。

第 2、3 甑为大楂及二楂。取大米 630kg 堆在甑旁，继续挖出中层发酵酒醅 11～13 车，并加入清蒸稻糠 180kg，三者混合拌匀，随挖随拌，打碎团块，拌匀后成堆，表面再覆盖一层稻糠，分两次装甑蒸酒蒸料。蒸酒时流酒速度不超过 3.5kg/min，量质摘酒，截头去尾，每甑摘取酒头 2～3kg 作勾兑调味酒。酒精含量在 45%以下的酒尾不入库，各甑酒尾都集中于最后一甑倒入底锅蒸酒回收。

蒸酒结束后，移开甑盖继续蒸料排酸，如料未蒸熟，还需加水再蒸。夏秋气温高，规定必须开大汽排酸 10～15min，方可出甑。出甑酒醅装车运到通风晾糙板上堆积，并随即加入 70℃以上的热水。若水温偏低，则大米原料易返生。如果发现白生心饭粒，应焖堆 5～10min。然后散开酒醅进行通风冷却至入窖温度，每甑加入大曲粉 78kg 左右，翻拌均匀后起堆入窖、大楂入窖后摊平踩实。再加入 20kg 酒精含量 20%以下的尾酒。二楂入窖后，酒醅呈中高、边低状，加入 40kg 酒精含量 20%以下的尾酒，即用泥封窖发酵 30 天。

第 4 甑为丢糟，即上排入窖的回糟，酒醅为 6～7 车。回糟在发酵窖底，因其水分较大，故使用 120kg 稻糠拌匀后蒸酒。流酒完毕后出甑，即为丢糟，做饲料出售。

三、兼香型大曲酒

兼香型白酒，即指酒体兼有酱香型和浓香型酒的感官特征：芳香幽雅舒适，细腻丰满，浓酱谐和，回味爽净，余味悠长。该香型起始于20世纪70年代初期，人们在学习总结名酒生产经验的基础上，将茅台酒与泸州曲酒两种生产工艺糅合在一起，生产出来兼有酱香和浓香两种风格的白酒。在1979年全国第三届评酒会上，湖北省松滋县产的白云边酒率先荣登国家优质酒的称号。随后10余年来，随着科学技术的发展，生产工艺日臻完善，生产厂家逐步壮大，从南到北有454个厂。至1989年，除了白云边酒外，黑龙江玉泉酒、湖南省白沙液以及湖北省西陵特曲酒也相继获国家银质奖。

(一) 兼香型大曲酒的生产工艺

从该香型起步之时，就存在以白云边酒为代表的酱中有浓风格和以黑龙江玉泉酒为代表的浓中有酱风格的两个流派。浓酱相兼、酱浓谐调是兼香型酒质量的核心。从目前看来，这两个流派产品的己酸乙酯含量都可以控制在60～120mg/100mL之间，是区别于浓香型酒的一项主要指标。由于酱香主成分目前还不甚明确，因此没有确切的数据要求。从感官品尝产品的结果看，影响质量的关键还在于对酱香的掌握适度问题。有时容易出现酱香过大或浓中缺酱的口味缺陷。兼香型酒这两个流派的生产工艺是不同的，分别介绍如下。

1. 酱中有浓的兼香型大曲酒的生产工艺

(1) 高温大曲制作　小麦原料经粉碎后，加水拌匀，踩制成35cm×20cm×6cm（长×宽×高）的砖形曲坯。入曲房堆积培养，曲间塞放稻草，5天后升温至顶点65℃左右时，翻曲降温到50℃左右。7天后温度又升到60～62℃，进行第2次翻曲。此后品温保持在46～36℃之间又7天。然后开窗通风降温，揭去稻草，堆存10天后出房。成品曲糖化力为450～550mg葡萄糖/(g曲·h)。经贮存3～6个月即可使用。

(2) 生产工艺流程　如图6-6所示，前7轮的生产工艺按酱香型酒操作，自第8轮起按浓香型酒工艺进行。

(3) 生产工艺

① 第1轮投粮发酵　每年9月初左右投料生产。将高粱按总投料量的45.5%投料，其中80%为整粒原粮，20%为粉碎后的高粱。用80℃以上的热水润料，加水量为原料的45%。堆放7～8h后加5%的第8轮未蒸馏的母糟，拌匀后上甑蒸粮。蒸好的高粱出甑，立即加入15%、80℃以上的量水翻拌堆于操作场地上。再加入2%的尾酒，拌匀冷却至38℃左右，加12%的高温大曲粉拌匀堆积于操作场地4～5天后入窖发酵。醅料入窖前向窖内泼洒尾酒，并在窖底撒曲20～30kg。配料入窖时，边下窖边洒尾酒150kg。最后用培养后的窖泥封窖，发酵1个月。

② 第2轮再次投粮发酵　取占总投粮量45.5%的高粱，其中70%为整粒，30%需经粉碎。用80℃以上热水润料，加水量为原料的45%。拌匀后就地堆积7～8h。然后与第1轮出窖醅料混匀，装甑蒸馏。所产酒全部回到醅料中，其后的冷却、加高温大曲粉、堆积、入窖发酵等操作均与第1轮相同。

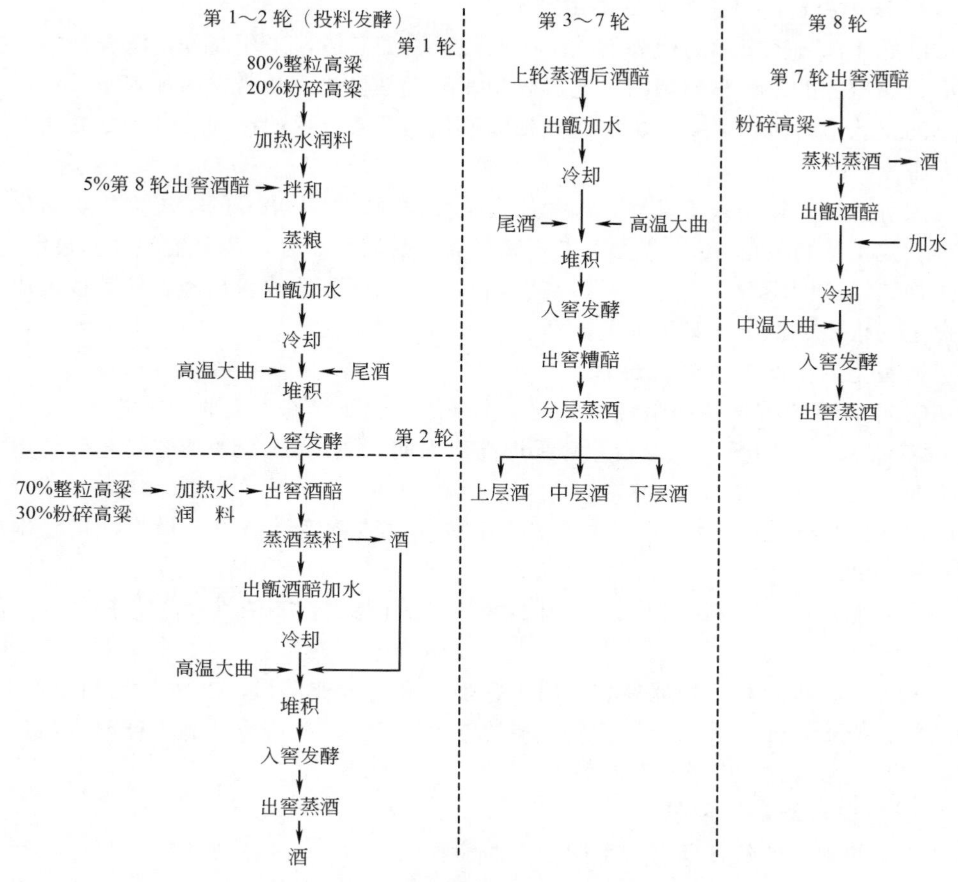

图6-6　酱中有浓兼香型白酒生产的工艺流程

③ 第3轮～第7轮的操作　自第3轮发酵起至第7轮次不再投料。将经过发酵1个月出窖的上1轮的酒醅蒸馏后出甑加热水15%、尾酒2%、高温大曲，堆积3天。入窖发酵等操作条件都大体一致。每轮次的加曲量1～3轮为12%，4～7轮为8%～10%。在出窖蒸酒时分层取酒，即窖上部2/8酒醅产的是上层酒，中部5/8酒醅产的是中层酒，窖底1/8酒醅产的是下层酒。分别分级入库贮存。

④ 第8轮操作　取第7轮出窖酒醅，将占总投料9%的经粉碎后的高粱混匀，装甑蒸馏。出甑酒醅加热量水15%，冷却，加入20%的中温大曲粉，拌匀，低温入窖发酵1个月后出窖蒸馏。

⑤ 贮存勾兑成型　上述酿酒工艺各轮次与各层次酒的质量各不相同。生产上采取分层分型摘酒，按质贮存。一般是上层酒乙酸乙酯芳香较为突出，微带酱香；中层酒味较醇和，清淡幽雅；下层酒己酸乙酯芳香较大；尾酒酱香突出，酸味大，乳酸乙酯和糠醛含量很大。因此，经贮存后勾兑成型是稳定产品质量的重要一环。

2. 浓中有酱的兼香型大曲酒生产工艺

以黑龙江省玉泉酒为代表的浓中有酱的兼香型白酒，采用酱香、浓香分型发酵产酒，分型陈贮，科学勾调的工艺。分型发酵就是将浓香与酱香两种香型酒分别按各自的工艺组织生产，生产出的酒分别陈贮，然后按合理的比例，恰到好处地勾调成兼香型产品。

浓香型工艺采用人工老窖，以优质高粱为原料，小麦培养的中温大曲为糖化发酵剂，混蒸续糙发酵60天。为了稳定和提高产品质量，采取清蒸辅料、养窖泥盖、增浆加馅、己酸增香、双轮底糟、高度摘酒、增己降乳等技术措施。使其达到优质酒以上的水平。此为玉泉酒的基础酒。

酱香型酒生产工艺要点如下。

① 根据北方气候选择最佳季节投料，采用6轮发酵酱香大曲酒工艺。

② 提高大曲用量，前6轮发酵采用高温大曲，使用量为100%，6轮后转用中温大曲。

③ 前6轮整粮一次投料，在水泥池中按大曲酱香酒生产工艺操作，每轮发酵期缩短为25天。

④ 6轮后继续投料，转入泥窖中续糙老五甑混烧，按浓香型工艺操作，发酵期为45天。

此外，在投料时增加部分麸皮用量，强化高温大曲质量。在浓香型酒生产时，采取综合措施，使乳酸乙酯与己酸乙酯的比值小于1；在酱香型酒生产时，使乙酸乙酯与乳酸乙酯之比值大于1。

3. 贮存和勾兑

各类基础酒的贮存期有所不同。大曲酱香工艺酒，6轮次酒也不一样，一般为2～3年；酱香转浓香的工艺酒为2年，浓香型工艺酒为1.5年；浓香和酱香混蒸酒为1.5年；特殊老酒为5年以上；特殊调味酒为3年以上。浓香与酱香酒的勾兑比例，以8∶2为为宜。

四、老白干型大曲酒

以河北衡水老白干酒为代表，其发酵工艺带有清香型酒工艺的特点，而蒸馏操作带有混蒸混烧酒的特点，因而老白干香型酒的口感和风味特点兼有两种工艺的共同性，既有清冽、挺爽的风格，也具有醇厚、回味悠长的特点。

（一）原辅材料

（1）高粱　要求颗粒饱满、籽粒新鲜有光泽，无霉变、无虫蛀，气味正常。高粱粉碎外观要求4、6、8瓣，不得有整粒粮出现，细度以通过1.2mm筛孔的细粉占25%～35%为宜，冬季稍细，夏季稍粗。

（2）大曲　大曲贮存三个月经化验合格后方可用于制酒生产，大曲用锤式粉碎机粉碎，粉碎颗粒度6mm左右。

（3）稻壳　外观色泽金黄、新鲜有光泽，干透蓬松、无霉变、无虫蛀，无霉味或其他杂质气味。稻壳在使用前大汽清蒸45min，以排出其异味。

（二）酿造设备

酿造老白干酒的发酵设备包括三部分：地缸、水泥池和封盖材料。

（1）地缸　容积180～240L，地缸埋入地下，缸口沿间距10～15cm，原则为能满足料车碾轧通过。

（2）水泥池　在地缸发酵的工艺中，一般均配有水泥池发酵设备，用于回活酒醅的发酵。水泥池容积2～8m^{3}不等。采用较小的发酵容器，发酵过程中的热量不易于富集，有利于控制温度的上升。

（3）封盖材料　地缸及回活用的水泥发酵池，装满精装料醅后均先用塑料布封盖，再用麻袋、苇席等封盖压平、压实，冬季常加盖棉被保温。

（三）发酵工艺条件

衡水老白干酒采用老五甑混蒸混烧续楂法生产工艺，发酵周期30天以上，生产工艺流程如图6-7所示，其发酵入缸条件见表6-12 。

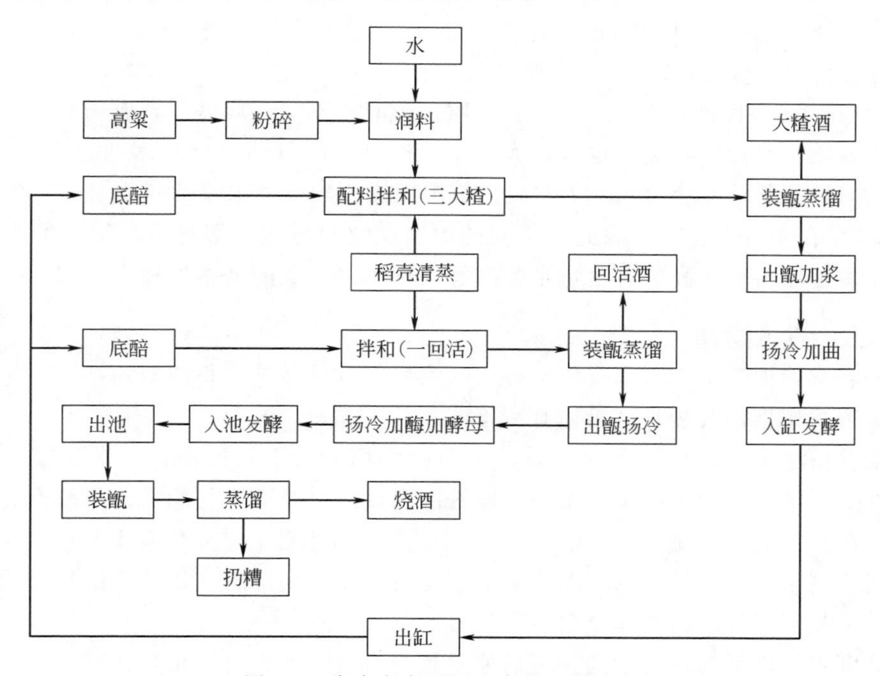

图6-7　衡水老白干酒生产的工艺流程

五、芝麻香型大曲酒

芝麻香型大曲酒以山东省生产为主，在江苏、黑龙江、内蒙古等地也有生产。芝麻香酒是位于浓香和酱香之间的一个独立香型。质量上乘的芝麻香酒具有芝麻香

表 6-12 衡水老白干酒厂入缸工艺条件

项　目	夏　季	春、秋、冬季
入缸水分/%	53.0～56.0	53.0～57.0
入缸温度/℃	自然温度高于22℃时低于自然温度	15～22
入缸酸度/°	0.70～2.50	0.70～2.50
入缸淀粉/%	20～22	20～22

幽雅细腻、口味圆润丰满、回味悠长的风格，呈现“多香韵、多滋味、多层次”的特点。下面以山东扳倒井股份有限公司为例，简述芝麻香型酒酿造工艺的特点。

（一）窖池

芝麻香酒的发酵容器以砖窖为好。砖窖既不像泥窖那样栖息有大量的窖泥微生物，又不像水泥窖、石头窖那样微生物难以栖息。在发酵的过程中，砖窖中栖息的部分微生物对形成酒体自然和谐的风味是有益的。用泥窖则浓香味突出，冲淡芝麻香。用石头窖则香味成分少，不够丰满。

（二）配料

一般芝麻香酒的原粮配比是：高粱35%～40%、大米20%～25%、小米10%～15%、小麦10%～15%、麸皮10%～15%、玉米5%～8%等，稻壳为原粮的12%～15%，配醅比为1∶(4～5)。原料的配比不同，从另一方面调节了培养基中的碳氮比，对微生物类群也有较大影响。细菌、酵母菌需要较多的氮素营养物，最适宜的培养基的C/N在5∶1左右；霉菌则需要较多的碳素营养物，适宜的培养基的C/N在10∶1左右。因此，不同的原料配比对霉菌、酵母菌、细菌的类群有调节作用。原料中较高的含氮量是芝麻香典型风格形成的基本条件之一。

（三）清蒸续楂

芝麻香的糟醅里含有丰富的呈香呈味物质，母糟是芝麻香产生的基础。芝麻香母糟与浓香型母糟及酱香型母糟有所不同。

浓香糟醅里也含有较多的呈香呈味前驱物质，由于发酵期长，带有较多的糟香。混蒸混楂，有利于粮香、糟香、酒香的自然融合及酒质的稳定，是浓香酒工艺的最佳选择。清蒸续楂，虽有利于当排酒的净爽，却对下排酒质有不利影响。

酱香型母糟含有较多的大曲带来的小麦蛋白质系列降解产物，一定数量的高温堆积、反复蒸馏带来的菌体蛋白系列降解产物。

芝麻香的母糟则含有种类较多的原料蛋白系列降解产物及相当数量的菌体蛋白系列降解产物。这与浓香、酱香糟醅明显不同。

浓香、酱香的糖化发酵剂是采用淀粉质原料自然富集培养。微生物虽然种类多，但数量少，主要是酶制剂。芝麻香的主要糖化发酵剂是采用富含蛋白质的原料纯种混合培养，其微生物菌体密度大、数量多。菌体数量大约是自然富集培养的大曲微生物的1000倍。也就是说，有相当多的原料植物蛋白质转化成了种类复杂的微生物蛋白质，在反复的蒸馏、发酵过程中，富集于糟醅内，成为芝麻香特有的呈香呈味的前驱物质。它在蒸馏过程中易于产生“火香”，赋予芝麻香酒特有的“焦香”风味。清蒸不但有利于酒体的爽净，更有利于芝麻香特征风味的产生。

续糙发酵不但调节了芝麻香发酵的酸度、水分和疏松度，更重要的是能够充分利用经反复发酵富集的原料蛋白和菌体蛋白，为吡嗪类、呋喃类等芝麻香特征香气成分的产生创造了条件，为酒中的“多滋味”打下了基础。

(四) 用曲量大

芝麻香酒酿造的用曲量比酱香酒低，比其他香酒高。一般白曲及糖化菌用量15%～20%，生香酵母10%～15%，高温细菌3%～5%，高温大曲8%～12%，总用曲占原粮的40%左右，否则芝麻香风味不突出。

(五) 高温堆积

芝麻香酒堆积的工艺目的：一是创造微氧、高湿、相对高温的条件，促成白曲中酸性蛋白酶对不同原料中蛋白质的降解，为发酵过程中产生“多滋味”打下基础；二是促使白曲、生香酵母、细菌曲及高温曲中的微生物重新分布，融合为一个统一的整体。否则酒体香味不会谐调、自然。

芝麻香堆积的糟醅宜疏松，堆积厚度不宜过大，以50cm左右为宜。在箅子上堆积效果好，堆积温度不宜过高，以最高温度为45～50℃为宜。堆积时间不宜过长，1～2天（视季节而定），这与白曲的培养条件相似。

(六) 高温发酵

高温发酵是形成芝麻香风格的必要条件。发酵过程中是蛋白质降解的系列产物在一定条件下转换成呈香呈味物质的重要阶段，而影响微生物生长代谢及物质转化的重要因素是温度。蛋白酶及肽酶作用的适宜温度是40～45℃，因此较高的温度有利芝麻香风味物质的生成。

芝麻香酒的酿造主要依靠曲中的微生物，这一点像酱香。芝麻香酒丰富、复杂的微量成分生成，则离不开反复发酵的陈年老糟，这一点又像浓香。芝麻香酒酿造的发酵期不宜短于30天，否则酒粗糙、复合成分少。也不宜超过45天，一是没必要；二是出酒率会明显降低；三是发酵期过长，酯化作用生成的较多酯类会掩盖芝麻香的典型性。

(七) 高温流酒

与酱香相似，芝麻香中的呈香呈味成分也大多为高分子化合物。因此，高温流酒促使小分子香气成分挥发，有利于突出芝麻香酒的典型性。芝麻香酒的流酒温度，一般为35～40℃。

(八) 长期贮存

这一点类似于酱香，贮存期较长。一般基酒贮存3年，特殊风味酒贮存5年至十几年不等。

第五节 酶制剂和活性干酵母的应用

大曲制造过程中开放式的自然接种不可避免地存在下列问题：一是大曲中的微生物群体，除了酵母、根霉、曲霉、毛霉等有益菌外，同时也夹带着许多对酿酒有害的菌类，良莠不齐，使大曲酒杂味偏重，且影响出酒率和优质酒率；二是制曲过程中因品温较高（45～65℃），使糖化发酵产酒过程中所必需的酶系钝化，霉菌和酵母菌大量死亡，因而大曲的糖化、发酵能力低，使大曲酒生产周期长，出酒率低，粮耗多，成本高；三是大曲生产受气候、环境等自然因素的影响较大，质量很不稳定，导致大曲酒质量与产量的不稳。在大曲酒生产中，引入有益微生物（如ADY）和酶系（如糖化酶等），抑制有害微生物对生产过程的影响，有目的地改造和强化大曲发酵体系，即可在保持大曲酒酒质和风格的基础上，大幅度提高原料的出酒率。

一、糖化酶与ADY在粮糟中的应用

糖化酶和ADY在粮糟（楂活）上的应用原理比较复杂，用法要求也比较严格，对于不同香型、不同生产工艺、不同档次及不同季节等具体情况需分别对待，因而使用的方法各异，概括起来可分为下列几种用法。

（一）减曲、加ADY和糖化酶工艺

减少部分大曲用量，同时添加ADY和糖化酶，既减少了自然微生物发酵的比例，也减少了大曲中不耐酸糖化酶的分量，部分地净化了微生物体系，从而达到强化粮糟糖化和发酵，提高出酒率和减少杂味的目的。此法特别适合于下列几种情况。

① 发酵周期较短的普通大曲酒，使用糖化酶和ADY代替部分大曲既可提高出酒率，又能保证质量。

② 大曲质量不好，发酵缓慢，添加ADY和糖化酶后，即可增强糖化和发酵能力，生产趋于正常。

③ 酒质味杂，冲辣，苦味大，是大曲中有害微生物含量较多之故，使用部分糖化酶和ADY后，即可部分净化发酵微生物体系，使酒质向绵、醇、净方向转化。

④ 酒醅酸度大，出现掉排，酒中乳酸、乳酸乙酯含量高。特别在夏季，升酸幅度大时，添加ADY和糖化酶后，可使发酵趋向正常，乙醇生成提前，而乙醇的大量生成可抑制乳酸菌等产酸菌的生长与代谢，使酒醅酸度下降。这对养活母糟和稳定发酵生产起很大作用，可使曲酒生产达到良性循环的效果。

在这种使用工艺中，ADY的使用量为每吨原粮0.15～0.4kg；大曲的减少量

为10%～50%，大曲质量不好时可适当多减，对于优质大曲减曲量不可太多，否则容易影响酒的风格，无论何种白酒，大曲所占糖化力必须保持在每克原粮50单位以上；糖化酶的添加量由减曲量决定，一般情况下，糖化酶补加至原糖化力水平，对于糖化力较低的大曲也可适当多补加，通常外加糖化酶的用量为每克原粮30～100单位。对于酿制优质大曲酒，在粮糟中使用ADY和糖化酶的用量要少，减曲量一般不得超过30%。此外，在顶温不太高的情况下，可适当提高入窖淀粉含量，实行“高进高出”，以保证下轮母糟的骨力，不致因残淀粉含量低，母糟软、烂。

（二）减曲、只加ADY、不加糖化酶工艺

减曲10%～25%，加ADY 0.15%～0.3kg/t粮。此法适合于大曲糖化力较高，夏季生产时因入窖温度提高，易导致酸度上升及烧窖等现象发生的场合。减曲后由于糖化力减少，淀粉糖化的速度变慢，从而可使温度上升变缓，防止烧窖现象的出现。加入ADY可及时把淀粉糖化过程中释放出来的糖分发酵成酒精，从而抑制其他杂菌，特别是产酸菌的生长。在此种方法中，减曲量必须适中，应根据温度变化曲线确定。若减曲太多，糖化力偏低，则容易造成糖化速度跟不上酵母的发酵速度，限制了酵母菌的生长与代谢，发酵迟缓，甚至造成某些能够直接利用淀粉的有害微生物繁殖，使酸度反而上升，出酒率下降。

（三）不减曲、只加ADY、不加糖化酶工艺

大曲用量不变，加ADY 0.1%～0.2kg/t粮。此工艺适合于采用高温大曲、发酵周期较长的优质白酒。夏季生产时，由于糟醅摊晾时间长，入窖温度高，为各种微生物的进入与繁殖提供了条件。糟醅温度高，糖化速度加快，而大曲中所含酒精酵母较少，其生长与代谢速度跟不上糖化的速度，这样糖化与发酵不同步，使相当一部分糖被升酸菌所利用，造成酒醅酸度上升，出酒率下降。添加适量的ADY后，糟醅中酵母占优势，对糖的利用速度加快了，有利于发酵向生成乙醇的方向移动，从而可保证夏季酿酒出酒率和酒质不下降。冬季生产时，添加适量ADY可强化粮糟发酵，克服酒醅不升温或升温缓慢和出酒率低的问题。对于气温寒冷的北方地区，还可在使用ADY的同时，适当加大大曲用量。对于大曲糖化力较低的酒厂，由于入窖的糖化作用缓慢，所加ADY由于缺糖而提早衰老，起不到应有的作用，在这种情况下，可采用添加少量糖化酶的办法来协同ADY的作用，其使用量一般为每克原料30单位左右。

（四）减粮、减曲、加ADY工艺

此法适合于气候炎热地区的夏季生产，它可防止大曲酒生产夏季掉排，实现安全度夏。在白酒发酵过程中，当酒醅淀粉浓度消耗1%时，温度升高约2℃。当粮糟入窖的淀粉浓度为16%左右，发酵消耗淀粉为8%时，酒糟的上升温度约为16℃。若入池温度为20℃，则酒醅最高温度为36℃左右，酵母可正常发酵。但在

夏季，入池温度往往在25℃左右或者更高，若淀粉浓度不减，则最高温度在40℃以上，不能进行正常发酵。即使是使用耐高温ADY，也易造成前期升温过猛，后期发酵持续时间短，出酒率下降等现象。

减少投粮量，加大配醅比，同时按比例减少大曲用量和补加ADY，便可降低粮糟入池淀粉浓度，减少温度上升幅度，维持正常发酵，实现安全度夏。根据气候条件等具体情况，一般投粮和大曲用量减少10%～30%，淀粉入窖浓度下降1%～3%，ADY的使用量为原粮的0.3‰左右。

二、糖化酶与ADY在回糟或二楂中的应用

在回糟（续楂法）或二楂（清楂法）中使用ADY及糖化酶，可适用于所有固态法白酒的发酵，能使残淀粉降低，出酒量提高。使用方法有如下几种。

（一）减曲、加ADY和糖化酶工艺

此法既可用于粮糟中已使用了ADY和糖化酶的场合，也适合于在粮糟中没有采用ADY和糖化酶的名优酒厂。

对于在粮糟中已使用了ADY和糖化酶的情况，在回糟或二楂中使用时，应适当加大ADY和糖化酶的用量，以加强回糟或二楂的发酵，进一步降低残余淀粉，提高出酒率。

一般情况下，大曲用量可减少50%左右，ADY按糟醅淀粉含量折合原粮计，用量为0.5‰左右，糖化酶的用量补充至每克淀粉250单位糖化力左右。

对于在粮糟中没有使用ADY和糖化酶的名优酒厂，在回糟或二楂中使用ADY和糖化酶，可保持酒质基本不变或有所提高，而回酒或二楂酒的出酒量则有明显提高。在此种场合，减曲量一般为10%～50%，ADY的用量为每甑100g左右（按每窖投粮1000kg计），糖化酶补充至原糖化力水平。对于续楂法工艺中的回糟，由于回糟酒所占成品酒的比例很小，回糟酒不会对成品酒的质量构成影响，因此减曲量可适当大些（25%～50%）。对于清楂法工艺中的二楂，由于二楂酒占成品酒量的3～4成，二楂酒的质量将直接影响成品酒的质量与风格，因此减曲量不宜太多，一般为10%～30%。

（二）不减曲、加ADY和糖化酶工艺

此法可大幅度降低丢糟的淀粉含量，提高回糟或二楂酒的出酒量，一般用于粮糟不使用糖化酶，丢糟不再发酵利用的场合。一般ADY的使用量为每甑50g左右，糖化酶的添加量为每克糟20单位左右。此种方法在名优酒生产中应用其效果尤为明显，丢糟残余淀粉可比原来下降2%～4%，回糟或二楂酒的出酒量可提高10%～50%，甚至更高。

（三）全部使用ADY和糖化酶工艺

此法一般用于粮糟已使用了ADY与糖化酶的场合，适合于普通大曲酒的生

产。ADY 的使用量为每甑 100～200g（按每窖投粮 1000kg 计），糖化酶（5 万单位）的使用量为每甑 500～1000g。此法也有应用于优质白酒（续糙法）生产的，但所得的回糟酒口感较淡，达不到优级酒的入库要求，一般用于回酒入窖生香或进锅底强化提香等。

三、糖化酶与 ADY 在丢糟中的应用

该法主要用于粮糟及回糟都不使用糖化酶或很少使用糖化酶，而丢糟淀粉含量较高的场合。对于有些名优酒厂，为了不影响传统产品的风格，仍按传统法生产，在粮糟及回糟中都不使用糖化酶，ADY 亦很少使用。而在丢糟中使用，则对传统发酵产品无任何影响，因而很容易被人接受。

在名优酒生产中，一般每生产 1t 白酒丢糟重约 3t，丢糟淀粉含量约 10%，其中可利用淀粉在 4%左右，在没有使用 ADY 以前，丢糟再发酵存在耗能高、劳动生产率低、酒质不好和成本高等问题，使得大多数名优酒厂都没有开展丢糟再发酵酿酒的工作，导致资源的浪费。根据许多名优酒厂使用 ADY 对丢糟再发酵的结果来看，每吨丢糟可出酒 20～50kg（60°白酒），于是年产 1 万吨的酒厂可生产丢糟酒 750～1500t，节约粮食 2500～5000t。

丢糟再发酵的方式可以因地制宜，形式多样，通常采用的方法有下列两种。

（一）丢糟集中发酵

将丢糟集中起来，加入丢糟重量 0.01%～0.02%的 ADY，及每克淀粉 250 单位糖化力左右的糖化酶，入池发酵 7～30 天后蒸酒。此种方法适合于丢糟淀粉含量较高、可发酵性淀粉在 4%以上的场合。丢糟专窖发酵有专门班蒸烧，有利于总结经验，稳定丢糟酒的产量与质量。只使用酒精 ADY 与糖化酶的丢糟酒一般用于双轮底、翻沙及回酒发酵等。如果在丢糟再发酵中除了使用 ADY 和糖化酶外，根据具体情况，补加适量的大曲粉、产酯酵母，以及采用已酸菌液、酯化液和串蒸提香等配套措施，同样可生产出高质量的优质白酒。此外，如果酒厂生产任务多，窖池紧张，则可采用丢糟在窖上戴帽发酵的方法。

（二）丢糟配粮再发酵

当丢糟淀粉含量较低，可利用淀粉在 2%～3%时，丢糟集中发酵由于出酒量少，蒸出的酒酒度低，使得丢糟再发酵能耗大，成本高，得不偿失。采用丢糟配粮再发酵则既可利用丢糟中可利用的残余淀粉，又可保证酒质的稳定，降低能耗，提高经济效益。

丢糟配粮再发酵一般采用清蒸清烧工艺，由于发酵后丢糟不再利用，因此粮食原料的粉碎细度应适当增加，清蒸时粮食必须蒸熟，以利于入窖发酵时充分利用。配糟比一般为 1∶5 左右，按加入的新粮计，ADY 的使用量为 0.12%左右，糖化酶的使用量为每克新粮 250 单位糖化力左右，发酵周期 4～10 天。采用这种方法时，若酒质还达不到要求，则同样可采用串香蒸馏等配套措施来提高白酒的质量。

四、ADY在其他酿酒环节中的应用

（一）ADY在液体窖泥培养中的应用

窖泥中的主要功能菌是己酸菌，在培养过程中，加入适量的ADY或液体酵母有助于己酸菌的生长和己酸乙酯的形成。这是因为：①酵母菌可在厌氧或好氧条件下生长，而窖泥中的芽孢杆菌为嫌气性菌，窖泥培养液中的氧可很快被酵母所利用，从而有利于嫌气性菌的生长；②酵母的主要代谢产物为乙醇，而己酸菌的生长碳源主要是乙醇；③随着培养过程的进行，酸度逐渐上升，酵母可利用的营养物耗尽，酵母菌逐渐死亡自溶，而酵母自溶物可作为己酸菌的营养物。据报道，添加适量ADY的液体窖泥比不添加ADY的液体窖泥的芽孢杆菌数可增加一个数量级。

（二）用ADY养窖

取酒精ADY 50g左右，用1L 2.5%左右的糖液于35℃活化1h左右，加入15L左右的水中，再加入曲粉2kg左右，酒尾4kg左右，搅匀。待酒醅出池完毕后，喷洒在窖池四壁，再进行入池操作，即可提高窖泥中己酸菌的含量，最终实现提高白酒质量的目的。

（三）用ADY培养酯化液

取刚出甑糊化彻底的粮糟50kg左右，降温至60℃左右，加曲粉2.5kg，翻拌降温至40℃左右。取ADY 250g左右，活化后与糌醅拌匀入大缸发酵一周，加水100g（35℃左右）浸泡后过滤于另一个大缸中，然后加新鲜黄浆水25kg，酒尾40kg，窖泥培养液2%，曲粉5%，调pH=3.5～5.5，密封缸口，酯化21～28天即成熟。在每甑糌醅中加入这种酯化液20～50kg，可大幅度提高酒醅中己酸乙酯的含量和成品酒质。

（四）ADY在大曲制造中的应用

在制曲配料时加入活化好的ADY，用量为每吨配料20～50g，可提高品曲的质量和发酵能力。这是因为添加ADY后，可促进大曲培菌前期菌丝的生长和淀粉酶系的形成，淀粉的糖化又促进了酵母的大量繁殖。随着培菌过程的进行，温度升高，使得酵母菌大量死亡，而酵母死亡后的自溶物及酵母的某些代谢产物是细菌等微生物生长的营养物和大曲生香的前提物质，促进了多酶系的形成，从而使品曲发酵能力强，香味好，质量高。

五、酸性蛋白酶、酯化酶和纤维素酶的应用

参见第四章第六节酶制剂部分。

六、发展方向与展望

大量的生产实践已充分证明，ADY和酶制剂在大曲酒生产中的应用是成功的，

它不仅使曲酒生产走出了粮耗高、效益低的困境，同时现代生物技术（ADY 和酶制剂）与传统酿酒工艺的结合，促进了白酒工业的技术进步。然而作为一项新的科学技术，从理论到实践，ADY 和酶制剂在大曲酒生产中的应用尚有许多工作需进一步研究。

① 现代生物技术必须与传统酿酒工艺相结合。否定大曲的作用，就没有大曲酒多典型风格的特点；否定 ADY、酶制剂及多种有益菌种对大曲的改良作用，就没有传统工艺的突破与进步。从理论上重新认识大曲的作用，研究大曲中多酶系与多种微生物在大曲酒生产过程中的作用原理，以及它们与 ADY 和酶制剂协同发酵的作用原理，对指导大曲和大曲酒生产具有重要意义。

② 使用 ADY 和酶制剂并不是提高大曲酒生产经济效益的万能钥匙。如果只是简单地使用 ADY 和糖化酶来代替部分大曲，其效果并不一定理想，往往只能提高出酒率，而不能保证和提高酒的质量，甚至对酒的质量与风格有一定的影响。因此，必须采用一系列与之相适应的配套措施。事实上，在传统工艺中有许多提高白酒质量的措施，如双轮底发酵、翻沙、回酒、回醅、培养酯化液、延长发酵周期等。但在传统工艺上采用这些方法，往往在酒质明显提高的同时，出酒率大幅度下降，达不到数量和质量的统一。许多酒厂的生产实践表明，将这些措施与 ADY 和酶制剂的应用结合起来，即可在保证和提高白酒质量的同时，大幅度提高出酒率，实现数量和质量的统一。不仅如此，由于 ADY 的应用部分地净化了发酵体系，抑制有害菌群在发酵过程中的作用，使得成熟酒醅中不利于白酒质量的杂质减少，从而大大提高了产品的优质品率，特别是浓香型白酒的优质品率可望大幅度提高，有些酒厂已从原来的 20%左右提高到 50%～70%。

③ 如前所述，大曲中自然富集形成的酶系与微生物并不一定是酿酒生产理想的发酵体系。除了存在糖化力和酒精发酵能力不强的缺陷外，许多与酿酒生产的出酒率和白酒质量密切相关的某些酶系（如纤维素酶、半纤维素酶、酸性蛋白酶、脂肪酶等）及微生物（如产酯酵母、己酸菌、丁酸菌、丙酸菌等）在大曲中也存在不足。因此，除了使用 ADY 和糖化酶外，采用酸性蛋白酶等多酶系和产酯酵母、己酸菌等多菌种与大曲一起协同发酵，可进一步提高白酒的质量和经济效益。

第七章　小曲酒生产技术

第一节　概　　述

广义上讲，小曲酒是指以大米、玉米、小麦、高粱等为原料，采用小曲为糖化发酵剂，经固态或半固态糖化、发酵，再经固态或液态蒸馏而得的成品。

小曲酒是我国主要的蒸馏酒种之一，产量约占我国白酒总产量的1/6，在南方地区生产较为普遍。由于各地所采用的原料不同，制曲、糖化发酵工艺有所差异，小曲酒的生产方法也不尽不同，但总体来说大致可分为三大类：一类是以大米为原料，采用小曲固态培菌糖化，半固态发酵，液态蒸馏的小曲酒，在广东、广西、湖南、福建、台湾等地盛行；另一类是以高粱、玉米等为原料，小曲箱式固态培菌，配醅发酵，固态蒸馏的小曲酒，在四川、云南、贵州等省盛行，以四川产量大、历史悠久，常称川法小曲酒；还有一类是以小曲产酒，大曲生香，串香蒸馏，采用小曲、大曲混用工艺，有机地利用生香与产酒的优势而制成的小曲酒。这是在总结大、小曲酒两类工艺的基础上发展起来的白酒生产工艺。20世纪60年代，这种工艺对我国固液结合生产白酒工艺的发展起到了直接的推进作用。

小曲和小曲酒的生产具有以下主要特点。

① 采用的原料品种多，如大米、高粱、玉米、稻谷、小麦、荞麦等，有利于当地粮食资源、农副产品的深度加工与综合利用。

② 大多以整粒原料投料用于酿酒，且原料单独蒸煮。

③ 采用含活性根霉菌和酵母为主的小曲作糖化发酵剂，有很强的糖化、酒化作用，用曲量少，大多为原料量的0.3%～1.2%。

④ 发酵期较短，大多为7天左右，出酒率高，淀粉利用率可达80%。

⑤ 设备简单，操作简便，规模可大可小。目前已有形成专业分工、分散生产、集中贮存、勾兑、销售的集团化企业。

⑥ 小曲酒具有酒体柔和、纯净、爽口的风格，目前已形成米香、药香、豉香、小曲清香等不同风格的小曲酒，已被国内外消费者普遍接受。如贵州董酒、桂林三花酒、全州湘山酒、厦门米酒、五华长乐烧、豉味玉冰烧酒、四川永川、江津高粱酒等都是著名的小曲酒。

⑦ 由于酒质清香纯正，是生产传统的药酒、保健酒的优良酒基，也是生产其他香型酒的主要酒源。

第二节 半固态发酵工艺

半固态发酵工艺生产小曲酒历史悠久，是我国人民创造的一种独特的发酵工艺。它是由我国黄酒演变而来的，在南方各省都有生产。半固态发酵可分为先培菌糖化后发酵和边糖化边发酵两种工艺。

一、先培菌糖化后发酵工艺

先培菌糖化后发酵工艺是小曲酒典型的生产工艺之一。其特点是前期为固态培菌糖化，后期为液态发酵，再经液态蒸馏，贮存勾兑为成品。固态培菌糖化的时间大多为20～24h，在此过程中，根霉和酵母等大量繁殖，生成大量的酶系，淀粉转化成可发酵性糖，同时有少量酒精产生。当培菌糖化到一定程度后，再加水稀释，在液体状态下密封发酵，发酵周期为7天左右。

这种工艺的典型代表有广西桂林三花酒、全州湘山酒和广东五华长乐烧等，都曾获国家优质酒称号。下面以广西桂林三花酒为例介绍这种酒的生产工艺。该产品以上等大米为原料，用当地特产香草药制成的酒药（小曲）为糖化发酵剂，采用漓江上游水为酿造用水，使用陶缸培菌糖化后，再加水发酵，蒸酒后入天然岩洞贮存，再精心勾兑为成品。

（一）工艺流程

大米→加水浸泡→淋干→初蒸→泼水续蒸→二次泼水复蒸→摊晾→加曲粉→下缸培菌糖化→加水→入缸发酵→蒸酒→贮存→勾兑→成品

（二）工艺操作

1. 原料

大米淀粉含量71％～73％，水分含量≤14％；碎米淀粉含量71％～72％，水分含量≤14％。

生产用水为中性软水，pH＝7.4，总硬度＜19.6mmol/L（7°d）。

2. 蒸饭

大米用50～60℃温水浸泡1h，淋干后倒入甑内，扒平加盖进行蒸饭，圆汽后蒸20min；将饭粒搅松、扒平续蒸，待圆气后再蒸20min，至饭粒变色；再搅拌饭粒并泼水后续蒸，待米粒熟后泼第二次水，并搅拌疏松饭粒，继续蒸至米粒熟透为止。蒸熟的饭粒饱满，含水量为60％～63％。

3. 拌料加曲

蒸熟的饭料，倒入拌料机中，将饭团搅散扬晾，再鼓风摊冷至36～37℃后，加入原料量0.8％～1％的小曲拌匀。

4. 下缸

将拌匀后的饭料倒入饭缸内，每缸装料15～20kg，饭厚10～13cm，缸中央挖一个空洞，以利于足够的空气进入饭料，进行培菌和糖化，待品温下降到30～32℃时，盖好缸盖，培菌糖化。随着培菌时间的延长，根霉、酵母等微生物开始生长，代谢产生热量，品温逐渐上升，经20～22h后，品温升至37℃左右为最好。若品温过高，可采取倒缸或其他降温措施。品温最高不得超过42℃，糖化总时间为20～24h，糖化率达70％～80％。

5. 发酵

培菌糖化约24h后，结合品温和室温情况，加水拌匀，使品温约为36℃（夏季一般34～35℃，冬季36～37℃），加水量为原料量的120％～125％，加水后醅的含糖量为9％～10％，总酸不超过0.7g/L，酒精含量2％～3％。加水拌匀后把醅转入醅缸中，每个饭缸分装2个醅缸，室温保持20℃左右为宜，发酵6～7天，并注意发酵温度的调节。成熟酒醅以残糖接近于零，酒精含量为11％～12％，总酸含量不超过1.5g/L为正常。

6. 蒸馏

将待蒸的酒醅倒于蒸馏锅中，每个蒸馏锅装5缸酒醅，再加入上一锅的酒尾。盖好锅盖，封好锅边，连接蒸汽筒与冷却器后，开始蒸馏。初馏出来的酒头1～1.5kg，单独接取，倒入酒缸中。若酒头呈黄色并有焦气和杂味等现象时，应将酒头接至合格为止。继续蒸馏接酒，一直接到混合酒身的酒精体积分数为57％左右时为止。以后即为酒尾，单独接取掺入下锅复蒸。

7. 贮存与勾兑

三花酒存放在四季保持较低温度的山洞中，经1年以上的贮存方能勾兑装瓶出厂。

（三）成品质量

三花酒是米香型酒的典型代表。经第三届国家评酒会评议，确定其规范性的评语为：蜜香清雅，入口绵甜，落口爽净，回味怡畅。它的主体香气成分为：乳酸乙酯、乙酸乙酯和β-苯乙醇。酒精含量为41％～57％，总酸（以乙酸计）≥0.3g/L，总酯（以乙酸乙酯计）≥1.00g/L，固形物≤0.4g/L。

（四）技术改革与机械化生产

采用传统工艺生产小曲酒，虽然具有用曲量少、酒质醇正、出酒率高等特点，但同时存在劳动生产率低、劳动强度大、厂房占地面积大等缺点。小曲酒的技术改革和机械化生产包括纯种培养小曲的使用、机械化连续输送、连续蒸饭、大罐糖化发酵、釜式蒸馏、人工催陈以及成品包装流水线等。

1. 根霉酒曲的应用

小曲中的有益微生物主要是根霉和酵母。选择优良的根霉菌和酵母菌，采用纯种培养技术制成根霉酒曲用于小曲酒生产，用曲量可减少50％以上，而且出酒率高、产品质量稳定。

2. 连续蒸饭机

传统蒸饭操作存在劳动环境恶劣、劳动强度大、生产周期长、酷料不够均匀等缺点。采用连续蒸饭机，便可使大米输送、蒸煮、冷却及加曲拌料等工艺过程，全部实现机械化连续作业。我国酒厂目前使用的连续蒸饭机分为横卧式和立式两大类。

3. U形培菌糖化槽

培菌糖化槽是用5mm厚的铝板加工成长9m，宽0.9m，底倾斜深处为0.9m，浅处为0.6m的U字形槽。将槽体套在砖墩上，砖墩内外敷水泥，在夹套间蓄水，冬季用加温水保暖，夏季用冷水降温。每槽投料450kg。接种后在进槽的饭层上拉一条沟，使其均匀地分布在槽上，槽上覆盖竹席。饭层分布均匀，用夹套水温调节温度，使培菌糖化达到一致。入槽时品温为36℃，8h后开始升温，经16～18h，可完成培菌糖化。糖化好的醪液有很浓的甜酒酿香味，饭层松软而有弹性。

开始使用时，因热导率低，致使中间温度高，培菌糖化快，糖分聚集快，升温猛，易染杂菌；周围饭层温度低。由于温度变化不一致，使得糖化不均匀，下一道工序难以正常操作，出酒率和酒质都受到了影响；后经过多次改革与调整，这些问题已得到了解决。

4. 罐式发酵

用6mm厚的钢板制成的立式发酵罐，容积为4.5m^3。罐内壁涂生漆涂料，罐内安装钢冷却管，并另有直接蒸汽管。采用大容器发酵，对饭的质量要求更高，不能太硬或太烂，要求饭要熟透而不粘手，水分以60%～61%为宜。糖化完成后，加水稀释的时间要掌握适当，太早则糖化不好，残余淀粉高；过晚则糖化过度，糖分积聚多，易染杂菌，这都会影响出酒率和产品质量，一般以糖化80%左右为宜。发酵品温应控制在32℃左右，大容器生产，管道及罐的清洁卫生极为重要，用毕的空罐要立即冲洗，按时通气杀菌。

采用罐式容器发酵可降低劳动强度80%以上，在原有厂房上生产率可提高两倍，出酒率可提高3%～4%，并可保持产品质量的稳定性。

5. 釜式蒸馏

目前采用蒸馏釜，900kg大米原料，共得醪液为4m^3，只需2h即可蒸馏完毕。蒸馏釜以不锈钢板制成，容积为6m^3，成熟醪压入蒸馏釜中采用间接蒸汽加热，掐头去尾，压力初期为0.4MPa，流酒时为0.05～0.15MPa，流酒温度为30℃以下，掐酒头量为5～10kg，如流出黄色或焦苦味酒液，应立即停止接酒。酒尾另接，转入下一釜蒸馏，中段馏分为成品基酒。

二、边糖化边发酵工艺

豉味玉冰烧酒是边糖化边发酵工艺的典型代表，它是广东地方特产，生产和出口量大，属国家优质酒，其生产特点是没有先期的小曲培菌糖化工序，因此用曲量大，发酵周期较长。

（一）工艺流程

大米→蒸饭→摊晾→拌料→入坛发酵→蒸馏→肉埕陈酿→沉淀→压滤→包装→成品

（二）生产工艺

1. 蒸饭

选用淀粉含量75%以上，无虫蛀、霉烂，无变质的大米，每锅加清水100～115kg，装粮100kg，加盖煮沸至进行翻拌，并关蒸汽，使米饭吸水饱满，开小量蒸汽焖20min，便可出饭。要求饭粒熟透疏松，无白心。

2. 摊晾

蒸熟的饭块进入松饭机打松，勿使其成团，摊在饭床上或用传送带鼓风冷却，降低品温。要求夏天在35℃以下，冬天为40℃左右。

3. 拌曲

晾至适温后，即加曲拌料，酒曲饼粉用量为原料大米的18%～22%，拌匀后收集成堆。

4. 入坛发酵

入坛前先将坛洗净，每坛装清水6.5～7kg，然后装入5kg大米饭，封闭坛口，入发酵房发酵。控制室温为26～30℃，前3天的发酵品温控制在30℃以下，最高品温不得超过40℃。夏季发酵15天，冬季发酵20天。

5. 蒸馏

发酵完毕，将酒醅转入蒸馏甑中蒸馏。蒸馏设备为改良式蒸馏甑，每甑进250kg大米的发酵醪，掐头去尾，保证初馏酒的醇和，工厂称此为斋酒。

6. 肉埕陈酿

将初馏酒装埕，每埕放酒20kg，经酒浸洗过的肥猪肉2kg，浸泡陈酿3个月，使脂肪缓慢溶解，吸附杂质，并起酯化作用，提高老熟度，使酒味香醇可口，具有独特的豉味。此工序经改革已采用大容器通气陈酿，以缩短陈酿时间。

7. 压滤包装

陈酿后将酒倒入大缸中，肥猪肉仍留在埕中，再次浸泡新酒。大缸中的陈酿酒自然沉淀20天以上，澄清后除去缸面油质及缸底沉淀物，用泵将酒液送入压滤机压滤。取酒样鉴定合格后，勾兑，装瓶即为成品。

（三）工艺特点

① 玉冰烧酒按糖化发酵剂分类，应是小曲酒类。但它与半固态、全固态发酵不同，而是全液态发酵下的边糖化边发酵产品。因而微生物的代谢产物与固态法不同，是导致风味有别于其他小曲酒的原因之一。

② 豉香型白酒生产工艺的另一个独特之处在于大酒饼生产中加入先经煮熟闷烂的20%～22%的黄豆。黄豆中含有丰富的蛋白质，经微生物作用而形成特殊的与豉香有密切的关系香味物质。

③ 成品酒的酒精体积分数仅为31%～32%，是我国传统蒸馏白酒中酒精含量

最低的白酒品种。

④ 肥肉坛浸是玉冰烧生产工艺中的重要环节。经过肥肉浸坛的米酒，入口柔和醇滑，而且在坛浸过程中产生的香味物质与米酒本身的香气成分互相衬托，形成了突出的豉香。这种陈酿工艺在白酒生产中独树一帜。

（四）酒质与风格

豉味玉冰烧酒，又称肉冰烧酒，澄清透明，无色或略带黄色，入口醇滑，有豉香味，无苦杂味，酒精含量30%（体积分数）左右，是豉香型酒的典型代表酒。其规范化的评语为：玉洁冰清，豉香独特，醇和甘滑，余味爽净。玉洁冰清是指酒体透明，由于在低度斋酒中存在高级脂肪酸乙酯而致使酒液浑浊，经浸泡肥肉过程中的反应和吸附，使酒体达到无色透明。豉香独特是指酒中的基础香，与浸泡陈肥猪肉的后熟香所结合的独特香味。醇和甘滑，余味爽净指该酒是经直接蒸馏而成的低度酒，因而保留了发酵所产生的香味物质；经浸肉过程的复杂反应，使酒体醇化，反应生成的低级脂肪酸、二元酸及其乙酯和甘油溶入酒中，增加了酒体的甜醇甘滑；工艺中排除了杂味，使酒度低而不淡，口味爽净。

豉香型白酒的香味成分，其定性组成与其他香型酒相似，只是在含量比例上有较大差异。其特征香味成分是β-苯乙醇，含量为20～127mg/L，平均70mg/L左右，居我国白酒之冠。斋酒经浸肉过程后，减少以至消失的成分有癸酸、十四酸、十六酸、亚油酸、油酸、十八酸乙酯等7种，其中原来含量较多的十六酸乙酯几乎消失；明显增加的有庚醇、己酸乙酯、壬酸乙酯、壬二酸二乙酯、庚二酸二乙酯、辛二酸二乙酯等9种，这些成分可能是形成豉香的主要组分，它们是脂肪氧化和进一步乙酯化的结果。在豉香型白酒的分析中，已检出85种香味成分。确切定性的有66种，其中包括醇类21种，酯类8种，羰基化合物9种，缩醛类3种。

自20世纪80年代初始，传统的小规模手工生产方式已被先进的大型机械化生产所代替。选用优良根霉及酵母菌株培制大酒饼（曲药），采用连续蒸饭机，50t不锈钢大罐发酵，采用经改进的浸肉设备和蒸馏器，及自动包装流水线等，使边糖化边发酵小曲酒生产企业的面貌焕然一新。

第三节 固态发酵工艺

固态法小曲酒所用原料有大米、玉米、高粱及谷壳等，大多以纯种培养的根霉（散曲、浓缩甜酒药、糠曲等）为糖化剂，液态或固态自培酵母为发酵剂，其生产工艺是在箱内（或水泥地上）固态培菌糖化后，再配糟入池进行固态发酵。此种方法主要分布在四川、云南、贵州和湖北等地。在我国年产量为600～700t小曲酒中，四川省约占50%。

四川小曲酒历史悠久，是小曲酒中的杰出代表，因此固态法小曲白酒又称川法小曲酒。以川法为代表的固态小曲酒，是以整粒粮食为原料，以固态形式贯穿蒸煮、培菌糖化、发酵、蒸馏整个工艺流程，其简要工艺流程如图 7-1 所示。

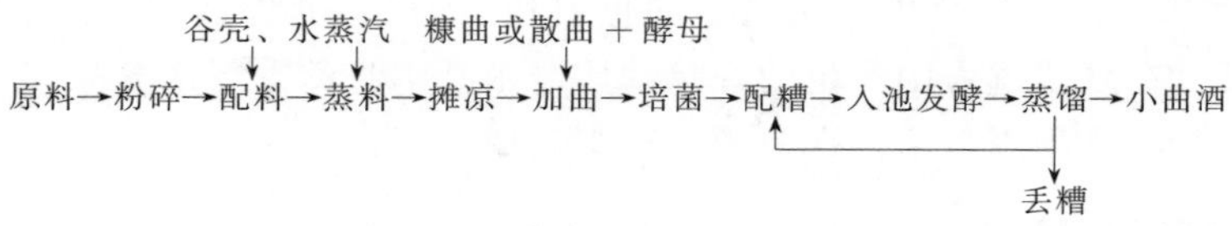

谷壳、水蒸汽　糠曲或散曲＋酵母

原料→粉碎→配料→蒸料→摊凉→加曲→培菌→配糟→入池发酵→蒸馏→小曲酒

丢糟

图 7-1　固态小曲酒生产工艺流程

一、原料的糊化

由于原料品种和产地不同，其淀粉、蛋白质、纤维等含量不同，构成的组织紧密程度也不相同，故需结合实际“定时定温”糊化粮食。熟粮的成熟度是以熟粮重与感官相结合的办法作为检验标准的。

（一）浸泡

泡粮要求做到吸水均匀、透心、适量，目的是要使原料吸足水分，在淀粉粒间的空隙被水充满，使淀粉逐渐膨胀。为在蒸粮中蒸透心，使淀粉粒的细胞膜破裂，达到淀粉粒碎裂率高的目的。一般情况下高粱（糯高粱）以沸水浸泡，玉米以放出的闷粮水浸泡 8～10h，小麦以冷凝器放出的 40～60℃的热水浸泡 4～6h。粮食淹水后翻动刮平，水位淹过粮面 20～25cm，冬天加木盖保温。在浸泡中途不可搅动，以免产酸。到规定时间后放去泡粮水，在泡粮池中润粮。待初蒸时剖开粮粒检查，透心率在 95%以上为合适。

（二）初蒸

待甑底锅水烧开后，将粮装甑初蒸，装粮要轻倒匀撒，逐层装甑，使蒸汽均匀上升。装满甑后，为了避免蒸粮时冷凝水滴入甑边的熟粮中，需用木刀将粮食从甑内壁划宽 2.5cm、深约 1.5cm 的小沟，并刮平粮面，使全甑穿气均匀。然后加盖初蒸，要求火力大而均匀，使粮食骤然膨胀，促进淀粉的细胞膜破裂，在闷水时粮食吸足水分。一般从圆汽到加闷水止的初蒸时间为 15～20min，要求经初蒸后原料的透心率 95%左右。

（三）闷水

趁粮粒尚未大量破皮时闷水，保持一定水温，形成与粮粒的温差，使淀粉结构松弛并及时补充水分。在温度差的作用下，粮粒皮外收缩，皮内淀粉粒受到挤压，使淀粉粒细胞膜破裂。

先将甑旁闷水筒的木塞取出，将冷凝器中的热水放经闷水筒进入甑底内，闷水加至淹过粮层 20～25cm。糯高粱、小麦敞盖闷水 20～40min；粳高粱敞盖闷水 50～55min；小麦闷水，用温度表插入甑内直到甑箅，水温应升到 70～72℃。应检查粮籽的吸水柔熟状况。用手轻压即破，不顶手，裂口率达 90%以上，大翻花少时，才开始放去闷水，在甑内“冷吊”。

玉米放足闷水淹过粮面20～25cm，盖上尖盖，尖盖与甑口边衔接处塞好麻布片。在尖盖与甑口交接处选一个缝隙，将温度计插入甑内1/2处，用大火烧到95℃，即闭火。闷粮时间为120～140min。感官检查要求：熟粮裂口率95%以上，大翻花少。在粮的局面撒谷壳3kg，以保持粮面水分和温度。随即放出闷水，在甑内“冷吊”。

（四）复蒸

经闷水后的物料，可放置至次日凌晨复蒸。在“拔火”复蒸前，选用3个簸箕装谷壳15kg（够蒸300kg粮食），放于甑内粮面供出熟粮时垫簸箕及箱上培菌用。盖上尖盖，塞好麻布片，待全甑圆汽后计时，高粱、小麦复蒸60～70min，玉米复蒸100～120min。敞尖盖再蒸10min，使粮面的“阳水”不断蒸发而收汗。经复蒸的物料，含水分60%左右，100kg原粮可增重至215～230kg。

二、培菌糖化

培菌糖化的目的是使根霉菌、酵母菌等有益微生物在熟粮上生长繁殖，以提供淀粉变糖、糖变酒所必要的酶量。“谷从秧上起，酒从箱上起”，箱上培菌效果好环，直接影响到产酒效果。

（一）出甑摊晾

熟粮出甑前，先将晾堂和簸箕打扫干净，摆好摊晾簸箕，在箕内放经蒸过的谷壳少许。在敞尖盖冲“阳水”时，即将箕撮和锨（铁、木锨）放入甑内粮面杀菌。用端箕将熟粮端出，倒入摊晾簸箕中。出粮完毕，用锨拌粮，做到“先倒后翻”，拌粮刮平，厚薄和温度基本一致。插温度表4支，视温度适宜时下曲。

（二）加曲

用曲量根据曲药质量和酿酒原料的不同而定。一般情况下，纯种培养的根霉酒曲用量为原粮的0.3%～0.5%，传统小曲为原粮的0.8%～1.0%。夏季用量少，冬季用量稍多。

先预留用曲量的5%作箱上底面曲药，其余分3次进行加曲。通常采用高温曲法，此时熟粮裂口未闭合，曲药菌丝易深入粮心。在熟粮温度为40～45℃时，进行第1次下曲，用曲量为总量的1/3。第2次下曲时熟粮温度为37～40℃，用曲量也为总量的1/3，用手翻匀刮平，厚度应基本一致。当熟粮冷至33～35℃时，将余下的1/3曲进行第3次下曲，然后即可入箱培菌。要求摊晾和入箱在2h内完成。其间要防止杂菌感染，以免影响培菌。

（三）入箱培菌

培菌要做到“定时定温”。所谓定时即是在一定时间内，箱内保持一定的温度变化，做到培菌良好。所谓定温，即做到各工序之间的协调。如室温高，进箱温度过高，料层厚，则不易散热，升温就快。为了避免在箱中培养时间过长，就必须使料层厚度适宜和适当缩短出箱时间。一般入箱温度为24～25℃，出箱温度为32～34℃；时间视季节冷热而定，在22～26h较为适当。这样恰好使上下工序衔接，使生产得以正常进行。保持箱内一定温度，有利于根霉与酵母菌的繁殖，不利于杂菌的生长。根据天气的变化，确定相应的入箱温度和保持一定时间内的箱温变化，可达到定时的目的。总之，要求培菌完成后出甜糟箱，冬季出泡子箱或点子箱；夏季出转甜箱，不能出培菌时间过长的老箱。要做到"定时定温"必须注意下列几点。

① 入箱温度　入箱温度的高低，会影响箱温上升的快慢和出箱时间，这只能以摊晾方法来解决。摊晾要做到熟粮温度基本均匀，即能保证入箱适宜的温度。

② 保好箱温　粮曲入箱后应及时加盖竹席或谷草垫。必须保证入箱温度为25℃，才能按时出箱。加盖草垫可稳定箱内温度变化，做到在入箱10～12h后箱温上升1～2℃。在夏季可盖竹席，以保持培菌糟水分，并适当减少箱底下的谷壳，调节料层厚度。在箱温高过25℃的室温时，可只在箱上盖少许配糟。

③ 注意清洁卫生　为防止杂菌侵入，晾堂应保持干净，摊晾簸箕、箱底面席及工具需经清洗晒干后使用。

④ 按季节气温高低掌握用曲量　曲药虽好，如用量过多或过少，也会直接影响箱温上升速度和出箱时间。在室温23℃、入箱温度25℃、出箱温度32～33℃、培菌时间24～26h的条件下，箱内甜糟用手捏出浆液成小泡沫为宜。

⑤ 感官指标和理化指标　培菌糟的好坏可从糟的老嫩程度等来判别。感官指标以出小花、糟刚转甜为佳，清香扑鼻，略带甜味而均匀一致，无酸、臭、酒味。理化指标为糖分3.5%～5%，水分58%～59%，酸度0.17左右，pH值6.7左右，酵母数(0.8～1.5)×10^8个/g。

严格控制出箱时机是保证下一步发酵的关键。若出箱过早，则醅酶活力低、含糖量不足，使发酵速度缓慢，淀粉发酵不彻底，影响出酒率；若出箱太迟，则霉菌生长过度，消耗淀粉太多，并使发酵时升温过猛。

三、入池发酵

(一) 配糟

(1) 配糟比　配糟的作用是调节入池发酵醅的温度、酸度、淀粉含量和酒精浓度，以利于糖化发酵的正常进行，保证酒质并提高出酒率。配糟用量视具体情况而异，其基本原则是：夏季淀粉易生酸、产热，配糟量宜多些，一般为4～5；冬季配糟量可少些，一般为3.5～4。

(2) 配糟管理　配糟质量的好坏及温度高低对入池温度有重大影响，要注意配糟的管理。冬季和热季配糟均要堆着放，这样冬季有利于保持配糟的温度，夏季有利于保持配糟的水分。在夏季应选早上5点钟左右当天室温最低的时间进行作业，因配糟水分足，散热快，故在短时间内就可将配糟冷到比室温高1～2℃。

(3) 配糟　在培菌糖化醅出箱前约15min，将蒸馏所得的、已冷却至26℃左右的配糟置于洁净的晾堂上，与培菌糖化醅混合入池发酵。可将箱周边的培菌糖化醅撒在晾堂中央的配糟表面，箱心的培菌糖化醅撒在晾堂周边的配糟上。通常在冬季，培菌糖化醅的品温比配糟高2～4℃，夏季高1～2℃为宜。再将培菌糖化醅用木锨犁成行，以利于散热降温。待培菌糖化醅品温降至26℃左右时，与配糟拌匀，收拢成堆，准备入池。操作要迅速，并注意不要用脚踩物料。

（二）入池发酵

（1）入池温度　由于温度对糖化发酵快慢影响很大，故要准确掌握好入池温度并注意控制发酵速度，以达到“定时定温”的要求。一般入池温度为23～26℃，冬季取高值，夏季入池温度应尽量与室温持平。过老的甜糟，发酵会提前结束；出箱过嫩，则发酵速度缓慢。若培菌糖化醅较老，则入池物料品温比使用正常培菌糖化醅时要低2～3℃；若培菌糖化醅较嫩，则入池物料品温应比使用正常培菌糖化醅时高1～2℃。

（2）入池物料成分指标　各厂有所不同，视原料、环境条件等具体情况而定。一般指标为：水分62%～64%，淀粉含量11%～15%，酸度0.8～1.0，糖分1.5%～3.5%。

（3）发酵温度　发酵时升温情况，需在整个发酵过程中加以控制。一般入池发酵24h后（为前期发酵），升温缓慢，为2～4℃；发酵48h后（为主发酵期），升温猛，为5～6℃；发酵72h后（为后发酵期），升温慢，为1～2℃；发酵96h后，温度稳定，不升不降；发酵120h后，温度下降1～2℃；发酵144h后，降温3℃。这样的发酵温度变化规律，可视为正常，出酒率高。发酵期间的最高品温以38～39℃为最好，发酵温度过高，可通过缩短培菌糖化时间、加大配糟比、降低配糟温度等进行调节；反之，则可采取适当延长培菌糖化时间、减少配糟比、提高配糟温度等措施。

（4）发酵时间　在正常情况下，高粱、小麦冬季发酵6天，夏季发酵5天；玉米冬季发酵7天，夏季发酵6天。若由于条件控制不当，发现升温过猛或升温缓慢，则应适当调整发酵时间。

四、蒸馏

蒸馏，是生产小曲白酒的最后一道工序，与出酒率、产品质量的关系十分密切，前面几道工序是如何把酒做好、做多，蒸馏则是如何把酒醅中的酒取出来，而且使产品保持其固有的风格。

（一）基本要求

蒸馏时要求截头去尾，摘取酒精含量在63%以上的酒，应不跑汽，不吊尾，损失少。操作中要将黄水早放，底锅水要净，装甑要探汽上甑，均匀疏松，不能装得过满，火力要均匀，摘酒温度要控制在30℃左右。

（二）蒸馏操作

先放出发酵窖池内的黄水，次日再出池蒸馏。装甑前先洗净底锅，盛水量要合适，水离甑箅17～20cm，在箅上撒一层熟糠。同时揭去封窖泥，刮去面糟留着最后与底糟一并蒸馏，蒸后作丢糟处理，挖出发酵糟2～3簸箕，待底锅水煮开后即可上甑，边挖边上甑，要疏松均匀地旋散入甑，探汽上甑，始终保持疏松均匀和上汽平稳。待装满甑时，用木刀刮至四周略高于中间，垫好围边，盖好云盘，安好过汽筒，准备接酒。应时刻检查是否漏汽跑酒，并掌握好冷凝水温度和注意火力均匀，截头去尾，控制好酒精度，以吊净酒尾。

蒸馏后将出甑的糟子堆放在晾堂上，用作下排配糟，囤撮个数和堆放形式，可视室温变化而定。

五、酒的风格与质量改进

四川小曲酒中醇、醛、酸、酯比例为3.07∶0.73∶1∶1.07，与其他酒种截然不同。从成分组成上看属小曲清香型，但又与大曲清香、麸曲清香有所不同，具有明显的幽雅的“糟香”，形成了自身独特的风格，故被确定为小曲清香型，其风格可概括为：无色透明，醇香清雅，酒体柔和，回甜爽口，纯净怡然。从组分上看，川法小曲酒中含有种类多、含量高的乙酸乙酯、乳酸乙酯及高级醇，配合一定的乙醛、乙缩醛以及乙酸、丙酸、异丁酸、戊酸、异戊酸等较多的有机酸，还有微量的庚醇、β-苯乙醇、苯乙酸乙酯等成分，有其自身香味成分的组成和量比关系。

为推进该酒种的技术进步，可从以下几个方面改进其工艺和质量。

① 适当提高小曲酒中的乙酸乙酯、乳酸乙酯的含量，可提高酒的醇和度及香味。其办法有适当延长发酵期，以利于增香；引入生香酵母增香；改进蒸馏方式，如按质摘酒，用香醅和酒醅串蒸等。

② 重视小曲酒的勾兑和调味。在了解香味成分的组成上，如何进一步研制更有实用价值的调味酒，摸索勾调节器规律，是一项很有意义的工作。

③ 严格控制酒中高级醇的含量。目前酒中异丁醇、异戊醇的含量偏高，要摸索并确定其在酒中的控制范围，以突出酒的优良风格。

第四节　大小曲混用工艺

小曲混用工艺，又称混合曲法，主要是利用小曲糖化好，出酒率高，大曲生香好，增加酒的香味等工艺特点生产小曲酒。所产的酒由于窖池和工艺各异，故具有浓香、兼香、药香等不同的风格，此工艺在贵州等地较普遍，如平坝窖酒、金沙窖酒，四川的崇阳大曲酒，湖南的湘泉酒，特别是所产的酒鬼酒，发展快，声誉高，其价位能与国家名酒相比。大小曲串香工艺，目前发展也很快，进行最早、最具有代表性的是国家名酒——董酒的生产工艺。这一工艺对白酒行业的科技进步产生了重大的影响，如新型白酒的产生，提高蒸馏效率技术的应用等。

一、小曲糖化大曲发酵法

大小曲混用工艺的特点主要是采用整粒粮食发酵，小曲培菌糖化，加大曲入窖发酵，固态蒸馏取酒。该法原料出酒率可达40%～45%，产品风格独特，有的已被评为部、省名酒。

原料以高粱为主，有的厂也用部分大米，用整粒粮食浸泡后蒸煮，也有破碎后经润料蒸煮，再行发酵的。现将整粒原料的生产工艺简述如下。

1. 小曲糖化

大小曲混合法生产的第一阶段，即从原料到蒸料再到加小曲等的培菌操作与前节小曲固态法相同。

2. 配糟加大曲

培菌糟出箱后拌入先行吹冷的配糟，粮糟比一般为1∶(3.5～4.5)，视气温变化而定；并加入15%～20%的大曲粉，有的还加入0.5%的香药。拌匀后即可入窖发酵，酒醅入窖温度视季节而定，一般在20～25℃。

3. 入窖发酵

入窖前窖底平铺17cm左右的底糟，再撒一层谷壳后装入窖醅，装完后撒少许谷壳，再加入盖糟，盖上篾席，涂抹封窖泥密封后，发酵30～45天。

4. 蒸馏

与一般固态发酵蒸馏法相同，酒再经0.5～1年贮存期。有的是生产兼香型酒，有的是生产药香型酒，有的是生产浓香型酒。

二、大小曲串香工艺

串香工艺分两种：一种是复蒸串香法，即按固态小曲酒酿造方法出酒后，入底锅，用大曲法制作香醅进行串蒸；另一种是双醅串香法，即把以小曲发酵好的酒醅放入酒甑下部，上面覆盖大曲制作的香醅进行蒸馏，传统的董酒生产采用复蒸串香法，现已改成双醅串香法。

(一) 董酒的工艺特点

1. 采用大曲和小曲两种工艺

国家名酒几乎都采用大曲酿造工艺，唯独董酒采用大小曲工艺，从微生物状况分析，小曲多用纯种，以糖化菌，酵母菌为主，酶系较简单；大曲天然培养，大曲中除糖化菌和酵母菌外，还有众多的产香微生物，故采用大小曲结合，扩大了微生物的类群，起到了出酒与增香的互补作用。

2. 制曲时添加中药材

添加中药材是董酒工艺的一个特点，其作用是为董酒提供舒适的药香，并利用中药材对制曲制酒微生物起促进或抑制作用。

3. 特殊的窖泥材料

董酒生产的窖泥材料，是当地的白泥和石灰，并用当地产的洋桃藤浸泡汁拌抹窖壁。由于窖泥呈偏碱性，很适于细菌繁殖，这对董酒香醅的制作，对董酒中的丁酸乙酯、乙酸乙酯、丁酸、乙酸、己酸等成分的生成和量比关系，以及董酒风格的形成，具有重要的作用。

4. 特殊的串香工艺

董酒生产采用大曲制香醅，小曲制高粱酒醅，蒸酒时，高粱小曲酒醅在下，大曲香醅在上进行串蒸。香醅的配料是由高粱糟、董酒糟、未蒸过的香醅三部分加大曲组成，发酵周期长达10个月，这是构成董酒风格的关键。

（二）制酒工艺

1. 小曲酒醅的制作

（1）原料蒸煮　将整粒高粱用90℃左右的热水浸泡8h。投料量大班为800kg，小班为400kg，浸泡好后放水沥干，上甑蒸粮。上汽后干蒸40min，再加入50℃温水闷粮，并加热使水温达到95℃左右，使原料充分吸水，糯高粱闷5～10min，粳高粱闷30～60min，使高粱基本上吸足水分后，放掉热水，加大蒸汽蒸1～1.5h；再打开盖冲“阳水”20min即可。

（2）培菌糖化　先在糖化箱底层放一层厚为2～3cm的配糟。再撒一层谷壳，将蒸好的高粱装箱摊平，鼓风冷却，夏天使品温降到35℃以下，冬季降到40℃以下即可下曲，下小曲量为投料量的0.4%～0.5%，分2次加入，每次拌匀，不得将底糟拌起。拌后摊平，四周留一道宽18cm的沟，放入热配糟，以保持箱内温度。糯高粱约经26h，粳高粱约经32h，即可完成糖化。糖化温度，糯高粱不超过40℃，粳高粱不超过42℃。配糟加入量，大班1800kg，小班900kg，粮醅比为1∶(2.3～2.5)。

（3）入池发酵　将箱中糖化好的醅子翻拌均匀，摊平，并鼓风冷却。夏季品温尽量降低，冬季品温冷至29～30℃后，即可入窖发酵。入窖后将醅子踩紧，顶部盖封，发酵6～7天。发酵过程中控制品温不得超过40℃。

2. 香醅制备

先扫净窖池，窖壁不得长青霉菌。取隔天高粱糟（占50%）、董酒糟（占30%）以及大窖发酵好的香醅（占20%），按高粱投料量的10%加入大曲粉拌匀，堆好。夏天当天下窖，耙平踩紧。冬季先下窖堆积1天，或在晾堂上堆积1天，其目的是培菌。第2天将已升温的醅子耙平踩紧，1个大窖需几天才能装满。其间每2～3天泼酒1次酒，每个大窖约泼酒精分60%的高粱酒275kg左右，下糟10000～15000kg。窖池装满后，用拌有黄泥的稀煤封窖，密封发酵10个月左右，即制成大曲香醅。

3. 串香蒸酒

从窖中挖出发酵好的小曲酒醅，拌入适量谷壳（大班每甑拌谷壳12kg，小班每甑拌谷壳6kg），分2甑蒸酒。应缓汽装甑，先上好小曲酒醅，再在小曲酒醅上盖大窖发酵好的香醅（大班700kg，小班350kg），并拌入适量的谷壳，上甑后盖上甑盖蒸酒。掐头2～3kg，摘酒的酒精浓度为60.5%～61.5%，特别好的酒可摘到62%～63%。再经尝品鉴定，分级贮存，1年后即可勾兑包装出厂。

（三）董酒的药香与风格

1. 董酒的药香

药香成分在董酒中含量极微，通过对药材和药材提香液的感官检查，可作如下的分类。

① 呈浓郁药香的有肉桂、官桂、八角、桂皮、小茴、花椒、藿香7种。

② 呈清沁药香的有羌活、良姜、前胡、淮通、合香、半夏、荆芥、大腹皮、茵陈、前仁、香菇、山楂、干姜、干松、木贼、蒿本、知母、麻黄、大黄，共计19种。其中最后2种为清雅带麻者。

③ 呈舒适药香的有独活、元参、白术、黄柏、白芷、积实、甘叶、厚朴、茯苓、白芥子、柴胡、泽泻、天冬、木瓜、黑固子、苍术、升麻、姜壳、栀子、香附、牛匀、雷丸、远志、羌活、黄精、化红、生地、朱苓、杜仲、五加皮、山柰、丹皮、吴萸，共计33种。其中后4种香味尤为舒适。

④ 呈淡雅药香的有元参、马鞭草、防风、防己、桔梗、瞿麦、红花、白附子、牙皂、白芍、枸杞、花粉、僵蚕、附片，共计14种。

根据每种药材的呈香和董酒香气的对照，选用了下述26种被认为比较重要的药材。它们是：肉桂、八角、小茴香、花椒、藿香、荆芥、升麻、麻黄、蒿本、知母、山柰、甘草、独活、橘皮、五加皮、天冬、香菇、黑固子、厚朴、木瓜、木贼、丹皮、香附、当归、良姜、白芍。

2. 董酒的风格

董酒兼有小曲酒和大曲酒的风格，使大曲酒的浓郁芬芳与小曲酒醇和绵甜的特点融为一体。出除药香外，董酒的香气主要来自香醅，使董酒具有持久的窖底香，回味中略带爽口的微酸味。其独特的风格，表现在香气高雅，自然，清而不淡，香而不酽，具有舒适的药香，使人赏心悦目，有余香绵绵之感。这是以药香、酯香、丁酸等香气组成的复合香。其香味组成的量比关系，可概括为“三高一低二反”。一是高级醇含量较高，主要是正丙醇、仲丁醇；二是总酸含量高，为其他名白酒总酸含量的2～3倍，尤其以丁酸含量高为其主要特征；三是丁酸乙酯含量高，为其他名白酒的3～5倍。一低是指乳酸乙酯含量低，约为其他名白酒的1/3～1/2。一反是一般名酒中酯大于醇，它是醇大于酯；二反是一般名酒中酯大于酸，它是酸大于酯。

第五节　酶制剂和活性干酵母的应用

小曲生产虽然采用接种培养，但其制造过程是开放式的，受自然条件和环境因素的影响较大，质量很难稳定。在小曲酒酿造中使用适量的活性干酵母和酶制剂，部分净化发酵体系，有利于提高原料出酒率和稳定酒质。根据所用小曲和酿造方法的不同，在小曲酒生产中ADY和酶制剂的使用大致可分为如下三种。

一、在先培菌糖化后半固态发酵工艺中的应用

（一）ADY的应用

先培菌糖化后发酵的半固态发酵法是小曲酒生产典型的传统工艺，前期是固态培菌与糖化，后期为半固态发酵。ADY在此类小曲酒中的使用可采用如下两种方法。

① ADY在培菌前加入　ADY用量为原粮的0.05‰～0.1‰或为小曲用量的1/20～1/10。将所需ADY用35℃左右的温水复水后，活化10min左右，在拌料时与小曲粉一起拌入即可。

② ADY在培菌后加入　ADY用量为原粮的0.1‰～0.2‰。活化液可由4份水加1份培菌糖化糟组成，用量为所需ADY的20～50倍，温度35℃左右，活化30min～2h，在糖化醅下缸加水后加入即可。

使用过程中的注意事项如下。

① 培菌糖化后期温度一般达36～38℃，有时高达40～43℃，因此，若ADY不是耐高温的菌种，不宜采用培菌前加ADY的方法。

② 注意下缸加水后发酵前期温度的控制。在加水后的10～12h内，是酵母菌繁殖的旺盛期，应特别注意温度的控制。对于普通ADY，发酵品温不得超过32～34℃；对于耐高温ADY，发酵品温不得超过36～38℃。在发酵高潮期，对于普通ADY，最高温度不宜超过37℃；耐高温ADY，最高温度不宜超过42℃。

③ 酒精ADY的加入，使发酵速度加快，发酵提前，要特别注意温度的变化，及时采取降温措施和适当缩短发酵周期。温度上升过快，发酵周期缩短，有可能使酒的风味质量下降；而发酵结束后，不及时蒸酒，往往会使酸度上升，酒度下降。

④ 对于温度变化较大、发酵室控温条件较差的酒厂，不同季节应制定不同的ADY使用工艺，即在温度较高的夏季，适当减少糖化发酵剂（包括小曲粉、ADY等）的用量，并适当加大加水比以降低单位发酵体积的产热量。

（二）糖化酶的应用

使用ADY后，为了控制培菌时温度上升过高，可适当减少小曲用量，但减曲量不宜过大，一般不超过20%。减曲过大，ADY用量过多，可能会引起酒质量和风格的变化，要特别注意提高出酒率与保证酒质量的关系。

小曲用量减少后，需补加一定量的糖化酶，一般情况下，小曲用量每减少10%，每克原粮需补加糖化酶15个单位左右。在小曲糖化能力较低的情况下，不减曲也可加入适量的糖化酶，视小曲质量情况添加量为20～50U/g原粮，这样有利于提高原料出酒率。糖化酶一律在下缸加水后加入。

（三）脂肪酶的应用

对于成品酒总酯含量较低的情况，添加适量的脂肪酶参与糖化发酵，可在保持原料出酒率基本不变的同时，提高白酒质量。特别是对发酵醪酸度较高的情况，使用脂肪酶后，可明显提高基础酒的酯含量和改善白酒酒质。

一般情况下，脂肪酶在下缸加水时加入，用量为2～6U/g原料。

二、在边糖化边发酵工艺中的应用

边糖化边发酵的半固态发酵法是我国南方各地生产小曲酒的又一种传统工艺，以广东豉味玉冰烧酒为其典型代表。

① ADY使用量　在此种工艺中，ADY的用量为原粮的0.1‰～0.5‰，不减曲时ADY用量少，减曲时用量稍大；夏季宜少，冬季稍大。

② ADY的活化　ADY的活化可用自来水或2%～3%的糖水；活化温度35℃左右；活化时间用自来水时10min左右，用糖水时1h左右。

③ ADY的加入时间　ADY可在发酵开始至三天左右的时间内加入，视具体情况而定。如发酵缓慢，ADY宜早加，并适当加大其用量；如发酵旺盛期来得早，ADY宜迟加，添加量亦宜少；有的厂在发酵高泡期过后才添加ADY，加入ADY后使发酵醪又重新翻动起来，这样可使整个发酵过程变得比较平稳。

④ 糖化酶的使用　对于小曲（酒饼）糖化力较低的情况，若发酵过程缓慢则应补充一定糖化酶，糖化酶在发酵开始时加入，用量为20～50U/g原粮。对于小曲糖化力较高、发酵过程比较旺盛的情况，在使用ADY的同时可适当减少小曲的用量。为了保证小曲酒的质量，减曲量不宜超过20%，糖化酶用量不宜超过50U/g原粮。

三、在固态法小曲酒中的应用

在固态法小曲酒生产中使用ADY，分下列几种情况。

① 以纯种根霉（散曲）为糖化剂，培菌糖化后，加入活化好的ADY，配糟入池发酵，ADY的用量为投粮量的0.4‰～0.6‰，ADY的活化方法同麸曲白酒，参见第八章。

② 以纯种根霉（散曲）为糖化剂，将ADY与根霉混合后，拌入粮醅一起培菌，然后配糟入池发酵，ADY的用量为投粮量的0.05‰～0.1‰。此时ADY不需复水活化，若活化后再使用，则ADY的用量可减少至投粮量的0.01‰左右，ADY活化方法同上。

③ 以糠曲为糖化发酵剂，培菌糖化后加入活化好的ADY，配糟入池发酵，ADY的用量为投粮量的0.1‰～0.3‰，糠曲质量好时少加，糠曲质量差时多加。

在固态法小曲酒中，不论何种工艺都不宜减少根霉曲或小曲的用量。关于糖化酶的使用，在根霉曲或糠曲等糖化力较好时，应少加，一般添加量为20～30U/g原粮（即每吨粮食加5万单位的糖化酶400～600g）；若使用根霉或小曲糖化能力较差，则糖化酶的使用量可加大至50U/g原粮。

第八章　麸曲白酒生产技术

第一节　概　　述

麸曲白酒是以高粱、薯干、玉米等含淀粉的物质为原料，以纯种培养的麸曲及酒母为糖化发酵剂，经平行复式发酵后蒸馏、贮存、勾兑而成的蒸馏酒。具有出酒率高、生产周期短等特点，但是由于使用的菌种单一，酿制出来的白酒与同类大曲酒相比具有香味淡薄、酒体欠丰满的缺点。不少厂家采用多菌种糖化发酵，并参照使用大曲酒的某些工艺，以加强白酒中香味物质的产生，使得麸曲白酒质量有了大幅度的提高。

早在抗日战争期间，方心芳先生就曾在四川乐山县金华工厂开展了改造大曲的研究，试制麸曲和糟曲，并在大曲培养中接种曲霉菌和酵母菌，以提高大曲的糖化发酵效率。1937 年，辽宁抚顺酒厂从日本引进菌种开始生产麸曲白酒，但由于战乱，这项新技术未曾推广。1950 年，周恒刚先生在哈尔滨市第四酒厂，从辽宁引进菌种，使用单一菌种培养麸皮匣曲为糖化发酵剂，开始生产白酒，使出酒率有了较大的提高。1952 年，方心芳先生率领科技人员到前北京酿酒厂，将大曲生产的二锅头酒改为麸曲酒，以后陆续在河北、山东等省推广。

1955 年，地方工业部在山东烟台设点试验，提出以米曲霉加酵母为主生产白酒，使淀粉出酒率达 70%。在烟台试点基础上总结出来的“烟台酿酒操作法”，推动了整个白酒酿造技术的进步。烟台白酒操作法的要点是：“麸曲酒母，合理配料，低温入窖，定温蒸烧”。所谓“麸曲酒母”就是指要选择培养好适应性强、繁殖力强、代谢能力强的优良曲霉菌和酵母菌。“合理配料”就是使微生物作用的基础物质水、淀粉、糖分、酸度等项目合理搭配，以提供最佳的糖化发酵条件。“低温入窖”就是指酒醅入窖的温度要适宜，尽量做到低温入窖。这样既有利于有益菌类的作用，又能抑制杂菌，从而提高酒质，提高出酒率。“定温蒸烧”就是要确定合理的发酵温度及发酵期，掌握发酵的最佳时机进行蒸馏，以确保丰产丰收。这四句话就是白酒酿制工艺方法与原则的科学总结，虽各有侧重，但又是一个有机联系的整体，必须配套应用才能发挥最大效果。

20 世纪 60 年代，凌川、茅台、汾酒三个试点揭开了麸曲优质酒生产的新篇章，首先是利用人工培养多种曲霉菌加产酯酵母，制成了清香型麸曲优质酒，如山西的六曲香酒，其次是利用“人工老窖”新技术，制成了短期发酵、质量可观的麸曲浓香型白酒。与此同时，利用堆积、高温发酵等传统工艺又酿制成功了麸曲酱香型白酒。当时对生香酵母的分离、培养及使用已达到了较高的水平，时至今日某些菌种仍在沿用。从此后在全国掀起了应用麸曲提高白酒质量，生产优质白酒的高潮。

进入20世纪80年代，细菌的研究应用成了中国名优白酒酿造工艺研究的一个主题。所以把细菌分离培养后用于麸曲优质白酒酿造，对提高麸曲酒的质量水平，起到了很大的推动作用，可以说是个里程碑。在这方面工作成绩突出的是贵州轻工所，他们从高温大曲中分离出的十几种细菌，人工培养后用于麸曲酱香型酒酿造，按此工艺生产的筑春酒和黔春酒，在第五届评酒会上双获国优酒称号。

20世纪90年代成为专业化生产阶段。即麸曲酵母，被专业化生产的固体糖化酶和活性干酵母所代替，可以说是普通麸曲白酒的一次革命，这套工艺简便可行，出酒率高，成本低，便于小型酒厂采用，促进了全国各地中小酒厂的大发展。

第二节　麸曲白酒生产工艺

一、麸曲白酒生产工艺原则

（一）合理配料

合理配料是麸曲白酒酿造应遵循的首要原则。主要包括以下4项内容。

1. 粮醅比

回醅发酵是中国白酒的显著特色。回醅多少，直接关系到酒的产量和质量。多年实践证明，无论从淀粉利用的角度，还是酒质增香的角度，都提倡加大回醅比。一般普通酒工艺的粮醅比要求是1∶4以上，通常夏季为1∶(5～6)，冬季为1∶(4～4.5)。但回醅量也不是无限度的越大越好，应考虑到醅中酸度对制酒的影响，醅是妨碍发酵物质对制酒的影响。为此，不同香型酒、不同发酵周期的麸曲白酒，其回醅量有所不同。同一窖池，针对不同发酵状况的酒醅，回量要适当调整。在生产中，回醅量要与原料粉碎度、入窖水分、淀粉、酸度、温度等多项指标相协调，从产量和质量两方面来考虑，确定合理的粮醅比。

2. 粮糠比

不同的操作工艺和原料，要求有不同的粮糠比。一般的规律是：普通酒粮糠比较大，在20%～25%之间；优质酒用糠量少，在20%以下。生产中应根据季节、辅料性质等不同调整其用量。合理的粮糠比会产生如下的好效果：

① 调节入窖淀粉浓度，使发酵正常进行；

② 调节酒醅中的酸度及空气含量适宜，便于微生物的繁殖和酶的作用；

③ 增加界面面积，便于酶与底物的接触，利于糖化；

④ 使酒醅疏松有骨力，便于糊化、散冷、发酵、蒸馏、提高出酒率。

3. 粮曲比

这一指标的重要性往往被忽视。有些酒厂的师傅，头脑里一直存在“多用曲，多出酒”的认识误区。实际上，用曲得多少，主要依据是曲的糖化力和投入原料的量，经科学计算后，稍高于理论数据即可，多用曲不但增加成本，更重要的是破坏了正常的发酵状态，反而会少出酒。同时，用曲量多时，往往会给酒带来苦味，这在麸曲优质酒酿造中更应引起重视。麸曲优质酒比不上同类的大曲酒，追究工艺上的原因，主要是发酵速度快，如果用曲量、用酵母量增大，会加快麸曲酒的发酵速度，从而严重影响酒的质量。

4. 加水量

水在酿酒工艺中，起调节淀粉浓度、调节酸度、调节发酵温度、传输微生物及其酶类等诸多方面的作用。可以说，加水量的合理与否是酿造成功的关键之一。酿造加水的途径有三个，每个环节都很重要。一是润料，要求水温要高，水要加匀，并有一定的吸收时间；二是蒸料，要求蒸气压足、时间要够；三是加量水，要加均匀，用量要准确。因每甑酒醅在窖内上下位置不同，加水量要有区别。一般每甑间，水分相差1%左右。检查水分合理与否的指标是入窖水分。这个指标随季节、原料、辅料、粮醅比等的不同而有所不同，一般为54%～62%。当辅料吸水力较强时，入窖水分应稍大；粮醅比大、入窖淀粉含量较低时，入窖水分应相应减少。

(二) 发酵品温控制

发酵的主要标志之一，就是温度的上升。它不仅是发酵的表面可见现象，更重要的它是发酵程度的标尺，是控制发酵主要工艺参数的准则。应从以下两个方面来科学地控制好发酵品温这个主要工艺指标。

1. 酒精发酵与升温

理论上每消耗1%的淀粉将使酒醅温度上升1.8℃。在窖内实际测量，普通4天正常发酵的麸曲酒醅，每生成1%的酒精，大约升温2.5℃。换句话说，在这样的工艺中，如果升温幅度为10℃，酒醅中的酒精含量应在4%左右；如果是15℃，则酒醅的酒精含量应为6%左右，可见，从提高生产效率的角度考虑，应尽力创造大的升温幅度。淀粉是酒精发酵的基础物质，相对高的淀粉浓度有利于升温幅度的提高。但当温度达到36～38℃后，一般酵母菌会很快衰退，发酵速度将迅速下降。这时，即使酒醅中有大量的淀粉，也不可能继续提高酒度。除此之外，入窖温度、发酵周期、窖的容积大小和散热情况等都对升温幅度的大小有一定影响。在实际生产中，人们并不强调每种工艺都必须有最大的升温幅度，只希望在相同的工艺中，应尽量提高升温幅度，从而使生产效率得到提高。

2. 低温入窖

低温入窖不仅能提高酒的产量，还会提高酒的质量。其主要原因如下。

① 入窖温度低，允许上升的升温幅度就高，相应地酒的产量就高。

② 低温入窖时，各种酶的钝化速度减慢，使其作用于底物的时间增长，从而可提高酶的使用效率。

③ 低温条件下，酵母的繁殖作用不会受到大的影响，而杂菌（主要指细菌）

的繁殖将受到抑制。由此可见，低温可起到“扶正限杂”的作用。

④ 低温入窖，使发酵速度变缓。试验表明酿酒微生物在低温缓慢发酵条件下，易生成多元醇类物质，增加酒的甜味。“冬季酒甜，夏季酒香”的道理即在于此。

控制低温入窖的主要措施如下。

① 利用季节气温的差异。在气温低的季节多投料，多加班，提高产品的产量、质量，把停产检修安排在气温高的季节。

② 利用日夜温差，把入窖时间尽量安排在夜间气温低的时候。

③ 利用冷水降温，利用室外冷空气降温，利用现代化的制冷设备降温，均可收到良好的效果。

④ 配料合理，酒醅疏松，有利于降温。

3. 升温曲线

升温曲线是从入窖温度起，到发酵最高温度再降至发酵终了温度，整个周期由温度变化数值描绘出的一个曲线图。对于优质白酒发酵来说，它的温度变化要求是“前缓升、中挺、后缓落”。具体是指前期发酵升温要缓慢，中期发酵高温期要持久，后期发酵温度要缓慢回落。这样的发酵温度曲线，适合各种酿酒微生物的作用，不仅可实现高产稳产，同时有利于提高酒质。

怎样才能做到“前缓升、中挺、后缓落”呢？

① 要坚持低温入窖。只有低温入窖，才会有前期发酵缓温，有了“前升温”，才会有“中挺”及“后缓落”。

② 控制好入窖淀粉浓度及酸度。相对低的淀粉浓度及相对高的酸度，会使发酵速度变缓。

③ 合理的发酵周期。要想得到最佳的发酵温度曲线，必须把发酵变化与发酵期放在一起来研究。可以从两个方面去考虑：一是根据发酵温度变化来确定发酵期，如普通白酒以产量为主，整个发酵温度变化 4 天就完成，那么确定 4 天发酵就是合理的、科学的；二是根据发酵期来确定工艺参数，使窖内变化在整个发酵期间尽量理想化。如清香型优质酒 30 天发酵中，如前期 10 天达到最高温度，“中挺”为 6～8 天，后缓落为 6～8 天，最为理想。

（三）“稳、准、细、净”

这四个字，是经过多次酿酒试点及多年生产实践证明的、行之有效的白酒工艺操作原则，无论是普通白酒工艺还是优质白酒工艺都必须遵循的这四个原则。

“稳”是指工艺条件应相对稳定，工艺操作要相对稳定。具体要做到：配料要稳定，入窖条件要稳定，工艺操作程序要稳定，窖内发酵温度变化曲线要稳定，酒的班产量要稳定，酒的质量要稳定。要达到上述要求，供应部门，采购原料的质量要稳定；辅助车间，半成品的质量要稳定；后勤部门，水、电、汽的供给要稳定等。可见工艺稳定是涉及全厂方方面面的事，只有各个部门通力合作，才有可能办到。

“准”是指执行工艺操作规程要准确，化验分析数字要准确，掌握工艺条件变化情况要准确，种种原材料计量要准确。准确既有时间上的要求，不可提前滞后；也有标准上的要求，不可忽高忽低；还有对人的要求，必须认真负责。

“细”主要指细致操作。其中主要包括：原料粉碎细度合理，配料拌得匀细，装甑操作细致，发酵管理细心等，“细”字主要来自责任心，来自严要求。

“净”主要指工艺过程要卫生干净。其目的就是防止杂菌感染，保证发酵正常进行，其要求是坚持经常性的卫生工作，形成良好的卫生习惯。

二、麸曲白酒生产工艺

（一）混蒸老五甑操作法

混蒸续楂法老五甑工艺是传统白酒酿造工艺的科学总结，适合于淀粉含量较高的玉米、高粱、薯干等原料酿酒，更适合原料粉碎较粗的条件，该工艺被广泛应用于麸曲普通白酒和优质白酒的酿造。其工艺流程如图 8-1 所示。

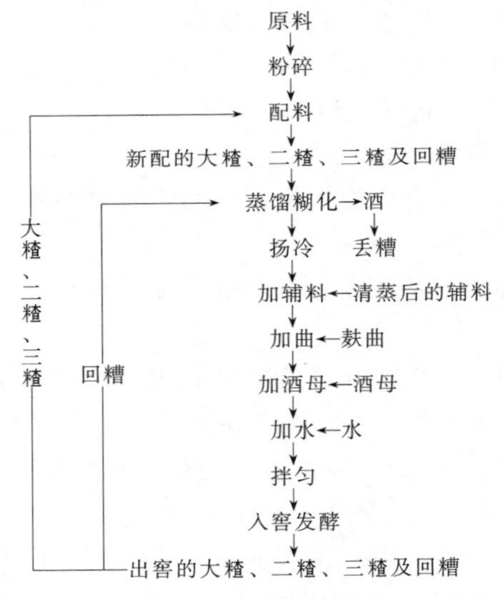

图 8-1　混蒸续楂法老五甑的工艺流程

1. 工艺特点

续楂法混蒸老五甑工艺的操作特点是每排生产续加部分新料，酒醅出窖后与新原料混合入甑蒸馏、糊化。正常生产时，窖内有大楂、二楂、三楂、回糟 4 甑酒醅，出窖后加入新料配成大楂、二楂、三楂及回糟和丢糟 5 甑材料，其中 4 甑材料下窖发酵。新原料数量分配是大楂、二楂基本相同，占原料总量的 4/5，其余的 1/5 分配给三楂，回糟一般不配新料。具体操作为：将出窖的二楂大部分酒醅配作这次的大楂；将余下的部分二楂酒醅与上次的一部分大楂酒醅配成现在的三楂；剩下的上次大楂酒醅配成这次二楂；将上次的 1/4～1/3 的三楂酒醅混在上述的这次三甑楂醅中，其余的三楂配作这次的回糟；上次的回糟，蒸馏后作为丢糟。

老五甑工艺的特点是各甑入窖酒醅中含淀粉的数量不同。一般是大楂＞二楂＞三楂＞回糟。每甑相差幅度为2%左右，同时每甑酒醅放在窖内的位置也有规律性，并因气温不同而调整。目的是使窖内发酵升温平衡。传统老五甑工艺的操作原则是“养楂挤回”，其意为尽量保证楂醅高淀粉、高质量，尽量把回糟中的淀粉“吃干榨净”。现代老五甑工艺已有些改进，即大楂、二楂、三楂的区别在减小；回糟中有时也投入一部分细原料，以此来保证每甑酒醅出酒率的平衡。

2. 工艺操作

（1）原料粉碎　根据原料特性，粉碎的细度要求也不同。高粱、玉米、薯干等原料，通过20目的孔筛者应占60%以上，取通过20目的细粉用于三楂及酒母，其余用于大楂、二楂。

（2）配料　将新料、酒糟、辅料及水配合在一起，为糖化和发酵打基础。配料要根据甑桶、窖子的大小、原料的淀粉量、气温、酸度、曲的质量以及发酵时间等具体情况而定，配料得当与否的具体表现，要看入池的淀粉浓度、醅料的酸度和疏松程度是否适当，一般以淀粉浓度14%～16%、酸度0.6～0.8、润料水分48%～50%为宜。

（3）蒸馏糊化　将原料和发酵后的酒醅混合，蒸酒和蒸料同时进行，称为“混蒸混烧”，前期以蒸酒为主，甑内温度要求85～90℃，蒸酒后，应保持一段糊化时间。利用蒸煮使淀粉糊化。有利于淀粉酶的作用，同时还可以杀死杂菌。蒸煮的温度和时间视原料种类、破碎程度等而定。一般常压蒸料20～30min。蒸煮的要求为外观蒸透，熟而不黏，内无生心即可。

（4）扬冷、加曲、加酒母、加水　蒸熟的原料，用扬渣或晾渣的方法，使料迅速冷却，使之达到微生物适宜生长的温度，目前大多已采用机械鼓风冷却热料。应注意冷却至适温，一般气温在5～10℃时，品温应降至30～32℃，停止通风，若气温在10～15℃时，品温应降至25～28℃，夏季要降至品温不再下降为止。扬渣或晾渣同时还可起到挥发杂味、吸收氧气等作用。

扬渣之后，同时加入曲子和酒母。酒曲的用量视其糖化力的高低而定，一般为酿酒主料的8%～10%，酒母用量一般为总投料量的4%～6%（即取4%～6%的主料作培养酒母用）。为了利于酶促反应的正常进行，在拌醅时应加水（工厂称加浆），控制入池时醅的水分含量为58%～62%。

（5）入窖发酵　入窖时醅料品温应为18～20℃（夏季不超过26℃），入窖的醅料既不能压得过紧，也不能过松，一般掌握在每立方米容积内装醅料630～640kg为宜。装好后，在醅料上盖上一层糠，用窖泥密封，再加上一层糠。发酵过程主要是掌握品温，并随时分析醅料水分、酸度、酒量、淀粉残留量的变化。发酵时间的长短，根据各种因素来确定，有4～5天甚至30天不等。一般当窖内品温上升至36～37℃时，即可结束发酵。

3. 立楂

以上叙述的为自圆排开始的正常生产阶段的操作方法。在开始投产到正常生产的第一、二、三排的操作为立楂过程。

（1）第一排　原料经蒸煮糊化，不配糟只加曲、水、酵母菌，第一次发酵2甑为一排。第一排立楂的投粮量与正常生产一样，加曲量为5%～6%，酒母量为5%～9%，辅料为6%～10%，入窖品温为12～15℃，水分为60%左右。

（2）第二排　第一排立的2甑大楂到第二排时配料分成3甑，变成2甑大楂和1甑小楂。大楂占用料总数的80%，小楂占用料总数的20%。

（3）第三排　物料配比与正常生产相同。

立楂最好不要清立，应将本厂或其他白酒厂的酒糟或酒醅配入原料，其比例应根据酒糟或酒醅的淀粉含量、酸度等指标而定。注意使用新鲜的酒糟，不得使用雨淋或霉变的酒糟。

（二）清蒸混入操作法

1. 清蒸混入四大甑操作法

该法适于含淀粉较低的原料及代用原料酿酒；另外，原料与酒醅分别蒸煮和蒸馏，适合于含有不良气味的原料生产白酒，可以减少原料对酒的污染，成品酒味较好。

正常生产时，窖内有大楂、二楂及回糟3甑材料，再蒸1甑新料，每日4甑工作量。具体操作是：第1甑，蒸上次发酵好的二楂，不加新料，加麸曲酒母后作为回糟入窖再发酵；第2甑，蒸原料，蒸好后分成2份；第3甑，蒸上次发酵好的大楂，出甑后也分成2份，与上甑的两份原料混合后加麸曲酒母和水后入窖发酵成为这次的大楂、二楂；第4甑，蒸上次发酵好的回糟为丢糟。这个工艺传统操作的特点是楂子与回糟的淀粉含量相差很多，现代操作中，正在减少这种差距，有时在回糟中也投入一部分新原料。该工艺适合于投料量大、班次多、每班工作时间应缩短的情况采用。

2. 清蒸混入五甑操作法

清蒸混入五甑适合于质量较次的原料，由于原料清蒸，可以减少原料中的杂味带入酒中；另外，原料清蒸，糊化彻底，有助于提高出酒率。其主要操作要点是原料分类、加强粉碎、清蒸混入、掐头去尾。

正常生产时，窖内有大楂、二楂及回糟3甑材料，出窖后，清蒸这3甑酒醅及2甑新料。第1甑蒸馏上排的二楂，出酒后出甑酒醅趁热拌入大楂、二楂的新料，拌匀进行润料。第二甑蒸上述已掺醅润好的新料，出甑后散冷加曲、酒母及水下窖为大楂。第3甑与第2甑相同，下窖为二楂。第4甑蒸馏上排大楂，出甑散冷加曲、酒母和水后，下窖为回糟。第5甑蒸上排回糟，出酒后为丢糟。

（三）清蒸清烧操作法

该工艺适用于糖质原料酿酒，如甜菜、椰枣等。正常生产时，窖内有4甑酒醅，而且基本相同。一次发酵后，都可作为丢糟。一般丢2甑，回2甑，再蒸2甑新原料（甜菜），每日6甑工作量。如用椰枣可直接拌入酒醅入窖发酵，每日4甑工作量。该工艺的最大特点是入窖糖分高、淀粉低、水分大、辅料用量大、发酵温度高、发酵时间短。它很适合低淀粉的代用原料及糖质原料酿酒。20 世纪 60～70 年代全国广为推行。

第三节　提高麸曲白酒质量的技术措施

麸曲白酒的生产是采用糖化能力很高的纯种麸曲作糖化剂，并用发酵能力很强的纯种酒精酵母作发酵菌种，所以糖化能力强、用曲量少、发酵速度快，一般发酵时间只需 3～5 天就可结束，而且出酒率高，因而很快在全国范围内得到广泛的发展和应用。但是由于麸曲白酒在生产中所使用的菌种单一，生产出来的白酒香味物质种类少、含量也低；而且由于发酵时间短，发酵中仅生成大量的酒精，未能使酒精进一步与有机酸酯化，使得香味物质不能很好形成，其结果是使得麸曲白酒酒质单薄，香气和口味都不理想。为解决以上问题，各酒厂都在采取补救措施，主要措施有多菌种酿造、大曲与麸曲相结合以及回酒发酵、回醅发酵等。

一、多菌种酿造发酵优质麸曲白酒

采用多菌种发酵增香可解决由于麸曲白酒生产过程中所使用的菌种单一，生产出来的白酒香味物质种类少、含量低的问题，可明显提高麸曲白酒的质量。不同香型的麸曲白酒其所用菌种有所不同，下面介绍几种代表性麸曲白酒的多菌种酿造发酵工艺。

（一）山西六曲香酒

山西省祁县酒厂因使用六种曲霉菌培养的麸曲，故其生产的白酒被称为六曲香酒，该酒可认为是清香型麸曲白酒中的佼佼者，曾三届获国家优质白酒称号。

1. 生产工艺特点

① 以高粱为原料，稻壳为辅料，用量为 30%，出酒率按汾香型成品酒 62°计，可达 46%以上。

② 采用多菌种发酵。其中曲霉菌有米曲霉、根霉、毛霉、犁头霉、红曲霉、黄曲霉等 6 种；其他菌种有拟内孢霉、酿酒酵母、汉逊酵母、白地霉、汾Ⅱ酵母等。

③ 采用清蒸混入老六甑制酒工艺（即比老五甑多蒸 1 甑原料），发酵容器为水泥窖。发酵期为 8～10 天，缓慢蒸馏，高度取酒，贮存期为 6 个月以上。

2. 菌种的培养

（1）米曲霉、根霉、毛霉、犁头霉培养　采用固体试管、三角瓶扩大培养，帘子种曲，最后分别采用通风法制成麸曲。

（2）拟内孢霉培养　经固体试管、三角瓶扩大培养后，制成帘子麸曲。

（3）红曲霉培养

① 试管培养　菌种在米曲汁琼脂斜面上，28℃培养7天。

② 三角瓶培养　将纯净的小米，在常温下浸泡12h后，淋去水分，常压蒸煮3次，每次40min。每一次蒸，加20%的水，最后一次分装在500mL三角瓶中，每瓶装50g后再蒸，蒸后冷却至35～40℃时，每瓶加0.7～0.8mL醋酸后接种。在28～30℃保温箱中培养，每12h摇瓶1次，培养7天，米粒呈深红色即可使用。

③ 制曲　以新鲜薯干为原料，粉碎通过10～30目筛，加水60%～70%，常压蒸1h，冷却到40～45℃，加入3%的醋酸溶液20%（占原料），接入1%的三角瓶菌种，装入曲盒进行培养，培养7天曲粒变成深红色，即可使用。

（4）酿酒酵母培养　采用试管、三角瓶、卡氏罐三级扩大培养。

（5）汉逊酵母、白地霉培养　以玉米面糖化液为培养基，采用浅盘培养。汾Ⅱ酵母与白地霉两者分别培养，混合使用。

各菌种的使用量如下。

① 总用曲量为原料的12%，其中米曲占6%，根霉曲占2%，拟内孢霉曲占1%，红曲占1%，毛霉、犁头霉混合曲占2%。

② 菌液总用量为8%，其中酿酒酵母占3%，汉逊酵母占3%，白地霉占2%。

3. 六曲香酒的香味成分特征

六曲香酒无色透明，清香纯正，醇和绵柔，爽口回甜，饮后余香，清香风格明显。尤以突出的乙酸乙酯香气为其鲜明的特色，其香味成分特征如下。

① 以乙酸乙酯为主体香气，其含量在总酯中占90%以上。

② 含有一定量的乳酸及乳酸乙酯。这与使用多种曲霉菌有关，而且提高了酒的醇厚感。

③ 含有多种有机酸，以乙酸含量为首，占总酸的60%以上。

④ 含有较多的高级醇。其含量顺序为：异戊醇＞正丙醇＞异丁醇＞正丁醇＞正异醇

⑤ 含有少量的己酸乙酸，增加了酒体的丰满程度。

（二）河北燕潮酩酒

燕潮酩酒为我国麸曲浓香型优质白酒的典型代表之一，该酒由河北省三河县燕郊酒厂在20世纪70年代研制成功的，因该厂位于燕山脚下，潮白河之滨，故取名燕潮酩酒。在1979年全国第三届评酒会上被评为国家优质白酒，以后又连续两届获此殊荣。

生产浓香型麸曲白酒，常选用黑曲（AS.3.4309及其变种）、邬沙米曲、白曲、东酒1号及根霉、拟内孢霉等制麸曲，生香菌有汉逊酵母、球拟酵母及己酸菌等。麸曲中邬沙米曲和白曲产香较好但糖化力较低，而AS.3.4309的性能却与之相反，有的酒厂为了既保持较好的出酒率，又能使香味成分得以很好的生成，将三者以恰当的比例使用，收到了良好的效果。

1. 燕潮酩酒的工艺特点

① 以高粱为原料，清蒸的稻壳为辅料。

② 以河内白曲为糖化剂，固体培养的生香酵母加部分酒精酵母为发酵剂。

③ 以人工培养的泥窖为发酵容器，窖的容积较小。增加了酒醅与窖泥的接触面积。

④ 采用清蒸、清烧、大回醅酿酒工艺，发酵期为40天，有时采用人工培养的已酸菌液来提高酒的质量。

⑤ 酒的贮存期在1年以上，经精心勾兑后出厂。

2. 燕潮酩酒的香味成分特征

燕潮酩酒无色透明，窖香浓郁，己酸乙酯为主体香气成分，入口绵软，香味协调，回味较甜，尾子干净，浓香风格明显，其香味成分特征如下。

① 以己酸乙酯为主体香气成分，其含量在总酯中列第一位，乳酸乙酯含量仅次于己酸乙酯，乙酸乙酯排在第3位，还含有少量丁酸乙酯。

② 含有一定量的乙醛及乙缩醛，酒的放香较好。

③ 含有一定量的高级醇及多元醇，使酒具有醇厚感及回甜感。

（三）贵州黔春酒

黔春酒是20世纪80年代中期，由贵阳酒厂与贵州省轻工研究所协作，共同研制成功的麸曲酱香型优质白酒。该酒采用先进的微生物培养和应用技术，酒的质量很好，在1989年全国第五届评酒会上被评为国家优质白酒。

生产酱香型麸曲白酒，常选用黄曲霉、白曲霉、根霉、红曲霉、拟内孢霉等菌种制成麸曲，生香菌有汉逊酵母、球拟酵母、己酸菌及从高温大曲中筛选出来的嗜热芽孢杆菌等。

1. 黔春酒的工艺特点

① 配料　以高粱、小麦为主要原料，稻壳为辅料。

② 采用的微生物菌种　细菌6株制成细菌曲；生香酵母3种以上，固体通风法培养；曲霉菌、河内白曲，通风法培养。

③ 发酵设备及工艺　采用碎石泥巴窖或水泥窖。制酒工艺采用清蒸清烧，回醅堆积发酵工艺，发酵30天。工艺中有“三高”，即高温堆积、高温发酵、高温流酒。

④ 贮存与勾兑　入库酒的酒精含量52%～54%。在陶瓷容器中贮存1年半以上，精心勾兑出厂。

2. 黔春酒的香味成分特征

黔春酒无色透明或微黄透明，酱香较突出，酱、焦、糊三香协调，口味较丰满细腻，后味长，酱香风格明显。在诸多感官指标中，尤以放香大，香气较幽雅而著称，其香味成分特征如下。

① 以焦香、糊香为主体香气，这种香气来源于吡嗪类化合物。

② 酯类是重要的香味成分，其中以生香酵母生成的乙酸乙酯含量较高，达100mg/100mL以上，新窖生成的己酸乙酯含量在80mg/100mL左右，对酒的放香

及酒体的丰满程度有重要作用。

③ 4-乙基愈创木酚含量较高。

④ 含有一定的多元醇类物质，使酒带有一定的甜味，这些成分可能来源于堆积工艺。

（四）江苏梅兰春酒

梅兰春酒是江苏省泰州酒厂在20世纪80年代研制成功的一种麸曲芝麻香型白酒。1987年被评为江苏省优质产品。被国内专家誉为我国麸曲芝麻香型的代表酒之一。

1. 梅兰春酒的工艺特点

① 总的工艺特点　“四高一定”，即高温培菌、高温堆积、高温发酵、高温蒸馏、定期贮存。

② 原料配比　高粱80%，小麦10%，麸皮10%。

③ 选用的微生物　从茅台酒醅及大曲中分离优选的酵母、细菌共20多种，其中包括汉逊酵母5种，假丝酵母4株，球拟酵母3株，酒精酵母4株及耐高温芽孢杆菌6株。糖化菌种选取河内白曲菌。

④ 采用的发酵设备及工艺　发酵容器为水泥窖，窖底是发酵过的香泥，窖的容积为7m^3，每班投料量为700kg，采用清蒸混入，老五甑制酒工艺。

⑤ 工艺参数

培菌最高温度/℃	45～55	流酒温度/℃	35左右
堆积温度/℃	50	发酵时间/天	30
发酵温度/℃	45～50		

⑥ 贮存　贮存容器为陶瓷缸，贮存期为1年。

⑦ 大曲、麸曲相结合工艺的采用　麸曲加10%的大曲，生产出的酒芝麻香更浓，酒体更丰满。

2. 梅兰春酒的香味成分特征

梅兰春酒的感官特征可概括为：酒色清澈透明或微黄透明，芝麻香明显幽雅，口味醇厚丰满，诸味协调而舒适，回味长而留香持久，具有芝麻香型酒的典型风格。该酒的香味成分特征如下。

① 酯类是该酒香味成分的主体，其总酯含量占香味物质总量的38.11%，居首位，其中酯含量顺序为：乙酸乙酯＞乳酸乙酯＞己酸乙酯＞丁酸乙酯。这四大酯占总酯量的95.26%。

② 含氮化合物在酒中含量显著，总量居香气成分的第二位。

③ 正丙醇、异戊醇含量明显高于别的香型白酒。

④ 有机酸含量及其量比与酱香型酒接近，其中乙酸、丙酸含量明显高于其他酒。

⑤ 糠醛含量高，与酱香型酒接近，明显地高于清香和浓香型酒。

二、大曲与麸曲相结合酿造优质白酒

麸曲优质白酒以其发酵、贮存周期短、出酒率高等经济方面的优势，20 世纪 60～70 年代在我国发展很普遍。80 年代进入市场经济以来，由于消费者选择性的提高，又由于各类白酒在市场上竞争的加剧，麸曲优质白酒因其质量上的原因，在市场上所占份额逐日减少，许多单纯以麸曲优质酒为生产品的企业被迫停产、转产。

为扭转这种被动局面，自 20 世纪 80 年代末期起，白酒科技工作者开始探索麸曲与大曲相结合生产优质白酒的新工艺路线和方法。经过多次试点和试验，取得了很好的成果，并在有些企业推广、应用。大曲与麸曲相结合生产优质白酒的优点如下。

① 先大曲、后麸曲的工艺，使大曲香醅中的有益物质得到更充分的利用，使传统工艺与现代方法实现了有机的结合。

② 与麸曲白酒比较，采用大曲、麸曲混合发酵，改变了发酵基质及发酵速度，提高了酒的质量。

③ 与大曲酒比较，大曲、麸曲结合工艺，使出酒率提高，生产周期缩短，贮酒时间缩短，具有明显的经济上的优势。

④ 大曲、麸曲结合产的酒香味较丰满，便于低度酒的生产，在清香型酒中体现得更突出。

⑤ 大曲、麸曲结合的酒，酒中微量成分的量比关系趋于平衡，饮用后对人体副作用减少，上市后受到消费者的欢迎，市场占有率提高。

根据全国各地的经验看，麸曲与大曲工艺结合在清香型、芝麻香型、酱香型酒酿造上应用，效果明显。由于各香型酒的工艺不同，所以两者结合的方式也不同。

① 清香型大曲酒丢糟再发酵　传统用地缸为容器，采取二排清工艺生产的清香型酒糟中，含有 12%以上的淀粉，含有已生成或正在生成的许多呈香呈味物质。由于大曲发酵力弱的缺陷，使这些物质还未全部彻底利用。为此，把这种先由大曲发酵完毕的丢糟，加入少许稻壳后，加入 10%左右的黑曲霉麸曲，加 5%左右的生香酵母，在水泥池中再发酵 7～15 天，不但有 5%以上的出酒率，而且酒的质量基本相当于原大曲酒工艺所产的二楂酒水平。为充分利用大曲酒醅中的香味物质，有的企业还创造了将大曲工艺的丢糟以 10%～15%的比例，参与短期发酵的普通麸曲白酒工艺的酒醅中，一起再发酵。采用这种工艺，产酒的质量水平有很大提高，具备了一定优质酒的风味。

② 芝麻香型大曲、麸曲混合发酵　在芝麻香型酒工艺中，采用麸曲占 90%，大曲占 10%，一同参与发酵的方法。产出酒的质量水平比单纯使用麸曲，或单纯使用大曲都好。可见，在芝麻香型酒工艺上，麸曲、大曲结合使用效果最佳。

③ 酱香型的前大曲、后麸曲接力发酵　北方省份生产大曲酱香型白酒，由于气候及原料的原因，很难完成贵州茅台酒工艺上的 7 轮发酵。为解决这个技术难

题，北方有些省份做了长时期的试验和研究工作，总结出了一条完整的先大曲、后麸曲的北方酱香型生产新工艺。这条工艺的主要特点有8条。

第一条：变整粮两次投料发酵，为整粮占70%，碎粮占30%一次投料发酵。

第二条：前6轮发酵使用高温大曲，用曲量为原料量的100%。

第三条：把大曲发酵的每轮发酵期由30天改为25天。

第四条：大曲7轮发酵后转入麸曲再发酵两轮。每轮麸曲用量20%，细菌曲用量5%，生香酵母用量5%。稻壳用量10%～12%，仍采用堆积工艺，仍为高温入窖，发酵期21天。

第五条：大曲7轮发酵后也可转入麸曲7轮发酵。前3轮投料量减少70%～30%，3轮后转为正常投料续糙发酵工艺，再发酵4轮后，全部丢糟。这套工艺6轮大曲发酵，后7轮麸曲发酵。整个周期为13轮发酵。

第六条：这套大曲、麸曲结合工艺，原料出酒率提高15%以上，吨酒耗粮下降30%以上，产量增加40%以上，生产周期缩短35%。

第七条：这套工艺，前6轮大曲发酵产酒的水平基本与传统工艺水平相当。而后两轮产的麸曲酒质量水平也有很大提高，可全部用来勾兑大曲酱香型酒。采用加入大曲酒醅发酵的后5轮的麸曲酒比单纯用麸曲生产的酒，质量水平也有很大的提高，而且出酒率并未有明显下降。

第八条：这套工艺采用每年3月份立糙，8月份前完成大曲酒6轮操作，巧妙地利用了北方夏季炎热的气候条件。后7轮发酵处于秋冬季节，采用发酵力强的麸曲及酵母，使出酒率不至于下降很多，又是一种科学的选择。

④ 其他结合形式　在其他各香型麸曲酒酿造工艺中，添加一部分大曲，参与发酵，会使酒质有一定的提高。各香型麸曲优质酒勾兑过程中，加入10%～30%的同香型大曲酒，会提高麸曲酒的档次，增加市场销售量。

三、其他技术措施

其他技术措施包括延长发酵周期、回酒发酵、回醅发酵、双轮底发酵、己酸菌液的使用等，其操作方法与大曲白酒大同小异，在此不再累赘。

第四节　麸曲白酒生产新技术

一、糖化酶和酒精ADY应用技术

在传统生产方法中，生产所需的麸曲和酒母（包括以酒精酵母为菌种的液体酒母和以产酯酵母为菌种的固体酒母）都是由各厂自己制造。从原菌出发到生产使用，一般需经4～5代扩大培养。对每个酒厂而言，麸曲和酒母的使用量都很少。如年产1000t的麸曲白酒厂，每天的麸曲用量仅几百kg，酒母用量为1t左右。由于其所需的生产规模很小，因此各酒厂制备麸曲和酒母的设备大多非常简陋，多数不符合纯种培养要求，使得麸曲和酒母的质量受自然因素的影响很大。加之许多中、小型酒厂技术力量薄弱，菌种保藏、分离复壮和纯种扩大培养的技术不过关，因而很难保证麸曲和酒母的质量，导致出酒率下降，产品质量不稳。特别是夏季生产，杂菌污染很难控制，易造成酒醅酸败、发黏，自制麸曲、酒母起不到糖化和发酵作用，引起出酒率和酒质大幅度下降，使得大多数酒厂不得不在夏季停止生产。自20世纪80年代开始，糖化酶和活性干酵母（即ADY）的出现，使得酿酒厂无需按传统方式自己制造麸曲和酒母，而是向专业酶制剂厂和酵母厂购买高质量的糖化发酵剂，从而解决了自制麸曲和酒母质量不稳的老大难问题。

（一）ADY在麸曲白酒中的使用方法

1. ADY的活化

固态法白酒生产厂使用ADY时，其活化的方法有两种。一种是采用35～38℃的自来水活化，自来水用量为ADY使用量的10～15倍，活化时间10min左右。此种活化方法比较简便，但要求活化后立即使用，活化与放置的总时间不要超过30min。否则，密集的酵母群体在缺乏营养和较高的温度下容易发生衰老甚至死亡，也易引起杂菌污染。另一种方法是采用2.5%左右的糖水溶液活化，首先在35～38℃下复水10min左右，随后降温至30℃左右活化。降温的方法，当室温较低时，往往可采用自然冷却的方法，当室温较高时，则可采用加入适量冷水的方法等强制降温。复水活化的时间可为10min～3h，一般复水活化约10min后，酵母即开始利用其中的糖产生CO_2，至糖被耗尽时CO_2不再产生，这时应尽快使用，如因生产原因需延长时间，应补加糖液并进一步降低活化液的温度。否则酵母细胞易老化，并引起杂菌污染。活化液的用量取决于复水活化时间，活化时间长时，活化液用量要增大，一般情况下用量为ADY的20倍以上。

2. ADY和糖化酶的用量

（1）ADY用量　酒精ADY的用量可根据原工艺中自培酒母的用量与所含酵母细胞数计算，其计算公式如下。

$$\text{活性干酵母用量(kg)}=\frac{\text{自培酒母用量(L)}\times\text{酒母细胞数(亿个/mL)}}{\text{活性干酵母活细胞数(亿个/g)}} \tag{8-1}$$

例如：若ADY的活细胞数为250亿个/g，自培酒母的细胞数为1.0亿个/mL，原工艺中自培酒母醪对原粮的用量为15%，则每吨原粮ADY的使用量为：

$$\frac{1000\times0.15\times1.0}{250}=0.6\text{(kg)}$$

当采用自来水活化时，ADY的用量需增加20%左右。此外，ADY的用量与发酵周期、气候温度、原料和环境条件等因素有关。一般情况下，发酵周期长，要求升温缓慢，ADY用量宜少；气温低时，ADY用量需加大；环境卫生条件差、杂菌特别是产酸菌多，为了控制杂菌繁殖，形成酵母菌生长优势，ADY用量宜大。目前各白酒厂的实际使用量为，对于发酵周期少于7天的普通麸曲白酒，使用量为原粮的0.06%～0.10%；对于发酵周期为7～30天的优质麸曲白酒，使用量为原粮的0.02%～0.06%。在东北和西北天气寒冷地区，ADY用量一般为原粮的0.1%左右。

(2) 糖化酶用量　关于糖化酶的用量，各厂情况不同，一般为150～250U/g原料，发酵周期短、入池温度较低时，糖化酶用量宜大；反之宜少。温糖化酶的使用量可按下式计算：

$$\text{糖化酶用量(kg)}=\frac{\text{麸曲用量(kg)}\times\text{麸曲糖化酶活力(U/g)}}{\text{糖化酶活力(U/g)}} \tag{8-2}$$

对于减曲部分使用糖化酶的场合，糖化酶的用量按下式计算：

$$\text{糖化酶用量(kg)}=\frac{\text{减少的麸曲用量(kg)}\times\text{麸曲糖化酶活力(U/g)}}{\text{糖化酶活力(U/g)}} \tag{8-3}$$

对于不减曲的场合，如发酵过程符合“前缓、中挺、后缓落”的基本原则，丢糟残余淀粉含量较低，原料出酒率较高，则不需使用糖化酶；反之则应补充一定的糖化酶，使用量一般为20～50U/g原粮。

3. ADY的加入

活化好的ADY与糖化酶液及浆水混合后，加入经扬冷的渣醅中，拌匀后入池。对于全部或部分使用麸曲作糖化剂的白酒厂，可先将ADY活化液与麸曲拌匀后，再与渣醅混匀入池。应该指出的是，由自培大缸酒母改为使用酒精ADY后，带入渣醅中的水分减少，所以应调整浆水用量至保持原入池水分不变。

$$\text{浆水用量}=\text{原浆水用量}+\text{大缸酒母用量}-\text{ADY活化液用量} \tag{8-4}$$

(二) 提高和保证麸曲白酒质量的措施

在麸曲白酒中使用酒精ADY后，一般可保证麸曲酒的出酒率和酒质的纯净与稳定。但要进一步提高和保证麸曲白酒的质量，各酒厂必须结合自己的实际情况采取一系列的配套措施。

1. 掌握好糖化酶和ADY的使用量

糖化酶和ADY用量过大，会使发酵前期升温过猛，生酸高，易引起酵母早衰，酒带苦味，严重时造成烧窖现象。用量过少，发酵升温慢，ADY作用不明显，发酵周期延长。使用量过大或过小都会使出酒率下降。合适的糖化酶和ADY的用量应根据生产试验确定，因为各白酒厂生产条件不同，其合适的用量亦应有所不同。首先，应保证窖内的温度变化曲线与以往的基本维持不变，符合“前缓、中挺、后缓落”的基本原则；其次是根据实验结果，综合出酒率、成品质量、稳定性(即保护好母糟)和经济性确定最适的使用量与使用工艺；另外，不同季节温度差别较大，糖化酶和ADY的用量应及时调整。

2. 保留一定的麸曲用量

商品糖化酶的糖化力很高，但基本上没有蛋白酶活性，形成不了白酒香味成分的前提物质——氨基酸。全部使用糖化酶和ADY生产白酒，开始头几排由于酒醅中残留氨基酸的作用，所以风味无明显变化。但随着时间的延长，陈醅越来越少，醅内氨基酸含量不足，以致酒的风味越来越寡淡。而麸曲特别是白曲和米曲中具有较高的蛋白酶活性，它们的作用可提供形成白酒芳香成分的前体物质。因此，为了保证麸曲白酒的质量，应保留一定的麸曲用量，只采用部分糖化酶。一般酿造优质麸曲白酒可采用半酶法，按糖化力单位计算，麸曲和糖化酶的用量各为 50～75U/g 原粮。对于发酵周期较短的普通麸曲白酒，在发酵过程中形成的香味物质较少，因而可全部采用糖化酶代替麸曲，用量一般为 150～250U/g 原粮。白酒的香味成分则可通过串香蒸馏或调香勾兑的办法来提高。

3. 产酯酵母的应用

仅以糖化酶（或纯种麸曲）和酒精酵母为糖化发酵剂，一般只能酿造普通麸曲白酒，而要酿造各种特有香型的优质麸曲白酒必须采用多菌种的糖化发酵剂。其中各种产酯酵母的使用是提高麸曲白酒质量的有效措施之一。产酯酵母在酒厂的培养大多采用固态法，劳动强度大，手工操作多，占地面积大，酵母细胞数大多为 2.5 亿个/g 左右。这种固态产酯酵母对原料的添加量一般为 5%～10%。使用产酯活性干酵母则非常方便，对提高麸曲白酒质量具有重要意义，有关麸曲白酒中产酯 ADY 的应用技术将在下面介绍。

4. 使用酸性蛋白酶

对于不具备麸曲制造技术和设备的酒厂，以及使用以黑曲霉为菌种制造麸曲的酒厂，为了弥补糖化剂中蛋白酶活性的欠缺，提高白酒中的香味成分，可使用商品酸性蛋白酶。其用量为 6～12U/g 原粮，具体用量应根据各厂的情况通过实验决定。

5. 加己酸菌液

对于浓香型麸曲酒，若己酸乙酯含量不够，可采用加己酸菌液的办法。一般当窖内温度升至顶温后，在窖池上面开孔或挖沟，灌入培养好的己酸菌液，添加量为原粮的 5%左右。

6. 注意保养窖池

注意随时跟窖，保养窖池，并保持窖池卫生。有关这方面的内容有不少报道，在此不再赘述。

7. 双轮底发酵

取窖池下部发酵好的酒醅（用量为总醅的 6%左右），不经蒸馏直接加入适量的优质大曲粉、生香酵母（或固体香醅）及 15°～20°的低度酒尾，翻拌均匀后直接入窖，入好后适当踩窖，放几根竹竿。

8. 回醅

取窖池中、上部发酵好的酒醅，用量约为酒醅总量的 3%，不经蒸馏，同麸曲、ADY 等一起按比例直接加入待入窖的酒醅中，翻拌均匀后入池。

9. 回酒

用稀释至 15°～20°的低度酒尾，洒入入窖酒醅中，每甑加入量为 5～10kg。

10. 夹泥袋

窖泥中有丰富的微生物，对形成酒的风味有较大影响。但远离窖壁的酒醅由于没有这些微生物的作用而风味较差。在窖中采用夹层泥袋发酵即可提高窖池中央酒醅中的风味成分。但此种方法劳动强度较大，窖池的生产能力下降，一般仅用于生产勾兑用的酯香酒。

二、生香 ADY 应用技术

（一）生香 ADY 的性能

1. 菌种

我国白酒行业常使用的菌种有汉逊酵母、球拟酵母、假丝酵母和白地霉等，其中汉逊酵母不仅具有较强的产酯能力，且酒精发酵能力仅次于酿酒酵母，因而在白酒生产中应用最广。目前天津科技大学和湖北安琪酵母股份有限公司生产生香活性干酵母的菌种亦为汉逊酵母属。

汉逊酵母的营养细胞为多边芽殖，细胞为圆形、椭圆形、卵形、腊肠形。有假菌丝，有的有真菌丝。子囊形状与营养细胞同，子囊孢子呈帽形、土星形或圆形，表面光滑。液体培养时在液体表面形成白色的膜。利用葡萄糖和乙醇生成酯的能力很强，能同化硝酸盐。

2. 主要质量指标

生香活性干酵母的质量指标与其生产工艺有关。以液-固培养法生产的带载体生香活性干酵母为例，主要质量指标如下。

① 外观　粉末状至不规则颗粒状，颜色与所用的原料有关，具特有的酯香气味，无霉杂味。

② 水分　成品水分≤10%，一般为7%～9%。

③ 细胞数　总细胞数80亿～120亿个/g，出厂活细胞率≥75%，在产品规定的保存期内，活细胞率>67%。

④ 保质期　塑料袋普通包装，夏季为3个月，其他季节为半年，真空包装时，保质期为6～9个月。

3. 产酯能力

生香酵母的产酯能力不仅取决于所用的菌种，同时与培养基的种类和培养条件等有关。

（1）原料与糖化剂的影响　不同的原料和采用不同的糖化剂，因所得糖化液成分和含量不同，生香酵母的产酯能力也有所不同。从原料看，按大米、高粱、玉米、糖蜜，产酯能力依次增高。从糖化剂看，淀粉质原料以黄曲或麦芽为糖化剂制成的糖化液，产酯量较低；黑曲为糖化剂制成的糖化液产酯量较高；而由纯糖化酶制成的糖化液因其有机酸的含量很少，产酯量亦很少。

（2）酒精与酸度的影响　培养基中含有一定量的酒精及酸类，对生香酵母的产酯能力有促进作用。液体培养时，酒精含量以2%～4%、醋酸含量以0.2%为宜；培养基应保持较低的pH值（4.0左右），在培养基接近中性时，生香酵母生成酯的能力下降，并将已生成的酯迅速分解。固体培养时，可用酒尾调酒度至2.0%左右，由于酒中已有足够的有机酸，所以不必另行添加醋酸。

(3) 通气情况的影响　生香酵母的好气性较强，生长和产酯都需要一定的氧气，这是它与酒精酵母的不同点之一。然而，供养过量虽能促进细胞的迅速生长繁殖，但是会阻止产酯作用的进行。因此为了促进生香干酵母的生长并产生大量酯类物质，必须供应适量的氧气。液体培养时，装液量一般为容器容积的1/3左右，并进行经常摇动，固态培养时则可采用翻堆、扣盘等方法以提供适量氧气。

(4) 温度与培养时间的影响　一般情况下，生香酵母在19～32℃的温度下都能产酯，最适宜的产酯温度为25～30℃，品温高至37℃时生香酵母的产酯量急剧下降，产酯量与培养时间的关系密切，但最适培养时间的长短则取决于具体的培养条件，如12°Bx的黑曲玉米糖化液需培养5天酯含量达最高，20°Bx的糖蜜加0.5%的硫酸，培养6天酯含量达最高；而香醅固体堆积培养，培养20～24h后酯含量即达最高值，再延长培养时间酯含量会迅速下降。

生香活性干酵母产酯能力的检测可采用液体培养法或固体香醅培养法。液体培养可用12°Bx米曲汁，接种量为0.5g/L左右。28～30℃培养5天，酯含量一般可达4～6g/L，如果采用20°Bx糖蜜加0.5%的硫酸铵，培养6天酯含量可达15g/L左右。固体香醅培养时，接种量为每千克原料2g左右，28～32℃培养20～24h，酯含量可达2.5g/L左右。具体检测方法可参见《酿酒活性干酵母的生产与应用》一书。

(二) 生香ADY的复水活化与香醅培养

1. 生香ADY的复水活化

带有麸皮等农副产品载体的生香ADY，其中含有一定的营养物质，因此活化时一般不必用糖水。用10～25倍的自来水在33～35℃下溶化，活化半小时后即可投入使用，复水活化的总时间一般不超过1h，若要延长时间再使用，则应加入适量的白糖或糖化液以补充营养，防止细胞老化，一般活化液加入2%的白糖，活化时间延长至3h左右，相应生香活性干酵母用量可减少20%左右。

2. 香醅培养

许多酒厂都有培养香醅的经验，培养方法各厂大同小异。现举例如下。

培养基配料为玉米粉10%，麸皮40%，鲜酒糟50%，当酒糟较软塌时，使用5%～10%的稻壳，加水25%左右拌匀，常压蒸料1h，出甑后冷却至45℃左右。将糖化酶（用量为100～150U/g原料）用10倍左右40℃的自来水溶化、浸泡1h后拌入配料中，用酒尾调酸度至0.9～1.0，酒度2.0%左右，待品温下降至30℃左右时，接入活化好的生香活性干酵母，接种量为每克原料接0.2亿个细胞左右。若生香活性干酵母的细胞数为100亿个/g，则每吨配料的接种量为2.0kg左右，培养方法一般采用在室内水泥地堆积培养，也有采用曲盘、帘子或大缸等培养的。帘子法或曲盘培养的香醅，酵母含量较高，而产酯量较少，一般不用于串香蒸馏，而用作种子或入池发酵。大缸培养时需倒缸，劳动强度大。培养品温控制在28～

32℃，最高不要超过34℃，培养期间通过翻堆、捣帘等方法降温。堆积培养，一般在8h后可将香醅摊开（醅料厚度10～15cm），用塑料布盖住，减少与空气的接触，培养20～24h成熟，香醅总酯量可达0.2%～0.3%。

取渣醅总量5%～6%的大渣醅，扬冷至25～28℃，加入醅重2%的曲，再接入活化好的生香活性干酵母，接种量为醅重的0.2%，接种后的物料含水量为56%～58%，加入小量酒尾，翻拌匀后堆成小丘，冬季要加强保温，培养前期的堆要松，要以提供酵母生长与产酯所需的氧气为目的，待品温升至32～34℃时翻堆降温，培养后期将料拍紧或用塑料布盖住隔绝空气，以免细胞增殖过猛而产酯量不高，培养至20h左右成熟，成熟香醅用于串香蒸馏，酯含量可达0.2%。

（三）生香ADY在白酒生产中的使用方法

生香活性干酵母的使用方法，因酒种、发酵周期、糟醅酸度等条件的不同而不同。各厂必须根据具体情况选择合适的使用方法。下面介绍几种常见的使用方法。

1. 香醅串蒸法

酯的前提物质是乙醇和各种有机酸，需要较长的发酵时间才能形成，加之生香酵母在厌氧条件下生长繁殖又非常缓慢，因此当白酒的发酵周期较短时，生香酵母入池发酵的增香效果不大，因而对于发酵周期较短（一周以内）的麸曲白酒、老白干酒一般采用串蒸法。

香醅培养成熟后应及时串香蒸馏，以免酯的挥发损失和被酵母分解利用，使酯含量下降。香醅用量视香醅和酒醅的含量而定，一般为5%～10%。具体操作方法有两种，第一种方法是将酒醅按常规法装满甑时，把香醅均匀装于表面，进行蒸馏；第二种先将酒醅装至甑桶2/3高度时，再将香醅与所剩酒醅混合后装满甑桶，进行蒸馏。第一种装甑法操作方便，且酒醅分层清楚，但蒸出的酒香味不及第二种融合。

2. 香醅入池发酵法

串香蒸馏法的优点是增香效果明显，但酒的口感较差。为了弥补串蒸法口感上的不足，可先分出5%～6%的渣醅，接入生香活性干酵母，按前所述培养成香醅，于次日将成熟香醅与下一池的粮醅混合后入池发酵，同时分出5%～6%的渣醅培养成香醅，以此类推。此种方法适合于各种麸曲白酒和发酵周期较短的大曲酒。

3. 生香活性干酵母入池发酵法

对于采用大幅度减曲、加糖化酶和酒精ADY生产大曲酒的工艺，使用一定量的生香活性干酵母或弥补减曲后生香酵母的不足，保证酯含量不下降或有所提高，根据减曲量的不同，生香活性干酵母的使用量为每吨原粮1～4kg，一般情况下为3kg左右，按前述方法活化好后，将生香活性干酵母活化液与其他糖化发酵剂（曲粉、糖化酶液、酒精ADY活化液等）混合，再与粮醅混合，入池发酵。此法亦适应于发酵周期较长（一周以上）而成品酯含量不高的麸曲白酒、老白干酒的生产，对于不使用酒精ADY和糖化酶工艺的低档大曲酒，也可采用此法提高成品酒的质量。

4. 生产高浓度酯香的调味酒

使用专门的老窖，全部采用生香活性干酵母（用量为原粮的0.4%左右）和优质大曲粉，疏松下窖，并采用较长的发酵周期，从而生产出高浓度酯香的调味酒，用来勾兑中、低档白酒。也可将含酯较高的优质酒醅与发酵周期较短的普通酒醅一起串蒸，以提高白酒质量。

(四) 注意事项

① 生香ADY的使用方法很多，不同酒种、不同发酵周期和不同档次的白酒，其使用方法各不相同。串蒸法增香效果最为明显，但口感较差，一般适于发酵周期在一周以内的普通白酒生产。生香活性干酵母入池发酵口感较协调，但一般只适合于发酵周期在两周以上的白酒生产，而对发酵周期较短的白酒，使用效果不够明显。香醅入池发酵法的适用范围则相对较宽。

② 酯香的前体物质是乙醇和相应的有机酸RCOOH，在生香酵母的作用下，酸类先形成酰基辅酶A，随后与乙醇酯化成酯，其反应如下：

$$RCOOH+CoASH \longrightarrow SCoA+H_2O$$

$$RCO—SCoA+C_2H_5OH \longrightarrow RCOOC_2H_5+CoASH$$

生香酵母具有一定的发酵能力，产生一定量的乙醇，在氧存在下部分乙醇氧化成乙酸，进一步即可酯化形成乙酸乙酯，因此一般情况下，生香酵母所生成的酯大多为乙酸乙酯，如需形成其他酯类则必须有相应的前体物质有机酸。由此可知，使用生香活性干酵母后，乙酸乙酯的含量肯定会明显增加，但其他酯类的含量是否有明显提高则要看其酒醅中是否含有相应的有机酸。对于清香型白酒，其主体香为乙酸乙酯，使用生香ADY即可明显提高白酒的质量。对于浓香型白酒，其主体香为己酸乙酯，要有效提高成品酒中己酸乙酯的含量，则必须在使用生香ADY的同时使用己酸菌发酵液，以提供足够的己酸来合成己酸乙酯。

③ 对于发酵周期较短的白酒生产，如要提高生香酵母入池发酵的产酯效果，可采用酒醅培养香醅后再入池发酵的方法。取适量发酵好的酒醅，不蒸馏加入少量稻壳，接入活性干酵母活化液，28～32℃堆积培养24h，同其他糖化发酵剂一起按比例直接接入待入窖的粮醅中，拌匀后入池发酵。此法的原理主要是延长部分酒醅的发酵周期，形成较多的有机酸、氨基酸等生香前体物质，从而促进白酒香味物质的形成。此外，在白酒发酵中期采用倒窖或倒缸的方法，以增加料醅中氧气的含量，可促进生香酵母的生长与酯的形成，从而提高成品中酯香物质的含量。

三、生料发酵技术

众所周知，生料酿造白酒的最大优点是简化操作过程，节约能源，降低消耗。缺点是淀粉出酒率低，发酵周期延长。此外，生料酿酒在寒冷的东北、西北地区还有另一个重大现实意义，粉料在蒸熟后冷却时，冬季容易回生黏结成硬团，难打散，不仅增加劳动强度，也影响出酒率。若采用生料酿酒便可避免此弊病。

自20世纪80年代以来，有很多厂家研究生料发酵白酒并取得了一定成绩，但很少有长期坚持下来的。90年代后，随着糖化酶和酒精ADY的出现，生料发酵酿造白酒又有了新的进展。如辽宁建平县第二糖厂酿酒厂，使用糖化酶和活性干酵母无蒸煮固态发酵白酒，原煤消耗比原来降低30%，吨白酒成本下降87元；贵州怀酒厂应用活性干酵母生料发酵酿制麸曲白酒，煤耗下降35%，水耗下降29%，电耗下降20%，出酒率维持不变，吨酒成本下降1025.87元。

生料发酵时，原料带入的杂菌较多，只有高质量的酒母才能形成酵母菌数量与生长的优势，达到抑制杂菌的目的。传统的大缸酒母其质量受自然因素的影响较大，含杂菌数量也多，造成生料发酵的产量和质量的不稳。使用高质量的酒精ADY后即可保证发酵的安全进行，稳定白酒生产的产量与质量。

采用糖化酶和ADY生料发酵酿造麸曲白酒的工艺，因各厂所使用的原料、环境条件和原工艺的不同而有所不同。与熟料发酵相比，主要有以下差别。

(1) 采用较高的温度润料　原料加水润料使原料中的淀粉吸水膨胀，有利于糖化酶的吸附与水解作用。采用较高水温润料一是可加速淀粉的膨化，缩短润料时间；二是可杀死大部分野生的营养细胞，部分地净化发酵体系；三是热水被吸附进入粉料中，发酵不易淋浆，发酵温度上升缓慢，若用冷水则水只被吸附在粉料表面，发酵时升温猛。润料所用的水温一般要求在80℃左右或更高，也有采用冷水润料约2h后再与蒸过酒的热醅混合闷料，达到生料吸水膨化的目的。

(2) 对质量差的原料需蒸料排杂　当原辅料新鲜、质量好时，生料蒸酒对酒质无影响。当原辅料质量差、陈旧时，不经蒸料、排除杂味，邪杂味物质便在蒸酒时进入酒中影响酒质。解决的办法：首先是对投产的原料进行选择，新鲜的方可直接配糟入池发酵，质量差的原辅料要先经蒸料、排杂后，再配糟入池。蒸料排杂的方法：原辅料混合均匀后，加入少量水，用拌料机打匀，上甑大汽排杂，杂味排净后出甑配糟入池。一般排杂10min便可，不考虑原料的糊化程度。

(3) 配糟比易小　一般配糟比为4～5，生料发酵则采用4左右，过高或过低的配糟比都影响出酒率。过低淀粉浓度太高，发酵品温升得猛、升得高，使酸度高、糖化不完全，易影响酵母后期发酵；糖浓度过高和酒精浓度低，产酸菌等杂菌易繁殖，从而影响出酒率和产品质量。

(4) 糖化剂用量宜大　在生料发酵中，原料中的淀粉未被糊化，不具溶解性，只有被吸附在淀粉颗粒表面上的糖化酶才具有水解淀粉的能力，因而糖化剂的作用效果减弱，用量需增大。对于发酵周期较短的普通麸曲酒，糖化酶的用量应为250U/g原粮左右。

(5) 酒精ADY用量宜大　生料发酵时，经热润料后的原辅材料虽然有部分野生杂菌被杀死，但仍有大量杂菌，包括润料过程中新污染的许多嗜热菌带入发酵池。为了造成酵母生长繁殖的优势，应适当增大ADY的接种量，并要保证ADY的活化质量。一般ADY对原粮的接种量为0.1%左右。

第九章　液态发酵法白酒生产技术

第一节　概　　述

白酒界所说的液态发酵法是指采用酒精生产方法的液态法白酒的生产工艺。液态发酵法具有机械化程度高、劳动生产率高、淀粉出酒率高、原料适应性强、改善劳动环境、辅料用量少等优点。液态发酵法将酒精生产的优点和传统固态白酒的工艺特点有机结合起来，是我国酿酒行业的一项重大技术革新。

所谓液态法白酒，是指以液态发酵为基础，经不同的蒸馏及调味方法生产出来的白酒。狭义上讲，液态法白酒是指原料的糊化、糖化、发酵和蒸馏等工艺，全部在液相状态下制成的白酒，也就是全液态法白酒；而从广义上讲，凡是以液态发酵生产的酒基为基础，再经串香（蒸）、调香等方法生产出来的白酒都属于液态法白酒的范畴，除了全液态法白酒外，还包括串香白酒、固液勾兑白酒和调香白酒。若用于勾兑调香的酒基为食用酒精时，生产出来的液态法白酒习惯上又称为新型白酒。液态法白酒具有机械化程度高、劳动生产率高、淀粉出酒率高、原料适应性强、改善劳动环境、辅料用量少等优点。液态发酵法将酒精生产的优点和传统固态白酒的工艺特点有机结合起来，是我国酿酒行业的一项重大技术革新。

新工艺、新技术的不断涌现推动了新型液态法白酒的发展。20世纪50年代末出现的“三精一水”散装勾兑白酒，是新型白酒的雏形，但由于当时技术手段的落后，未能很好地解决酒精除杂及成品酒“缺酸少酯”等问题，阻碍了新型白酒的发展。20世纪60年代中期，北京酿酒总厂在董酒串香生产工艺的基础上，成功开发出酒精串香二锅头发酵香醅的新型白酒“串香”工艺，生产出具有传统白酒风味的新型白酒，开创了新型白酒生产的新时期。进入20世纪70年代，随着各香型优质白酒的总结工作的进展和先进的分析测试仪器的出现，有的专家提出“固液勾兑”配制新型白酒的新工艺路线，从此揭开了新型白酒大发展的序幕。到20世纪90年代，这类酒已占全国总产量的50%以上，成为我国白酒市场上的主体产品。进入20世纪90年代，为了提高新型白酒的档次，有的专家又提出了用优质酒精加部分优质白酒进行中档新型白酒的技术路线，并迅速发展起来，目前我国总产量达50000t以上的大型白酒企业均采用了这种技术路线，正在大量生产着这种第二代“双优型”的新型白酒。

近年来，随着我国酒精产量、质量的提高和勾兑调味技术的进步，新型白酒质量不断提高，新品种不断涌现，已成为市场销售有竞争力、企业大发展所依靠的主体产品。

新型白酒近年来虽然有较大的发展，但仍处于成长阶段，目前存在的主要问题是添加物杂和香味不协调。如何利用现代科技解决好这两个问题，是新型白酒大发展的关键所在。

第二节　液态发酵工艺

全液态法也叫液体发酵法，俗称“一步法”。该法从原料蒸煮、糖化、发酵直到蒸馏，基本上采用酒精生产的设备，工艺上吸取了白酒的传统操作特点，完全摆脱了固态发酵法的生产方式。使生产过程达到机械化水平。由于蒸馏效果不好，用该法酿造的成品酒，酸和酯含量低，而杂醇油含量高，使醇酸比及醇酯等微量成分之间的比例失调，酒质较差。若想改善“一步法”生产的成品酒的酒质，提高档次，还需要串香、调香等后续工艺加工。根据原料在糖化发酵前蒸煮糊化工艺步骤的有无，液态发酵法可分为液态熟料发酵法和液态生料发酵法。

一、液态熟料发酵法

液态熟料发酵法是按照与酒精相类似的生产工艺，将原料液态糊化、液态糖化、液态发酵、液态蒸馏制得液态法白酒的过程。传统的全液态法（一步法）即是一种液态熟料发酵法。

全液态法生产工艺的一般过程如下。

（一）原料粉碎

酿酒原料大多以高粱、玉米为主，薯干等原料因为成品酒中甲醇的含量高而逐渐被淘汰。

原料在进入粉碎机前，应将杂质和金属等通过相应的装置清除，玉米原料应预先脱去胚芽。粉碎度要求为能通过 40 目筛孔的占 90%以上为宜。

（二）配料、蒸煮

配料时粮水比为 1∶4 左右。可用酒糟水代替部分配料用水。根据入池酸度为 0.5～0.7 来调整酒糟水用量，以控制杂菌繁殖，有利于糖化、发酵及产酯。酒糟水中的死菌体也提供了氮源等成分，由于原料是粉末状的，所以酒糟水的使用温度以 60℃为宜。采用多种原料有利于成品酒的风味。

蒸煮时以常压蒸煮为好。若压力过高，容易发生焦糖化，使得成品酒中有焦糊味。而对于薯干等原料，高温下果胶质易分解为甲醇。蒸煮设备则仿照酒精厂的圆柱体圆锥底的立式蒸煮锅，进行间歇蒸煮。应设有一台带搅拌装置的投料配水混合器。或者先将粉末原料在打浆锅中和糟水混匀后，再泵入蒸煮锅。也可采用附有搅拌器的圆柱形蒸煮锅，其形状基本与糖化锅相同。酒精厂采用的连续蒸煮设备，也适用于液态发酵法白酒的原料蒸煮。

（三）糖化

目前大多采用间歇糖化法。糖化锅为圆柱体弧形底，以碳钢板制成，附有搅拌及冷却装置。

采用麸曲糖化时，用曲量为11%～15%，分两次加曲。待醪液在糖化锅中冷却至60～70℃时，先加入总用曲量50%的麸曲，保温糖化30min，使液化酶充分发挥作用。再继续冷却至入池品温，加入另一半麸曲，使其在发酵过程中继续糖化。

进入20世纪80年代后，大多采用酶法或半酶法糖化。全酶法糖化时用酶量为120～200U/g原料，糖化温度58～60℃，糖化时间30～45min。半酶法糖化时，糖化酶用量为50U/g原料左右，加曲量为6%～10%。

（四）发酵

可采用发酵池也可采用发酵罐进行发酵。如为钢筋水泥发酵池，则内壁应涂刷耐酸而无毒的涂料，也可衬以耐酸瓷砖。发酵罐有开放式、半封闭式和密封式三种，后两种有利于二氧化碳回收。

采用低温入池发酵，入池温度不应太高，在冬春季节，入池品温为17～20℃时，48h左右进入以产酒为主的主发酵阶段，总发酵期为4～5天。炎热季节，入池温度难以降低，发酵期应缩短为3天。

为了提高发酵醪质量，除了在醪液中加入酒母外，还可辅以大曲、生香酵母、复合菌液等。在主发酵期加入己酸菌培养液，不但可以增加成品酒中己酸乙酯的含量，而且也增加了己酸、丁酸、丁酸乙酯等香味成分。也可将液态发酵法白酒醪与香味醪液分别发酵后按一定比例混合。

（五）蒸馏

将发酵成熟醪打入装有稻壳层的蒸馏釜中，以直接蒸汽和间接蒸汽同时加热至95℃，然后减少间接蒸汽，并调节回流量使酒度达60%～70%（体积分数）。当蒸馏酒度降至50%以下时，可开大蒸汽蒸尽余酒，酒尾回收到下一次待蒸馏的成熟醪中，进行复蒸。稻壳层要定期更换。采用这种间歇蒸馏方法得到的液态法白酒大多质量较差，需经串香、调香等进一步加工制得成品酒。对于产量较大有的场合，可采用类似于酒精生产的双塔或三塔蒸馏，这样可得到纯净的酒基，其操作工艺同酒精醪蒸馏法。

二、液态生料发酵法

酿酒原料不经过蒸煮糊化，而直接加入有生淀粉水解能力的糖化发酵剂进行糖化发酵的液态发酵法称为液态生料发酵法。实践证明，与传统的酿造技术相比，生料酿酒可节约能源，降低生产成本，降低劳动强度，改善劳动条件。特别是夏季高温季节，不会出现夏季掉排减产，其酒质带有蜂蜜味，风味独特，市场前景看好。

1981年，日本三得利公司率先实现了玉米淀粉无蒸煮酒精发酵的工业性生产试验，从此生料发酵开始进入工业化生产。在我国，生料发酵的研究始于20世纪80年代初。如辽宁朝阳酒厂以玉米、高粱为原料采用烟台操作法生料发酵酿制白酒，吴锡麟先生以大米为原料采用粉粮液态发酵工艺生产白酒等，都是生料发酵的成功例子。然而，生料发酵对糖化发酵剂的要求高、用量大，而当时我国糖化酶的生产水平较低、价格较高，限制了当时生料酿酒技术的发展。进入20世纪90年代后，随着我国糖化酶生产水平的提高和耐高温酿酒活性干酵母的问世，使生料发酵有了新的进步，技术逐渐成熟，并很快在全国各地得以迅速发展。

（一）生料酿酒原料及粉碎

我国用于酿酒的原料主要有高粱、玉米、大米和薯干四种。其中除了薯干原料由于含果胶物质较多，不宜用于生料酿酒外，其余三种原料都可用于生料酿酒。从淀粉出酒率看，则大米＞玉米＞高粱。其中高粱原料含有较多的单宁和色素，与熟料发酵比较，高粱原料生料发酵的出酒率明显下降。对于大米和玉米原料，由于没有熟料发酵中高温所造成的淀粉损失，生料发酵的原料出酒率比熟料时有所提高。

就成品质量而言，大米和高粱原料较好，而玉米原料酿酒时杂醇油含量较高（同熟料发酵一样），酒质较差。如果将玉米原料和高粱原料混合生料发酵，则可冲淡单宁等有害物质对糖化发酵的影响，既可保证较高的出酒率，又可获得较好的酒质。

由于生料发酵没有熟料发酵蒸煮过程中的杀菌作用，因此对原料的要求相对较高。用于生料酿酒的原料要求无杂质、无虫驻和霉烂变质现象，对于陈粮，一般说来只有水分含量较低的原料才能用于生料酿酒。

原料粉碎时，细度高些易于糖化过程的进行，同时也不存在熟料发酵中粉碎过细会引起发黏和淀粉损失增加的问题。一般情况下，筛孔直径以≤1.6mm为宜。

对于大米或碎米原料，不粉碎亦可进行生料发酵，但发酵周期较长（一般达14天以上），发酵过程易染菌，引起出酒率下降和产品质量不稳，需适当加大用曲量，且生料酒曲最好分2～3次添加。

（二）生料酒曲

生料酿酒技术的关键是生淀粉颗粒的水解糖化，因而用于生料酿酒的酒曲的质量非常重要。

1. 生料酒曲的质量要求

生料酒曲的质量可从如下几个方面来评价。

（1）生淀粉糖化能力　不能完全根据糖化酶活力的高低来判断生料酒曲的质量，能真正反映出生淀粉糖化能力大小的是GAⅠ活力。虽然目前还没有定量测量GAⅠ活力的方法，但可通过测量生料发酵过程中生淀粉的水解情况来判断，若淀粉的水解速率较快，说明GAⅠ的活力较高。

就糖化酶活力而言，一般生料发酵所需的糖化酶活力单位为熟料发酵的2～3倍。此外，不同原料的生淀粉其水解的难易程度不同，所需糖化酶的活力也就不同。一般情况下，大米生淀粉的水解最容易，玉米次之，而高粱和薯干原料较困难。

（2）活酵母细胞数　在生料发酵过程中，其原料糖化的速度比熟料发酵要慢得多，按理说酵母的接种量可少于熟料发酵，但事实上酵母的接种量必须大于熟料发酵1倍以上才能保证生料发酵的顺利进行。这是因为在生料发酵中采用较大的接种量可保持酵母菌的繁殖优势，从而抑制杂菌的生长。一般情况下，生料发酵的酵母细胞接种量，按发酵液体积计，应为0.06亿～0.12亿个/mL；按原料质量计，应为0.25亿～0.4亿个/g原料。例如，若生料酒曲对原料的使用量为0.5%，则生料酒曲的活酵母细胞数应为50亿～80亿个/g。

（3）其他酶活力　除含有足够的生淀粉糖化酶和酵母细胞数外，生料酒曲还应含有一定量的与酿酒有关的其他酶类，如液化酶、酸性蛋白酶、纤维素酶、果胶酶、脂肪酶和酯化酶等。这些酶中，有些酶与生淀粉糖化酶有协同作用，其存在可促进糖化发酵过程的进行，缩短发酵周期，提高原料出酒率。另一方面，有些酶的酶解作用可形成许多香味前体物质，而有些酶的合成作用可合成多种香味成分，特别是酯类物质，从而提高成品酒质量。

2. 生料酒曲的制备方法

目前，全国各地生产生料酒曲的单位有数十家，产品质量良莠不齐，生产方法也不尽相同，概括起来大致可分为如下几种。

（1）由糖化酶和活性干酵母配制而成　此种生产方法最简单，成本也较低，但酿制的生料白酒闻香欠佳、口感淡薄，成品质量较差，而且由于缺乏其他酿酒酶系和微生物的协同作用，原料出酒率也不高。

（2）由多酶系和活性干酵母配制而成　在此类生料酒曲中，除糖化酶和酿酒活性干酵母外，还含有一定量的纤维素酶、液化酶、果胶酶、蛋白酶和酯化酶等多酶系。此类生料酒曲出酒率高，如配制合理还可获得较好的酒质。但用此法生产的生料酒曲，其产品质量受酶制剂质量的影响，成本也较高，若酶系不丰富或关键酶用量小，则出酒率和酒质受影响。

（3）由多种纯培养微生物制剂配制而成　此法采用纯粹培养技术，分别培养黑曲霉、根霉、毛霉、红曲霉、酒精酵母、产酯酵母等多种微生物活性干细胞或微生物粗酶制剂，然后再按一定的比例混合配制成生料酿酒曲。生产此类生料酒曲，技术要求高，投资较大，相对成本较高。其生料酒曲的特点是成品酒质量较好，比较接近熟料发酵，但原料出酒率相对较低。

（4）由多酶系和多种活性微生物制剂配制而成　其中多酶系包括糖化酶、液化酶、蛋白酶和纤维素酶等；多种活性微生物制剂包括酒精活性干酵母、产酯活性干酵母、活性根霉和红曲等。“方润”牌生料酒曲属此类。此类生料酒曲既保留了传统酒曲多酶系多菌种糖化发酵的特点，又克服了传统酒曲中菌群良莠不齐、出酒率低、白酒杂味偏重的弱点，因而酒质较好，出酒率也较高。生产此类生料酒曲技术要求高，若其中的活性微生物制剂质量不好、杂菌污染严重，会影响原料出酒率和酒质。

（三）生料酿酒工艺

对于粉粮生料液态发酵工艺，生料酿酒的操作要点如下。

1. 加水比

一般情况下，生料发酵的加水比为1∶(2.5～4.0)，发酵成熟醪酒精度控制在10%～12%（体积分数）为宜。酒精度过高，将抑制酵母菌的发酵，影响发酵周期和原料出酒率。加水比的大小与原料淀粉含量和发酵温度等有关，原料淀粉含量高，加水比宜大；发酵温度低，发酵周期长，加水比可适当小些。

2. 拌料温度

采用60～70℃的温水拌料效果最好，30～35℃的常温水拌料次之，开水拌料的效果最差。这是因为采用60～70℃水拌料既可杀死原料中的大部分营养细胞，净化发酵体系；又有利于发酵初期糖化酶的作用，因而具有较高的出酒率。采用开水拌料，由于温度较高，醪液发黏，不利于糖化酶的作用，出酒率反而有所下降。

3. pH值

生料发酵为多酶系多菌种复合发酵，其各自的最适作用pH值不尽相同。就生淀粉糖化而言，黑曲淀粉酶的最适pH值为3.5，而根霉淀粉酶的最适pH值为4.5。而酵母菌，大多在pH=3.5～6.0范围内发酵正常。一般情况下，生料发酵的初始pH值在4.0～6.0的范围内影响不大。有时为了控制杂菌和加速生淀粉的糖化，可加适量硫酸将初始pH值调至4.0左右。

4. 发酵温度

与熟料发酵相比，生料发酵由于发酵周期长，发酵温度宜低。对于采用常温酿酒酵母的生料酒曲，适宜的发酵温度为26～32℃，短期最高发酵温度不宜超过35℃；对于采用耐高温酒精酵母的生料曲，适宜发酵温度为28～35℃，短期最高发酵温度不宜超过38℃。温度过低，发酵缓慢，发酵周期延长；温度过高，酵母易衰老，发酵不彻底，且易升酸，酒质差，原料出酒率低。

5. 发酵周期

发酵周期与原料种类、粉碎粒度、生料酒曲质量和发酵温度等因素有关，其中生料酒曲质量是最主要的因素。正常情况下，发酵5～7天，酒精发酵已完成，醪液酒精含量达最高值，此后醪液酒精度会有所下降。但为了获得较好的酒质，发酵周期应适当延长至10天左右或更长，以便形成较多的风味物质。在发酵周期延长期间，温度应控制在32℃以下，否则极易升酸，引起原料出酒率大幅度下降，且酒质也不会提高。

此外，发酵的最初几天，粉粮易沉淀，需每天搅拌一次，以利于糖化发酵的顺利进行。由于液态蒸馏的固有缺陷，液态生料发酵制得的成品白酒同液态熟料发酵一样质量较差，也需要进一步加工以提高档次。

三、提高液态发酵法白酒质量的技术措施

液态除杂、固态增香、增己降乳、调香勾兑等措施经实践证明对于提高液态法白酒的质量是切实有效的。以下着重介绍生产过程中进一步提高液态法酒基质量的措施，因为酒基是提高液态法白酒质量的基础。

（一）原料品种和质量要求

原料的品种和质量与白酒风味有着十分密切的关系。

不同的原料对酒质的影响也不相同。玉米是酿酒工业常用的原料，使用玉米时，应该先脱去胚芽，防止酿酒过程中产生丙烯醛。玉米原料酿酒，杂醇油含量较高，应该注意回收。

高粱是固态法酿酒较好的原料，但在液态法生产时，由于黏度大，输送、搅拌都有困难，除加淀粉酶外，可与其他原料混用。高粱单宁含量极多，能抑制微生物的生长，单宁过多会给成品带来苦涩味。

大米质地纯净，蛋白质、脂肪含量较低，有利于低温发酵，成品带有特殊的米香。

大麦蛋白质和纤维素含量较高，发酵时品温不易控制，发酵后酸含量较高，因此发酵时要加防腐剂控制杂菌生长，或与低蛋白质原料混用。由于蛋白质含量较高，在嫌气条件下易分解产生异杂气味，故单独使用大麦原料酿成的酒比较冲辣。

薯干原料淀粉含量高，出酒率高，是酿制酒精的好原料。但薯类原料特别是甘薯含果胶物质较多，在蒸煮和发酵过程中会产生甲醇。

糖蜜原料酒精发酵时，会积累较多的乙醛。

了解原料的不同特性，就可以根据所使用的不同原料在工业生产中采取相应的技术措施，排除有害杂质，达到提高液态法白酒质量的目的。

酿酒不仅要注意原料的品种，还要注意原料的质量。试验证明，用霉烂原料生产的酒基有苦辣感和烧灼感，所以一定不要用霉烂原料。

（二）添加酒糟水进行配料

采用酒糟水部分替代拌料用水，可以增加酒的产香前体物质，明显提高酒基的总酸，可解决液态法白酒口味淡薄的问题。

（三）原料蒸煮过程中应该注意的事项

原料的热处理过程分为预煮和蒸煮两个工序。

预煮温度的选择随原料品种、粉碎细度、加水比和预煮方式而异，一般控制在55～75℃之间。在不因糊化醪黏度过高而影响醪液输送的情况下，尽可能提高预煮温度。这样，可以缩短原料在高温高压下的蒸煮时间，比较合理地利用热源，减少因淀粉酶作用糖分的损失。同时，蛋白质在预煮锅中长时间受热，经蒸煮后会分解

为氨基酸，而氨基酸在发酵时被酵母分解为杂醇油。所以，预煮时间应控制在（包括升温范围）不超过 30min。

预煮后的醪液进行蒸煮。蒸煮分间歇蒸煮、连续蒸煮和低温蒸煮。蒸煮采用的工艺条件应根据蒸煮的方式、所用的原料来定。

薯类原料含果胶物质较多，蒸煮过程中果胶物质的分解生成甲醇，通过排汽可分离其中大部分甲醇。采用间歇蒸煮，可在原料蒸煮过程中每隔一定时间将蒸煮锅内的蒸汽从锅顶放出一部分，排气时可将甲醇排除，又可因排汽减压搅动醪液，使醪液蒸煮得彻底、均匀。采用连续蒸煮则可在后熟器后加真空冷却设备，排除甲醇气体，减少甲醇在醪液中的含量。

玉米原料蛋白质含量较高，在蒸煮过程中分解生成氨基酸，是产生杂醇油的主要来源。所以在连续蒸煮过程中，特别要注意进料量稳，进汽速度稳，控制各点温度要稳，排除蒸煮醪量稳，使蒸煮醪液煮熟、煮透，而不过生、过老，以制得合格的醪液。

（四）低温加曲、低温入罐、双边发酵

液态法白酒生产用曲量不宜太少，以原料量的 10%～15%为宜，分两次添加，实行低温加曲糖化法。具体操作有：蒸煮醪冷却至 60℃，加入一半的酒曲后，不保温糖化继续冷却到 30℃，加入剩下的一半酒曲，同时加入酒母，进行边糖化边发酵。也有的蒸煮醪液直接冷却至 30℃，酒曲和酵母同时加入，在低温下边糖化边发酵。还有的采用 15～17℃入罐糖化发酵工序，这不仅保留了酒曲中的微生物，而且发酵前期升温缓慢，持续性强，使酒味醇和，邪杂味少。

（五）多种微生物发酵

使用人工培养的微生物进行发酵，可按香型需要选择种类。如采用己酸菌、丁酸菌发酵液发酵，再添加部分产酯酵母，可获得浓香型液态白酒。

（六）适当延长发酵周期

坚持低温入罐，发酵期应由 3～4 天延长至 5～7 天，使发酵醪完成酒精主发酵之后，转入以产白酒香味物质为主的后发酵期，以增加发酵醪的酸酯成分。

（七）消毒灭菌

严格清洁卫生制度，加强消毒灭菌工作。异常发酵所产生的酸类主要是细菌污染所致。杜绝染菌，可有效防止丙烯醛、乳酸、丁酸、醋酸等副产物的产生。

（八）提高蒸馏工段质量

蒸馏时，要选好蒸馏设备，做好杂醇油的提取和甲醇、乙醛、乙酸甲酯等酯醛杂质的排除工作，以提高酒基的质量。

通过上述措施可以在一定程度上提高液态法白酒的质量，但是由于蒸馏工艺的固有缺陷，全液态法生产的白酒甚至无法达到普通固态法白酒的质量标准。随着新

型白酒生产工艺的不断涌现，现在，通过将液态法生产的酒基通过液、固结合和调香等方法进一步加工，完全可以生产出和普通固态法白酒相媲美的新型白酒。

第三节 液、固结合法生产工艺

液、固结合法也称液、固态发酵结合法，即利用液态发酵法生产的、质量较好的液态法白酒或酒精作为酒基，与采用固态发酵法制成的香醅等进行串香或浸蒸。而固态香醅的制备则是决定成品酒质量的另一个关键。

一、固态香醅的制备

（一）香醅的种类和制作特点

1. 香醅的种类

按原香醅的工艺及所含成分的不同可分为普通类及优质类。优质类又分为不同的类型。按制作工艺来划分，可分为麸曲香醅、大曲香醅、短期发酵香醅、长期发酵香醅等。香醅的分类的目的，就是为以后串蒸成的酒的分类打下基础，便于勾兑时选用。

2. 香醅的制作特点

香醅制作虽采用固态发酵法，但其与传统的生产酒为目的的固态发酵有所不同。其主要工艺特点如下。

① 以提高香醅中的香味物质为目的，所以有时增大用曲量，有时延长发酵期。

② 增大回醅量，减少粮醅比是主要特色。

③ 采用生香酵母及培养细菌液参与发酵是主要的增香途径。

④ 回酒发酵，回发酵好的香醅再发酵是增香的有效办法。

⑤ 采用部分发酵力强的糖化酶、固体酵母参与发酵，提高发酵率，这是目前各厂均采用的先进技术。

（二）香醅制作实例

1. 清香型香醅制作

取高粱粉 500kg，与正常发酵 21 天、蒸馏过的清香型热酒醅 3000kg 混合，保温堆积润料 18～22h，然后入甑蒸 50min，出甑后撒冷至 30℃左右，再加入黑曲 90kg，固体生香酵母 50kg，液体南阳酵母 30kg，低温入窖发酵 15～21 天，即为成熟香醅。

2. 浓香型香醅制作

取 60 天发酵、蒸馏后的浓香型酒醅 3000kg，加入高粱粉 500kg，大曲粉 100kg，回 30%酒精分的酒尾 50kg，黄水酯化液 30kg，入泥窖发酵 60 天，即为成熟香醅。

3. 酱香型香醅制作

取大曲 7 轮发酵后的、按茅台酒工艺生产的香醅 3000kg，加入高粱粉 300kg，加入中温大曲 80kg（或麸曲 50kg、生香酵母 50kg），堆积 48h，然后高温入窖发酵 30 天，即为成熟香醅。

二、串香法

串香法就是将酒基放入底锅，再将香醅装甑，然后蒸馏，使酒精蒸气通过香醅而将香醅中的香味成分带入酒中，以增加白酒香味的新型白酒生产方法。

（一）常用法

常用法是当前各酒厂普遍采用的方法，将酒精稀释至 60%～70%（如用间歇蒸馏的液态法白酒，则不需稀释直接使用），倒入蒸桶锅底，用酒糟或香醅作串蒸材料。串蒸比（酒糟∶酒精）一般为（2～4）∶1。如用酒醅串蒸，每锅装醅 850～900kg，使用酒精 210～225kg（95%计），串蒸一锅的作业时间为 4h，可产 50%酒精分的白酒 450～500kg 以及 10%左右酒精分的酒尾 100 多千克。耗用蒸汽 2t 左右，串蒸酒损 4%～5%。串蒸后的 50%酒精分的白酒，其总酸可达 0.08g/L 以上，总酯可达 0.15g/L 以上，相当于酒精中添加 10%固态法白酒水平。

（二）常用法的改进

普通常用串蒸法最大的缺点是酒的损失率高。为了减少酒损，各地对此工艺进行了改进。

① 用串蒸的糟进行再发酵，可利用其含有的残余酒精，减少糟中酒精分的损失，使酒损降低 1%左右。

② 改变酒精添加方法。变直接往锅底一次性添加为设置高位槽，接通管路至锅底，缓慢连续添加，可减少酒损 2%左右。

③ 专利技术：串蒸酒精连续蒸馏装置。该设备改变酒精的添加形式，变间歇蒸馏为连续蒸馏，提高了蒸馏效率。最大优点是酒损可达 0.5%以下（该项设备专利申请号为 94222789.1）。

（三）薄层衡压串蒸法

该法是由吉林省食品工业设计研究所研制成功的一项新技术。主要是设计制造了串蒸新设备——白酒薄层串蒸锅。

使用这种串蒸锅可使串蒸槽的料层厚度下降 1/3～1/2，提高串蒸比，由原来的 4∶1 变为 2∶1，加之酒精蒸气压的稳定，使蒸馏的效果提高，酒的损失可减少至 1%以下。

使用这种串蒸锅可与原蒸桶的冷却系统相连接，采用 2∶1 的串蒸比。每班串蒸 3 锅，可产白酒 2t 多。串蒸后的酒，总酸可达 0.9～1.5g/L，总酯量 0.3～0.7g/L，具有明显的固态法白酒风味。

三、浸蒸法

该法是用酒精浸入或加入香醅中，然后通过蒸馏把酒精分与香味物质一起取出来的方法。主要有两种形式。

（一）用酒精浸香醅

该法需专用设备浸蒸釜。它的直径为2.2m，高为1.95m，容积为7.5m^3，内有间接或直接加热的蒸汽管。釜顶安装4层直径为9.5m的泡罩式蒸馏塔板，接铝制的、面积为7m^2的冷凝器。

将稀释至45%左右的酒精2.5t放入釜中，再加入0.32t的香醅，加热回流1h，然后加大蒸汽，蒸出成品酒。待流酒的酒精分为50%时截尾酒。成品酒中带有一定的固态法白酒风味。

（二）将酒精泼入香醅中

该法有两种形式。一是将稀释到75%左右的酒精直接泼入出窖后的香醅中，一起蒸馏，按正常蒸馏操作蒸酒。该酒保持了原香醅酒的风味。一般每100kg香醅加入75%的酒精量不超过10kg。加入量过多将影响蒸馏效果，增加酒精损失。二是将50%左右的酒精倒入已发酵完毕的窖池中，再发酵10天左右，取出一同蒸馏。采用该法，窖子的密封程度一定要好，以防酒精流失。一般加入的比例，酒精∶香醅为5∶1左右。

浸香法的优点是能使香醅中的香味物质较多地浸入酒精中。缺点是酒精损失大或耗能高，加工香醅中的一些杂味物质也极易带入酒中。故目前各企业已很少采用这种方法。

需要强调的是，液态法白酒中还有固、液勾兑白酒，是以液态发酵的白酒或食用酒精为酒基，与部分优质白酒及固态法白酒的酒头、酒尾勾兑而成的白酒。固、液结合勾兑法也是将液态发酵和传统固态发酵的优点有机结合的一种工艺方法，是目前提高液态法白酒风味的最有效的方法。此处将勾兑用的固态法白酒及其酒头、酒尾看做是特殊的调香物质而将固、液勾兑白酒生产工艺列入调香法的范畴。当然固、液勾兑白酒与纯粹地通过香精香料调制而成的调香白酒在质量上有明显不同。

第十章　低度白酒生产工艺

第一节　概　　述

一、低度白酒的发展

酒精的体积分数在40%以下的白酒称为低度白酒，国际性蒸馏酒如：白兰地、威士忌、伏特加、老姆酒、金酒等的酒度大多在40%左右，如果酒度超过43%，则被视为烈性酒，一般要掺汽水、冰块或其他饮料稀释后才饮用。我国传统的白酒，除广东省产的玉冰烧酒、米酒，其酒精含量约为30%外，其余的酒精含量都在50%～65%。

随着世界饮食文化的交流发展与人们对饮食健康的日益重视以及我国加入世界贸易组织（WTO）后与世界经济的全面接轨，白酒低度化将势在必行，日本要求进口酒的酒精体积分数为35%，美国要求不超过50%，而且进口国酒税按酒精体积分数递增，酒度越高，酒税亦越重。为适应国际消费潮流，我国自20世纪70年代开始发展低度白酒，并在1979年全国第3届评酒会上，将质量上乘、酒精含量为39%的江苏省“双沟特液”率先命名为国家优质酒。1987年，在国家经贸委、轻工业部、商务部、农业部于贵阳联合召开的全国酿酒工作会议上，确定了我国酿酒工业必须坚持优质、低度、多品种、低消耗的发展方向，并逐步实现四个转变，即高度酒向低度酒转变；蒸馏酒向酿造酒转变；粮食酒向果类酒转变；普通酒向优质酒转变。

为了检验1987年全国酿酒工业会上所提出政策的贯彻执行情况，1989年举行了第五届全国白酒评比会。参赛的各种香型酒有362种，根据文件规定，除复查上一届国家名、优质酒外，必须是酒精含量55%以下的样品。参赛低度白酒的数量也有了极大的增长，由上届8个猛增到128个，占参赛酒样的比例，由上届5.41%上升到本届的35.36%。低度白酒不仅数量多，而且各种香型品种齐全，突破了以往的单一浓香大曲酒的局面。各种香型及采用不同糖化剂的白酒都有低度的产品。在酒度上除了酒精含量38%～39%外，还有少量的28%～33%的。评比结果表明，无论哪种香型的低度酒，在保持风格、调整香气及口味的生产技术上都取得了很大的进步，成效显著。14种低度白酒首次被命名为国家名酒，26种低度白酒被命名为国家优质酒。这对白酒生产具有重大的指导意义。

生产低度白酒既可以降低消耗，提高经济效益，又有利于健康。经过多年努力，人们的饮酒消费习惯已逐步发生改变，市场需求的白酒产品结构也发生了较大的变化。酒精含量41%以上的白酒已成为当今高度酒，以往的65%左右酒精含量的产品其产量已很少。并形成北方地区以消费酒精含量41%～50%的白酒为主，南方沿海地区及大中城市以消费酒精含量为28%～40%的白酒为主的格局。目前，低度白酒已成为白酒市场上的主导产品。

二、低度白酒生产的工艺路线

最初，低度白酒的发展主要是各种香型的大曲酒，后来麸曲白酒也逐渐低度化，而新工艺白酒大多为低度酒。与传统工艺生产的玉冰烧等小曲米酒（半固态发酵、液态法蒸馏的小曲酒）等低度酒不同，低度白酒的生产均采用高度原酒和加水稀释的工艺路线。其主要原因是如延长蒸馏时间、直接蒸至低度酒的度数，则酒醅中水溶性较强的香气成分被大量蒸入成品酒中，其中最为明显的是乳酸乙酯的含量大幅度增加。这就破坏了原有白酒中香气成分间的量比关系，使产品风味质量受到影响。

另一方面，高度原酒加水稀释后，醇溶性较强的成分就会析出而出现乳白色的浑浊物。而白酒质量标准要求应是无色透明的，无悬浮物、无沉淀、无异物。因而必须对降度后的白酒进行除浊过滤、勾兑调味等处理后，才能使低度白酒香气突出、口味低而不淡，并保持原白酒风格。

三、降度白酒浑浊的成因

降度白酒浑浊的成因与白酒中醇溶性物质的种类、浓度以及白酒降度用水等有关。

（一）醇溶性物质溶解度变化引起的浑浊

1977年黑龙江轻工研究所对“北大仓”酒冬天出现的絮状沉淀以及“玉泉”大曲酒尾上漂浮的油珠应用气相色谱进行鉴定，明确了这些物质均为高沸点的棕榈酸乙酯、油酸乙酯及亚油酸乙酯的混合物。这些物质在高度酒中的溶解度很大，白酒降度后由于溶解度减小而析出，而且它们在白酒中的溶解度随着温度的降低而减少，所以在冬季白酒更易出现白色浑浊。另外，溶解度还与pH值及金属离子的种类和含量有关。

棕榈酸乙酯、油酸乙酯、亚油酸乙酯均为无色的油状物，沸点在185.5℃（1.33kPa）以上，油酸乙酯及亚油酸乙酯为不饱和脂肪酸乙酯，性质不稳定，它们都能溶于乙醇，而不溶于水。西谷等人对烧酒浑浊絮状物成分分析结果如下。

① 絮状物质在常温下呈半固态状，pH值处于中性附近。

② 絮状物质由90%油脂成分及5%灰分所组成。灰分是以铁为主的化合物。

③ 在油脂成分中85%是乙酯，剩余的15%是游离脂肪酸。

④ 与金属起凝集作用的油性物质主要是脂肪酸乙酯型，而游离脂肪酸根本不起凝聚作用。

⑤ 成品烧酒的金属含量、pH值与凝集作用密切相关。

⑥ 推论油性成分和金属的胶体化学性质与生成凝集机制是生成絮状的主要原因。

⑦ 烧酒中添加金属，使金属与油性物质相凝集，两者可使凝集物有效地除去。

我国白酒中这三种高级脂肪酸乙酯含量较多，这也是香气成分上的一大特征。日本烧酒原酒中的高级脂肪酸含量与我国白酒大体相仿，但经贮存过滤后的成品酒，其含量大为降低。在老姆酒等其他蒸馏酒中含量甚微。

日本烧酒中上述三种脂肪酸乙酯含量之比一般为棕榈酸：亚油酸：油酸为5：2：3，低度白酒除了酒度降低之外，其他香气成分含量也相应地减少，另外除去绝大部分棕榈酸乙酯、油酸乙酯及亚油酸乙酯后，在口感上有后味短的不足，日本烧酒在除去这些油性成分后也觉得味变淡薄而辛辣。

另外，研究表明温度与酒精浓度不仅对前面所指的三种高级脂肪酸乙酯的溶解度有影响，而且对白酒中的呈香酯类物质的溶解度也有一定的影响。1997年王勇等报道，在棕榈酸乙酯、油酸乙酯及亚油酸乙酯含量低于1.0mg/kg，甚至未检出的情况下，38%和30%酒精分浓香型低度古井贡酒在冬季严寒季节时仍发生失光现象。应用先进的HP5890-Ⅱ气相色谱仪和HP5973-MSD质谱仪对低度酒在低温下浑浊后出现的油花，经富集后进行定性分析，可得到200多种成分。其中主要有己酸乙酯、庚酸乙酯、辛酸乙酯、戊酸乙酯、棕榈酸乙酯、油酸乙酯、亚油酸乙酯、丁酸乙酯、己酸丙酯、己酸丁酯、己酸异戊酯、己酸己酯、己酸13种物质。它们的含量占总量的93.93%，其中棕榈酸乙酯、油酸乙酯、亚油酸乙酯三者占8.8%，己酸乙酯占47.10%，戊酸乙酯9.01%，庚酸乙酯占8.15%，辛酸乙酯占7.42%，这四种酯就占了71.68%。

通过对30%酒精分的古井贡酒，在除浊处理前后的醇类、酸类、羰基化合物及酯类变化情况分析结果表明，高度酒加水降度后出现浑浊现象的主要成分是酯类。经除浊过滤，在浓香型大曲酒中含量多的乙酸乙酯、丁酸乙酯、己酸乙酯、乳酸乙酯除去的绝对量大，但除浊率除己酸乙酯为21.21%外，其余3种乙酯均在7.80%以下；其他酯类数量多、含量较小。由己酸乙酯起始，随着分子量的增大，虽去除的绝对量小，但除浊率大，其中最大的为棕榈酸乙酯、硬脂酸乙酯、油酸乙酯、亚油酸乙酯4种，达85%以上。

脂肪酸类中含量多的乙酸、丁酸、己酸去除的绝对量大，其除浊率除丙酸、异丁酸较小外，均在27%～37%，随着碳原子的增加除浊率增大，到碳原子为8的辛酸时，除浊率达51.46%。

醇类中除2,3-丁二醇、糠醇除浊率高外，一般均较低，较高的正丙醇及β-苯乙醇也仅在13%左右。

在所有被检出的成分中，羰基化合物除浊率普遍较低，最多的正丙醛也仅为

16.97%，糠醛为8.38%。

综上所述，低度酒中的浑浊物质是一种包含数量众多的白酒香味成分的混合体。和高度白酒一样，这些物质在酒精中的溶解度随温度（酒温）而变化。当温度降低时，溶解度下降而析出，因此，在寒冷季节，尤其是在我国北方地区，冬季就容易发生失光乃至浑浊现象。含量微少的成分随温度回升而重新溶解，具有可逆性；含量多的成分却有可能凝聚成小油滴而影响外观质量。

（二）白酒降度用水引起的浑浊

水质硬度高容易引起浑浊，水中的钙镁离子和酒中的有机酸反应形成沉淀，水中的有机物进入酒中也容易引起浑浊沉淀。

酒中的浑浊现象，从胶体化学方面考虑，油性成分在酒里呈负电荷，相互结合以保持安定状态。此时，若遇到带有正电荷的金属氢氧化物，将电荷中和，将出现解胶现象。于是高级脂肪酸乙酯便相互凝集而结成絮状，引起白色浑浊。根据推算，1分子金属可使5分子高级脂肪酸乙酯或1分子脂肪酸凝聚而出现浑浊。一般情况下，降度用水中金属离子多和酒的pH值偏高时，最易发生浑浊，所以稀释降度用水必须经过处理，以除去金属。

第二节　低度白酒的除浊

一、冷冻过滤法

冷冻法是国内研究应用推广较早的低度白酒除浊方法之一。本法是根据以三种高级脂肪酸乙酯为代表的某些香气成分的溶解度特性，在低温下溶解度降低而被析出、凝集沉淀的原理，经−10℃以下冷冻处理，在保持低温下，用过滤棉或其他介质过滤除去沉淀物而成。此法对白酒中的呈香物质虽有不同程度的去除，但一般认为原有的风格保持较好。缺点是冷冻设备投资大，生产时能耗高。

将各类香型的高度白酒及加蒸馏水稀释成酒精分为38%的低度白酒，在−15℃下冷冻24h后，在同一温度下，经G6砂芯漏斗进行真空抽滤，所得各种酒样用气相色谱法测定并比较其香气成分。分析结果表明，随着温度的下降，白酒中少数含量多的香气成分都有下降的趋势。如浓香型酒中的己酸乙酯，酱香型、清香型、浓香型酒中的乳酸乙酯，尤其是米香型酒中的β-苯乙醇下降显著。在不同香型酒中，棕榈酸乙酯、油酸乙酯、亚油酸乙酯的下降幅度不同，以酱香型最少。可见，在冷冻处理时白酒中的白色絮状物，除了上述三大高沸点脂肪酸乙酯外，依不同香型白酒，还混有少量的其他香气成分。

对不同贮存酒龄的西凤酒用不同水源加水稀释，再经冷冻试验，观察结果表明，当原酒加水稀释至酒精含量为60%时，絮状悬浮物质均较轻微，仅加井水有微小悬浮，其他几种水源只是稍有失光现象；当降度至酒精浓度为55%时，都不同程度地出现了絮状悬浮物，而且是随着时间延长而增大，但软水较井水产生的沉淀轻微。在用井水稀释不同酒龄的酒样时，经冷冻产生的絮状沉淀也不尽相同，经贮存3年以上的基酒，絮状沉淀较轻微，没有凝集成絮状，只有细末和烟雾沉淀。

二、吸附法

（一）淀粉吸附法

淀粉吸附除浊是目前国内生产低度白酒的常用方法之一。淀粉膨胀后颗粒表面形成许多微孔，与低度白酒中的浑浊物相遇，即可将它们吸附在淀粉颗粒上，然后通过机械过滤的方法除去。淀粉分子中的葡萄糖链上的羟基，也容易与高级脂肪酸乙酯所含的氢原子产生静电作用而形成氢键，一起沉淀下来。

不同植物的淀粉粒，其大小与形状也不同，即便是同一植物的淀粉粒，其大小也有一定悬殊。例如玉米淀粉粒径为2～30μm，小麦淀粉粒分为两群，有2～8μm的小粒子群和20～30μm的大粒子群。

淀粉一般含有20%～25%直链淀粉和75%～80%支链淀粉，而糯米或糯玉米却是100%的支链淀粉。直链淀粉为以α-1,4键结合葡萄糖分子，约1000个分子结合成为链状分子。一个葡萄糖分子大小约为0.5nm，1000个即0.5μm。支链淀粉有分支，分子直径为20～30nm，在葡萄糖苷内α-1,6—结合占4%，所以它比直链淀粉要大得多，葡萄糖重合度为10万左右。

在低度白酒生产中，淀粉的这些性质都影响着其吸附除浊作用的大小，选择对比不同原料的淀粉结果是：玉米淀粉较优，糯米淀粉更好，糊化熟淀粉优于生淀粉。

通过对淀粉吸附条件的研究表明，糊化淀粉比生淀粉吸附速度快，易于过滤，口感也较好。用糯米处理低度白酒时，当已酸乙酯含量在2.5g/L以下时，糊化淀粉温度为（70±2）℃，淀粉用量0.1%，吸附时间4h为最佳吸附条件。

采用淀粉吸附除浊对低度白酒中其他香气成分吸附较少，对保持原酒风味有益。但当处理量大时，沉淀在容器底部的生淀粉板结较坚实（熟淀粉较松），使排渣较困难。淀粉渣可回收交车间发酵制酒。同时必须注意的是夏季酒温高，高级脂肪酸乙酯溶解度高而析出的絮状沉淀较少。虽然当时过滤后得澄清酒，但装瓶后若酒未能及时销售，放置到冬天，酒温下降，则由于溶解度降低而会再次出现失光或絮状沉淀。因此，有的酒厂在采用淀粉吸附法时加以适当的冷冻处理，可使其稳定性更好。

（二）活性炭吸附法

活性炭除浊也是低度白酒生产厂常用的方法之一。选择适宜的酒用活性炭至关重要。活性炭的种类、使用量及作用时间，对产品的酸、酯等香气成分保留均有影响。一般生产厂采用粉末活性炭，添加量为0.1%～0.15%，搅拌均匀后，经8～24h放置沉降处理，过滤后得澄清酒液。实践证明，使用优质酒用活性炭除浊，在除浊的同时还可除去酒中的苦杂味，促进新酒老熟，使酒味变柔和。

1. 活性炭的作用机理

活性炭的空隙分微孔、过渡孔和大孔。每类孔隙的有效半径都有一定的范围。微孔的有效半径在2nm以内，其大小与分子相当，对于不同的活性炭而言，微孔容积为0.15～0.50mL/g，它们的比表面积至少占总比表面积的95%。过渡孔的有效半径在2～50nm，其比容积为0.02～0.10mL/g，它们的比表面积不超过活性炭总比表面积的5%，有效半径大于50nm的孔径为大孔，其总比容积为0.2～0.5mL/g，比表面积为0.5～2m^2/g。

在活性炭吸附过程中，这三种孔隙各有各的功能。对吸附而言，微孔是最主要的，它的比表面积大，比容积也大。因此，微孔在相当大的程度上决定某种活性炭的吸附能力。例如孔径在2.8nm的活性炭，吸附焦糖色好（红棕色），称为糖用活性炭。孔径在1.5nm的活性炭，吸附亚甲基蓝能力强（蓝色），称为工业脱色活性炭。可见微孔径的微小差异，形成了两种不同品种的活性炭。过渡孔是被吸附物质进入微孔的通道，又使蒸汽凝聚而被吸附。大孔的作用是使被吸附物质的分子能迅速地进入活性炭的微孔，也是催化剂沉积的地方。

活性炭的吸附特性不但取决于它的孔隙结构。而且还取决于它的表面化学组成。活性炭含有氧、氢、氮及锌、铁、铜等金属微量元素。这些化学组分的存在，对活性炭的吸附特性有较大的影响。如含氧活性炭有较好的促进氧化、催化、聚合的作用；含氮活性炭有较好的吸附金属及其他化合物的作用；含氢活性炭具有还原性等。活性炭表面氧的不同组合，还会影响到本身的吸附性和酸、碱性。活性炭表面的微量金属离子，对催化更具有独特效果，这也是工业上常见的。

2. 酒用活性炭的选择

在低度白酒生产中，选用活性炭的基本要求与其他所有吸附剂一样，即要求经除浊处理后的白酒既能保持原酒风味，又能在一定的低温范围内不复浑浊。在浓香型低度白酒中，己酸乙酯的损失程度是一项重要指标。不同的活性炭，对己酸乙酯的吸附也不同。据测定，己酸乙酯分子直径是1.4nm，若选用孔径为1.4～2.0nm的活性炭来去除低度白酒中的浑浊物，则己酸乙酯就会进入微孔而被吸附，使低度白酒风味受损。只有选用孔径大于2.0nm的活性炭，其微孔成为己酸乙酯的通道，活性炭不会吸附己酸乙酯，才能达到生产工艺的要求，除浊而又保质。若选用孔径小于1.4nm的活性炭，则己酸乙酯不能进入微孔，也不会损失己酸乙酯；但由于该活性炭大孔径少，对大离子半径的高级脂肪酸乙酯、高级脂肪酸醇等吸附较少，故必须加大炭的用量才能保证白酒在低温下不复浑浊。清香型白酒由于主体香乙酸乙酯分子直径为0.67nm，故选取用活性炭的范围较宽，对乙酸乙酯吸附损失也少。米香型、酱香型、芝麻香型白酒中含β-苯乙醇的分子直径较大，故选择活性炭就更有讲究。事实上，任何一种活性炭，它的孔径分布都是很宽的，也就是说各种孔径都有。因此，使用任何一种活性炭生产低度白酒或多或少都要吸附一些有用物质。

使用活性炭作吸附剂时，还有一定的催陈老熟作用，能减少新酒的辛辣感，使口味变柔和。这是因为酒用活性炭表面还有较多的含氧官能团和各种微量金属及金属离子，促进了酒在贮存过程中的氧化作用。

有的活性炭能除去酒中的异味和苦味。但酒中异味各有不同，需根据实际情况选用不同孔隙结构的活性炭才能奏效。如对于糖蜜甜味，它属大离子半径物质，需选用大孔径的酒类活性炭才能除去，对新酒中的臭味，需选用小孔径的活性炭；对于酒中的苦味，应选用一种含氮的、微孔发达的碱性活性炭，其他单纯的含氮活性炭或碱性活性炭都不能除去酒中的苦味。

综上所述，生产厂必须根据本厂产品的实际情况，有针对性地选用不同品种的活性炭进行处理，才能取得应有的效果。必须注意的是任何一种活性炭不可能是万能的，必要时可采用多种活性炭结合的方法处理。

3. 活性炭的使用

最初，采用粉末活性炭的间歇除浊方法较为普遍，该法去渣劳动强度较大，残存在炭渣中的白酒量多，损耗大，车间卫生也受影响。近来逐渐采用颗粒活性炭连续进出料的方法处理低度白酒。

(1) 处理酒度的选择　将原酒分别稀释到 62%、60%、57%后，进入活性炭柱，在同样流速及处理量下，经吸附后分析、品尝，再稀释至酒精分为 38%进行耐低温试验，试验结果表明，选择酒精分为 60%的酒处理低度白酒比较合适。

(2) 流速的选择　处理后的低度酒质量与流速的快慢有一定的关系。处理速度快了，降度后酒中的浑浊物会处理不净，导致低度酒在低温情况下失光，以致影响产品质量；处理速度慢了，活性炭由于与处理酒接触时间长，对酒中香味物质吸附量大，处理后的酒味变短，降低产品的质量。生产中，应根据实际情况和分析检测结果确定最佳的流酒速度。

经试验，选用颗粒活性炭量与处理量之间的关系为 1∶11。当处理介质活性炭吸附达到饱和时，即停止使用。可用 95%的食用酒精浸泡炭柱，放出浸泡液，然后再用清水冲洗，直至洗水无酒精味即可重复使用。酒精和水的洗柱混合液含有较多的香味成分，可用于勾兑普通白酒。

(三) 无机矿物质吸附法

用于白酒降度用的无机矿物质吸附剂有许多种，其中应用较多是陕西产的 SX-865 澄清剂，其特点是用量少，除渣方便，且酒损较少。

SX-865 是硅酸盐黏土经理化处理后加入适量的助剂（K8710 及 K8805），按配方制备而成的一种澄清剂。它在显微镜下呈无色透明纤维状、针状集合体，主要成分为硅和镁，分子式是：$MgO(Si_{12}O_{30})\cdot(OH)_4\cdot 8H_2O$。

将凤香型原酒加水稀释至酒精分为 38%～39%，添加 0.01%～0.02%的 SX-865，搅拌均匀，放置 12～24h，酒液澄清后经过滤所得的凤香型低度白酒，在 −5℃贮存可保持清亮透明。

用 SX-865 澄清剂处理的低度白酒基本上保持了原酒的风味，同时也能去除部分酒中的邪杂味。将39%酒精分的西凤酒800kg，均分成两份，一份加入0.01%的SX-865澄清剂；另一份加0.2%的淀粉，混匀，前者3天，后者15天后分别过滤取样，分析结果基本一致。

（四）其他吸附法

除上述方法外，也有报道采用单宁明胶法、琼脂碳酸钙法、褐藻酸钠吸附法、蛋白分解液等各种不同的吸附法。

1. 单宁明胶法

单宁与明胶能在水溶液中形成带相反电荷的胶体，它们以一定比例存在时，能通过物理化学作用，将酒中悬浮的微粒凝集，经过滤可得较清的酒液。

单宁可用温水搅拌溶解，明胶应先用冷水浸泡膨胀后，洗去杂质，再加温水，在不断搅拌下进行间接加热溶化。胶液温度应控制在50℃以下。

使用时，应先加单宁溶液，充分搅拌后，再加入所需量的明胶溶液搅拌，静置24h，然后进行过滤。

单宁与明胶的用量，应针对所处理的酒先做小试验来确定。在处理65°泸香型酒基的38°降度酒时，在100mL酒中，1%浓度的单宁液用量为0.08～0.2L；1%的明胶液用量为0.04～0.16L。

2. 琼脂碳酸钙法

作用原理也是静电吸附，其用量可通过小试具体确定。在琼脂溶解液中加入少许碳酸钙，可加速低度白酒的澄清作用，经过滤可得澄清酒液。

3. 褐藻酸钠吸附法

褐藻酸钠又名海藻酸钠，白色或淡黄色粉末，无臭无味，是亲水性多糖，分子量较大，缓慢溶于水，形成黏稠的胶体溶液，它本身对人体有消炎、散热的作用，对人体无害，因此可用于低度白酒的澄清处理。其澄清原理是褐藻酸钠分子中含有羟基、羧基等基团在溶液中呈负离子状态，它们与酒中带正电荷的疏水性浑浊物通过氢键及静电作用使之沉淀下来，达到澄清酒质的目的。用量为降度白酒的0.05%～0.1%。由于不同香型的白酒，生产工艺不一致，质量档次也不一致，故而采用何种除浊方法应因地制宜。特别在应用吸附法时，必须根据本厂产品的具体情况，对每批量吸附剂进行实际试验后，才能确定其合理的工艺条件，以获得理想的效果。

三、离子交换法

离子交换树脂是一种用途极为广泛的高分子材料。它具有离子交换、吸附作用、脱水作用、催化作用、脱色作用等功能。

（一）作用机理

随着离子交换树脂合成技术的进展，20世纪60年代开发合成了一类具有类似活性炭、泡沸石一样物理孔结构的离子交换树脂。它与凝胶孔的结构完全不同，具有真正的毛细孔结构，为了区别于凝胶孔，称它为大孔。这类树脂是将单体用大孔聚合法合成而得的，按表面极性、表面积大小、孔度及孔分布等表面性质的不同分成若干种。树脂的毛细孔体积一般为0.5mL（孔）/g（树脂）左右，也有更大的，比表面积从每克树脂几到几百平方米，毛细孔径从几十埃到上万埃，故又称大孔型吸附树脂。它具有像活性炭那样的表面吸附性能，而这种性能是由它们的结构决定的，巨大的表面积是大孔型吸附树脂最重要的结构特点。表面吸附意味着被吸附物质以范德华力作用固定在吸附剂表面，它包括疏水键的相互作用、偶极分子间的相互作用以及氢键等。但影响吸附的因素十分复杂，目前尚不能准确估计某种物质就一定被某种吸附树脂吸附。如某些有机物质同时具有疏水部分和亲水部分，则其疏水部分也可为非极性吸附树脂的表面吸附，亲水部分也可为极性吸附树脂的表面吸附，故吸附树脂对被吸附物质是具有选择性的。

白酒中的成分是水和酒精以及各种含量甚微的酸、醇、酯、醛等物质。因此，对于白酒体系，是水和酒精的混合溶剂，在液相吸附过程中，实质上是溶剂与被吸附组分对吸附剂的“竞争”。从吸附原理上讲，由于几种高级脂肪酸乙酯比酒中的己酸乙酯、乳酸乙酯、乙酸乙酯等的分子量大，溶解度小，疏水程度高，容易被作为吸附剂的大孔型树脂吸附，而分子量相对较小的主体香酯的吸附量较少。从而获得清澈透明、基本保持原酒风格的低度白酒。

大孔型吸附树脂对分子的吸附作用力微弱，只要改变体系的亲水-疏水平衡条件，就可以引起吸附的增加或解吸。对大孔型吸附树脂，能溶解被吸附物质的有机溶剂，通常都可作为解吸剂。如酒精是有效的解吸剂，树脂通过解吸后获得再生，又可使用。

（二）树脂的选择

树脂种类较多，功能各异，低度白酒的处理，要求既能除浊，又不影响酒的口感。为此必须对多种树脂进行筛选。通过对大孔强酸树脂、大孔强碱树脂、大孔弱酸树脂以及吸附树脂处理低度白酒的实验结果研究显示：在四大类树脂中，以吸附树脂效果较好。因为强酸、强碱树脂有较强的极性，且在pH＝1～14的范围内均可离解成离子态，如酒中可交换离子与其交换，均将改变酒的酸碱度。以盐型树脂处理，虽不改变酒的酸碱度，但由于盐的存在降低了酒中的有机物的溶解度，也不利于浑浊物的去除。吸附树脂则效果显著，是理想的吸附剂。

多种吸附树脂虽均能适用于去除低度白酒中的浑浊物而达到澄清的目的，但不改变酒的风味，并不容易。白酒中含有的各种微量成分有一定的量比关系，如果在吸附浑浊物的过程中，使酒中多种微量成分的含量及其量比关系受到影响，则必然会改变酒的口感，有损于酒的风格。为此，必须进一步探索树脂结构对酒的风味的影响。

极性和非极性吸附树脂对低度白酒的口感均影响不大，但树脂的比表面积是一个重要的物理参数。比表面积大，其暴露的吸附中心多，与活性炭相似，其吸附能力大，则脱酯较多，势必会改变酒的风味。故平均孔径为4～7nm比表面积为$20m^2/g$以下的树脂适当，效果也较好。

将曲酒加水稀释到酒精分为38%，经吸附树脂处理，酒中的主体酸、酯与对照样相比降低极少。经吸附树脂处理后的低度曲酒（酒精分为40%）与对照样置－5～－10℃的温度冷冻7～10天，树脂吸附的酒外观均清澈透明，而对照样都有不同程度的浑浊现象和沉淀产生。

（三）吸附树脂装置及主要工艺参数

树脂柱：ϕ150mm×1400mm（有机玻璃）两根。

上柱树脂：5kg（湿）。

树脂支撑料：陶瓷碎片。

流速：0.5kg/min。

吸附树脂具有反复应用的功能，且有较好的强度，以玻璃三点法测定，承压力为1000～1200g/粒（湿），故树脂强度较好。

四川省食品工业发酵研究设计院在中、低度酒试生产中，用5kg吸附树脂处理了2.8t酒，1kg树脂可处理500多千克酒。树脂还可反复使用，若以20次计算，1kg酒只增加成本约0.01元，经济效益显著。

（四）操作程序

一般地讲，离子交换和吸附是可逆的平衡反应。为了使平衡向右反应完全，必须使树脂与被吸附的酒液接触，被吸附后的酒液要尽快离开树脂，使平衡向右，所以管柱法使用最广泛。降度后的酒液与树脂接触，而下部树脂最后再与被上层树脂吸附的酒接触，构成色谱带。处理酒液的简单程序如下。

① 将原度酒勾兑后，加软水降度至酒精分为30%～39.5%。

② 用砂芯过滤粗滤酒液，将粗滤的酒液泵入高位贮桶。

③ 将酒液缓缓放入树脂柱内（柱底阀门关闭），等到一定液位时，立即开启柱底阀门。控制每分钟流量0.5kg（ϕ150mm×1400mm柱），并调节流入柱内酒的液位要基本稳定。

④ 中途停车时，树脂柱内应保持一定的液位，不能流干，否则会使树脂层产生气泡。

⑤ 低度酒经澄清后进行调味和贮存。

（五）多孔吸附树脂处理低度白酒操作注意事项

① 流速　进柱酒的流速，对酒中高级脂肪酸乙酯的吸附有一定的影响，开始时流速宜慢，然后逐步加快。

② 树脂的贮存　为了减少树脂的磨损，避免与空气中的氧接触，新购来的树脂最好是溶浸在酒精中保存。

③ 树脂的预处理　新购的树脂都会夹杂有合成过程中的低分子量聚合物，反

应试剂、溶胀剂、催化剂等在生产过程中未能彻底洗去的杂质。此外，树脂在贮存、装运、包装过程中也还会引入杂质。所以在使用前都要经过洗涤和酸、碱的预处理。

洗涤的方法，最好是先用水（软水）反洗，以除去一部分悬浮杂质和不规则的树脂。然后用95%的酒精（二级）浸泡树脂24h，酒精用量以高出柱内树脂层3～5cm为宜。如树脂异味重，可浸泡2～3次，每次浸泡后都要将酒精放完，再加入新酒精浸泡。用水洗去酒精，以5%的盐酸溶液浸泡2～3次（每次浸泡约2h），用水洗去酸液，同样用5%的氢氧化钠浸泡2次，最后用水反复洗去碱液，至流出液不带碱性为止。

④ 树脂的支撑材料　为了防止树脂阻塞流出管道，在树脂柱的底层，应用陶瓷碎片填充。支撑层的高度为5～10cm，陶瓷碎片要充分洗净后使用。

⑤ 树脂层高度　树脂层高，虽然吸附分离效果好，但树脂层越高，则压降越大，操作也不方便。一般树脂层以不超过60cm为宜。

⑥ 树脂的热稳定性　多孔型吸附树脂在60℃以下使用是稳定的，在0℃以下使用就必须注意树脂中水分的冻结问题，因冻结后，树脂就会崩解。

⑦ 装柱　树脂装柱前要用水浸泡24h，使其充分膨胀后与水搅混倾入柱内，等树脂沉降后再放去水。

⑧ 树脂层液面　在处理酒液的操作过程中，柱内树脂不应有气泡，所以必须使树脂层上部保持一定的液位。

⑨ 水分的置换　新树脂经预处理洗涤后，开始处理酒液时，可先放一部分酒液通过树脂层，如此反复2～3次，每次都应让酒液滴尽后，再放入新酒液。将树脂层中的水分置换后，再正式进行酒液处理操作。

⑩ 贯流点　在操作过程中如发现流出酒液浑浊，即到贯流点，说明树脂已到饱和点，应立即停止操作，将树脂再生后才能使用。

四、硅藻土过滤法

低度白酒的过滤，以往经常采用绢布、脱脂棉、滤纸、砂滤棒过滤等方法。随着低度白酒产量的增长，这些方法已不能满足生产需要，20世纪80年代引进硅藻土过滤技术后，在酿酒行业得到了广泛的应用。硅藻土过滤不仅操作简便、运行费用低，而且过滤后的白酒质量好、澄清度高、过滤效率高。

硅藻是单细胞藻类植物，生活在浅海或湖泊中，细胞壳壁为硅质，且细胞壁上具规则排列的微孔结构，作为细胞与水体交换营养即新陈代谢的通道。硅藻死亡后，沉积于海底或湖底，经长期的地质改造便形成了类似泥土的硅藻土矿床。

硅藻个体很小，一般为1～100μm，硅藻土的成分为非晶质的氧化硅，具有很好的化学稳定性，硅藻壳种类繁多，形态各异，有圆盘状、椭圆状、筛管状、舟形、针状、棒状和堤状等。由于壳体上微孔密集、堆密度小、比表面积大，具有较强的吸附力和过滤性能，能吸附大量微细的胶体颗粒，能滤除0.1～1.0μm以上的粒子和细菌。

天然硅藻土经干燥、粉碎、筛选、配料、焙烧（800～1000℃）等一系列加工后，除去内部的各种杂质，成为硅藻土助滤剂。

有多种类型的硅藻土过滤机，白酒生产常用的硅藻土过滤机有JPD5-400型移动式不锈钢饮料过滤机、XAST5/450-V型硅藻土固体板精滤机等。JPD5-400型共有20片滤板，每片面积为0.26m^2，总过滤面积为5.2m^2，工作压力为100～300kPa，过滤速率为4～9t/h。该机在过滤时，先将100～200kg待滤酒泵入装有搅拌器的硅藻土混合罐内，加入1.5～2.5kg硅藻土，硅藻土兼具过滤介质及助滤剂的双重功能。开动过滤机前，关闭生产阀，开启循环阀，循环过滤5～10min，即可将硅藻土滤层预涂好。若这时滤出的酒液已清亮，即可关闭循环阀，开启生产阀，进行正常过滤。若发现滤出的酒液清亮度仍未达到要求，或中途停机后重新开始运转时，可先开循环阀，后关生产阀，再作循环预涂，也可补加适量的硅藻土。待滤出酒液符合要求后，再进行正常运转。一般每次新预涂硅藻土层后，可滤酒20～50t或更多量。该机若因滤布、隔环或密封圈损坏而滤出的酒液浑浊，或因过滤时间过长，滤酒量已太多，或因酒中浑浊沉淀物太多而过滤不久操作压力便超过规定值，酒液滤出的流量很小时，均应立即停机，进行检查并换上洁净的滤布等，待重新安置、预涂硅藻土层后，再正常运转。使用过的硅藻土一般不回收再用。

硅藻土过滤机具有过滤质量好、效率高、澄清度高、操作简便、节约费用等优点。

五、分子筛与膜过滤

（一）分子筛过滤

分子筛是一类具有独特优越性的化工材料，常用于有机物的分离，它能将大小不等的分子分开，白酒中一些高级脂肪酸乙酯的分子量在300左右，而己酸乙酯、乙酸乙酯、乳酸乙酯等的分子量在150以下。这是分子筛分离作用的基础。市售白酒净化器的设备为在柱式空罐中放置氧化铝分子筛、分子筛炭和凝胶三种混合介质，高度原酒流经混合介质后，再加水稀释成低度白酒。1台ϕ380mm×1500mm的净化器，每小时可处理白酒3t。

某浓香型酒的试验结果表明，72%酒精分的原酒，经净化降度所得45%、38%的酒，口感较好，但抗冻能力稍差。55%酒精分的原酒经净化降度后，抗冻能力强，但口感稍差。这表明净化时应注意对原酒酒度的选择。

（二）超过滤

超滤是一种膜分离过程。超滤膜通过膜表面微孔的筛选，达到一定分子量物质的分离。超滤对于去除微粒、胶体、细菌和多种有机物有较好的效果。超滤膜的孔径一般在5～100nm之间，随着膜表面微孔孔径大小的不同，对于所截留层物质的分子量大小也有很大的差别，变化在300～300000之间。

使用超滤膜处理酒精饮料时需要注意两个问题：一是膜材料的选择，由于酒是醇类，因此膜材料对醇要有稳定性；二是膜要有适宜的孔径和孔分布，以便有效地截留产生的浑浊物质。目前使用有的聚砜、聚氨酯、中空纤维等。市售的一种中空纤维超滤膜组件由两根 ϕ60mm×600mm 的小型中空纤维超滤器并联组成，生产能力为 125kg/h。处理能力较小，使用中尚需不断完善。

（三）精密微孔膜过滤机

精密微孔膜过滤技术也是 20 世纪 90 年代初美国开发的一种高科技技术，它不借助任何滤剂，由滤膜直接控制过滤精度，液体通过滤膜便能得到净化。此种装置在国外称为“冷杀菌”装置，是取代砂棒、硅藻土过滤技术的第三代换代产品。目前生产的 XMGL 系列精密微孔膜过滤机在滤白酒时采用“尼龙膜”（耐酒精、耐臭氧、易清洗）筒式滤芯为过滤元件，机组由配套泵及两个或多个不锈钢过滤器组成，集粗、精滤或多级过滤，自身逆反冲洗功能于一体，使用时只需选用不同规格滤芯便可达到初滤、粗滤、精滤直至除菌效果，按工作能力 3～24t/h 分为不同机组规格。

（四）白酒净化器

白酒净化器自 1992 年使用以来，发展推广很快。其设计比较简单，由金属板材做成吸附塔体，塔内装入颗粒净化介质，即可使用。可单独使用，也可数塔串联或并联使用。白酒净化器是利用吸附原理，对白酒进行脱臭、除杂、防止产生絮状沉淀的设备。用酒泵将高度原酒打入净化器，穿过内装的吸附材料层，流出的酒即可加水降到任何度数，并且－20～－30℃时，不再返浊。白酒净化器的核心是净化吸附材料，统称介质材料。它是由多种吸附剂组成的复合配方，不同材料吸附的对象不同，不同材料各司其职，分工合作，有除浊的，有去杂的，有减少暴辣味等，共同完成净化任务。目前净化介质主要成分是硅酸铝分子筛、氧化铝分子筛、分子筛炭、硅胶等几大类约十几个品种。白酒净化器在设计上考虑到介质与酒的接触充分、均匀，酒液靠酒泵的压力通过 1m 至数米高的净化介质层，完成有效接触，使接触高效无死角，并采用较先进的吸附过滤方式流化床。

六、其他除浊法

（一）再蒸馏法

棕榈酸乙酯、油酸乙酯、亚油酸乙酯三种脂肪酸乙酯都是高沸点物质，但它们都不溶于水。将酒基加水稀释至 30°，出现白色浑浊后，再次进行蒸馏，再去一次酒头酒尾，这样获得的酒再加水稀释便不会出现浑浊。此方法虽然能解决浑浊问题，但风味物质损失较多，热能、冷水消耗较大，也不经济，故此法目前已基本不采用。

（二）表面活性剂添加法

20 世纪 80 年代中期，抗凝剂、增溶剂之类的表面活性剂曾用于低度白酒的除浊。但生产实践表明添加后不仅使酒液泡沫多，而且带入不良的气味而影响产品的风味质量。在30℃以上时会出现浑浊现象以及固形物含量偏高等缺点。

（三）植酸除浊

植酸又名环己六醇六磷酸酯，分子式为 $C_6H_8[OPO(OH_2)]_6$，分子量为660.8，主要以镁、钙、钾的复盐形式存在于植物的种子中，如米糠、玉米、麸皮、大豆等。当植酸以复盐形式存在时，又名菲丁。它是一种较稳定的复盐，其溶解度很低，只有在酸性溶液中菲丁的金属离子才呈解离状态。植酸呈强酸性，在很宽的pH值范围内带有负电荷，对金属离子极具螯合力。植酸通过六个磷酸基团牢固地黏合带正电荷的金属离子，形成植酸复盐络合物沉淀，起到了去除酒液中金属离子的作用。因此，在白酒中添加适量的植酸，既能螯合金属离子，阻止高级脂肪酸酯絮凝，又能使金属离子从高级脂肪酸酯上解离下来，维持高级脂肪酸酯的相对溶解度，达到除浊的目的。鉴于植酸对酒中金属离子的螯合机理，所以对白酒在贮存中出现的上锈变色，植酸有很好的除锈脱色效果。由于植酸除浊的机制不同于通常除浊法那样，去除造成酒液浑浊的高级脂肪酸酯（这些亦是酒中必要的香味物质），而是通过螯合金属离子，阻止了金属离子对高级脂肪酸酯絮凝的促进作用，增大了高级脂肪酸酯的溶解度，因而更能保留原酒的风格。

第三节　低度白酒的勾兑与调味

任何香型的低度白酒，在感官质量上都要达到一个共同的标准，即低而不混，低而不淡，低而不杂，并具有本品所应有的典型风格。因此，低度白酒的生产工艺绝不是简单的高度酒加水降度。当高度酒加水稀释后，由于以高级脂肪酸乙酯为主的一些白酒香气成分（包括少量的醇、酸、醛类等）被除去，同时白酒本身所含有的香气成分也会由于加水稀释而浓度减低，造成香气平淡和减弱、口味淡薄的现象，这就必须通过勾兑调味来解决。这是生产低度白酒工艺中的又一个关键问题。一种质量好的低度白酒，还应该是香纯味净，不带有任何杂味的。可见在解决白酒降度后出现的浑浊问题的同时，还必须通过勾兑调味解决好酒味寡淡（俗称“水淡”）及香气平淡的问题，以保持本品原有的典型性。

一、低度白酒的勾兑

勾兑，就是将不同的酒按照一定的比例关系掺兑或调配在一起，形成初具酒体风格的一种方法。在白酒生产中，由于不同季节、不同班组、不同窖池以及不同甑次生产出来的酒，在质量上都存在一定的差异，主要是由酒中醇、酸、酯、醛、酚等及其微量成分、含量及量比关系是不同的。这就决定了酒的多样性特点，表现出各自的长处和短处。若不经勾兑直接出厂，不利于酒质的稳定。因此勾兑的作用和意义就是保证质量稳定，统一质量标准；取长补短，弥补缺陷，变坏为好，改善酒质。

（一）基础酒的选择

要勾兑出高质量的低度白酒，必须有高质量的基础酒。选择基础酒时除感官品尝外，还要进行常规检验，了解每坛（罐）酒的总酸、总酯、总醇、总醛，最好结合气相色谱分析数据，掌握每种酒的微量成分，特别是主体香味成分的具体情况。根据自己的实际经验，选取能相互弥补缺陷的酒，然后进行组合。

高度酒加水稀释后，酒中各组分也随着酒精度的降低而相应稀释，而且随着酒度的下降，微量成分的含量也随之减少，彼此间的平衡、协调、缓冲等关系也受到了破坏，并出现“水味”。因此要生产优质低度白酒，必须先将基础酒做好，也就是说提高大面积酒的质量，使基础酒中的主要风味物质含量提高，当加水稀释后其含量仍不低于某一范围，才能保持原酒型的风格。对于清香型白酒，由于含香味成分的量较低，降度后风味变化较大，当酒精体积分数降至45%时，已口味淡薄，失去了原来的风格；而浓香型白酒当酒精体积分数降至38%时，却基本上保持原有的风味并具有芳香醇正、后味绵甜的特点；这是因为浓香型酒中酸、酯含量丰富。酱香型白酒因高沸点成分含量较高，所以当酒精体积分数降至45%时已酒味淡薄，40%时便呈“水味”。可见，要生产优质低度白酒，首先要采用优质基础酒，否则是难以加工成优质低度白酒的。

（二）浓香型白酒勾兑中几种酒的配比关系

1. 各种糟酒之间的混合比例

粮糟酒、红糟酒、丢糟酒等有各自的特点，具有不同的特殊香和味，将它们按适当的比例混合，才能使酒质全面，风格完美，否则酒味就会出现不协调。优质低度白酒勾兑时各种糟酒比例与勾兑高度酒有所不同，一般是双轮底酒（或下层酒糟）占20%，粮糟酒占65%，红糟酒占10%～15%，丢糟酒占5%（或不加）。不同厂家应根据小样勾兑来决定其配比关系。

2. 老酒和一般酒的比例

一般来说，贮存一年以上的酒称为老酒，它具有醇、甜、清爽、陈味好的特点，但香气稍差。而一般酒贮存期较短，香味较浓，带糙辣，因而在组合基础酒时，都要添加一定数量的老酒，使之取长补短。其比例要通过不断摸索，逐步掌握。

3. 不同发酵期所产的酒之间的比例

发酵期长短与酒质密切相关。根据酒厂经验，发酵期较长（90天以上）所产的酒，香浓味醇厚，但香气较差；发酵期短（40～50天）所产的酒，闻香较好，挥发性香味物质多。若将它们按适宜的比例混合，可提高酒的香气和喷头，使酒质更加全面。一般可在发酵期长的酒中配以5%～10%发酵期短的酒。

4. 新窖酒和老窖酒的比例

老窖酒香气浓郁，口味纯正；新窖酒寡淡而味短，如果用老窖酒来带新窖酒，既可以提高产量，又可以稳定质量，但以新窖酒不超过20%为宜，否则会影响酒的质量。

5. 不同季节所产酒的比例

由于不同季节入窖温度和发酵温度不同，产出酒的质量有很大的差异。例如，夏季产的酒是香味大但味杂，冬季产的酒香味小但有绵甜的特点，人们把夏季七、八、九、十月份称为淡季，其他月份称为旺季，那么它们之间的比例关系为 1∶3。

(三) 勾兑步骤与方法

1. 小样勾兑

将已选定的若干坛酒，分别按等量适当比例取样，如 A 坛 500kg，则取 50mL；B 坛 450kg 则取 45mL；C 坛 400kg，则取 40mL……，混合均匀，尝之，若认为不满意或达不到设计效果，则减少一坛或数坛的用量比例，重新组合，再尝，认为较好，即加浆稀释到需勾兑的酒度（如酒精体积分数为 38%、42%……），又尝，若认为尚有欠缺，可再做调整，直到符合低度酒基为准。

在勾兑时可先将大宗合格酒组合，然后按 1% 的比例逐渐添加质量稍差的酒（有某种缺欠的酒），边加边尝，直到满意为止，只要不起坏作用，这些酒应尽量多加，以提高可勾兑率。加完后，根据具体情况，添加一定数量的双轮底酒或底糟酒，添加比例是 10%～20%，边加边尝，直到符合基础酒标准为止。在保持质量的前提下，后一种酒可尽量少用，以降低成本。

2. 正式勾兑

大批样勾兑一般在 5t 以上的铝罐或不锈钢罐中进行。将小样勾兑确定的大宗酒、质量稍次的酒、双轮底酒等分别按比例计算好用量，然后泵入勾兑罐中，搅匀后取样品尝。若变化不大，再加浆至需要的酒度。搅匀，再尝，若没什么变化，便成为调味的基础酒。

(四) 勾兑应注意的问题

基础酒质量的好坏，直接影响到调味工作的难易和产品质量的优劣。如果基础酒质量不好，就会增加调味困难，并且增加调味酒的用量，既浪费调味酒，又容易发生异杂味和香味改变等不良现象，以致反复多次始终调不出一个好的成品酒。所以勾兑是一个十分重要而又非常细致的工作，绝不能粗心马虎，如选酒不当，就会因一坛之误而影响几吨或几十吨酒的质量，造成难以挽回的损失。因此必须做好小样勾兑，同时通过小样勾兑逐渐认识各种酒的性质，了解不同酒质在勾兑中变化的规律，不断总结经验，提高勾兑技术水平。

由于勾兑工作细致、复杂，所以在工作中一定要做到以下几点。

① 必须先进行小样勾兑。

② 掌握大宗合格酒、质量稍差酒、双轮底酒等的各种情况。每坛酒必须要求有健全的卡片，卡片上记有产酒日期、生产车间和班组、窖号、窖龄、糟别、酒度、重量和酒质情况（如醇、香、净、爽或其他怪杂味等）。

③ 作好原始记录。不论大样勾兑或小样勾兑都应作好原始记录，以积累资料，

提供研究分析数据。通过大量实践，便可从中寻找规律性的东西，有助于提高勾兑技术。

④ 对带杂味的酒要视具体情况进行处理。带杂味的酒，尤其是带苦、麻、酸、涩的酒，若处理使用得当，可取得意想不到的效果。

二、低度白酒的调味

调味就是对勾兑好的基础酒进行最后一道加工或艺术加工，它是一项非常细致而又微妙的工作，用极少量的精华酒（调味酒），弥补基础酒在香气和口味上的欠缺程度，使其优雅、丰满、协调。有的人习惯上把勾兑和调味混同，其实勾兑和调味是两道不同的工序，各自的目的、原理和做法都不相同。一般来说，勾兑在前，调味在后。勾兑是“画龙”，调味是“点睛”。两者相辅相成，缺一不可。经过认真组合的酒，虽然已基本合格并初具酒体，但在某些地方或者某一方面都存在着缺陷，这些缺陷或不足之处就要通过调味来解决。只有经过精心调味，才能使酒质更加丰满，典型突出。

（一）白酒降度前后感官特征及成分变化

在所有各种香型白酒中，除豉香型酒本身就是低度白酒外，清香型、凤香型及米香型酒的香气成分比较少。这类酒当用高度酒加水降度后，香味均明显淡薄（表10-1～表10-3），这就需要从酿酒生产工艺上做必要的调整，生产出一些调味酒。

表 10-1　不同酒度的清香型白酒感官特征及风味变化

酒精含量/%	65	60	53	45	40	38
外观	无色透明	无色透明	透明	严重失光	乳白浑浊	白色浑浊
品尝结果	清香纯正，醇甜爽净，余香味长	清香纯正，醇甜较爽净，味较长	清香较纯正，尚醇甜，较爽尾净，有余香	清香风格，口感淡薄，欠醇甜，后味短	清香风格不突出，口味淡，尾欠净，杂有水味	清香风格不明显，口味淡薄，尾杂微苦，水味大

表 10-2　不同酒度凤型酒的变化

酒精含量/%	总酸含量/(g/L)	总酯含量/(g/L)	品尝结果
65	0.824	2.571	醇香、味长，香气突出
60	0.696	2.326	醇香，味稍长
55	0.501	1.987	醇香，味较淡
39	0.211	1.408	醇香，口味淡短，涩苦

表 10-3　清香型白酒降度前后的成分变化

酒精含量/%	总酸/(g/L)	总酯/(g/L)	乙酸乙酯/(g/L)	杂醇油/(g/L)	甲醇/(g/L)
65	0.994	3.027	1.854	0.820	0.10
38	0.397	0.948	0.474	0.310	0.10

（二）调味酒的选取与制作

首先要通过尝评，弄清基础酒的不足之处，根据基础酒的口感质量和风格，确定选用哪几种调味酒。选用的调味酒性质要与基础酒相符合，并能弥补基础酒的缺陷。调味酒选用是否得当，关系很大。选准了效果明显，且调味酒用量少；选取不当，调味酒用量大，效果不明显，甚至会越调越差。怎样才能选准调味酒呢？首先要全面了解各种调味酒的性质及在调味中所能起的作用，还要准确弄清楚基础酒的各种情况，做到有的放矢。此外，要在实践中逐渐积累经验，这样才能做好调味工作。

1. 生产中量质摘取调味酒

① 酒头调味酒　此类酒含有大量的香气成分，能提高低度白酒的前香，可减少“水味”。一般在生产中每甑糙酒截取酒头 0.5～1kg，收集后入缸贮存备用。

② 酒尾调味酒　此类酒的酸含量高并含有白酒各种香气成分。可提高低度白酒后味，使酒质回味悠长。一般每甑糙酒摘取 5～6kg，分级贮存备用。

③ 老陈酒　一般老陈酒的贮存时间在 2～3 年以上，特别能提高低度白酒的醇厚味。

2. 凤香型长期发酵制调味酒

凤香型白酒的发酵期一般为 14～16 天，选取调味酒困难较多。因此采用了延长发酵期至 30～70 天作调味酒。

（1）30 天发酵期　其生产工艺参数略有改变。每班投粮 900kg，用大曲 171kg，辅料 162kg。入窖温度大楂22～24℃，二楂19～21℃，三楂17～19℃，四楂18～20℃，水分分别为 52%，54%～55%，57%及 57%。

操作要点为清蒸原、辅料；配醅要合理，前三个大楂投粮比例大，后楂投粮少，严控辅料量，防止入窖淀粉过低，与酒醅混合要翻拌均匀，加曲温度不能太高；糊化排酸时间要长；准确掌握入窖温度及水分；下窖后每甑酒醅踩实、踏平，用泥严封窖口。其他均按常规操作。蒸酒时截头去尾，分级入缸贮存。

新酒尝评结果是新酒味明显，窖香较浓、顺、爽口，味较长，稍苦杂。30 天发酵期的酒可以弥补基础酒的粗糙感和味短的缺陷。

（2）70 天发酵期　在夏季采取部分窖池长期压窖，使发酵期延长至 70 天。采用的生产工艺为每班投粮 750kg，加大曲 140kg，辅料 140kg。每个窖池另加耐高温活性干酵 0.63kg、糖化酶 0.5kg 及富马酸 4kg，用高度酒尾溶解后泼入大楂中。入窖温度为大楂21～22℃，二楂18～20℃，三楂17～19℃，四楂16～19℃，水分分别为 54%～56%，56%～58%，56%～58%及 58%～60%。进窖后要踩实，泥封窖口。窖池表面需洒水保养，杜绝裂缝产生。长期压窖，入窖的醅料糊化，排酸时间要长；入窖温度一定要低，降低入窖酸度和淀粉，控制水分；加曲温度不能太高，前 3 个大楂多配粮，第 4 个大楂少投粮，蒸酒时截头去尾，分级贮存。

新酒的尝评结果为窖香较浓、顺，味长，略苦杂。70 天发酵酒主要作为酯香调味酒。

此外，还可制取一些适合凤香酒调味用的双轮底窖酒；浓香型窖酒及为提高喷香增加乙酸乙酯的瓷砖窖清香型酒，从而生产出一些专制低度酒的凤香型优质基础酒和调味酒。

3. 清香型调味酒的制作

在清香型低度白酒生产中，除了量质摘取上述 3 种调味酒外，还可制取以下调味酒。

(1) 豌豆做原料制调味酒　以粉碎成 4、6、8 瓣的豌豆为酿酒原料，加 80℃热水 20%～30%润料 2h，蒸料后摊晾加大曲 10%，入缸发酵 28 天，出缸蒸酒。或采用豌豆和高粱各 50%为原料，分别粉碎后混合蒸料，可以减少黏性，便于操作。以豌豆为原料生产的酒典型性强，常规分析结果总酸 0.8～1.2g/L，总酯 2.3～3.0g/L，乙酸乙酯 1.4～2.1g/L。贮存半年后可作为调味酒。对解决基础酒典型性差，口味欠净，效果甚佳。

(2) 高温发酵制取高酯含量调味酒　一般以夏季生产为主。把发酵酒醅的入池温度掌握在 24～25℃，加曲量 12%，水分稍大一些，发酵期 28 天左右。入缸后 24h 缸内醅温就可达 34℃，36h 主发酵基本结束，发酵温度最高可达 36℃，并大量生酸。温度高、后发酵期长所产酒的酯含量高，口味麻。分析结果为总酸 2.44g/L，总酯 10.6g/L，乙酸乙酯 4.1g/L，乳酸乙酯 5.6g/L。此酒对提高酒的后香和余香效果较显著。

(3) 低温入缸、长期发酵制高酯含量调味酒　将入缸温度掌握在 9～12℃。水分与正常生产一样。加曲 10%，一般在 4 月份入缸，10 月份出缸蒸酒。注意发酵管理，始终保持缸口密封状态。所产酒酯含量高，味较净，对提高酒的柔和、协调和陈味均有作用。产品分析结果为总酸 2.83g/L，总酯 9.72g/L，乙酸乙酯 6.34g/L，乳酸乙酯 2.23g/L。

(4) 吸取发酵时放出的香气物质　入缸发酵 10 天后，清香型酒的糁醅能放出一种类似苹果幽雅的香气，将这些香气收集充入基础酒中，可以增加酒的放香。

4. 双轮底调味酒

双轮底调味酒在浓香型酒中较普遍地应用，其特点是香气大，含酯量特别高，是提香增味的主要调香酒。

(三) 调味的步骤和方法

调味要根据基础酒的实际情况，以缺什么补什么为原则调整风味，直到符合产品标准为止。因此，调味实际上是寻求香味成分的平衡点。在具体操作上有采用一次调味法和二次调味法的；有降度除浊前调味及除浊后调味的。一般在除浊后的调味尤为重要。在调味的次序上，大体上是根据基础酒的缺陷先调香后调味。但须明确的是调香味不是万能的，它仅是保证产品质量的重要辅助手段，基础酒的质量才是先决条件。

1. 小样调味

名优酒厂常用的调味方法有下述三种。

（1）分别加入各种调味酒　一种一种地进行优选，最后得出不同调味酒的用量。例如，有一种基础酒，经品尝认为浓香差、陈味不足、较粗糙。怎样进行调味呢？可采取逐个问题解决的办法。首先解决浓香差的问题，选用一种浓香调味酒滴加，从1/10000、2/10000、3/10000依次增加，分别尝评，直到浓香味够为止。但是，如果这种调味酒加到1/1000，还不能达到要求时，应另找调味酒重做试验。然后按上法来分别解决陈味和糙辣问题。在调味时，容易发生一种现象，即滴加调味酒后，解决了原来的缺陷和不足，又出现了新的缺陷，或者要解决的问题没有解决，却解决了其他问题。例如解决了浓香，回甜就有可能变得不足，甚至变糙；又如解决了后味问题，前香就嫌不足。这是工作复杂而微妙之处。要想调出一种完美的酒，必须要“精雕细刻”，才能成为一件“精美的艺术品”，切不可操之过急。只有对基础酒和各种调味酒的性能及相互间的关系深刻理解和领会，通过大量的实践，才能得心应手。本法对初学者甚有益处。

（2）同时加入数种调味酒　针对基础酒的特点和不足，先选定几种调味酒，分别记住其主要特点，各以1/1000的量滴加，逐一优选，再根据尝评情况，增添或减少不同种类和数量的调味酒，直到符合质量标准为止。采用本法，比较省时，但需要有一定的调味经验和技术，才能顺利进行。初学者应逐步摸索，掌握规律。

（3）综合调味酒　根据基础酒的缺欠和调味经验，选取不同特点的调味酒，按一定比例组合成综合调味酒。然后以1/10000的比例，逐滴加入酒中，用量也随着递增，通过尝评，找出最适用量。采用本法也常常会遇到滴加1/1000以上仍找不到最佳点的情况。这时就应更换调味酒或调整各种调味酒的比例，只要做到“对症下药”就一定会取得满意的效果。本法的关键是正确认识基础酒的缺欠，准确选取调味酒并掌握其量比关系，也就是说需要有十分丰富的调味经验，否则就可能事倍功半，甚至适得其反。

2. 大批样调味

根据小样调味实验和基础酒的实际总量，计算出调味酒的用量。将调味酒加入基础酒内，搅匀尝之，如符合小样的质量，调味即告完成。若有差距，尚不理想时，则应在已经加了调味酒的基础上，再次调味，直到满意为止。调好后，充分搅拌，贮存1周以上，再尝，质量稳定，方可包装出厂。

调味实例：现有5000kg样酒，尝之较好，但不全面，故进行调味。根据其缺欠，选取三种调味酒：①醇甜；②浓香；③香爽，组成综合调味酒。分别取20mL、60mL、40mL，混合均匀，分别取基础酒50mL于5个60mL酒杯中，各加入混合调味酒1滴、3滴、5滴、7滴、9滴（每毫升约20滴），搅匀，尝之，以5滴、7滴较好。取加7滴的进行计算：1kg 38%（酒精体积分数）的酒为1060mL，5000kg酒共5300L，共需混合调味酒3710mL。根据上述混合调味酒的比例，则需醇甜调味酒618mL、浓香调味酒1855mL、香爽调味酒1237mL。分别量取后倒入勾兑罐中，充分搅拌后，尝之，酒质达到小样标准，即告调味工作完成。若出入较大，要在此基础上重新调味。

（四）调味中应注意的问题

① 酒是很敏感的，各种因素都极易影响酒质的变化，所以在调味工作中，除应十分细致外，使用的器具必须十分干净，否则会使调味结果发生差错，浪费调味酒，破坏基础酒。

② 准确地鉴别基础酒，认识调味酒，什么基础酒选用哪几种调味酒最合适，是调味工作的关键。这就需要在实践中不断摸索，总结经验，练好基本功。

③ 调味酒的用量一般不超过3/1000（酒度不同，用量也异）。如果超过一定用量，基础酒仍然未达到质量要求时，说明该调味酒不适合该基础酒，应另选调味酒。在调味时，酒的变化很复杂，有时只添加十万分之一，就会使基础酒变坏或变好。因此，在调味工作中要认真细致，并做好原始记录。

④ 计量必须准确，否则大批样难以达到小样的标准。

⑤ 调味工作完成后不要马上包装出厂，特别是低度白酒，必须先澄清处理后，再经一次调味，并存放1周以上，检查无大的变化才能包装。

⑥ 选好和制备好调味酒，增加调味酒的种类和提高质量，对保证低度白酒的质量尤为重要。

⑦ 若调味酒缺乏或质量不好时，可用人工补加香料的方法，但所用香料必须符合食用标准。用食用香料调味，方法更加灵活，可缺什么补什么，只要应用得当，可起到相当好的效果。

三、提高低度白酒质量的技术关键

（一）生产高质量的基酒和调味酒

低度白酒生产最初是从浓香型开始，现已发展到各种香型。浓香型白酒中微量成分含量丰富，原酒加浆降度后仍可保留较多的香味成分；酱香型白酒虽酒中微量成分丰富，但其中高沸点物质、难溶于水的物质随着酒度的降低，难以保留；清香型、米香型白酒酒中香味成分种类和数量多数不及浓香型、酱香型白酒，故原酒降度澄清后，容易出现“水味”，口感变淡；其他香型白酒降度后亦会出现同样的问题。

酒的风格是酒中微量成分综合作用于口腔的结果。高度酒加水稀释后，酒中各种组分也随着酒精度的降低而相应稀释，而且随着酒度的下降，微量成分含量也随之减少，彼此间的平衡、协调、缓冲等关系也受到破坏。因此，要生产优质的低度白酒，首先要有好的基酒和调味酒，也就是说要大面积提高酒的质量，使基础酒中的主要风味物质含量增加，当加水稀释后其含量仍不低于某一范围，才能保持原酒型的风格。

中国白酒历史悠久，千百年来积累了丰富的经验，有一套行之有效、极具科学性的传统工艺和操作。但不同香型有不同的典型工艺，要生产优质基酒，首先要认真贯彻传统工艺操作，并不断创新和发展。

1. 浓香型

通过近半个世纪的研究和实践，在贯彻传统工艺的前提下，探索出许多提高基酒质量的技术措施。采用“次高温制曲”、“百年老窖（人工老窖）”、“多粮配料”、“六分法”、“陈酿勾兑”等，操作中坚持“稳、准、匀、适、勤”的传统工艺，生产优质基酒。

采用“双轮（或多轮）发酵”、“醇酸酯化”、“夹泥发酵”、“堆积发酵”、“翻沙工艺”等生产双轮调味酒、陈酿调味酒、老酒调味酒、浓香调味酒、酱香调味酒等多种各具特色的优质调味酒。

2. 酱香型

坚持传统的“四高两长”（高温制曲、高温堆积、高温发酵、高温馏酒、长期陈酿、发酵总周期长）工艺，认真细致操作，生产优质基酒。

采用特殊工艺生产酱香调味酒、窖底香调味酒、醇甜调味酒、陈香调味酒、酱香专用调味酒等多种风格的优质调味酒。

3. 清香型

采用“低温制曲”、“高温润糁”、“地缸低温发酵”、“一清到底的二次清”、“细致操作”生产优质基酒。还可应用现代生物技术，“增乙降乳”。

采用“高温发酵”（缸内发酵最高品温为36℃）、“堆积发酵”、“多粮配料”、“低温长酵”（9～12℃入缸，发酵6个月）、“长期陈酿”等制取调味酒。

其他香型应根据各自特点，坚持传统工艺并创新和发展，结合现代科学技术，生产出优质基酒和各具特色的调味酒。

（二）提高加浆用水的质量

加浆水质的好坏与酒的质量有密切关系。加浆水也是影响白酒风味的重要因素。如果没有符合要求的加浆用水，是难以勾兑出优质白酒的，特别是对于低度白酒尤为重要。低度白酒的加浆用水，要考虑水源和水质，水源要清洁、充足，水质要优良。

（三）低度白酒的澄清过滤与勾调

低度白酒在原酒基础上加浆降度，随之香气成分含量相应地稀释而减少，通过澄清去浊（过滤），还除去了绝大部分棕榈酸乙酯、亚油酸乙酯和油酸乙酯，其他难溶于水的高沸点物质亦会同时被除去，造成酒体变淡、后味短的不足。

为了解决白酒降度后出现的白色浑浊和白色絮状物，采用冷冻过滤、淀粉吸附、活性炭吸附、离子交换、无机矿物质吸附、分子筛及超滤法等方法进行除浊，都取得了较好的效果。不同香型的白酒与不同工厂采用的工艺也不尽相同。

低度白酒的勾调主要有两种方法：一是高度酒组合后降度、调味、澄清过滤后再行调味；二是原酒分别降度后再组合、调味，过滤后再调味。无论哪种方法生产低度白酒，其质量完全依赖基酒和调味酒，要求基酒富含“复杂成分”，原酒加浆降至所需酒度后，主要香味成分尚能保持一定的量比关系，过滤后仍能保持原酒的风格，再用优质、特点明显的调味酒进行细致的调味。

低度白酒勾调好后不要马上包装，需贮存一定时间，观察其变化，若发现经贮存后口感有所变化，应再次调味，以保证质量。

第十一章　新工艺白酒生产技术

第一节　概　　述

优质、高产、低消耗既是国家对白酒的产业政策，也是每个酒厂追求的发展目标。新工艺白酒应该说是建立在传统白酒的基础之上的一种白酒。它是以食用酒精为主要原料配以多种食用香料、香精、调味液或固态法基酒，按名优白酒微量成分的量比关系或自行设计的酒体进行增香调味而成。它是科技进步的产物，是在对传统名优白酒微量香味成分深刻、系统剖析后的基础上发展的一种产物。

新工艺白酒的发展走过了一段不平凡的道路。它由简单的“三精加一水”的粗糙生产方式发展到打破香型之间的界限以及突破传统的调味手段的束缚能勾调出高质量的中档以上水平的产品。它是分析技术、勾兑技术、酒精生产质量全面提高的产物。

熊子书、龚文昌和沈怡方等老先生都是我国老一辈酿酒专家，他们有多篇文章详细讲述了这一过程。从中可以勾勒出我国新工艺白酒的发展历程：我国应用液态发酵的酒精生产白酒，称为新工艺白酒，是从 20 世纪 50 年代开始研究的。1955 年，在北京召开的全国第一届酿酒会议上就提出利用酒精兑制白酒。1964 年北京酿酒厂学习和发展贵州董酒的串蒸方法，用大曲与高粱原料长期发酵生产出酒醅作为香醅，固态装甑后，底锅内加入稀释酒精串蒸。后因大曲供应困难，改用酒糟加香料代替发酵的香醅。20 世纪 70 年代有液态发酵、液态蒸馏白酒的研究和生产。

新工艺白酒的生产方法决定了它具有以下优点：加水降度后很少浑浊，有利于生产低度酒和各种调配酒；可采用多种多样的增香调味原料和方法，能生产多种类型的白酒；酒精作为主要原料比白酒生产节约粮食。

据统计，到了 1990 年新工艺白酒产量就已经达到 150 多万吨，约占全国白酒总产量的 30%以上。目前估计新工艺白酒约占全国白酒总产量 50%左右。

第二节　新工艺白酒生产方法

一、酒体设计

首先要确定生产酒的类型，然后依据此类型酒的色谱骨架成分设计配方。酒体配方的设计，要在保证各项理化卫生指标符合国家标准的前提下，充分了解、研究消费者的消费习惯，特别是在区域消费习惯的基础上设计定型。

表 11-1 给出各种香型的新工艺白酒配方。

表 11-1 各种香型的新工艺白酒配方 单位：g/L

成分	浓香型单一粮食	浓香型多种粮食	酱香型	清香型
甲酸	0.02	0.03	0.06	0.015
乙酸	0.56	0.46	1.10	0.96
丙酸	0.006	0.15	0.05	0.006
丁酸	0.12	0.18	0.20	0.009
戊酸	0.016	0.018	0.04	0.001
己酸	0.28	0.30	0.22	
庚酸			0.006	
辛酸			0.002	
乳酸	0.36	0.39	1.05	0.28
甲酸乙酯	0.06	0.08	0.20	
乙酸乙酯	1.80	1.60	1.48	3.10
丙酸乙酯	0.01	0.02		
丁酸乙酯	0.26	0.36	0.26	
戊酸乙酯	0.05	0.07	0.05	
乙酸异戊酯	0.02	0.01	0.026	
己酸乙酯	2.50	2.50	0.40	
庚酸乙酯	0.03		0.005	
辛酸乙酯	0.02	0.03		
乳酸乙酯	2.00	1.80	1.38	2.30
乙缩醛	0.68	0.86	1.22	0.50
乙醛	0.40	0.36	0.56	0.16
丙酮		0.002	0.001	0.002
丙醛	0.001	0.006	0.01	0.028
异丁醛	0.008	0.006	0.01	0.003
正丁醛			0.001	
丁酮	0.001	0.028	0.025	0.006
异戊醛	0.006	0.016	0.09	0.015
糠醛	0.01	0.036	0.30	0.004
己醛	0.001	0.002		0.001
丁二酮	0.02	0.06	0.03	0.016
3-羟基丁酮	0.018	0.036	0.16	0.08

续表

成分	浓香型单一粮食	浓香型多种粮食	酱香型	清香型
丙醇	0.13	0.10	0.20	0.09
仲丁醇	0.018	0.012	0.04	0.02
异丁醇	0.08	0.06	0.16	0.10
异戊醇	0.28	0.33	0.40	0.50
己醇	0.006	0.018	0.02	
正丁醇	0.05	0.03	0.09	0.01
2,3-丁二醇	0.01	0.012	0.05	0.016

需要理解的是，一定不能把色谱骨架成分值看作是一个不能变化的固定值，应该把它看作是一个含量范围，要根据自己酒的要求，在一定的范围内调整。表11-2是某名酒的色谱骨架范围值，可以看出一些成分的含量变化范围还是很大的。

表11-2　某名酒的色谱骨架范围　　单位：mg/mL

成分	含量范围	成分	含量范围
己酸乙酯	140以上	仲丁醇	1～2
乳酸乙酯	70～170	异丁醇	6～20
乙酸乙酯	110～200	正丙醇	15～30
丁酸乙酯	15～50	异戊醇	20～45
戊酸乙酯	5～15	乙酸	30～75
乙缩醛	30～150	己酸	10～60
乙醛	30～100	乳酸	7～50
正丁醇	10～40	丁酸	7～30

值得注意的是切不可盲目照搬某些名酒产品的局部骨架构成及量比关系而忽视总体平衡。如在酯类方面，占总酯量85%左右的四大酯的含量及量比关系固然至关重要，但绝不可忽略其他高碳量脂肪酸酯类的辅助作用。依据适宜的成分量比关系补加如戊酸乙酯、庚酸乙酯等高碳量脂肪酸酯类，不仅能起到补香的作用，而且能有效地降低成品中呈香物质的挥发率，保持酒体风格的稳定性。呈味有机酸类也是如此，适量调整添补如戊酸、辛酸等高碳量有机酸，也利于成品酒的后味感觉及酒中的酸酯平衡，但应注意补充成分要与其阈值相适应。

二、基础物料选择与处理

（一）食用酒精

食用酒精是新工艺白酒的主要原料。酒精质量的好坏直接影响最终产品的质量。所用酒精必须符合GB 10343—2002食用酒精标准。生产中档以上新工艺白酒应该选用优级食用酒精。最好贮存 3 个月以上。使用前再加 1‰～2‰的活性炭进行处理，或经酒醅串蒸处理，使之无邪杂味。

食用酒精的纯化处理，俗称“脱臭”，也就是除去其中的异杂味。白酒企业最常用的就是活性炭处理。采用活性炭处理方法要遵循的原则是：每批酒精都要先做小试；一旦更换活性炭的种类其添加量、处理时间等都要重新试验决定。

（二）水

很多资料表明，加浆水是造成白酒货架期沉淀的主要原因之一。因此，新工艺白酒的加浆用水必须进行软化处理。

水的硬度高，说明水中钙镁离子多，配酒用水的硬度应在 2～6 之间。降低水的硬度的过程叫做软化。可以采取以下软化方法。

1. 离子交换法

即用离子交换剂和水中溶解的某些阴、阳离子发生交换反应，以除去水中离子的方法。常用的是离子交换树脂，按其所带功能基团的性质，通常分为阳离子交换树脂和阴离子交换树脂两类。阳离子交换树脂带有酸性交换基团，能与阳离子交换，可分为强酸性、中酸性和弱酸性三类。阴离子交换树脂带有碱性交换基团，能与阴离子交换，可分为强碱性和弱碱性两类。水处理中常用的是 H^+ 型 732 强酸性阳离子交换树脂和 OH^- 型 711 或 717 强碱性阴离子交换树脂串联使用。新的离子交换树脂要经过处理和转型才能使用，使用一段时间后，交换能力下降，应作再生处理。

2. 电渗析法和反渗透法

电渗析法和反渗透法都属于膜分离的范畴，电渗析法是通过离子交换膜把溶液中的盐分分离出来。

电渗析技术常用于海水和咸水的淡化，它的工作原理是通过具有选择透过性和良好导电性的离子交换膜，在外加直流电场的作用下，根据异性相吸、同性相斥的原理，使待处理水中的阴、阳离子分别通过阴离子交换膜和阳离子交换膜而达到净化。

反渗透法是通过反渗透膜把溶液中的溶剂分离出来。反渗透技术的应用很广泛，从海水淡化、硬水软化等发展到食品、生物制品的浓缩、细菌、病毒的分离。反渗透技术的关键是反渗透膜。

（三）白酒生产副产物

传统白酒固态发酵生产后的副产物如丢糟、黄水、酒头、酒尾中含有大量的固态白酒的呈香呈味物质，把这些有益的物质提取分离出来并做一定的处理后可作为新工艺白酒生产中重要的增香调味物质。

丢糟中含有大量的呈香呈味物质，可用于酒精串蒸增香工艺中。

黄水中含有许多醇类、酸类、醛类、酯类等呈香呈味物质，种类特别丰富。分子结构合理，尤其含有丰富的有机酸，是构成白酒风味的重要呈香呈味物质。黄水有多种用途，既可蒸馏后用于勾兑，也可将黄水脱色处理后直接或间接应用于新工艺白酒的调味。使勾兑成的新工艺白酒带有其原香型酒的风格并能提高酒体的“固态”感。

酒头中杂质含量多，杂味重。但其中含有大量的低沸点芳香物质，它可提高白酒的前香和喷头香。选择高质量酒窖的酒醅，蒸馏的酒头经贮存后就可用于新工艺白酒的调味。

酒尾中含有大量的、高沸点的呈香呈味物质，酸酯含量也高。酒尾可提高白酒的后味，使酒体回味悠长、浓厚感增加。选择高质量酒窖的粮糟酒尾，贮存后可用作新工艺白酒勾兑。

（四）各种调味酒

新工艺白酒生产的关键是基酒去杂与增香。其中增香是生产的重点和难点。

用各种经特殊工艺生产出来的调味酒来调整新工艺白酒的香味，是提高新工艺白酒质量的关键环节之一。常用的调味酒有以下几种。

① 高酯调味酒：用来增加酒的香气。

② 高酸调味酒：用来增加酒体的丰满度及后味。

③ 陈年调味酒：用来增加酒体的醇厚感，减少辛辣味。

④ 特甜调味酒：用来增加酒的甜味。

⑤ 曲香调味酒：用来增加酒的曲香味。

⑥ 药香调味酒：用来调高酒的香气及酒体丰满程度。

各种调味酒的成分分析见表 11-3。

表 11-3 各种调味酒的成分分析 单位：mg/mL

酒名	总酸	总酯	醇类	总醛	乙缩醛
窖香酒	164.7	739.0	122.2	66.0	63.0
曲香酒	145.0	661.0	111.2	62.2	57.8
陈酒	183.0	591.4	86.7	81.9	63.1
双轮底酒	151.0	828.0	104.6	78.2	56.2
甜酸酒	147.4	616.8	106.7	80.7	125.0
酸酒	158.9	742.7	126.0	76.1	120.6
苦味酒	121.4	472.4	88.3	156.4	234.2
涩味酒	117.4	446.8	88.3	158.6	215.2
泥香酒	169.6	527.9	99.7	138.9	201.7
异味酒	72.1	270.3	93.1	272.3	498.7

（五）食品添加剂

配制新工艺白酒使用的食品添加剂必须符合食品添加剂国家标准 GB 2760。要选用有效含量达 95%以上的、杂质含量少的食品添加剂。

三、其他配料

白酒在全国各地都有生产，可以充分利用当地特产的各种可食用植物为白酒增香。一般香源植物的种类可分为七类，即草类、花、根及根茎、树皮、干燥籽实、柑橘类果皮、多汁果。可以植物的根、茎、叶、花、果、种子等为呈香、呈味的原料。

各种植物香源原料，可采用以下方法提香，用于勾调白酒。

浸提法：香源植物去杂，用处理过的食用酒精浸泡一段时间再取滤液用于勾调。

蒸馏法：对上述方法得到的浸液再蒸馏，得到无色但香味浓郁的蒸馏液用于勾调。或者直接将香源植物去杂后，用酒精串蒸。

发酵法：将香源植物去杂、粉碎，加入制曲原料中一起培养制曲、酿酒；或者将香源植物与高粱原料混合发酵、蒸馏后使用。

已批准使用的药食两用植物名单如下。

卫生部2002年公布的《关于进一步规范保健食品原料管理的通知》中，对药食同源物品、可用于保健食品的物品和保健食品禁用的物品做出具体规定。三种物品名单如下。

1. 既是食品又是药品的物品名单

丁香、八角茴香、刀豆、小茴香、小蓟、山药、山楂、马齿苋、乌梢蛇、乌梅、木瓜、火麻仁、代代花、玉竹、甘草、白芷、白果、白扁豆、白扁豆花、龙眼肉（桂圆）、决明子、百合、肉豆蔻、肉桂、余甘子、佛手、杏仁（甜、苦）、沙棘、牡蛎、芡实、花椒、赤小豆、阿胶、鸡内金、麦芽、昆布、枣（大枣、酸枣、黑枣）、罗汉果、郁李仁、金银花、青果、鱼腥草、姜（生姜、干姜）、莲子、高良姜、淡竹叶、淡豆豉、菊花、菊苣、黄芥子、黄精、紫苏、紫苏籽、葛根、黑芝麻、黑胡椒、槐米、槐花、蒲公英、蜂蜜、榧子、酸枣仁、鲜白茅根、鲜芦根、蝮蛇、橘皮、薄荷、薏苡仁、薤白、覆盆子、藿香。

2. 可用于保健食品的物品名单

人参、人参叶、人参果、三七、土茯苓、大蓟、女贞子、山茱萸、川牛膝、川贝母、川芎、马鹿胎、马鹿茸、马鹿骨、丹参、五加皮、五味子、升麻、天门冬、天麻、太子参、巴戟天、木香、木贼、牛蒡子、牛蒡根、车前子、车前草、北沙参、平贝母、玄参、生地黄、生何首乌、白及、白术、白芍、白豆蔻、石决明、石斛（需提供可使用证明）、地骨皮、当归、竹茹、红花、红景天、西洋参、吴茱萸、怀牛膝、杜仲、杜仲叶、沙苑子、牡丹皮、芦荟、苍术、补骨脂、诃子、赤芍、远志、麦门冬、龟甲、佩兰、侧柏叶、制大黄、制何首乌、刺五加、刺玫果、泽兰、泽泻、玫瑰花、玫瑰茄、知母、罗布麻、苦丁茶、金荞麦、金樱子、青皮、厚朴、厚朴花、姜黄、枳壳、枳实、柏子仁、珍珠、绞股蓝、葫芦巴、茜草、荜茇、韭菜子、首乌藤、香附、骨碎补、党参、桑白皮、桑枝、浙贝母、益母草、积雪草、淫羊藿、菟丝子、野菊花、银杏叶、黄芪、湖北贝母、番泻叶、蛤蚧、越橘、槐实、蒲黄、蒺藜、蜂胶、酸角、墨旱莲、熟大黄、熟地黄、鳖甲。

3. 保健食品禁用物品名单

八角莲、八里麻、千金子、土青木香、山莨菪、川乌、广防己、马桑叶、马钱子、六角莲、天仙子、巴豆、水银、长春花、甘遂、生天南星、生半夏、生白附子、生狼毒、白降丹、石蒜、关木通、农吉痢、夹竹桃、朱砂、米壳（罂粟壳）、红升丹、红豆杉、红茴香、红粉、羊角拗、羊踯躅、丽江山慈姑、京大戟、昆明山海棠、河豚、闹羊花、青娘虫、鱼藤、洋地黄、洋金花、牵牛子、砒石（白砒、红砒、砒霜）、草乌、香加皮（杠柳皮）、骆驼蓬、鬼臼、莽草、铁棒槌、铃兰、雪上一枝蒿、黄花夹竹桃、斑蝥、硫黄、雄黄、雷公藤、颠茄、藜芦、蟾酥。

第三节　酒精与各香型酒的调配经验

① 在普通固态发酵白酒中，加入食用酒精 10%～20%。原酒风味不变，而口感变净。

② 在普通固态发酵白酒中，加入 40%左右的该工艺丢糟串香酒，可保持原酒风格不变。

③ 在普通固态发酵白酒中，加入食用酒精 5%～10%，再加入 20%～30%的该工艺丢糟串香酒，可保持原酒风格不变。

④ 7%左右的名优酒与食用酒精勾兑，可生产普通白酒。

⑤ 30%左右的名优酒与 70%的优级食用酒精勾兑，可生产出中档水平、基本保持原酒风格的优质白酒。

⑥ 在各种香型的优质酒中，加入 10%～30%经处理后的优级食用酒精，可保持优质酒的风格基本不变。

第四节　配制实例

一、清香型

① 取食用酒精 80%，贮存 3 个月以上的固态法优质高粱酒 20%，添加食用香料，每吨酒添加：乙酸乙酯 800mL、乳酸乙酯 400mL、乙缩醛 150mL、乳酸 400mL、乙酸 500mL。将酒精、高粱酒、香料三者搅拌均匀，经活性炭柱净化处理，再降度。然后取陈香调味酒（存贮 2～3 年），加入 0.5～1.0L。经品尝、化验合格，存贮一周可出厂。

② 普通食用级酒精用水调成酒精含量 45%，占 85%；普通 4 天发酵粮食白酒调成酒精含量 45%，占 15%。另用上述重量 5%的普通白酒酒尾，调入乙酸乙酯 0.01%～0.02%，加糖 5g/L。该成品酒，酒精含量 45%，总酯含量 0.8g/L 左右，

总酸 0.5g/L 左右。

③ 优质中档清香型白酒 C：用优级食用酒精调成酒精含量 50%，占 70%；用优质清香型大曲酒调成酒精含量 50%，占 30%；加糖 0.3g/L。用清香型酒尾及乙酸乙酯调整。成品酒中，总酸 0.7～0.8g/L，总酯 1.8～2.0g/L。

二、浓香型

① 按食用酒精 90%，优质浓香型大曲酒 10%混合，每吨酒添加食用香料：己酸乙酯 1400mL、乙酸乙酯 800mL、乳酸乙酯 600mL、丁酸乙酯 150mL、乙缩醛 100mL、己酸 300mL、乙酸 500mL、乳酸 400mL。将酒精、大曲酒、香料（己酸乙酯先加一半）三者混合均匀，经活性炭柱净化处理，待净化完毕，将另一半己酸乙酯加入。酒降度后，添加陈香突出的调味酒（存贮 3～5 年），加入 0.5～1.0L。

② 浓香型中档优质酒：用优级食用酒精调成酒精含量 38%，占 75%；一级浓香型优质酒占 23%；高酯浓香型调味酒占 2%。加己酸乙酯 0.01%～0.03%，加糖 4g/L。成品酒中，总酸 0.8g/L 左右，总酯 2.0g/L，己酸乙酯 1.2～1.5g/L 之间。感官品评，该酒具明显的浓香酒风格，酒体干净。

三、兼香型

取优质食用酒精，配成酒精含量 36.5%，占 30%。按以下方法配制固态法白酒：大曲酱香型优质白酒（原度计）占 3%，其他酱香型优质白酒占 4%～7%，浓香型调味酒占 55%～58%。几种酒混合加水除去浑浊后，调成 36.5%酒精含量的酒。用高酸调味酒调整总酸 0.8～1.2g/L，用高酯调味酒调整总酯2.0～2.5g/L，最后加入白砂糖 3g/L。

感官品评：浓香且有酱香，浓酱协调，口味较丰满，较甜，后味较长，兼香型酒的风格明显。

第五节　营养型复制白酒

为解决白酒缺乏营养的问题，有些地区开发了营养型复制酒。

营养型复制白酒的定义是“以食用酒精、固态法发酵白酒为酒基，加入食用香料，既是食品又是药品的物品或允许使用的补剂、甜味剂、调味剂等，经科学方法加工而成的白酒”。

营养型复制白酒的特色是：保持白酒风格、吸收露酒优点、具备营养酒的特色。它的质量特点为“无色，低酸，低酯，低糖，外加营养物”。

营养型复制白酒研制成功，为我国白酒行业产品创新开辟了一条新路，为我国低度新工艺白酒更新换代做了大胆尝试。

第六节　新工艺白酒可能出现的问题

一、白色片状或白色粉末状沉淀

（一）香料问题

新工艺白酒的调味特别是全液态法白酒的调味，离不开食用香料的使用，如果处理不当，会有析出沉淀现象。特别是半成品酒处理后，由于口味欠缺及理化指标达不到，需补调。在销售旺季，为保证供应，可能提前过滤，酒中的杂质没有完全析出来，即使处理后装瓶，在销售过程仍会有析出，从而形成沉淀。针对上述现象，调配时，先在酒精中加入香料搅拌均匀后再降度，以便使香料充分溶解。其次在保证口味及理化指标的前提下，需要严格控制香料的添加量。同时酒的稳定时间不应少于一周，在保证供应的情况下，适当延长，以便使酒中的杂质充分析出，从而能够过滤彻底，保证酒质的稳定。另一方面对使用的香料严把质量关，以防止香料中的杂质影响酒的质量。

（二）水质问题

水质硬度高时，与酒中的物质形成钙、镁盐沉淀。对配酒用水要做软化处理。可采用树脂吸附、电渗析、超滤、反渗透等水处理技术。

（三）新瓶的质量

由于有些新瓶不耐酸，装酒后，酒中的酸与玻璃瓶中含的硅酸钠反应，生成二氧化硅沉淀。使用新瓶时要严格检验，并用5%的稀酸清刷。

二、棕黄色沉淀

棕黄色沉淀可能是铁离子造成的。由于管道及盛酒容器长期腐蚀，出现铁锈，在使用过程中会带入酒中。有时即使酒中含铁离子很少，装瓶时酒的颜色外观看似很正常，但在销售过程中也会有黄色沉淀析出。酒中铁离子随其含量增加，酒依次呈现淡黄色、黄色、直至深棕色。

三、白色絮状沉淀或失光

在以酒精为基础勾兑的酒中有时也会出现白色絮状沉淀或失光，原因可能有以下几点。

① 酒精中杂醇油含量较高，在水的硬度较高的情况下呈现失光浑浊现象。可采取把酒精降为60°左右，用活性炭吸附处理的方法。

② 调入酒中的大曲酒尾、酒头、调味酒较多，导致酒中棕榈酸乙酯及油酸乙酯、亚油酸乙酯等高级脂肪酸乙酯含量较高，在低度、低温情况下，失光浑浊，因此在调味时，应严格控制这些调味品的用量或是把这些调味品进行除浊处理后再

加入。

③ 香料添加过多，己酸乙酯、庚酸乙酯、戊酸乙酯、丁酸乙酯、己酸等常用香料添加太多，在低度、低温下也会出现失光现象。在保证口味的情况下，应严格控制香料的添加量。

四、油状物

近年来中低档的低度白酒越来越多，特别28°～38°的低度酒加入香料溶解能力差，在低温下宜析出呈油花状物。据分析主要是己酸乙酯、庚酸乙酯、辛酸乙酯、戊酸乙酯、丁酸乙酯、己酸、棕榈酸乙酯、油酸乙酯，亚油酸乙酯等，因此，特别是冬季调配低度酒时，加香料要严格限制。对所加的香料先用酒精溶解后再调入大样中，可把油状物出现的概率降到最低，以保证成品酒的外观质量。

影响新工艺白酒沉淀的因素较多，各企业的情况亦不尽相同，需要大家不断总结提高应对的能力。

第七节　新工艺白酒的其他特性

低度新工艺白酒在调味方面会遇到有水味、香味不足等问题。

1. 水味

由于降度或加的香味成分不够等因素，造成一些低度白酒因香味成分不够出现水味，可以添加酸和甜味剂来调整。

新工艺白酒调酸的原则是调酸与酯的平衡。用于白酒调酸的，最好是黄水、酒尾、尾水中含有的发酵生成的混合酸类。这些酸味物质不仅能提高新工艺白酒的固态白酒风味，更重要的是能与各种酯类很好配合，使口味协调，减少饮用的副作用。

新工艺白酒的酸酯平衡范围，一般在低酯情况下，即总酯含量不超过2.5g/L的前提下，酸与酯的比例保持在1∶2左右的范围较好。如低档新工艺白酒酸为0.5～0.6，酯可为1左右；中档新工艺白酒酸为0.8～0.9，酯可为2左右；高档新工艺白酒酸为1以上，酯可为2.5左右。

适当的甜味物质会增加新工艺白酒酒体的丰满度。最常用的甜味剂是白砂糖，新工艺白酒加糖的范围在2～10g/L之间。高于这个范围，甜味突出，有失白酒风格。丙三醇是白酒中的组分之一，适量添加可增加酒的醇厚感和甜度。

2. 香味

新工艺低度白酒香味不足，一是降度产生的；二是有些香味成分一开始就没加够或没加到，这需要在酒勾兑成型后通过感官评尝，从中体会出不足的因素，然后对症下药。

3. 稳定性问题

低度白酒稳定性差是一直以来都存在的问题，而新工艺低度白酒的弱稳定性表现得更为突出。贮存一段时间后低度白酒都发生了较大变化，最显著的变化是酒中总酸增高而总酯下降，酯中以己酸乙酯下降最快。当乙醇浓度较高时，反应处于平衡状态，酒中酸酯成分相对稳定，当酒精度降到一定程度后，在有机酸环境中平衡向右移动而导致酸增酯减。为避免这种情况，需注意以下问题：低度新工艺白酒勾兑成型后最好经过3个月以上贮存，再经检验合格后方可出厂。运输及贮存要避免高温。适当控制低度白酒的总酸。

所以新工艺白酒与传统白酒在存放期上有根本区别。所谓“酒是陈的香”的说法对新工艺白酒一般说来是不适用的。

总之，新工艺白酒生产应根据市场需求，通过不断实践、探索而不断发展。新工艺白酒与传统白酒不是相互矛盾的关系，而是互补共生的关系，有各自的产品特点和不同的消费群体，必将各领风骚，盛开于中国白酒的百花园中。

第十二章　副产物的综合利用

第一节　黄浆水与底锅水的综合利用

一、黄浆水的综合利用

黄浆水是浓香型曲酒发酵过程中的必然产物。其成分相当复杂，除酒精外还含有酸类、酯类、醇类、醛类、还原糖、蛋白质等含氮化合物，另外还含有大量经长期驯养的梭状芽孢杆菌，它是产生已酸和已酸乙酯不可缺少的有益菌种。若直接排放，将对环境造成严重污染。如采取适当的措施，使黄浆水中的有效成分得到利用，则可变废为宝。不仅可减轻环境污染，同时对提高曲酒质量、增加曲酒香气、改善曲酒风味具有重要作用。

（一）酒精成分的利用

将黄浆水倒入底锅中，在蒸丢糟时一起将其酒精成分蒸出，称为“丢糟黄浆水酒”，这种酒一般只作回酒发酵用。这种利用黄浆水的方法只是将黄浆水中的酒精成分利用，而其他成分并未得到利用。

（二）酯化液的制备与应用

1. 酯化液的制备

将黄浆水中的醇类、酸类等物质通过酯化作用，转化为酯类，制备成酯化液，对提高曲酒质量有重大作用，尤其可以增加浓香型曲酒中已酸乙酯的含量。用黄浆水制备酯化液的方法各厂不同，现举几例如下。

【例 1】 取黄浆水、酒尾、曲粉、窖泥培养液按一定比例混合，搅匀，于大缸内密封酯化。具体操作如下。

① 配方　黄浆水 25%，酒尾（酒精含量 10%～15%）70%，曲粉 2%，窖泥培养液 1.5%，香醅 2%。

② 酯化条件　pH＝3.5～5.5（视黄浆水的 pH 值而定，一般不必调节），温度 32～34℃，时间 30～35 天。

【例 2】 采用添加 HUT 溶液制备黄浆水酯化液，HUT 溶液的主要成分是泛酸和生物素，泛酸在生物体内以 CoA 形式参加代谢，而 CoA 是酰基的载体，在糖、酯和蛋白质代谢中均起重要作用。生物素是多种羧化酶的辅酶，也是多种微生物所需的重要物质。

① HUT溶液　取25%赤霉酸，35%生物素，用食用酒精溶解；取40%的泛酸，用蒸馏水溶解。将上述两种溶液混合，稀释至3%～7%，即得HUT液。

② 酯化液制备　黄浆水35%，酒尾（酒精含量20%）55%，大曲粉5%，酒醅2.5%，新窖泥2.5%，HUT液0.01%～0.05%。保温28～32℃，封闭发酵30天。

【例3】 利用己酸菌产生的己酸，增加黄浆水中己酸的含量，促使酯化液中己酸乙酯含量增加。菌种10%，己酸菌液8kg，用黄浆水调pH=4.2，酒尾调酒精含量为8%。保温30～33℃，发酵30天。

2. 酯化液的应用

黄水酯化液的应用主要有以下几个方面。

① 灌窖　选发酵正常，产量、质量一般的窖池，在主发酵期过后，将酯化液与低度酒尾按一定比例配合灌入窖内，把窖封严，所产酒的己酸乙酯含量将有较大提高。

② 串蒸　在蒸馏丢糟酒前将一定量的黄浆水酯化液倒入底锅内串蒸，或将酯化液拌入丢糟内装甑蒸馏（丢糟水分大的不可用此法），其优质品率平均可提高14%以上。

③ 调酒　将黄浆水酯化液进行脱色处理后，可直接用作低档白酒的调味。

二、底锅水的利用

（一）制备酯化液

曲酒生产中每天都有一定数量的底锅水，气相色谱分析结果表明底锅水中含有乙酸、乙酸乙酯、乳酸乙酯、己酸乙酯以及正丙醇、异丁醇、异戊醇等成分。酒厂将底锅水自然沉淀后取上清液，加入酒尾等原料在高温下酯化可制得酯化液，用于串蒸与调酒。

串蒸方法与黄浆水酯化液相同，据报道其曲酒的优质品率平均可提高12.5%以上。

用于调酒时，先将底锅水酯化液过滤，再用粉末活性炭脱色处理，处理后的酯化液杂味明显减少，然后加入配制好的低档白酒中搅拌均匀，存放一周，可明显改善酒的风味。

（二）用于生产饲料酵母

五粮液酒厂将浓底锅水（加黄水串蒸后的底锅水）按1∶2用水稀释后，添加一定无机盐和微量元素后，30℃培养24h，离心、烘干即得饲料酵母。用此法每吨浓底锅水可得绝干菌体45kg，这样年产6000t大曲酒的工厂，每年可生产干酵母粉200多吨。

第二节　固态酒糟的综合利用

一、稻壳的回收与利用

（一）稻壳的回收

将白酒酒糟直接输送至酒糟分离机内与水充分混合、搅拌后稻壳与粮渣分离，然后进入稻壳脱水机脱水分离。工艺流程如图 12-1 所示。

白酒酒糟→酒糟分离机
水
滤清液←离心分离机←粮渣液←稻壳脱水机
饲料　　稻壳

图 12-1　酒糟湿法分离稻壳的工艺流程

湿法分离可回收大部分的稻壳，但离心分离后的滤液中含有大量的营养物质，直接排放将造成环境污染。也有采用干法回收稻壳的，白酒糟经干燥后用挤压、摩擦、风选等机械方法分离稻壳。分离稻壳后的干酒糟中还含有大部分的稻壳，经粉碎后可用作各种饲料，其营养价值比全酒糟干燥饲料有所提高。

（二）稻壳的利用

回收的稻壳与新鲜稻壳以 1∶1 的比例搭配，按传统工艺酿酒，产品质量与全部使用新稻壳酿制的酒比较，质量有一定的提高。这样既节约了稻壳，又提高了产品质量。

二、香醅培养

将正常发酵窖池的新鲜丢糟分别摊晾入床，加适量糖化酶、干酵母、大曲粉及打量水，一定温度入池发酵至第 9 天，将酯化液与低度酒尾的混合液泼入窖内，封窖发酵可得较好香醅。所得香醅可用作串香蒸馏，也可单独蒸馏得调味酒，用作低档白酒的调味。

三、菌体蛋白的生产

利用酒糟生产菌体蛋白饲料，是解决蛋白质饲料严重短缺的重要途径。近年来少数名酒厂，如泸州老窖酒厂在小型试验的基础上，进行了生产性的试验，并取得了一定成绩。重庆某酒厂用曲酒糟接种白地霉生产 SCP，粗蛋白含量达到 25.8%。目前主要用于生产菌体蛋白的微生物有曲霉菌、根霉菌、假丝酵母菌、乳酸杆菌、乳酸链球菌、枯草芽孢杆菌、赖氨酸产生菌、拟内孢霉、白地霉等。以菌种混合培养者效果较为明显。菌体蛋白的一般生产工艺如图 12-2 所示。

菌种斜面→小三角瓶→大三角瓶→种子罐
酒糟、辅料、水→混合、调 pH→蒸煮→冷却→接种→固态培养→出料→粉碎→筛分→成品

图 12-2　菌体蛋白生产的工艺流程

泸州老窖生物工程公司生产的多酶菌体蛋白饲料，其营养成分为粗蛋白≥30%，赖氨酸≥2%，18种氨基酸总量≥20%，粗灰分≤13%，水分≤12%，纤维素≤18%。

根据四川养猪研究所试验，用多酶菌体蛋白饲料取代豆粕培育肥猪，其添加量为10%～15%。饲养结果表明，添加多酶菌体蛋白后，改善了饲料的适口性，增加了采食量，降低了饲料成本，提高了养猪经济效益。

四、酒糟干粉加工

酒糟干粉加工由于所用热源不同，干燥温度不同，干燥后加工工艺不同（粉碎或稻壳分离），再加上鲜糟质量的差异，因此加工成的干糟粉质量差别较大，饲喂效果也不相同。

（一）热风直接干燥法

皮带输送机将鲜酒糟通过喂料器送入滚筒式干燥机，同时加热炉将650～800℃的热风源源不断地送入干燥机，湿酒糟与热风在干燥机内进行热交换，将水分不断排走，干燥尾温为110～120℃，烘干后的酒糟从卸料器排出，去杂后粉碎、过筛、计量、装袋、封口、入库。该工艺设备简单，处理量大；其干粉成品一般含水分≤12%，但由于干燥温度高，易出现稻壳焦糊现象，引起营养物质的破坏。其工艺流程如图12-3所示。

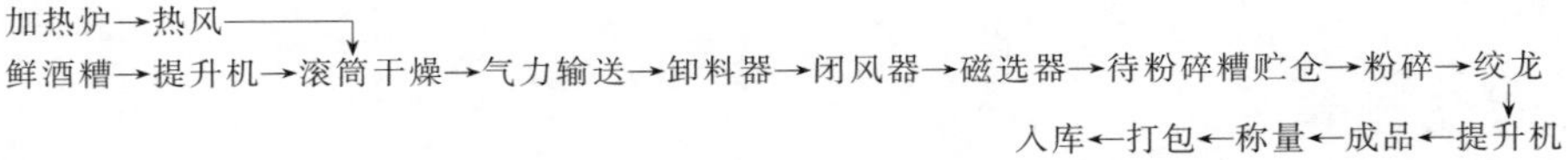

加热炉→热风
鲜酒糟→提升机→滚筒干燥→气力输送→卸料器→闭风器→磁选器→待粉碎糟贮仓→粉碎→绞龙
入库←打包←称量←成品←提升机

图12-3　酒糟热风直接干燥的工艺流程

（二）蒸汽间接干燥法

湿酒糟经喂料机送入振动干燥机的同时，鼓风机将干热蒸汽通过干热蒸汽缓冲槽把160～180℃的干热空气分别送入两台振动干燥床，进行连续干燥，干燥后的酒糟由自动卸料器排出，除杂后再粉碎、计量、装袋、封口、入库。该工艺干燥温度低，产品色泽好，营养破坏较少，含水量＜10%，产品质量优于直接热风干燥，但能耗大，设备处理能力不如直接热风干燥。其工艺流程如图12-4所示。

干热蒸汽→干热空气缓冲槽
鲜糟→喂料器→振动干燥床Ⅰ
一次干料
振动干燥床Ⅱ
二次干料→粉碎→成品

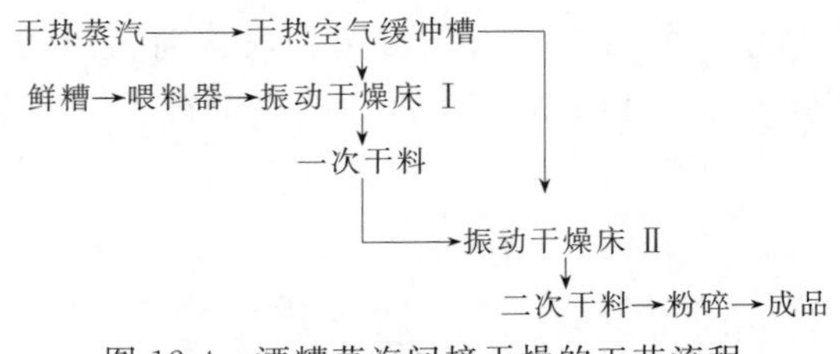

图12-4　酒糟蒸汽间接干燥的工艺流程

（三）晾晒自然干燥法

将鲜酒糟直接摊晾于晒场，并不断扬翻以加速干燥，这种方法投资少、见效快、节能且营养物质及各种生物活性物质不易被破坏。但晒场占地面积大，受自然条件约束，不宜工业化大生产，较适合于中小酒厂使用。

第三节　液态酒糟的综合利用

一、固液分离技术

液态酒糟是液态法白酒厂或酒精厂排出的蒸馏废液，根据各生产厂家的工艺条件不同，每生产 1t 酒精排出 10～15t 酒糟液。一般酒糟中含 3%～7%的固形物和丰富的营养成分，应予以充分利用。目前酒糟液的处理方法有多种，但不论采取哪一种方法都需要将粗馏塔底排出的酒糟进行固液分离，分为滤渣和清液，主要的分离方法有沉淀法、离心分离法、吸滤法。

沉淀法一般是在地下挖几个大池，人工捞取，劳动强度大，固相回收率低，一般为 40%左右。

离心分离法是采用高速离心机将滤渣和清液分离开来，常用的离心机有卧式螺旋分离机。设备简单易于安装，但由于设备的高速旋转再加上高温运行，设备事故较多。

吸滤法是近几年在酒精行业兴起的新工艺。主要采用吸滤设备，设备庞大，固相回收率不及离心分离，但运转连续平衡，相对的事故率降低。

二、废液利用技术

酒糟经固液分离后，得到的清液用于拌料，有利于酒精生产，另外还可用于菌体蛋白的生产和沼气发酵。

（一）废液回用

粗馏塔底排出的酒糟进行固液分离后，得到的清液中不溶性固形物含量 0.5%左右，总干物质含量为 3.0%～3.5%。由于清液中有些物质可作为发酵原料，有些则可促进发酵，有利于酒精生产，所以过滤清液可部分用于拌料。这样不仅节约了多效蒸发浓缩工序的蒸汽用量，减轻了多效蒸发负荷，而且替代部分拌料水，节约生产用水。

（二）菌体蛋白的生产

对固液分离得到的废液进行组分及 pH 的调整后可用于菌体蛋白（单细胞蛋白/SCP)的生产，其工艺流程如图 12-5 所示。经此工艺处理可得到含水分为 10%左右的饲料干酵母，蛋白含量为 45%左右，COD_{Cr}去除率为 40%～50%。

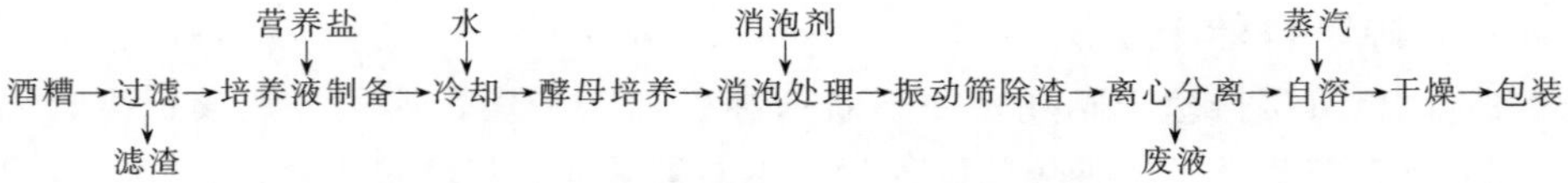

营养盐
水
消泡剂
蒸汽
酒糟→过滤→培养液制备→冷却→酵母培养→消泡处理→振动筛除渣→离心分离→自溶→干燥→包装
滤渣
废液

图 12-5　滤液菌体蛋白生产的工艺流程

单细胞蛋白（SCP）不仅含有丰富的蛋白质，而且还含有许多维生素和矿物质，是一种优良的饲料蛋白源。白酒废液含有微生物所需要的营养物质，这些物质被微生物利用后可以培养 SCP，同时降低废水中的污染物，是治理这类废水的一种较好的方法。

利用白酒废液培养 SCP 要实现工业化，必须将废水集中收集，一次性投资大，而且需要一定生产规模。可见，利用白酒废水培养 SCP 比较适合于大型酒厂或酒业园区。

(三) DDG 生产技术

以玉米为原料的酒精糟营养丰富，干糟粗蛋白含量一般在 30%左右，是极好的饲料资源，固液分离后的湿酒糟可直接作为鲜饲料喂养畜禽，也可以经干燥后制成 DDG 干饲料。酒精糟经离心分离后，分成滤渣和清液两部分。其中滤渣水分≤73%，经干燥后即得成品 DDG。

(四) DDGS 生产技术

DDGS 是以玉米为原料，对经粉碎、蒸煮、液化、糖化、发酵、蒸馏提取酒精后的糟液，进行离心分离，并将分离出的滤液进行蒸发浓缩，然后与糟渣混合、干燥、造粒，制成玉米酒精干饲料。其工艺流程如图 12-6 所示。

部分回用拌料
酒精糟→离心分离→清液→多效蒸发→浓浆→干燥→粉料→造粒 DDGS→包装
滤渣

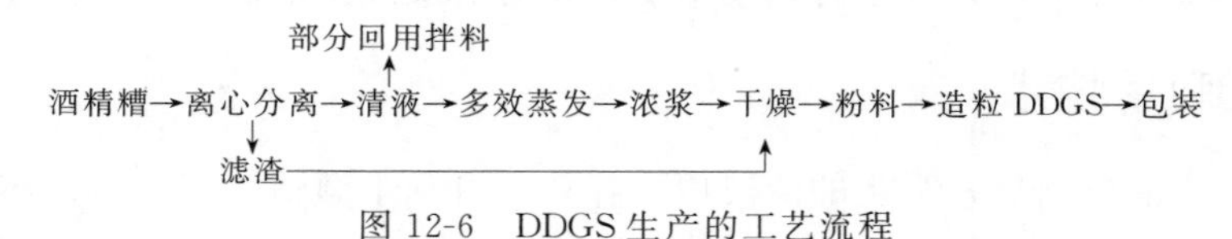

图 12-6　DDGS 生产的工艺流程

离心分离后酒糟分成滤渣和清液两部分，其中滤渣水分≤73%，滤液的含悬浮物为 0.5%左右。滤液经多效蒸发成为固形物含量 45%～60%的浓浆后，与滤饼混合，然后干燥、过筛、造粒、包装即得 DDGS 成品。

DDGS 属于国际畅销饲料，它不仅代替了大量饲料用量，而且解除了废糟、废水对环境的污染。缺点是滤液蒸发能耗高、投资大，适合于大规模生产。

第四节　环境保护

一、污染物的来源与排放标准

(一) 来源

白酒企业在生产过程中产生的主要污染物为高浓度的有机废水，其次有废气、废渣、粉尘及其他物理污染物。各种污染物均可对周围环境造成不同程度的污染，对周围的动植物（包括人类）可造成不同程度的危害。至于各种污染物具体有什么危害作用，这里不作详细叙述。表 12-1 列出了白酒企业中各种污染物的来源。

表 12-1 白酒企业中各种污染物的来源

项目	污染物	主要来源
废水	蒸馏锅底水、冷却水	酿酒车间
	洗瓶水	包装车间
	冲洗水	酿酒、制瓶、制曲等车间及公共厕所
废气	粉尘	破碎、制曲、包装等车间
	二氧化硫、一氧化硫、氮氧化合物、苯并芘	燃煤锅炉
废渣	酒糟、炉渣	酿酒车间、锅炉
物理性污染物	噪声等	各车间

（二）排放标准（废水）

白酒企业产生的主要污染物一般属于二类污染物。在排污单位取样，其最高允许排放浓度见表 12-2。自 2006 年 7 月 1 日起至 2008 年 12 月 31 日止，现有发酵酒精和白酒生产企业污染物的排放执行表 12-2 中现有企业的排放限值；自 2009 年 1 月 1 日起，现有发酵酒精和白酒生产企业的废水排放执行表 12-2 中新建企业的排放限值。

表 12-2 仅列出了几个主要的控制指标，其他污染物控制指标及分级标准详见有关专业资料。

表 12-2 发酵酒精和白酒生产企业水污染物排放最高允许限值

项目		现有企业	新建企业	
		发酵酒精和白酒生产企业	发酵酒精生产企业	白酒生产企业
COD_{Cr}	浓度标准值/(mg/L)	300	100	70
	单位产品污染物排放量/(kg/t)	18	4	2.1
BOD_5	浓度标准值/(mg/L)	100	20	20
	单位产品污染物排放量/(kg/t)	6	0.8	0.6
SS	浓度标准值/(mg/L)	150	70	50
	单位产品污染物排放量/(kg/t)	9	2.8	1.5
氨氮	浓度标准值/(mg/L)	20	15	15
	单位产品污染物排放量/(kg/t)	1.2	0.6	0.45
总磷	浓度标准值/(mg/L)	5	3	3
	单位产品污染物排放量/(kg/t)	0.3	0.12	0.09
pH 值		6～9	6～9	6～9

二、污水处理

白酒生产以水为介质，产生的废水可以分为两部分：一部分为高浓度有机废水，包括蒸馏锅底水、发酵盲沟水、蒸馏工段地面冲洗水、地下酒库渗漏水、“下沙”和“糙沙”工艺操作期间的高粱冲洗水和浸泡水，是一种胶状溶液，有机物和悬浮物都很高，但这部分废水水量很小，只占排放废水总量的5%；另一部分为低浓度有机废水，包括冷却水、清洗水，是废水的主体，可以回收。据分析，每生产1t 65%（体积分数）的白酒，约耗水60t，产生废水48t，排污量很大。

近年来白酒行业发展日益壮大，同时带来的环境问题也日趋严重。尽管我国的白酒废水治理技术已有十余年的探索，但总体情况不尽如人意。首先，白酒行业污染比例较低，许多小型乡镇酒厂废水根本没有处理；其次，大型酒业废水处理设施一次性投入高，基本上是十几万乃至上千万元人民币，工艺复杂，调试时间长，管理要求高，处理成本高。而且，许多酒厂的废水处理工艺往往没有达到预期效果或因扩建负荷不足，还需要不断改进甚至重建，有的甚至由于好氧段耗能高而工程建好却不愿坚持运行。无疑，白酒行业的发展面临“环保瓶颈”的尴尬局面。

（一）物理处理法

到目前为止，物理处理技术主要是围绕悬浮物（SS）去除进行固液分离。SS去除法可以省去耗能较高的好氧处理环节，降低工程投资，减少运行费用。固液分离方法与设备选择是实施该技术的关键，常用的设备有沉降卧螺离心机和微孔过滤机，应根据具体情况因地制宜地选用。

1. 机械分离技术

机械分离利用废水中有机质与水的密度差，通过离心达到固液分离。目前常用的固液分离的设备有沉降式卧螺离心机、微孔过滤机等。

一般进行固液分离的工艺是：酒精液→沉砂池→调节池→离心机高位槽→酒精液→出水回用拌料→湿渣料→饲料。

采用机械分离技术实现酒精糟液分离回用法投资少，工艺设备简单，投产快，效益好。分离效果是产固量20%左右，可以去除部分有机物。某些白酒厂排放出的废水浓度高，COD浓度高，固形物含量高，比较适合采用这种方法进行处理。但出水供拌料，考虑到可能影响生产的酒质，回用次数无疑不能太多。而且湿渣料一般不能直接作为饲料，其经济效益将大打折扣。此外，该法显然并不适用于清污混排含固量相对低的废水。

2. 絮凝预处理技术

絮凝法是通过合适的絮凝剂，提高废水的含固量，实现SS的去除。有研究表明采用絮凝法处理白酒废水可以提高废水的可生化性，提高有机物去除率。也有研究发现该法存在一些不足：絮凝剂成本高；增固量并不高而含水率上升；所得固体若作饲料则对絮凝剂的类别有限制。该法对含固量相对低的白酒废水比较适用，但絮凝剂种类、投加量等参数需要建立在实验室可行性研究的基础上，进行优化选择，尽可能地克服不利影响，提高处理效果。若能开发出处理效果好、成本较低、饲养价值高的专用絮凝剂必将大大推进该技术的发展。

（二）生化处理法

生化法是利用自然环境中的微生物的生物化学作用分解水中的有机物和某些无机毒物使之转化为无机物或无毒物的一种水处理方法。根据白酒废水的水质分析，总体属于有机废水，且有很好的可生化性。据统计，我国白酒废水的治理大多采用生化法，一般分好氧法、厌氧法和厌氧-好氧法等。

1. 好氧法

好氧生化处理法利用好氧微生物降解有机物实现废水处理。不产生带臭味的物质，处理时间短，适应范围广，处理效率高，主要包含两种形式：活性污泥法和生物膜法。

（1）活性污泥法　活性污泥法是利用寄生于悬浮污泥上的各种微生物在与废水接触中通过其生化作用降解有机物。到目前为止，传统活性污泥法以及围绕活性污泥法开发的有关技术如氧化沟、SBR 等，已经应用于白酒废水治理，取得明显效果。

综合分析看来传统活性污泥法动力费用高，体积负荷率低，曝气池庞大，占地多，基建费用高，通常仅适用于大型白酒企业废水处理。如何弥补其不足还有待深入研究。氧化沟操作灵活，对于白酒间歇式排放、夏季三个月停产水量减少的情况特别适应，但该技术有流速不够、推动力不足、污泥沉淀等缺点，有时供氧不足、处理效果不佳，在实践应用中尚待进一步探索完善。SBR 法因其构造简单、投资省、控制灵活、污泥产率低等优点，最适用于白酒废水间歇排放，水质水量变化大的特点。但是由于没有污泥回流系统，实际运行中经常发生污泥膨胀、致密、上浮和泡沫等异常情况。如何实现反应池工况条件（溶解、温度、酸碱度）的在线控制监测还有待研究。

（2）生物膜法　生物膜法有很多优点，如水质水量适应性强、操作稳定、不会发生污泥膨胀、剩余污泥少、不需污泥回流等。尤其是生物接触氧化池比表面积大，微生物浓度高，丰富的生物相形成稳定的生态系统，氧利用率高，耐冲击负荷能力强，在白酒废水处理中常常予以采用。需要注意的是，该法有机负荷不太高，实际应用会受到一定限制。

2. 厌氧法

与好氧法不同的是，厌氧法更适用于处理高浓度机废水，具有高负荷、高效率、低能耗、投资省，而且还能回收能源等优点，特别适用于处理白酒废液，如“黄浆水”、“锅底水”、“发酵盲沟水”等。目前主要是围绕各型反应器的研究开发并予以工程实践，如 EGSB 反应器、IC 反应器、UASB 反应器等。其中 UASB 具有容积负荷高、水力停留时间短、能够回收沼气等优点，已经逐渐成为白酒废水厌氧消化处理的研究热点课题之一，对其设计、启动、运行和控制等作出了大量探索。调查结果表明，UASB的实际应用还存在启动慢、管理难等问题，仍有待研究完善，欲回收沼气规模化利用，对于小型酒厂并不适用。

厌氧处理多用于营养成分相对较差的薯干酒精废液。已有成熟的工艺和设备，1t薯干酒精废糟液（不分离）可产沼气约 $280m^3$，COD_{Cr} 去除率可达86.6%；BOD_5 去除率为89.6%；1t木薯酒精糟废液可产沼气约 $220m^3$，$1m^3$ 分离滤液可产沼气 $12\sim14m^3$，COD_{Cr}去除率可达90%。

3. 厌氧-好氧法

大量的白酒废水处理实践表明，高浓度白酒废水经厌氧处理后出水COD浓度仍然达不到排放标准，而若直接采用好氧处理需要大量的投资和占地，能耗高，不够经济合理。一般先进行厌氧处理，再进行好氧处理，即厌氧-好氧法，这是目前白酒废水处理过程中应用广泛、研究深入的方法。

鉴于厌氧菌与好氧菌降解有机物的不同机理，可以分析得出厌氧-好氧工艺具有明显的优越性。在厌氧阶段可大幅度地去除水中悬浮物或有机物，后续好氧处理工艺的污泥得到有效的减少，设备容积也可缩小；厌氧工艺可对进水负荷的变化起缓冲作用，为好氧处理创造较为稳定的进水条件；若将厌氧处理控制在水解酸化阶段时，不仅可提高废水的可生化性和好氧工艺的主力能力，而且可利用产酸菌种类多、生长快、适应性强的特点，运行条件的控制则更灵活。需要指出的是，厌氧-好氧工艺的关键是要结合白酒废水的水质水量特征，本着投资少、效益高、去除率高的原则，研究开发技术可靠、管理方便、运行成本较低的厌氧和好氧反应器进行优化组合，尽量克服不足，充分发挥各阶段优越性。

4. 微生物菌剂法

采用生化法处理白酒废水，微生物是核心，通常都需要较长时间的培养与驯化。尤其是厌氧菌生长缓慢，对环境条件要求高，导致反应器启动时间长，甚至启动失败，这无疑会对处理工程造成极大的影响。微生物菌剂的开发利用成为研究的热点。而白酒废水中含有大量的低碳醇、脂肪酸，欲获得具有很好适用性的高效优势菌并且推广运用，还会面临菌种驯化、分离复杂、筛选困难的“瓶颈”，这方面的研究起步较晚，还需进一步加强应用可能性和实际工艺方面的探讨。

5. 几种生化处理技术的比较与具体应用条件

白酒废水处理生化技术的比较见表12-3。

表12-3 白酒废水处理生化技术的比较

处理技术	优点	缺点
好氧法	不产生臭味的物质，处理时间短，处理效率高，工艺简单、投资省	人为充氧实现好氧环境，牺牲能源，运行费用相对昂贵
厌氧法	高负荷，高效率，低能耗，投资省，回收能源	多有臭味，高浓度废水处理出水仍然达不到排放标准，运行控制要求高

续表

处理技术	优点	缺点
好氧-厌氧法	厌氧阶段大幅度去除水中悬浮物或有机物，提高废水的可生化性，为好氧段创造稳定的进水条件，并使其污泥有效地减少，设备容积缩小，中等投资	需要根据实际合理选择工艺，进行优化组合，建造与操作比单纯好氧或纯粹厌氧复杂，有时运行条件控制复杂，管理难
微生物菌法	处理系统启动快，效果好	高效优势菌株筛选难度大，技术不很成熟

（三）其他处理方法

1. 电解预处理

电解氧化由阳极的直接氧化和溶液中的间接氧化的共同作用去除污染物。铁炭微电解法处理白酒废水的作用机理是基于电化学氧化还原反应、微电池反应产物的絮凝、铁屑对絮体的电富集、新生絮体的吸附以及床层过滤等综合作用。通过微电解预处理，能提高废水的可生化性，且具有适应能力强、处理效果好、操作方便、设备化程度高等优点，是近年来白酒废水处理研究的新领域。但在实际应用中，静态铁屑床往往存在铁屑结块、换料困难等问题，往往只能作为预处理手段，尚未得以推广，还需要加强该法的设备开发与研究，为白酒废水治理提供新途径。

2. 微波催化氧化法

微波磁场能降低反应的活化能和分子的化学键强度。微波辐射会使能吸收微波能的活化炭表面产生许多“热点”，其能量常作为诱导化学反应的催化剂，可为白酒废水提供一种治污思路。需要说明的是目前仅处于试验水平，实际应用中会面临电能和氧化剂费用较高的困境，如何降低费用是此法能否得到广泛应用的关键，且设备开发与运行管理也需进一步研究。

3. 纳米 TiO_2 氧化法

纳米 TiO_2 能降解环境中的有害有机物，可用于污水处理，近年来已成为国际上研究的热点。该法用于白酒废水处理在我国的研究尚处于起步阶段，对于一些控制参数、治理装置开发等还有很大的研究空间。

4. 膜分离技术

20 世纪 70 年代许多国家广泛开展了超滤膜的研究、开发和应用。酒糟废液通过超滤膜分离回收酵母固形物，并去除一些对发酵有害物质，出水作拌料水回用。这种闭路循环发酵工艺可以变废为宝，避免或削减污染物的排放。但是超滤膜在运行中的管理比较复杂，为防止膜堵塞，需要经常清洗和保养，冬季还需要进行保温。这无疑对该技术的应用产生了一定障碍，怎样克服不足还待研究。

5. 废水种植，饲养造肥

实践表明白酒废水处理后的出水还是低度污染废水，还有丰富的无机物和有机物，在适宜温度条件下，部分生物易于繁殖，导致水体发臭变色，破坏生态环境。可以种植水上蔬菜、接种水草鱼苗、放生青蛙等建立自净能力强的生态系统田，逐级消化废水中的无机物和有机物，实现自然净化。显然该法方便、经济效益好，环保价值高。不过这种后续处理法的推广还需要对动植物物种的选择进行深入的试验研究，而且还要对生态净化系统机构的构建与管理方式进行探索。

（四）我国白酒废水治理技术展望

我国对白酒行业污染排放管理的法律、法规相对滞后，尤其是乡镇小酒厂几乎处于无组织排放状态。但随着污染的加重、人们环保意识的增强和国家管理措施的加强，对白酒行业污染的限制将日趋严格，因此高效、成熟的白酒废水处理技术具有很大的研究前景。今后研究的重点应该是以下几方面。

1. 设备研究开发

在吸收国外成果的基础上注重设备的研究开发，包括过程参数的自动控制系统、布水布气系统等，为实现白酒废水处理产品的成套化、系列化、标准化奠定基础。特别是针对小型白酒企业间歇排放的少量废水，研究开发低成本、易管理、集约型、成套化处理工艺设备具有重要而紧迫的现实意义。

2. 高效优势菌种的筛选

在原有菌种的基础上通过选择最佳生长条件，筛选出能高效降解白酒废水中各种成分的优势菌种，从而缩短反应启动时间，加快反应进程，降低能耗，提高处理效率。

3. 加强处理新技术的深入研究

铁炭微电解、微波催化氧化、纳米 TiO_2 氧化等处理新技术的试验研究，可以为此类废水处理提供新的途径，但目前尚处于起步阶段，存在较大研究空间。

三、废气处理

发酵酒精生产排放的废气主要来自锅炉房。主要利用除尘设备和脱硫设备对锅炉废气进行处理。

四、废弃物处理

白酒工业的废弃物主要是酒糟和炉渣。目前关于酒糟的利用有很多，在本章的第二节和第三节已经有所介绍，另外当前炉渣的处理主要是利用炉渣制作空心砖。

第十三章　白酒风味与品评

第一节　白酒风味的特点

一、白酒风味的特点及形成原因

白酒是中国特有的蒸馏酒，其风味与其他世界知名蒸馏酒有很大的不同。这是由白酒生产方式决定的。在酒曲作用下边糖化边发酵的工艺，固态多种微生物混合发酵，固态甑桶蒸馏，这些凝聚着我们祖先智慧的独特工艺酿成了举世无双的中国白酒。这些传统的生产方式看似“简单”，但其中蕴含的哲理与对过程的艺术处理让现代人也自叹不如。

白酒与其他蒸馏酒相比，香味组分中酸和酯的含量明显提高。其中挥发性很弱的乳酸在白酒中含量尤其高。而国外的蒸馏酒中乳酸很少检测到，其中的非挥发酸是在贮酒过程中从橡木桶中溶出的。乳酸含量高是由白酒的生产方式决定的。白酒开放的发酵过程网罗了自然界的多种微生物，其中有醋酸菌和乳酸菌。适度生成的酸对保证白酒发酵过程的正常进行、防止其他有害微生物的生长是很有利的，这就是白酒工艺中的“以酸治酸”方法。而发酵生成的乳酸经蒸馏后进入酒中则是独特的固态甑桶蒸馏的功劳。固态甑桶蒸馏器实际是一个“动态”填料塔。说它“动态”，是因为甑桶中装入的酒醅在蒸馏过程中每时每刻都在变化。迄今为止人们对于固态甑桶蒸馏的研究是很不够的。对于为什么挥发性极低的物质能通过固态甑桶蒸馏进入酒中的解释是：对非挥发性的组分有雾沫夹带作用。因此白酒中有多量乳酸存在。己酸和丁酸在浓香型和酱香型白酒中也是含量较多的。

在所有的蒸馏酒中，乙酯类都是含量最多的酯，其中乙酸乙酯是一枝独秀，在几乎所有的蒸馏酒中都是“第一大酯”。白酒与其他蒸馏酒的最大区别是含有较多的乳酸乙酯。如果从有什么酸就会产生相应的酯来考虑，就可以理解这个问题。还有己酸乙酯和丁酸乙酯也是如此。

高级醇在国外蒸馏酒的香味组分中具有重要地位，因为它在所有香味组分中含量是最多的。而白酒由于酸、酯含量高，高级醇在总香味含量中的所占比例要小些。

白酒中的羰基化合物含量也明显高于其他蒸馏酒。不仅有乙醛，还有较多的3-羟基丁酮和双乙酰。

二、白酒中的香味组分及其感官特征

白酒中的主要成分是乙醇和水，此外还有1%～2%的微量成分。正是这些含量少但种类多的“微量成分”构成了白酒的千姿百态。到目前为止，白酒中检出的香味成分有近1000种，有近一半可以定量。如果把这些组分按化学性质来分类主要可以分为：醇、酸、酯、醛、酮、芳香族化合物等。

（一）酯类物质

酯是酸和醇反应生成的一类物质，大都具有芳香味。酯在白酒风味构成上有重要作用，酯类物质含量高是白酒风味的特点之一。乙酸乙酯和乳酸乙酯是白酒中的重要香味成分。在浓香型、酱香型酒中还有己酸乙酯和少量的丁酸乙酯。这四种酯约占白酒总酯含量90%以上。乙酸乙酯是构成清香型白酒主体香的成分。己酸乙酯是构成浓香型白酒主体香的成分。而桂林三花酒中含量最多的是乳酸乙酯。除这四大酯外，白酒中还检测出多种其他酯，它们含量虽然很少，但对酒的风味也有较大的影响。白酒中主要酯及其感官特征见表13-1。

表13-1　白酒中主要酯及其感官特征

名　称	沸点/℃	感官特征
甲酸乙酯	54.3	似桃样果香，有涩感
乙酸乙酯	77	苹果样香气，清香
乙酸正丁酯	126	清爽的果香气
乙酸异戊酯	142	香蕉苹果样香气
丙酸乙酯	99	菠萝香，味微涩
丁酸乙酯	120	似菠萝样果香，爽口
异丁酸乙酯	113	苹果样香气
戊酸乙酯	145	似菠萝香
己酸乙酯	167	特有果香，窖香
庚酸乙酯	187	似苹果香
辛酸乙酯	206	似果香
癸酸乙酯	244	似玫瑰香
月桂酸乙酯	269	月桂香
棕榈酸乙酯	191(1.33kPa)	无明显感觉
乳酸乙酯	154	青草味

（二）酸类物质

有机酸是形成白酒口味的重要组分，也是生成酯的前提物。酸含量高也是白酒的特点之一。适量的酸有助于增强白酒的口感和后味，酸不足是白酒后味淡的主要原因。白酒中乙酸、乳酸最多，其次是己酸，其他微量存在的酸也很多。白酒中主要的酸及其感官特征见表13-2。

表 13-2 白酒中主要的酸及其感官特征

名　称	沸点/℃	感官特征
甲酸	100	酸,微涩
乙酸	118	刺激酸味,爽口微甜
丙酸	140	微酸,微涩
丁酸	163	汗臭味
异丁酸	154	似丁酸
戊酸	186	有脂肪臭
异戊酸	176	似戊酸
己酸	205	脂肪臭,曲味
庚酸	223	强脂肪臭,有刺激感
辛酸	238	同庚酸
乳酸	122	微酸,涩,有浓厚感
月桂酸	225	月桂油气味,微甜爽口

(三) 醇类物质

醇类物质对构成白酒风味也相当重要。高级醇对白酒的芳香和口味都有贡献，还是生成酯的前体物。除乙醇外，白酒中主要的醇有异戊醇、异丁醇、正丙醇、正丁醇和仲丁醇等。白酒中主要的醇及其感官特征见表 13-3。

表 13-3 白酒中主要的醇及其感官特征

名　称	沸点/℃	感官特征
甲醇	64	有温和酒精气味
正丙醇	97	似醚臭,有苦味
异丙醇	82	辣味
正丁醇	117	溶剂味,苦涩,稍有茉莉香
异丁醇	108	杂醇油味,味苦
仲丁醇	99	较强芳香味,爽口
正戊醇	137	略有奶油味
异戊醇	132	杂醇油味,味苦涩
正己醇	155	芳香味,似椰子,香持久
2,3-丁二醇	179	甜味
β-苯乙醇	220	玫瑰香,微苦
甘油	290	味甜,有浓厚感
酪醇	310	有苦味

(四) 羰基化合物

羰基化合物在白酒中的总量要少于以上三种物质，但是其中的一些成分具有特殊的感官特征并且阈值低，所以对白酒风味的影响不可低估。白酒中主要的羰基化合物及其感官特征见表 13-4。

表 13-4　白酒中主要的羰基化合物及其感官特征

名　称	沸点/℃	感官特征
乙醛	21	青草气味,有刺激性
乙缩醛	102	干酪味,柔和爽口
正丙醛	49	刺激味,有窒息感
异丁醛	63	轻微坚果味,有刺激感
正戊醛	103	微弱果香,醛味
异戊醛	92	似酱油味,青香蕉味
正己醛	128	似葡萄酒味,味苦
丙烯醛	52	强刺激味,灼烧感
糠醛	162	纸臭,糠味,苦涩
苯甲醛	179	似有苦杏仁味
3-羟基丁酮	148	有特殊气味,似糟香
2,3-丁二酮	88	发酵味
丙酮	56	溶剂味,微甜,弱果香
丁酮	79	溶剂味

(五) 其他香味成分

除以上几大类成分外，白酒中检出的还有酚类物质、含氮化合物（大部分是吡嗪类)、含硫化合物等。尽管这些物质的绝对含量都很少，但它们的阈值大都较低，所以其影响也不能低估。现有的研究表明，含氮化合物可能对构成酱香、芝麻香等有贡献。一些化合物及其感官特征见表 13-5。

表 13-5　一些化合物及其感官特征

名　称	沸点/℃	感官特征
2-甲基吡嗪	135	烤面包香、烤杏仁香
2,5-二甲基吡嗪	155	炒芝麻香
2-甲基三硫	170	老咸菜味
3-甲硫-1-丙醇	89(13mmHg)	似胶水味
愈创木酚	295	焦酱香
4-甲基愈创木酚	221	烟熏味、酱油香
4-乙基愈创木酚	235	香瓜香
香兰素	170(15mmHg)	甜香

注：1mmHg=133.32Pa。

第二节　白酒中香味成分与风格的关系

一、白酒的色、香、味、格

① 白酒的色泽　白酒是无色透明的液体，无悬浮物、无沉淀物。酱香型白酒允许有微黄色。

② 白酒的香气　不论何种白酒，它的香气都应满足以下要求：典型性与协调

性。典型性就是某一类型白酒应具备的与其类型相一致的香气。协调性是指不论何种白酒均应满足香气协调的要求。主体香与溢香的协调，喷香与留香协调，前香与后香的协调等。

③ 白酒的口味　酒是用来喝的，酒的口味是最重要的。但是口味与香气还要达到较完美的统一。绵甜爽净、诸味协调是对各类酒的要求。

④ 白酒的风格　风格是酒中所有成分的综合体现。要求酒体协调，具有各类型酒的典型性。

二、不同香型酒的风味特征

白酒中除乙醇和水以外，还含有总量在1%～2%之间的微量成分，也就是“香味组分”。很显然白酒的风格就决定于这些微量成分的构成与含量。也就是说，正是这些含量微少的物质，由于它们在酒中的种类和数量不同，就形成了不同香型、不同风格、不同质量的白酒。正可谓“半两拨千斤”。比如浓香型白酒的风格就由其中的己酸乙酯含量及它与一些成分的量比关系决定。所以己酸乙酯也被称为浓香型白酒的主体香成分。但是也有一些酒主体香成分至今不明确，比如酱香型酒。这也可能是人们还没有发现它的主体香，但是这至少说明这种成分含量不大，也暗示这种主体香可能并不是一种成分，而是一些物质。下面对已有香型白酒中香味成分与风格的关系综述如下。

（一）浓香型白酒的风味特征

浓香型白酒是目前我国产量最大、消费面最广也是研究最多的一类白酒。典型的浓香型白酒应具有的风格是：窖香浓郁，绵甜爽冽，香味协调，尾净味长。

酯类是在浓香型酒中含量最多的芳香成分，大约占总量的60%。其中的己酸乙酯是构成浓香型主体香的主要物质。浓香型名酒中的己酸乙酯含量都在200mg/100mL以上。例如泸州特曲、头曲、二曲、三曲中的己酸乙酯含量递减是造成酒质差异的重要原因。特曲具有浓郁而悠长的香气，典型性强；头曲在闻香上仍保留浓香型的香气特点，但浓郁不如特曲；二曲、三曲则主体香明显不足。除己酸乙酯外，含量较多的酯还有乙酸乙酯、乳酸乙酯和丁酸乙酯。另外还有戊酸乙酯、乙酸正戊酯、棕榈酸乙酯、油酸乙酯、亚油酸乙酯、辛酸乙酯、甲酸乙酯、庚酸乙酯等，它们的含量大多在2～5mg/100mL之间。

除绝对含量外，几种主要酯的比例对酒的品质也有很大影响。如己酸乙酯与乳酸乙酯的比例在1∶(0.6～0.8)，己酸乙酯与乙酸乙酯的比例在1∶(0.5～0.6)，己酸乙酯与丁酸乙酯的比例不大于1∶0.1。

酸是白酒中重要的呈味物质，在浓香型酒的芳香成分中含量占第二位约为15%。以泸州曲酒为例，酸的含量是特曲中最高的，头曲、二曲、三曲中的酸含量递减。所以，酸含量也与酒质有密切关系。主要有机酸在优质浓香型酒中的含量顺序一般是：乙酸、己酸、乳酸、丁酸、甲酸、戊酸、棕榈酸、油酸、亚油酸、辛酸、异丁酸等。总酸含量的高低对浓香型酒的口味有很大影响，一般来说总酸含量低，酒的口味就淡薄。总酸与总酯含量的比例对酒的风味特征影响也很大。浓香型白酒中总酸约占总酯的25%。

醇类，除乙醇外的其他醇类约占芳香成分的12%。醇类在泸州系列曲酒中的含量变化情况与酯类和酸类不同，二曲、三曲中的醇含量要高于特曲、头曲。

酒中含有一定的醇有利于促进酯的香气，但醇含量太多时，酒的口味会显得刺激、辛辣，有明显的苦味。在浓香型酒中总醇与总酯的比例是1∶5左右。白酒中异戊醇的含量最高在30～50mg/100mL之间，其次是正丙醇、异丁醇、仲丁醇、正己醇、2,3-丁二醇、异丙醇、正戊醇、β-苯乙醇。其中异戊醇与异丁醇的含量比对酒的口味影响较大，一般认为异戊醇与异丁醇的比例应为3∶1。

羰基化合物占芳香成分的6%～8%。最多的是乙醛和乙缩醛，含量大于10mg/100mL。其次有双乙酰、醋翁（3-羟基丁酮）、异戊醛，含量更低的有丙醛、异丁醛。羰基化合物大都阈值低，有特殊气味，较易挥发。乙醛和乙缩醛的量有一定的关联度，两者比例在1∶0.6左右。双乙酰、醋翁在适当的含量下能使酒体丰满而有个性，并能促进酯类香气的挥发。在一定范围内，含量较多时能提高浓香型白酒的香气品质。

（二）清香型白酒的风味特征

典型的清香型白酒应具有的风格是：清香纯正，醇甜柔和，自然协调，余味爽净。清香型白酒的典型代表是山西的汾酒。清香型白酒中的香味组分总含量比浓香型酒和酱香型酒的要少。但香味组分中酯类仍然占优势，其他成分依旧是酸、醇、羰基化合物。乙酸乙酯是清香型白酒中含量最高的酯，其次是乳酸乙酯。己酸乙酯与丁酸乙酯的量都非常少。这是它与浓香型酒的主要区别。乙酸乙酯和乳酸乙酯的绝对含量及其量比关系对清香型白酒的风格特征有很大影响。在清香型白酒中乙酸乙酯和乳酸乙酯的比例应在1∶(0.6～0.8)。如果乙酸乙酯含量少会使酒失去清香的风格，而乳酸乙酯含量太少又会使酒后味短。清香型白酒中的有机酸主要是乙酸和乳酸，它们占总酸的90%以上。两者的比例约为1∶0.8。清香型白酒中总酯含量与总酸的比值要高于浓香型白酒的相应值。清香型白酒中醇类化合物在香味组分中所占的比例较高，这是清香型白酒的又一个特点。其中含量较高的有：异戊醇、正丙醇、异丁醇。清香型白酒的口味特点与醇类物质有直接关系。羰基化合物中乙醛和乙缩醛占总量的90%以上。总体说来，清香型白酒中香味组分的种类与含量都要少于浓香型白酒和酱香型白酒，这也是它香气清雅纯正，口味干爽的原因。

（三）酱香型白酒的风味特征

典型的酱香型白酒应具有的风格是：酱香突出，优雅细腻，酒体醇厚，回味悠长。关于酱香的主体成分，虽然做过大量研究，但迄今仍不很清楚。空杯留香持久是酱香型酒区别于其他类型酒的显著标志。有研究认为茅台酒的酱香是“前香”和“后香”两部分构成的复合香。“前香”是挥发性较大的组分，以酯类为主，对酱香的呈香作用较大；“后香”是挥发性较小的组分，以酸性物质为主，对酱香的呈味作用较大，是构成“空杯留香”的特征性成分。酱香型酒的典型代表是贵州茅台酒。酱香型酒的风味特征与生产工艺密切相关。酱香型白酒生产工艺的特点是“四高一长”，即高温制曲、高温堆积、高温发酵、高温流酒和长期贮存。综合对茅台酒的研究结果并与其他香型酒比较，可以得出茅台酒的如下特点。

① 含酸量高，酸的种类多，有近30种，乙酸、乳酸含量是各类酒中最高的。

② 总酯比浓香型酒低，但乳酸乙酯含量高。从低沸点的甲酸乙酯到中沸点的辛酸乙酯以及高沸点的油酸乙酯都有存在。在酒的香气表现中，酯香不突出。

③ 总醇含量高，高级醇总含量比浓香型酒高一倍左右，尤其是正丙醇含量最高。高沸点醇类也比其他香型酒多。

④ 羰基化合物含量是各类型酒中最高的。糠醛含量尤其高。

⑤ 含氮化合物像吡嗪、三甲基吡嗪、四甲基吡嗪等也较其他香型多，这些成分可能与酱香风味有关。

4-乙基愈创木酚曾经被认为是酱香的主体香，后来越来越多的试验与实践都表明，酱香是很多组分作用的结果。酱香型白酒中具有较多的高沸点化合物，包括酸、醇、酯和氨基酸等，这与酱香型白酒生产工艺中的高温制曲、高温堆积、高温流酒等过程有关。这些高沸点组分，对于酱香型白酒的风味特征的表现起很大作用。

（四）米香型白酒的风味特征

典型的米香型白酒应具有的风格是：米香清雅，入口绵柔，落口爽净，回味怡畅。其代表是广西桂林的三花酒。米香型白酒是以大米为原料，小曲为糖化发酵剂，经固态糖化、液态发酵、液态蒸馏的方法制成的一种白酒。它的酿造工艺简单，发酵周期短，所以香味组分少。米香型白酒的香味组成分有以下特点：香味组分总含量少；醇类化合物总量高于酯类物质；除一般酒中含有的异戊醇、正丙醇、异丁醇外还有较高的β-苯乙醇。乳酸乙酯含量高于乙酸乙酯；乳酸高于乙酸。米香型白酒的香气构成上突出的是乙酸乙酯和β-苯乙醇为主体的清雅米香。

（五）凤型白酒的风味特征

典型的凤香型白酒应具有的风格是：醇香秀雅，甘润挺爽，诸味协调，尾净悠长。凤型白酒的香味成分特点介于浓香型白酒与清香型白酒之间。总酸和总酯明显低于浓香型白酒，略低于清香型白酒。酯类化合物中，乙酸乙酯含量最高，与浓香型酒的乙酸乙酯含量持平，但低于清香型白酒。己酸乙酯的含量直接影响凤型白酒的整体风味和典型风格。当己酸乙酯含量大于50mg/100mL时，凤型白酒的典型风格将偏向浓香型；如果己酸乙酯的含量小于10mg/100mL时，其风格将会偏向清香型。

凤型白酒中的酸类物质含量一般在70mg/100mL以上。乙酸占总酸的50%以上。丁酸、己酸和乳酸的含量也较高。

醇类化合物含量较高也是凤型白酒的特点之一，一般达到 120mg/100mL 以上。比浓香型白酒与清香型白酒都高。其中异戊醇和异丁醇含量最高。凤型白酒总醇与总酯的比值约为 0.55∶1。在总酯及总酸含量相对较低的情况下，如此高含量的醇类组分，必然使凤型白酒的气味中突出醇香的特征，从而构成凤型白酒的香气特点。凤型白酒采用特殊的“酒海”贮存、老熟，因而含有较多量的乙酸羟胺和丙酸羟胺等特征性组分，并赋予酒独特的香气。

（六）药香型白酒的风味特征

典型的药香型白酒应具有的风格是：清澈透明、药香舒适、香气典雅、酸甜味适中、香味谐调、尾净味长。该型酒的代表是董酒。

董酒是具有历史的名酒。它的香味特点非常显著，这与它的生产工艺有关。它用小曲发酵酿酒（并在制曲配料中添加许多中草药），大曲发酵制香醅，采用串蒸的蒸馏方式。董酒的风格明显不同于其他香型白酒，它的风格特征是：有较浓郁的酯类香气，药香突出，带有丁酸以及丁酸乙酯的复合香气，入口有舒适的酸味，醇甜，回味悠长。董酒香味成分的特点如下：总酸含量高，尤其是丁酸含量是所有白酒中最高的，达到 40mg/100mL。总酯含量低于总酸含量，其中丁酸乙酯含量达到 28mg/100mL。它的乳酸乙酯含量较低，是其他白酒的 30%～50%。董酒中含有一定量的己酸乙酯和己酸，使它在香气中具有浓香酒的特点。它的醇类化合物含量较高也超过了总酯的量。其中正丙醇、仲丁醇较其他白酒多。

（七）老白干型白酒的风味特征

典型的老白干香型白酒应具有的风格是：无色或微黄，清澈透明，醇香清雅，酒体谐调，醇厚甘洌。

衡水老白干酒是老白干香型白酒的代表，它具有乳酸乙酯和乙酸乙酯为主体的自然谐调的复合香气。其香气，清雅而不单一，带有浑然一体的厚重感，似有繁复，但又清晰、清新。这种香气，不是气味上的浓重，而是轻淡中的雅致和多重性。老白干酒区别于其他香型的最大特点，“乳乙比”的比例为≥0.8。这一比例关系失调，有可能偏向于单一的清香，或清而不雅致，或产生钝香，严重者会有杂味而失去风格。醇厚甘洌是衡水老白干酒的最突出特质。

（八）特型白酒的风味特征

典型的特型白酒应具有的风格是：无色透明、香气芬芳、柔和纯正、诸味谐调、悠长。

江西的四特酒，是“特型酒”的代表。其风格特征是，以酯类的复合香气为主，酯香又突出以奇数碳原子乙酯为主体的香气特征。有较明显的庚酸乙酯似的酯香，并带有轻微的焦糊香气。四特酒有如下特点：富含奇数脂肪酸乙酯，包括丙酸乙酯、戊酸乙酯、庚酸乙酯和壬酸乙酯。这几种组分的含量都比在其他酒中的高。特型酒的正丙醇含量高，占总醇含量的 50%左右。该酒中高级脂肪酸及其乙酯的含量也较高，主要是14～18个碳的，如棕榈酸及其酯，油酸和亚油酸及其酯，它们对特型酒的口味柔和及香气持久起重要作用。

（九）豉香型白酒的风味特征

典型的豉香型白酒应具有的风格是：玉洁冰清、豉香独特、醇和甘滑、余味爽净。

广东的玉冰烧酒和九江双蒸酒是“豉香型白酒”的代表。都是大米原料经小曲酒饼采用半固态半液态糖化、发酵后，液态蒸馏得到基础酒（也叫斋酒），再经肥肉浸泡、贮存、勾兑而成的一种酒。该类酒的风格特征是：清亮透明，晶莹悦目，有以乙酸乙酯和苯乙醇为主体的清雅香气，并有明显脂肪氧化的陈肉香气，即豉香。口味绵软、柔和，回味较长，落口稍有苦味，但不留口，后味较清爽。斋酒的生产与米香型酒类似，但经过特殊的浸肉工艺处理后，产生了一些特有成分，就构成了这类白酒的特有味道。这种“味道”有人不能接受，但又恰恰是另一些人的最爱。

（十）芝麻香型白酒的风味特征

典型的芝麻香型白酒应具有的风格是：清澈透明（微黄）、芝麻香突出、幽雅醇厚、甘爽谐调、尾净。

芝麻香型是位于浓香和酱香之间的一个香型。芝麻香酒虽然兼有浓香酒和酱香酒的某些特点，但从酿酒原料到糖化发酵剂，再到生产工艺都自成一体。呈香呈味成分也独特、鲜明、谐调、自然。芝麻香虽与酱香相似，但芝麻香却不是酱香，而是一种焦香。蛋白质原料的分解产物对其呈味及风格形成有较大贡献，如吡嗪类化合物、呋喃类化合物等。

3-甲硫基丙醇是芝麻香型白酒的特征型成分，该类白酒国家行业标准规定：3-甲硫基丙醇≥0.50mg/L，乙酸乙酯≥0.40g/L，己酸乙酯在0.10～0.80g/L之间。芝麻香型白酒的风味特征是：闻香以芝麻香的复合香气为主，入口后焦糊香味突出，细品有类似芝麻香气（近似焙炒芝麻的香气），后味有轻微的焦香，口味醇厚爽净。

（十一）兼香型白酒的风味特征

典型的兼香型白酒应具有的风格是：清亮透明（微黄）、酱浓谐调、幽雅舒适、细腻丰满、余味悠长。

浓酱“兼香型”白酒继承和发扬了“浓”、“酱”两大传统香型的风格优势，既有“浓香型”香、甜、爽、净的特点，又有“酱香型”幽雅细腻的酒体风格。湖北的白云边酒“酱中带浓”的典型产品，从香味组分上来看，一些化合物的含量恰恰落在浓、酱之间，较好地诠释了该酒“酱”、“浓”相兼的特点。但是也有某些成分不在这个区间内，这又表明每种酒都有自己的个性。

白云边酒的风味特征是：闻香以酱香为主，酱浓协调，入口放香有微弱的己酸乙酯的香气特征，香味持久。

黑龙江玉泉白酒是“浓中带酱”的典型。己酸乙酯的含量比白云边酒高出近一倍。其风味特征是：闻香有酱香及微弱的己酸乙酯香气，浓酱协调，入口放香有较明显的己酸乙酯香气；后味带酱香味，口味绵甜。

（十二）馥郁香型白酒的风味特征

典型的馥郁香型白酒应具有的风格是：无色透明、芳香秀雅、绵柔甘冽、醇厚细腻、后味怡畅、香味馥郁、酒体净爽。

“馥”指香气，“馥郁”是香气浓郁的意思。以馥郁香型白酒代表酒鬼酒为例，它兼具“泸型”之芳香、“茅型”之细腻和“清香”之纯净，其酿酒发酵工艺集浓、酱、清工艺之所长，把清香型小曲酒和浓香型大曲酒工艺有机地结合在一起。其风味物质中乙酸乙酯和己酸乙酯含量突出，两者呈平行的量比关系。另外乙缩醛含量较高，还存在四甲基吡嗪等含氮化合物。馥郁香型白酒具有“色清透明、诸香馥郁、入口绵甜、醇厚丰满、香味协调、回味悠长”的典型风格。“前浓、中清、后酱”是其独特的口味特征。

从白酒香味的本质来说，“平衡”是关键。不论哪种酒，好喝的一定是各种香味成分协调的。也就是说，酒中酸、酯、醇及其他微量成分的量比关系决定了酒的品质。而这些物质的含量又与该酒生产的原料、生产工艺有关；实际上生产原料、生产工艺是由地域特点决定的。说到底白酒生产是一个微生物发酵的过程，主要的香味成分是在发酵过程中形成的。生产原料是微生物的培养基，也是底物；生产工艺就是培养微生物的条件。原料与条件都对产物的形成有影响。更何况白酒生产是多种微生物的混合作用。当条件变化时，对不同种类微生物的影响是不一样的，其复杂性可想而知。所以，“香气舒适独特，香味协调，醇和味长”的酒就是好酒。

通过对以上各种有“特点”的酒的剖析，可以知道所谓“好酒”是没有一定之规的，重要的是“好喝”而又“与众不同”。其实要做到“有特色”并不很难。各地地理条件不同，气候特征不一样，做出来的酒自然就会有差别。当然有些地方客观条件就适于酿酒，比如四川、贵州。总之，如果确实是在“酿”，而不仅仅是“造”，千酒一味的现象就不会存在。

三、不同类型酒微量成分比较

从以上介绍可知，不同类型的酒中所含的微量成分都有区别，几种有代表性的酒的微量成分比较见表 13-6。

表 13-6　不同香型白酒的微量成分含量　　单位：mg/100mL

成分名称	浓香型		酱香型	清香型	米香型	凤　型	
	剑南春	五粮液	郎酒	汾酒	三花酒	西凤酒	太白酒
芳香成分总量	963	855	800	839	308	494	546
总酯含量	530	520	297	570	126	229	257

续表

成分名称	浓香型		酱香型	清香型	米香型	凤型	
	剑南春	五粮液	郎酒	汾酒	三花酒	西凤酒	太白酒
总酸含量	140	134	176	124	85	61	76
总醇含量	114	97	179	80	83	126	135
总醛含量	70	65	83	14	11	36	31
乙酸乙酯	101.3	126.4	105.8	305.9	42.1	110.4	148.4
乳酸乙酯	134.5	135.4	110.7	261.6	46.2	68.2	51.7
己酸乙酯	218.4	198.4	23.3	2.2	1.71	40.2	47.7
丁酸乙酯	39.8	20.5	21.2	—	0.6	11.3	11.2
辛酸乙酯	3.17	5.2	0.8	—	0.4	0.74	0.71
乳酸	21.0	24.4	62.3	28.4	48.7	8.23	12.1
乙酸	54.6	46.5	76.3	94.5	33.9	43.6	25.9
己酸	29.1	29.6	10.2	0.2	—	6.89	7.31
丙酸	2.16	0.8	3.7	0.6	0.3	1.6	2.2
异丁酸	1.48	0.9	2.8	—	0.9	0.6	0.5
正丙醇	23.6	14.1	71.1	9.5	15.7	21.4	20.2
仲丁醇	6.8	5.5	12.8	3.3	0.07	3.4	2.5
异丁醇	13.3	8.5	17.2	11.6	38.4	18.2	19.7
正丁醇	34.3	7.0	14.8	1.1	2.4	21.1	20.3
异戊醇	34.9	34.1	45.1	54.6	57.8	47.4	47.5
β-苯乙醇	0.3	0.2	0.8	—	5.0	0.7	0.6
糠醛	3.9	1.9	8.5	0.4	0.05	0.3	0.25
2,3-丁二醇	1.41	1.6	1.4	—	4.5	2.1	1.9
乙醛	58.0	35.5	57.4	14.0	4.0	28.0	18.2
乙缩醛	109	47	52	51	4	42	47
棕榈酸乙酯	5.17	6.2	4.1	—	15.3	1.20	1.21
戊酸乙酯	9.8	5.7	2.9	—	0.1	0.79	0.81
乙酸异戊酯	2.7	2.3	2.3	—	0.5	1.71	1.32

有时，仅从某一组分的绝对含量还不能完全解释风格的成因，了解主要成分所占的比例更有助于对这一问题的认识。表13-7～表13-10分别给出了醇、酸、酯在不同酒中的总量以及量比关系。

表13-7　不同香型白酒中微量成分总含量及量比关系

香型	代表酒	总微量成分含量/(g/L)	总酯/%	总醇/%	总酸/%	总醛/%
浓香型	泸州特曲酒	8.5～9.5	60～63	10～12	13～15	9～12
酱香型	茅台酒	8～9	36～38	14～18	24～27	18～20
清香型	汾酒	7～8	60～65	11～13	14～16	9～10
米香型	三花酒	4～5	35～37	46～48	16～17	1
凤型	西凤酒	4.5～5.5	46～48	26～28	11～13	14～16
	太白酒	4.3～6.0	42～48	30～32	12～15	11～14
董型	董酒	10～11	28～32	28～32	34～36	4～5
兼香	白云边酒	8～9	44～46	20～24	18～20	10～12
特型	四特酒	9～10	35～37	30～32	26～28	5
芝麻香	景芝白干	6～7	42～44	28～30	24～26	3～4
豉香	玉冰烧酒	4～5	14～16	70～75	9～11	1

表 13-8　不同香型白酒所含各种酸占总酸量的比例　　单位：%

酸类	酱香型	浓香型	清香型	米香型	凤　型	
	茅台酒	五粮液	汾酒	三花酒	西凤酒	太白酒
甲酸	2.34	1.99	1.40	0.33	3.77	3.89
乙酸	37.69	23.21	73.48	17.87	54.14	56.72
丙酸	1.73	0.68	0.47	—	2.24	2.59
丁酸	6.89	6.52	0.70	0.17	11.75	12.03
戊酸	1.36	0.84	0.25	—	1.04	0.89
己酸	7.40	35.44	—	—	15.81	13.21
庚酸	0.20	—	—	—	0.52	0.40
辛酸	0.07	—	—	—	—	—
乳酸	35.89	23.31	22.08	81.38	6.89	8.62
氨基酸	6.42	8.00	1.63	—	—	—

表 13-9　不同香型白酒所含各种酯占总酯量的比例　　单位：%

酯类	酱香型	浓香型	清香型	米香型	凤　型	
	茅台酒	泸州特曲	汾酒	三花酒	西凤酒	太白酒
甲酸乙酯	5.52	1.76	1.01	0.00	0.77	0.59
乙酸乙酯	38.28	27.04	53.48	17.37	60.14	56.72
己酸乙酯	11.04	40.28	0.37	0.00	13.24	14.39
丁酸乙酯	6.80	2.22	0.00	0.00	3.75	4.03
乳酸乙酯	35.89	25.44	45.46	82.64	19.81	22.01
戊酸乙酯	1.36	0.84	0.00	—	0.41	0.35
庚酸乙酯	0.13	0.67	0.00	—	0.37	0.30
辛酸乙酯	0.31	0.33	0.00	—	0.38	0.29

表 13-10　不同香型白酒中高级醇含量及量比关系

香型	代表酒	总醇含量/(mg/100mL)	异戊醇：总醇/%	总醇：总微量成分/%	总醇：总酯
浓香型	泸州特曲酒	90～100	35～40	10～12	1：(2～25)
酱香型	茅台酒	140～180	36～40	15～18	1：(5～6)
清香型	汾酒	90～100	50～55	11～13	1：(5～5.5)
米香型	三花酒	190～200	42～47	46～48	1：1.3
凤型	西凤酒	130～150	46～48	26～28	1：1.6
	太白酒	130～160	40～43	30～32	1：1.5
董型	董酒	300～350	30～35	28～32	1：(0.8～1)
兼香	白云边酒	200～230	20～25	20～24	1：2
特型	四特酒	300～320	20～25	30～32	1：12
芝麻香	景芝白干	180～200	30～35	28～30	1：1.5
豉香	玉冰烧酒	300～330	25～30	70～75	1：0.2

白酒中异戊醇和异丁醇不仅在总醇中占有较大的比例，而且它们两者的量比关系对酒的质量也有较大影响。表 13-11 给出几种名优白酒中异戊醇和异丁醇的比值。可以看出在名优白酒中异戊醇和异丁醇的比值在 2.5～4.0 之间。

表 13-11　几种名优白酒中异戊醇和异丁醇的比值

香型	代表酒	异戊醇：异丁醇
浓香型	泸州特曲酒	2.8～3.0
酱香型	茅台酒	2.8～3.0
清香型	汾酒	2.8～3.0
米香型	三花酒	2.5～3.0
凤型	西凤酒	2.6～3.5
	太白酒	2.8～4.0
董型	董酒	2.7～3.0
兼香	白云边酒	2.9～3.3
特型	四特酒	2.5～3.5
芝麻香	景芝白干	3.0～3.3
豉香	玉冰烧酒	3.0～3.3

第三节　白酒的异味及有害成分

好的白酒是各味平衡的结果，如果由于某种原因破坏了平衡就会出现异常的味道。去除邪杂味是提高白酒质量的重要手段之一，去掉杂味的直接效果就是提高了香气。某一物质所表现出来的感官特征与它的浓度及其背景（即其他成分的存在情况）有密切关系，绝大部分的所谓"香味组分"都是在一定浓度下才能展现出它"迷人"的风采。实际上某些组分只是在含量不合理或与其他组分的比例失调时才表现出邪杂味。

一、常见的异杂味及防治措施

1. 苦

苦是白酒中较多出现的异味之一，这是因为苦味物质的阈值较低的结果。阈值低就意味着有少量存在就能被察觉。适量的苦味物质能赋予白酒丰富的感觉，苦若露了头则品质较差。杂醇、醛类、含硫物质、苦味氨基酸等都是苦味的来源。生产原料、生产过程都会产生苦味物质。如果使用感染黑斑病的甘薯，其中含有的番薯酮有强烈的苦味；原料中的单宁含量过高也会使产品有苦涩味。原料蛋白质含量高或用曲量大生成的杂醇物质多使苦涩味加重；蛋白质中的酪氨酸生成的酪醇也很苦。

对大量苦味物质的结构分析发现，苦味物质分子结构内部有强疏水部位。推测疏水部位和味觉细胞之间的疏水性相互作用的强度，与苦味持续时间的长短有关。

2. 辣

辣也是常出现的情况，辣味不属于正常味觉反应，它是口腔和鼻黏膜受到刺激后产生的痛觉。白酒微辣是正常的。如果辣太刺激则说明有问题。醛类如乙醛、糠醛、丙烯醛、丁烯醛和杂醇物质含量过高都会造成酒辣过头。当发酵温度过高、杂菌大量繁殖时就使上述物质生成较多。如酒醅中的乳球菌会将甘油分解成丙烯醛。用糠量大生成的糠醛多。蒸酒时提高流酒温度，保证流酒时间，适当掐头去尾有助于去除刺激性气味。

3. 酸

白酒中需要适量的酸，但是如果酸过多会使酒味粗糙，甚至出现酸馊味而影响酒质。发酵卫生条件不好，温度高，发酵时间长，酒醅含淀粉及水分大等因素都会促使生酸菌大量繁殖，从而生成过量的酸。使用新曲也会带入较多的产酸菌。当酒醅中酸过多时，在蒸馏过程中多掐酒尾可以减少入库酒的酸含量。含酸量高的酒尾可用于其他酒的勾兑和调味。

4. 涩

涩是由于某些物质作用舌头的黏膜蛋白质，产生收敛作用，从而有“涩”的感觉。酒中的单宁、过量的酸尤其是乳酸及乳酸乙酯、高级醇、醛类物质及铁、铜等金属离子都会使酒呈涩感。涩味的防治可从以下几个方面入手：降低酒醅中的单宁含量，减少用曲量，蒸酒时要控制装甑速度，缓火蒸馏，分段入库。

5. 油味

微量的油就会使白酒出现不良味道。当用脂肪含量高的原料酿酒，如果保管不当，原料中的脂肪极易变质，而极微量的脂肪臭对酒质的影响是很大的。保证原料质量，不使用霉烂变质的陈粮，提高入库酒度以防止酒尾中的高级脂肪酸进入酒中，这些措施均可减少油味出现。

6. 糠腥味

也是常见的杂味，这主要是辅料质量不好并且用量大造成的。如果辅料本身保存不当还会带入霉味及油哈喇味。保证辅料的新鲜并在使用前清蒸可减少这些杂味。

7. 臭

白酒有时也会出现臭的感觉。臭是嗅觉的反应，和味觉关系很小。就像臭豆腐，闻着很臭，但吃着是香的。提到臭，最有名的要算硫化物。白酒中的硫化物大多来自含硫氨基酸如胱氨酸、半胱氨酸、蛋氨酸等。控制酒醅蛋白质含量有助于减少臭味。新酒中含有的硫化物在贮存后会大大减少。

总之，解决异杂味最重要的是做好生产管理。使用劣质原料及生产过程的管理不当是酒质低劣的主要根源。辅料清蒸，降低曲用量，控制发酵温度，缓慢蒸馏，量质摘酒，这些操作要点是解决酒质的基本方法，也是根本方法。

勾兑也算一种解决办法。因为正像之前提到的，很多时候异杂味的产生是酒中微量成分不平衡引起的。但是这只能算是补救措施。需要注意的是，靠勾兑解决异杂味切忌“头痛医头，脚痛医脚”。也就是说不能靠“苦了就加糖”这样的简单解决方法。

二、白酒有害成分及预防措施

（一）甲醇

甲醇对人体危害极大。10g 即可致人失明，30g 就致人死亡。国家标准对甲醇的含量限制是：以谷类为原料的蒸馏酒中不得超过0.04g/100mL，以薯干及代用品为原料的蒸馏酒中不得超过0.12g/100mL。甲醇的气味、性质都和乙醇相似，即便有较大量甲醇存在于酒中时感官也不宜鉴别。

白酒中的甲醇主要来自原料中果胶物质。果胶物质分解时产生甲氧基，甲氧基经还原生成甲醇。所以使用含果胶质少的原料可减少成品中的甲醇含量。

（二）杂醇油

杂醇油的主要成分异戊醇、异丁醇、正丙醇等也是构成白酒香味的组成分，但当含量过高时，也会对人体造成毒害作用。杂醇油的毒性比乙醇的大，在人体内的氧化速度也比乙醇慢，在体内滞留时间长。饮用含杂醇油多的酒会引起头昏头痛，常饮这样的酒会对身体造成伤害。国标规定白酒中杂醇油含量不得超过0.15g/100mL。

杂醇油是酵母代谢氨基酸的产物。氨基酸脱氨生成酮酸，再脱羧生成比氨基酸少一个碳原子的醇。经该过程亮氨酸可以生成异戊醇，缬氨酸能生成异丁醇，苏氨酸生成正丙醇，酪氨酸生成酪醇。蛋白质含量对杂醇油的生成量有影响：在一定范围内，蛋白质含量高的原料生成的杂醇油就多。但是当原料中蛋白质含量太少时，也就是氮源不足时，酵母菌可将糖代谢的中间物转化生成杂醇油。所以将原料蛋白质含量控制在一个适当的范围可以减少杂醇油的生成量。在蒸馏流酒过程中多掐酒头，可减少酒中杂醇油含量。

（三）重金属

铅是较常见的一种重金属，有很强的毒性。铅有积蓄作用，宜引起慢性中毒。国标规定白酒中铅含量（以Pb计）不得超过1mg/L。白酒中的铅主要来源于蒸馏设备及贮酒容器。生产原辅料可能也会带入微量的铅。如果酒中铅含量超标必须进行处理。生石膏处理法：其原理是将酒中的铅生成硫酸铅沉淀而除去。方法是在酒中加入0.2%的生石膏搅拌均匀，静置2h，待沉淀析出后过滤。碳酸钠处理法：原理是使酒中的铅生成碳酸铅沉淀而除去。碳酸钠加量约0.01%。

锰，虽然是人体必需的微量元素，但如过量摄入可引起机体中毒。锰的慢性中毒能使人的中枢神经系统功能紊乱，出现头痛、记忆力减退、嗜睡等症状。国标规定白酒中锰含量不得大于1mg/L（以Mn计）。采用高锰酸钾处理酒基是将锰带入酒中的主要原因。采用高锰酸钾处理氧化值超标的酒基是酒精工厂常用的方法（俗称“脱臭”）。在这个过程中锰由七价变为四价，而锰原子价态越低毒性越大。所以大规模处理以前，必须做精确的实验确定高锰酸钾的加入量，不可过量加入。如果超量可采用精馏的方法除去。

（四）氰化物

如果使用木薯或者野生植物果实酿酒（称为代用品）有可能产生氰化物。尤以氢氰酸（HCN）毒性最大，中毒轻的呕吐，腹泻，呼吸急促，重者呼吸困难、抽搐甚至昏迷死亡。国标规定：以木薯原料酿制白酒 HCN 含量不得大于 5mg/L；以代用品原料酿制白酒 HCN 含量不得大于 2mg/L。

使用上述原料酿酒时，可对原料进行预处理以减少毒性。预处理的方法有用热水浸泡、晾晒、清蒸，也可使用酶制剂分解前体物。

（五）其他有害成分

糠醛对人体也有害。使用玉米芯、稻壳、麸皮等辅料都会生成糠醛。在可能的情况下减少辅料用量并清蒸辅料以减少其含量。

黄曲霉毒素：玉米、大米等粮食原料，如果贮存不当发霉变质，就会产生黄曲霉毒素。

黄曲霉毒素是极强的致癌物，尤其容易诱发肝癌。

原料的农药残留也有可能进入酒中。

三、白酒质量标准

见附录白酒产品标准。

第四节　白酒的品评

一、品评的作用

品评也叫感官分析，就是利用人的感觉器官来鉴别白酒的质量。白酒的色、香、味对人的视觉、嗅觉、味觉都有冲击，人体的感觉器官有很高的灵敏度，因此品评能在很短的时间对产品质量做出判断。品评对生产企业、经销商、质量管理部门以及消费者都很重要。企业对半成品酒入库前的分级、勾兑前后对比、保证出厂产品的稳定性等环节都需要化学与仪器分析和品评的结合。

二、感官分析的基础知识

（一）感官分析概述

人们利用自己的感觉器官对食品做出评价这种方法已经有很长的历史。以往担任评判的都是某些专家。在很多时候，他们的评价结果具有绝对权威性。这种方式被称为原始的感官分析。但这种方法也有很多弊端：第一，专家只能是少数人；第二，不同的人具有不同的敏感性和嗜好；第三，人的感觉状态和环境条件的变化对结果有影响；第四，人具有感情倾向和利益冲突，会使结果有偏向性；第五，专家的评价和普通消费者的评价有差别。为了克服以上这些不足，逐渐将心理学、生理学、统计学的知识引入感官分析，尽量避免原始的感官分析中存在的缺陷，发展到今天的现代感官分析。

现代感官分析包括两方面的内容：一是以人的感官测定物品的特性；二是以物品来获知人的特性。每次的感官分析都是根据实验目的不同由不同性质的评价小组承担，试验的最终结论是评价小组的评价员各自分析结果的综合。所以在现代感官分析中，并不看重个人的结论，而是注重评价员的综合结论。

根据目的不同，可以把感官分析分为两大类型：一是分析型感官分析（也叫A型感官分析）；二是偏爱型感官分析（也叫B型感官分析）。所谓分析型感官分析是用人来测定物品的质量或鉴别物品之间的差异，如产品评优、检查质量等都属于这种类型。而偏爱型感官分析是用物品来检测人的感觉反应。如对新产品的评价和对产品的市场调查用的都是这种方法。酿酒企业在产品开发、生产、质量管理和销售环节，应根据情况选择不同的感官分析类型。

（二）感觉器官及其特征

品评是依靠个人的感觉器官来进行的，了解感觉器官的生理特点有助于更客观地看待品评的作用。

1. 视觉器官及其特征

眼是人的视觉器官，当眼睛看到景物时，视网膜上的光敏细胞就会产生电脉冲，电脉冲沿着神经纤维传递到视神经中枢后就在大脑中形成景物的印象。在不同的光照条件下，眼睛对被观察物的感受性是不同的。所以感官分析应在相同的光照条件下进行。对于评酒室来说，要有标准照度。

2. 嗅觉器官及其特征

鼻是人的嗅觉器官，当嗅觉器官受到气味分子刺激时，神经末梢便将它们转变为脉冲信号通向大脑。大脑接收后就形成对刺激气味的特性和强度的感觉印象。

3. 嗅觉有如下特征

嗅觉适应（也叫嗅觉疲劳）是指当气味物质作用于嗅觉器官一定时间后嗅觉器官感受性降低的现象。所谓“入芝兰之室，久而不闻其香”就是这个道理。嗅觉的相互作用：当有几种不同的气味同时存在，感觉器官可以有不同的反映，一种气味掩盖了另一种气味称为掩蔽效应；气味彼此抵消以至无味称为中和作用；当然也有可能互不影响，也有可能产生一种新气味。

4. 味觉器官及其特征

味蕾是人的味感受器，味蕾由味觉细胞和支持细胞组成。味蕾大部分分布在舌面，小部分在软腭和咽喉。舌的不同部位对味觉有不同的敏感性。舌尖对甜味敏感；舌根则对苦味敏感；舌前两侧对咸味敏感；舌后两侧对酸味敏感。唾液有助于引起味感觉，一种解释是说因为只有溶于水中的物质才能刺激味蕾；另一种说法是唾液中的酶帮助传达基本味觉。碱性磷酸酶传达甜味和咸味，脱氢酶传达酸味，核糖核酸酶传达苦味。

味觉有如下特征：味觉与嗅觉密切相关，人们都知道口腔和鼻腔是相通的，所说的“香味”实际包含着“香气和口味”，因为嗅觉和味觉是互相影响的。品酒时，从口腔咽下酒后，就会产生呼气动作，使带有气味的分子向鼻腔运动，因而产生了回味。味觉适应是指某种物质在口腔里维持一段时间后，引起感觉强度逐渐降低的现象。如果连续吃三块糖，会觉得最后一块糖不如第一块甜就是这个道理。味觉的相互作用包括味的对比作用，如吃完有苦味的东西再吃甜的会觉得更甜；味的消杀作用，如把酸的和甜的东西混合后，原来的酸味和甜味都会减弱；味的相乘作用，如具有鲜味的谷氨酸和鸟苷酸混合后鲜味会大大增强。味觉还与温度有关，酸味的敏感度随温度升高而升高；苦味和咸味的敏感度随温度升高而降低；而甜味受温度的影响不大。

生理学上认为基本味觉有四种：甜、酸、苦、咸，后来认为“鲜”是第五味。辣和涩都不属于基本味觉，它们是神经末梢受到刺激后的感觉。辣又可分为火辣和辛辣。火辣是在口腔中引起烧灼感，辛辣是除作用口腔黏膜外，还能刺激嗅觉器官，如芥末。涩是口腔黏膜蛋白质被凝固而引起的收敛感觉。

（三）感觉阈值、风味阈值与风味强度

感觉的产生需要有适当的刺激，感觉阈值是指刚能引起感觉的最小刺激量。风味阈值就是某种风味物质能引起人们感觉的最小含量。阈值是通过感官试验决定的。但是，仅用风味阈值还不能完全表示某一物质对风味的影响程度。判断一种物质对风味的影响程度需要同时考虑该物质的浓度和阈值，这就是风味强度。某种风味物质的风味强度是它的浓度与它的风味阈值的比值。下式给出它们之间的关系：

$$U=\frac{F}{T}$$

式中　U——风味强度；

F——风味物质的含量；

T——风味阈值。

从三者的关系可以知道，当某种组分的阈值小，浓度大时，给人的感觉刺激就强烈，反之亦然。这也有助于理解，当多种物质同时存在并且浓度相差不大时，有些人们能感觉到，而有些人们感觉不到。也就是说，同样浓度下，阈值小的风味成分，其风味强度大；而阈值大的风味成分，其风味强度小。

需要指出的是，同一物质在不同的介质中其阈值是不一样的。即便是在乙醇-水这一简单体系中，当两者的比例发生变化时，其中香味组分的阈值都会发生改变。也就是说在高度酒中适合的香味组分的量比关系，在低度酒中不一定适合。这也是被人们的经验所证明的。

还有很重要的一点是组分之间的互相影响。例如，乙酸乙酯和乳酸乙酯共存时的复合香气，与乙酸乙酯和己酸乙酯共存时的复合香气是不一样的。可以想见，当数百种组分共同存在时，有一种或数种发生变化时，引起的复合香气的改变是相当复杂的。

三、白酒的品评方法

对白酒的评价包括色、香、味、格四方面。

（一）观色

白酒应是无色的，清亮透明，无悬浮物，无沉淀物的液体（酱香型酒可有微黄

色）。观察色泽时可以白纸做底来对比，在观察透明度、有无悬浮物及沉淀物时要将酒杯举起，对光观察。

（二）闻香

无论何种香型，质量上乘的白酒都应是香气纯正宜人，无邪杂味。闻香时酒样的装量要一样多，一般在1/2～2/3杯。酒杯与鼻子的距离在2cm左右。对酒吸气，吸气强度要均匀。先粗闻，然后按香气从弱到强将酒样排队后再闻。如果有气味不正的酒样将其放在最后。对香气相近的样品不好判断时，可把酒样滴到手上，借助体温使酒液增加挥发性帮助做出准确判断。

（三）尝味

现在大多数人对白酒的口味要求已从原来的“够劲”转向“柔和”。入口绵甜、香味协调、余味悠长的酒受到欢迎。尝酒时每个酒样的入口量都要保持一致：一般不超过2mL。注意酒液入口时要稳，使酒先接触舌尖，然后是舌两侧，最后是舌根，让酒布满舌面并仔细辨别味道。酒咽下后要张口吸气再闭口呼气来品酒的后味。酒样尝味的顺序与闻香时的排序要一致，先淡后浓，有异常口味的放到最后再尝。

（四）判断风格

对一般的人来说酒的“风格”似乎不可思议。就像人的“风度”一样仁者见仁，智者见智。在白酒的质量标准中关于风格的描述是“具有本品的风格”，什么是“风格”呢？

风格是酒的色、香、味全面品质的综合反应，就是该酒典型的风味特征，是酒既抽象又具体的总体特征的体现。每一个白酒产品都有其独特风格，并且应该长期稳定。

同种香型不同等级的酒，其口味差别主要表现在是否绵甜、醇厚、丰满、细腻、谐调、爽净、回味等。任何香型的白酒，口味纯正、余味爽净是基本要求。优质酒不应有明显的爆辣、后苦、酸涩和任何邪杂味。

四、白酒评酒记录表及计分标准

（一）白酒评酒记录表

酒样编号	评酒计分				总分 100分	评语	名次
	色 10分	香 25分	味 50分	风格 15分			

（二）计分标准

1. 色（10分）

无色透明	10
浑浊	－4
沉淀	－2
悬浮物	－2
带色（除淡黄色外）	－2

2. 香（25分）

具备本香型的特点	25
放香不足	－2
香气不纯	－2
香气不正	－2
带有异香	－2
有不愉快的气味	－4
有杂醇油味	－5
有其他臭味	－7

3. 味（50分）

具有本香型的口味特点	50
欠绵软	－2
欠回甜	－2
淡薄	－2
冲辣	－3
后味短	－2
后味淡	－2
后味苦	－3
涩味	－5
焦糊味	－5
辅料味	－5
稍子味	－5
杂醇油味	－5
糠腥味	－5
其他邪杂味	－6

4. 风格（15分）

具有本香型的特有风格	15
风格不突出	－5
偏格	－5
错格	－5

五、对品酒环境与评酒员的要求

（一）对环境的要求

环境对感官分析有两方面的影响：一是对分析人员产生影响；二是影响分析样品的品质，例如温度对样品的影响就比较显著。

品酒环境的基本要求是：清洁整齐，空气新鲜，采光及照明符合要求。室内温度18～22℃，相对湿度50%～60%，噪声小于40dB。品酒桌上应铺白色台布并有上下水系统。使用无色透明的无花玻璃杯。品酒室要远离食堂、车间、卫生间等有干扰气味的地方。

评酒时间以上午9～11时，下午3～5时为宜。考虑到温度会影响对香味的感觉，各轮次酒样的温度要尽量保持一致。

（二）对评酒员的要求

评酒员应具有对色、香、味灵敏的感觉。感觉的敏锐与否，与遗传有关，也与训练有关。一个好的评酒员除天生具备敏锐的感觉外，还要努力学习并在实践中不断积累经验，全面提高能力。评酒员要注意保护自己的感觉器官，不吃刺激性强的食物，不酗酒，加强身体锻炼，预防疾病。评酒时不使用化妆品。评酒员要有良好的职业道德、社会责任感以及实事求是和认真负责的工作态度。

六、白酒品评新方法

近年来随着风味化学知识及计算机技术的应用，白酒的品评技术也在不断的进步和发展。中国酿酒工业协会吸收各方经验设计了BJPJ-白酒品评计算机辅助系统。

具体内容可以参见全国酿酒行业职业技能鉴定培训教程：《白酒品酒师》系列。

附录　白酒产品标准

一、浓香型白酒

1. 范围

本标准规定了浓香型白酒的术语和定义、产品分类、要求、分析方法、检测规则和标志、包装、运输、贮存。

本标准适用于浓香型白酒的生产、检验与销售。

2. 规范性引用文件

下列文件中的条款通过本标准的引用而成为本标准的条款。凡是注日期的引用文件，其随后所有的修改单（不包括勘误的内容）或修订版均不适用于本标准，然而，鼓励根据本标准达成协议的各方研究是否可使用这些文件的最新版本。凡是不注日期的引用文件，其最新版本适用于本标准。

GB 2757　蒸馏酒及配制酒卫生标准

GB 10344　预包装饮料酒标签通则

GB/T 10345　白酒分析方法

GB/T 10346　白酒检验规则和标志、包装、运输、贮存

JJF 1070　定量包装商品净含量计量检验规则

国家质量监督检验检疫总局［2005］第75号令定量包装商品计量监督管理办法

3. 术语和定义

下列术语和定义适用于本标准。

浓香型白酒（strong flavor Chinese spirits）。

以粮谷为原料，经传统固态法发酵、蒸馏、陈酿、勾兑而成的，未添加食用酒精及非白酒发酵产生的呈香呈味物质，具有以己酸乙酯为主体复合香的白酒。

4. 产品分类

按产品的酒精度分类如下。

高度酒：酒精度41%～68%（体积分数）。

低度酒：酒精度25%～40%（体积分数）。

5. 要求

（1）感官要求　高度酒、低度酒的感官要求应分别符合附表1和附表2的规定。

附表 1　高度酒的感官要求

项　目	优　　级	一　　级
色泽和外观	无色或微黄,清亮透明,无悬浮物,无沉淀①	
香气	具有浓郁的己酸乙酯为主体的复合香气	具有较浓郁的己酸乙酯为主体的复合香气
口味	酒体醇和谐调,绵甜爽净,余味悠长	酒体较醇和谐调,绵甜爽净,余味较长
风格	具有本品典型的风格	具有本品明显的风格

① 当酒的温度低于 10℃时，允许出现白色絮状沉淀物质或失光。10℃以上时应逐渐恢复正常。

附表 2　低度酒的感官要求

项目	优　　级	一　　级
色泽和外观	无色或微黄,清亮透明,无悬浮物,无沉淀①	
香气	具有较浓郁的己酸乙酯为主体的复合香气	具有己酸乙酯为主体的复合香气
口味	酒体醇和谐调,绵甜爽净,余味较长	酒体较醇和谐调,绵甜爽净
风格	具有本品典型的风格	具有本品明显的风格

① 当酒的温度低于 10℃时，允许出现白色絮状沉淀物质或失光。10℃以上时应逐渐恢复正常。

（2）理化要求　高度酒、低度酒的理化要求应分别符合附表 3 和附表 4 的规定。

附表 3　高度酒的理化要求

项　　目		优　　级		一　　级
酒精度(体积分数)/%		41～60	61～68	41～68
总酸(以乙酸计)/(g/L)	≥	0.40		0.30
总酯(以乙酸乙酯计)/(g/L)	≥	2.00		1.50
己酸乙酯/(g/L)		1.20～2.80	1.20～3.50	0.60～2.50
固形物/(g/L)	≤	0.40①		

① 酒精度 41%～49%（体积分数）的酒，固形物可小于或等于 0.50g/L。

附表 4　低度酒的理化要求

项　　目		优　　级	一　　级
酒精度(体积分数)/%		25～40	
总酸(以乙酸计)/(g/L)	≥	0.30	0.25
总酯(以乙酸乙酯计)/(g/L)	≥	1.50	1.00
己酸乙酯/(g/L)		0.70～2.20	0.40～2.20
固形物/(g/L)	≤	0.70	

（3）卫生要求　应符合 GB 2757 的规定。

（4）净含量　按国家质量监督检验检疫总局［2005］第 75 号令执行。

6. 分析方法

感官要求、理化要求的检验按 GB/T 10345 执行。

净含量的检验按 JJF 1070 执行。

7. 检验规则和标志、包装、运输、贮存

① 检验规则和标志、包装、运输、贮存按 GB/T 10346 执行。

② 酒精度按 GB 10344 的规定，可表示为“%vol”。酒精度实测值与标签标示值允许差为±1.0%vol。

二、清香型白酒

1. 范围

本标准规定了清香型白酒的术语和定义、产品分类、要求、分析方法、检测规则和标志、包装、运输、贮存。

本标准适用于清香型白酒的生产、检验与销售。

2. 规范性引用文件

下列文件中的条款通过本标准的引用而成为本标准的条款。凡是注日期的引用文件，其随后所有的修改单（不包括勘误的内容）或修订版均不适用于本标准，然而，鼓励根据本标准达成协议的各方研究是否可使用这些文件的最新版本。凡是不注日期的引用文件，其最新版本适用于本标准。

GB 2757　蒸馏酒及配制酒卫生标准

GB 10344　预包装饮料酒标签通则

GB/T 10345　白酒分析方法

GB/T 10346　白酒检验规则和标志、包装、运输、贮存

JJF 1070　定量包装商品净含量计量检验规则

国家质量监督检验检疫总局［2005］第 75 号令定量包装商品计量监督管理办法

3. 术语和定义

下列术语和定义适用于本标准。

清香型白酒（mild flavor Chinese spirits）。

以粮谷为原料，经传统固态法发酵、蒸馏、陈酿、勾兑而成的，未添加食用酒精及非白酒发酵产生的呈香呈味物质，具有以乙酸乙酯为主体复合香的白酒。

4. 产品分类

按产品的酒精度分类如下。

高度酒：酒精度 41%～68%（体积分数）。

低度酒：酒精度 25%～40%（体积分数）。

5. 要求

(1) 感官要求　高度酒、低度酒的感官要求应分别符合附表 5 和附表 6 的规定。

附表 5　高度酒的感官要求

项　目	优　级	一　级
色泽和外观	无色或微黄，清亮透明，无悬浮物，无沉淀[①]	
香气	清香纯正，具有以乙酸乙酯为主体的优雅、谐调的复合香气	清香较纯正，具有乙酸乙酯为主体的复合香气
口味	酒体柔和谐调，绵甜爽净，余味悠长	酒体较柔和谐调，绵甜爽净，有余味
风格	具有本品典型的风格	具有本品明显的风格

① 当酒的温度低于 10℃时，允许出现白色絮状沉淀物质或失光。10℃以上时应逐渐恢复正常。

附表 6　低度酒的感官要求

项　目	优　级	一　级
色泽和外观	无色或微黄，清亮透明，无悬浮物，无沉淀[①]	
香气	清香纯正，具有以乙酸乙酯为主体的清雅、谐调的复合香气	清香较纯正，具有乙酸乙酯为主体的香气
口味	酒体柔和谐调，绵甜爽净，余味较长	酒体较柔和谐调，绵甜爽净，有余味
风格	具有本品典型的风格	具有本品明显的风格

① 当酒的温度低于 10℃时，允许出现白色絮状沉淀物质或失光。10℃以上时应逐渐恢复正常。

（2）理化要求　高度酒、低度酒的理化要求应分别符合附表 7 和附表 8 的规定。

附表 7　高度酒的理化要求

项　目		优　级	一　级
酒精度（体积分数）/%		41～68	
总酸（以乙酸计）/(g/L)	≥	0.40	0.30
总酯（以乙酸乙酯计）/(g/L)	≥	1.00	0.60
乙酸乙酯/(g/L)		0.60～2.60	0.30～2.60
固形物/(g/L)	≤	0.40[①]	

① 酒精度 41%～49%（体积分数）的酒，固形物可小于或等于 0.50g/L。

附表 8　低度酒的理化要求

项　目		优　级	一　级
酒精度（体积分数）/%		25～40	
总酸（以乙酸计）/(g/L)	≥	0.25	0.20
总酯（以乙酸乙酯计）/(g/L)	≥	0.70	0.40
乙酸乙酯/(g/L)		0.40～2.20	0.20～2.20
固形物/(g/L)	≤	0.70	

（3）卫生要求　应符合 GB 2757 的规定。

（4）净含量　按国家质量监督检验检疫总局［2005］第 75 号令执行。

6. 分析方法

感官要求、理化要求的检验按 GB/T 10345 执行。

净含量的检验按 JJF 1070 执行。

7. 检验规则和标志、包装、运输、贮存

① 检验规则和标志、包装、运输、贮存按 GB/T 10346 执行。

② 酒精度按 GB 10344 的规定，可表示为“%vol”。酒精度实测值与标签标示值允许差为±1.0%vol。

三、米香型白酒

1. 范围

本标准规定了米香型白酒的术语和定义、产品分类、要求、分析方法、检测规则和标志、包装、运输、贮存。

本标准适用于米香型白酒的生产、检验与销售。

2. 规范性引用文件

下列文件中的条款通过本标准的引用而成为本标准的条款。凡是注日期的引用文件，其随后所有的修改单（不包括勘误的内容）或修订版均不适用于本标准，然而，鼓励根据本标准达成协议的各方研究是否可使用这些文件的最新版本。凡是不注日期的引用文件，其最新版本适用于本标准。

GB 2757　蒸馏酒及配制酒卫生标准

GB 10344　预包装饮料酒标签通则

GB/T 10345　白酒分析方法

GB/T 10346　白酒检验规则和标志、包装、运输、贮存

JJF 1070　定量包装商品净含量计量检验规则

国家质量监督检验检疫总局［2005］第 75 号令定量包装商品计量监督管理办法

3. 术语和定义

下列术语和定义适用于本标准。

米香型白酒（rice flavor Chinese spirits）。

以大米等为原料，经传统半固态法发酵、蒸馏、陈酿、勾兑而成的，未添加食用酒精及非白酒发酵产生的呈香呈味物质，具有以乳酸乙酯、β-苯乙醇为主体复合香的白酒。

4. 产品分类

按产品的酒精度分类如下。

高度酒：酒精度 41%～68%（体积分数）。

低度酒：酒精度 25%～40%（体积分数）。

5. 要求

（1）感官要求　高度酒、低度酒的感官要求应分别符合附表 9 和附表 10 的

规定。

附表 9　高度酒的感官要求

项　目	优　　级	一　　级
色泽和外观	无色，清亮透明，无悬浮物，无沉淀①	
香气	米香纯正，清雅	米香纯正
口味	酒体醇和，绵甜、爽冽，回味怡畅	酒体较醇和，绵甜、爽冽，回味较畅
风格	具有本品典型的风格	具有本品明显的风格

① 当酒的温度低于 10℃时，允许出现白色絮状沉淀物质或失光。10℃以上时应逐渐恢复正常。

附表 10　低度酒的感官要求

项　目	优　　级	一　　级
色泽和外观	无色，清亮透明，无悬浮物，无沉淀①	
香气	米香纯正，清雅	米香纯正
口味	酒体醇和，绵甜、爽冽，回味较怡畅	酒体较醇和，绵甜、爽冽，有回味
风格	具有本品典型的风格	具有本品明显的风格

① 当酒的温度低于 10℃时，允许出现白色絮状沉淀物质或失光。10℃以上时应逐渐恢复正常。

（2）理化要求　高度酒、低度酒的理化要求应分别符合附表 11 和附表 12 的规定。

附表 11　高度酒的理化要求

项　　目		优　　级	一　　级
酒精度（体积分数）/%		41～68	
总酸（以乙酸计）/(g/L)	≥	0.30	0.25
总酯（以乙酸乙酯计）/(g/L)	≥	0.80	0.65
乳酸乙酯/(g/L)	≥	0.50	0.40
β-苯乙醇/(mg/L)	≥	30	20
固形物/(g/L)	≤	0.40①	

① 酒精度 41%～49%（体积分数）的酒，固形物可小于或等于 0.50g/L。

附表 12　低度酒的理化要求

项　　目		优　　级	一　　级
酒精度（体积分数）/%		25～40	
总酸（以乙酸计）/(g/L)	≥	0.25	0.20
总酯（以乙酸乙酯计）/(g/L)	≥	0.45	0.35
乳酸乙酯/(g/L)	≥	0.30	0.20
β-苯乙醇/(mg/L)	≥	15	10
固形物/(g/L)	≤	0.70	

（3）卫生要求　应符合 GB 2757 的规定。

（4）净含量　按国家质量监督检验检疫总局［2005］第 75 号令执行。

6. 分析方法

感官要求、理化要求的检验按 GB/T 10345 执行。

净含量的检验按 JJF 1070 执行。

7. 检验规则和标志、包装、运输、贮存

① 检验规则和标志、包装、运输、贮存按 GB/T 10346 执行。

② 酒精度按 GB 10344 的规定，可表示为“%vol”。酒精度实测值与标签标示值允许差为±1.0%vol。

四、液态法白酒

1. 范围

本标准规定了液态法白酒的术语和定义、产品分类、要求、分析方法、检验规则和标志、包装、运输、贮存。

本标准适用于液态法白酒的生产、检验与销售。

2. 规范性引用文件

下列文件中的条款通过本标准的引用而成为本标准的条款。凡是注日期的引用文件，其随后所有的修改单（不包括勘误的内容）或修订版均不适用于本标准，然而，鼓励根据本标准达成协议的各方研究是否可使用这些文件的最新版本。凡是不注日期的引用文件，其最新版本适用于本标准。

GB 2757　蒸馏酒及配制酒卫生标准

GB 2760　食品添加剂使用卫生标准

GB/T 5009.48　蒸馏酒与配制酒卫生标准的分析方法

GB 10344　预包装饮料酒标签通则

GB/T 10345　白酒分析方法

GB/T 10346　白酒检测规则和标志、包装、运输、贮存

JJF 1070　定量包装商品净含量计量检验规则

国家质量监督检验检疫总局［2005］第 75 号令定量包装商品计量监督管理办法

3. 术语和定义

下列术语和定义适用于本标准。

液态法白酒（Chinese spirits by liquid fermentation）。

以含淀粉、糖类物质为原料，采用液态糖化、发酵、蒸馏所得的基酒（或食用酒精），可用香醅串香或用食用添加剂调味调香，勾调而成的白酒。

4. 产品分类

按产品的酒精度分类如下。

高度酒：酒精度 41%～60%（体积分数）。

低度酒：酒精度 18%～40%（体积分数）。

5. 要求

（1）感官要求　高度酒、低度酒的感官要求应符合附表 13 的规定。

附表 13　高度酒、低度酒的感官要求

项　　目	高度酒	低度酒
色泽和外观	无色或微黄，清亮透明，无悬浮物，无沉淀	
香气	具有纯正、舒适、协调的香气	
口味	具有醇甜、柔和、爽净的口味	
风格	具有本品的风格	

（2）理化要求　高度酒、低度酒的理化要求应符合附表 14 的规定。

附表 14　高度酒、低度酒的理化要求

项　　目		高度酒	低度酒
酒精度(体积分数)/%		41～60	18～40
总酸(以乙酸计)/(g/L)	≥	0.25	0.10
总酯(以乙酸乙酯计)/(g/L)	≥	0.40	0.20

（3）卫生要求　除甲醇、铅应符合附表 15 的要求外，其余要求应符合 GB 2757 的规定。

附表 15　卫生要求

项　　目		高度酒	低度酒
甲醇/(g/L)	≤	0.30	
铅/(mg/L)	≤	0.5	
食品添加剂		符合 GB 2760 的规定	

注：甲醇指标按酒精度 60%（体积分数）折算。

（4）净含量　按国家质量监督检验检疫总局［2005］第 75 号令执行。

6. 分析方法

感官要求、理化要求的检验按 GB/T 10345 执行。

卫生要求的检验按 GB/T 5009.48 执行。

净含量的检验按 JJF 1070 执行。

7. 检验规则和标志、包装、运输、贮存

① 检验规则和标志、包装、运输、贮存按 GB/T 10346 执行。

② 标签应符合 GB 10344 的规定，酒精度可表示为“%vol”。酒精度实测值与标签标示值允许差为±1.0%vol。

五、固液法白酒

1. 范围

本标准规定了固液法白酒的术语和定义、产品分类、要求、分析方法、检验规则和标志、包装、运输、贮存。

本标准适用于固液法白酒的生产、检验与销售。

2. 规范性引用文件

下列文件中的条款通过本标准的引用而成为本标准的条款。凡是注日期的引用文件，其随后所有的修改单（不包括勘误的内容）或修订版均不适用于本标准，然而，鼓励根据本标准达成协议的各方研究是否可使用这些文件的最新版本。凡是不注日期的引用文件，其最新版本适用于本标准。

GB 2757 蒸馏酒及配制酒卫生标准

GB/T 5009.48 蒸馏酒与配制酒卫生标准的分析方法

GB 10344 预包装饮料酒标签通则

GB/T 10345 白酒分析方法

GB/T 10346 白酒检验规则和标志、包装、运输、贮存

JJF 1070 定量包装商品净含量计量检验规则

国家质量监督检验检疫总局［2005］第75号令定量包装商品计量监督管理办法

3. 术语和定义

下列术语和定义适用于本标准。

（1）固态法白酒（Chinese spirits by traditional fermentation） 以粮谷为原料，采用固态（或半固态）糖化、发酵、蒸馏，经陈酿、勾兑而成的，未添加食用酒精及非白酒发酵产生的呈香呈味物质，具有本品固有风格特征的白酒。

（2）液态法白酒（Chinese spirits by liquid fermentation） 以含淀粉、糖类物质为原料，采用液态糖化、发酵、蒸馏所得的基酒（或食用酒精），可用香醅串香或用食用添加剂调味调香，勾调而成的白酒。

（3）固液法白酒（Chinese spirits made from tradition and liquid fermentation） 以固态法白酒（不低于30%）、液态法白酒勾调而成的白酒。

4. 产品分类

按产品的酒精度分类如下。

高度酒：酒精度41%～60%（体积分数）。

低度酒：酒精度18%～40%（体积分数）。

5. 要求

（1）感官要求 高度酒、低度酒的感官要求应符合附表16的规定。

附表 16　高度酒、低度酒的感官要求

项　目	高度酒	低度酒
色泽和外观	无色或微黄，清亮透明，无悬浮物，无沉淀①	
香气	具有本品特有的香气	
口味	酒体柔顺、醇甜、爽净	酒体柔顺、醇甜、较爽净
风格	具有本品典型的风格	

① 当酒的温度低于 10℃时，允许出现白色絮状沉淀物质或失光。10℃以上时应逐渐恢复正常。

（2）理化要求　高度酒、低度酒的理化要求应符合附表 17 的规定。

附表 17　高度酒、低度酒的理化要求

项　目		高度酒	低度酒
酒精度（体积分数）/%		41～60	18～40
总酸（以乙酸计）/（g/L）	≥	0.30	0.20
总酯（以乙酸乙酯计）/（g/L）	≥	0.60	0.35

（3）卫生要求　除甲醇、铅应符合附表 18 的要求外，其余要求应符合 GB 2757 的规定。

附表 18　卫生要求

项　目		高度酒	低度酒
甲醇/（g/L）	≤	0.30	
铅/（mg/L）	≤	0.50	

注：甲醇指标按酒精度 60%（体积分数）折算。

（4）净含量　按国家质量监督检验检疫总局［2005］第 75 号令执行。

6. 分析方法

感官要求、理化要求的检验按 GB/T 10345 执行。

卫生要求的检验按 GB/T 5009.48 执行。

净含量的检验按 JJF 1070 执行。

7. 检验规则和标志、包装、运输、贮存

① 检验规则和标志、包装、运输、贮存按 GB/T 10346 执行。

② 标签应符合 GB 10344 的规定，酒精度可表示为“%vol”。酒精度实测值与标签标示值允许差为±1.0%vol。

六、特香型白酒

1. 范围

本标准规定了特香型白酒的术语和定义、产品分类、要求、分析方法、检验规则和标志、包装、运输、贮存。

本标准适用于特香型白酒的生产、检验与销售。

2. 规范性引用文件

下列文件中的条款通过本标准的引用而成为本标准的条款。凡是注日期的引用文件，其随后所有的修改单（不包括勘误的内容）或修订版均不适用于本标准，然而，鼓励根据本标准达成协议的各方研究是否可使用这些文件的最新版本。凡是不注日期的引用文件，其最新版本适用于本标准。

GB 2757　蒸馏酒及配制酒卫生标准

GB 10344　预包装饮料酒标签通则

GB/T 10345　白酒分析方法

GB/T 10346　白酒检验规则和标志、包装、运输、贮存

JJF 1070　定量包装商品净含量计量检验规则

国家质量监督检验检疫总局［2005］第 75 号令定量包装商品计量监督管理办法

3. 术语和定义

下列术语和定义适用于本标准。

特香型白酒（Te-flavor Chinese spirits）。

以大米为主要原料，经传统固态法发酵、蒸馏、陈酿、勾兑而成的，未添加食用酒精及非白酒发酵产生的呈香呈味物质，具有特香型风格的白酒。

注：按传统工艺生产的一级酒允许添加适量的蔗糖。

4. 产品分类

按产品的酒精度分类如下。

高度酒：酒精度 41%～68%（体积分数）。

低度酒：酒精度 18%～40%（体积分数）。

5. 要求

（1）感官要求　高度酒、低度酒的感官要求应符合附表 19 和附表 20 的规定。

附表 19　高度酒的感官要求

项　目	优　　级	一　　级
色泽和外观	无色或微黄，清亮透明，无悬浮物，无沉淀①	
香气	幽雅舒适，诸香协调，具有浓、清、酱三香，但均不露头的复合香气	诸香尚协调，具有浓、清、酱三香，但均不露头的复合香气
口味	柔绵醇和，醇甜，香味谐调，余味悠长	味较醇和，醇香，香味谐调，有余味
风格	具有本品典型的风格	具有本品明显的风格

① 当酒的温度低于 10℃时，允许出现白色絮状沉淀物质或失光。10℃以上时应逐渐恢复正常。

（2）理化要求　高度酒、低度酒的理化要求应符合附表 21 和附表 22 的规定。

附表 20　低度酒的感官要求

项　目	优　　级	一　　级
色泽和外观	无色或微黄，清亮透明，无悬浮物，无沉淀①	
香气	优雅舒适，诸香较协调，具有浓、清、酱三香，但均不露头的复合香气	诸香尚谐调，具有浓、清、酱三香，但均不露头的复合香气
口味	柔绵醇和，微甜，香味协调，余味悠长	味较醇和，醇香，香味谐调，有余味
风格	具有本品典型的风格	具有本品明显的风格

① 当酒的温度低于 10℃时，允许出现白色絮状沉淀物质或失光。10℃以上时应逐渐恢复正常。

附表 21　高度酒的理化要求

项　　目		优　　级	一　　级
酒精度(体积分数)/%		41～68	
总酸(以乙酸计)/(g/L)	≥	0.50	0.40
总酯(以乙酸乙酯计)/(g/L)	≥	2.00	1.50
丙酸乙酯/(mg/L)	≥	20	15
固形物/(g/L)	≤	0.7	—

附表 22　低度酒的理化要求

项　　目		优　　级	一　　级
酒精度(体积分数)/%		18～40	
总酸(以乙酸计)/(g/L)	≥	0.40	0.25
总酯(以乙酸乙酯计)/(g/L)	≥	1.80	1.20
丙酸乙酯/(mg/L)		15	16
固形物/(g/L)	≤	0.9	—

(3) 卫生要求　应符合 GB 2757 的规定。

(4) 净含量　按国家质量监督检验检疫总局［2005］第 75 号令执行。

6. 分析方法

感官要求、理化要求的检验按 GB/T 10345 执行。一级酒应先蒸馏后，在进行检验。

净含量的检验按 JJF 1070 执行。

7. 检验规则和标志、包装、运输、贮存

① 检验规则和标志、包装、运输、贮存按 GB/T 10346 执行。

② 标签应符合 GB 10344 的规定，酒精度可表示为“%vol”。酒精度实测值与标签标示值允许差为±1.0%vol。

七、芝麻香型白酒

1. 范围

本标准规定了芝麻香型白酒的术语和定义、产品分类、要求、分析方法、检验规则和标志、包装、运输、贮存。

本标准适用于芝麻香型白酒的生产、检验与销售。

2. 规范性引用文件

下列文件中的条款通过本标准的引用而成为本标准的条款。凡是注日期的引用文件，其随后所有的修改单（不包括勘误的内容）或修订版均不适用于本标准，然而，鼓励根据本标准达成协议的各方研究是否可使用这些文件的最新版本。凡是不注日期的引用文件，其最新版本适用于本标准。

GB 2757　蒸馏酒及配制酒卫生标准

GB 10344　预包装饮料酒标签通则

GB/T 10345　白酒分析方法

GB/T 10346　白酒检验规则和标志、包装、运输、贮存

JJF 1070　定量包装商品净含量计量检验规则

国家质量监督检验检疫总局［2005］第 75 号令定量包装商品计量监督管理办法

3. 术语和定义

下列术语和定义适用于本标准。

芝麻香型白酒（Zhima-flavor Chinese spirits）。

以高粱、小麦（麸皮）等为原料，经传统固态法发酵、蒸馏、陈酿、勾兑而成的，未添加食用酒精及非白酒发酵产生的呈香呈味物质，具有芝麻香型风格的白酒。

4. 产品分类

按产品的酒精度分类如下。

高度酒：酒精度 41%～68%（体积分数）。

低度酒：酒精度 18%～40%（体积分数）。

5. 要求

（1）感官要求　高度酒、低度酒的感官要求应符合附表 23 和附表 24 的规定。

附表 23　高度酒的感官要求

项　目	优　级	一　级
色泽和外观	无色或微黄，清亮透明，无悬浮物，无沉淀①	
香气	芝麻香优雅纯正	芝麻香较纯正
口味	醇和细腻，香味谐调，余味悠长	较醇和，余味较长
风格	具有本品典型的风格	具有本品明显的风格

① 当酒的温度低于 10℃时，允许出现白色絮状沉淀物质或失光。10℃以上时应逐渐恢复正常。

附表 24　低度酒的感官要求

项　目	优　级	一　级
色泽和外观	无色或微黄,清亮透明,无悬浮物,无沉淀①	
香气	芝麻香较优雅纯正	有芝麻香
口味	醇和谐调,余味悠长	较醇和,余味较长
风格	具有本品典型的风格	具有本品明显的风格

① 当酒的温度低于 10℃时，允许出现白色絮状沉淀物质或失光。10℃以上时应逐渐恢复正常。

（2）理化要求　高度酒、低度酒的理化要求应符合附表 25 和附表 26 的规定。

附表 25　高度酒的理化要求

项　目		优　级	一　级
酒精度(体积分数)/%		41～68	
总酸(以乙酸计)/(g/L)	≥	0.50	0.30
总酯(以乙酸乙酯计)/(g/L)	≥	2.20	1.50
乙酸乙酯/(g/L)	≥	0.6	0.4
己酸乙酯/(g/L)		0.10～1.20	
3-甲硫基丙醇/(mg/L)	≥	0.50	
固形物/(g/L)	≤	0.7	

附表 26　低度酒的理化要求

项　目		优　级	一　级
酒精度(体积分数)/%		18～40	
总酸(以乙酸计)/(g/L)	≥	0.40	0.20
总酯(以乙酸乙酯计)/(g/L)	≥	1.80	1.20
乙酸乙酯/(g/L)	≥	0.5	0.3
己酸乙酯/(g/L)		0.10～1.00	
3-甲硫基丙醇/(mg/L)	≥	0.40	
固形物/(g/L)	≤	0.9	

（3）卫生要求　应符合 GB 2757 的规定

（4）净含量　按国家质量监督检验检疫总局［2005］第 75 号令执行。

6. 分析方法

感官要求、理化要求的检验按 GB/T 10345 执行。

净含量的检验按 JJF 1070 执行。

7. 检验规则和标志、包装、运输、贮存

① 检验规则和标志、包装、运输、贮存按 GB/T 10346 执行。

② 标签应符合 GB 10344 的规定，酒精度可表示为“%vol”。酒精度实测值与

标签标示值允许差为±1.0%vol。

八、老白干香型白酒

1. 范围

本标准规定了老白干香型白酒的术语和定义、产品分类、要求、分析方法、检验规则和标志、包装、运输、贮存。

本标准适用于老白干香型白酒的生产、检验与销售。

2. 规范性引用文件

下列文件中的条款通过本标准的引用而成为本标准的条款。凡是注日期的引用文件，其随后所有的修改单（不包括勘误的内容）或修订版均不适用于本标准，然而，鼓励根据本标准达成协议的各方研究是否可使用这些文件的最新版本。凡是不注日期的引用文件，其最新版本适用于本标准。

GB 2757　蒸馏酒及配制酒卫生标准

GB 10344　预包装饮料酒标签通则

GB/T 10345　白酒分析方法

GB/T 10346　白酒检测规则和标志、包装、运输、贮存

JJF 1070　定量包装商品净含量计量检验规则

国家质量监督检验检疫总局［2005］第75号令定量包装商品计量监督管理办法

3. 术语和定义

下列术语和定义适用于本标准。

老白干香型白酒（Laobaigan-flavor Chinese spirits）。

以粮谷为原料、经传统固态法发酵、蒸馏、陈酿、勾兑而成的，未添加食用酒精及非白酒发酵产生的呈香呈味物质，具有以乳酸乙酯、乙酸乙酯为主体复合香的白酒。

4. 产品分类

按产品的酒精度分类如下。

高度酒：酒精度41%～68%（体积分数）。

低度酒：酒精度18%～40%（体积分数）。

5. 要求

（1）感官要求　高度酒、低度酒的感官要求应符合附表27和附表28的规定。

附表27　高度酒的感官要求

项　目	优　级	一　级
色泽和外观	无色或微黄，清亮透明，无悬浮物，无沉淀[①]	
香气	醇香清雅，具有乳酸乙酯和乙酸乙酯为主体的自然谐调的复合香气	醇香清雅，具有乳酸乙酯和乙酸乙酯为主体的复合香气

续表

项　目	优　　级	一　　级
口味	酒体谐调，醇厚甘冽，回味悠长	酒体谐调，醇厚甘冽，回味悠长
风格	具有本品典型的风格	具有本品明显的风格

① 当酒的温度低于10℃时，允许出现白色絮状沉淀物质或失光。10℃以上时应逐渐恢复正常。

附表28　低度酒的感官要求

项　目	优　　级	一　　级
色泽和外观	无色或微黄，清亮透明，无悬浮物，无沉淀①	
香气	醇香清雅，具有乳酸乙酯和乙酸乙酯为主体的自然谐调的复合香气	醇香清雅，具有乳酸乙酯和乙酸乙酯为主体的复合香气
口味	酒体谐调，醇和甘润，回味较长	酒体谐调，醇和甘润，有回味
风格	具有本品典型的风格	具有本品明显的风格

① 当酒的温度低于10℃时，允许出现白色絮状沉淀物质或失光。10℃以上时应逐渐恢复正常。

(2) 理化要求　高度酒、低度酒的理化要求应符合附表29和附表30的规定。

附表29　高度酒的理化要求

项　　目		优　　级	一　　级
酒精度(体积分数)/%		41～68	
总酸(以乙酸计)/(g/L)	≥	0.40	0.30
总酯(以乙酸乙酯计)/(g/L)	≥	1.20	1.00
乳酸乙酯/乙酸乙酯	≥	0.8	
乳酸乙酯/(g/L)	≥	0.5	0.4
己酸乙酯/(g/L)	≤	0.03	
固形物/(g/L)	≤	0.5	

附表30　低度酒的理化要求

项　　目		优　　级	一　　级
酒精度(体积分数)/%		18～40	
总酸(以乙酸计)/(g/L)	≥	0.30	0.25
总酯(以乙酸乙酯计)/(g/L)	≥	1.00	0.80
乳酸乙酯/乙酸乙酯	≥	0.8	
乳酸乙酯/(g/L)	≥	0.4	0.3
己酸乙酯/(g/L)	≤	0.03	
固形物/(g/L)	≤	0.7	

(3) 卫生要求　应符合GB 2757的规定。

(4) 净含量　按国家质量监督检验检疫总局［2005］第75号令执行。

6. 分析方法

感官要求、理化要求的检验按 GB/T 10345 执行。

净含量的检验按 JJF 1070 执行。

7. 检验规则和标志、包装、运输、贮存

① 检验规则和标志、包装、运输、贮存按 GB/T 10346 执行。

② 标签应符合 GB 10344 的规定，酒精度可表示为“%vol”。酒精度实测值与标签标示值允许差为±1.0%vol。

九、绿色食品白酒

1. 范围

本标准规定了绿色食品白酒产品的定义、要求、试验方法、检验规则以及标志、标签、包装、运输、贮存。

本标准适用于各种香型、不同酒精度的 A 级绿色食品白酒。

2. 引用标准

下列标准所包含的条文，通过在本标准中引用而构成本标准的条文。本标准出版时，所示版本均为有效。所有标准都会被修订，适用本标准的各方应探讨使用下列标准最新版本的可能性。

GB 191—2000　包装储运图示标志

GB/T 5009.12—1996　食品中铅的测定方法

GB/T 5009.48—1996　蒸馏酒及配制酒卫生标准的分析方法

GB 10344—89　饮料酒标签标准

GB/T 10345.2—89　白酒感官评定方法

GB/T 10345.3—89　白酒中酒精度的试验方法

GB/T 10345.4—89　白酒中总酸的试验方法

GB/T 10345.5—89　白酒中总酯的试验方法

GB/T 10345.6—89　白酒中固形物的试验方法

GB/T 10345.7—89　白酒中乙酸乙酯的试验方法　气相色谱法

GB/T 10345.8—89　白酒中己酸乙酯的试验方法（GLC）

GB/T 10346—89　白酒检验规则

NY/T 391—2000　绿色食品产地环境技术条件

3. 定义

本标准采用下列定义。

（1）绿色食品（green food）　见 NY/T 391—2000 中 3.1。

（2）A 级绿色食品（A grade green food）　见 NY/T 391—2000 中 3.3。

4. 要求

（1）原辅材料要求

① 主要酿造原料　生产绿色食品白酒所用的粮食、谷物等主要酿造原料生产

基地环境应符合 NY/T 391 的要求，并按绿色食品生产操作规程生产，产品应符合绿色食品粮谷类产品标准要求且获绿色食品标志使用证书。

② 水　水应符合 NY/T 391—2000 中 4.5 要求。

（2）感官要求　绿色食品酒的感官要求见附表 31。

附表 31　绿色食品酒的感官要求

类型	浓香型	清香型	米香型	酱香型	其他香型
色泽	无色(浓、酱、其他香型允许有微黄色)，清亮透明，无悬浮物，无沉淀				
香气	具有浓郁、谐调的以己酸乙酯为主体的复合香气	清香纯正，具有乙酸乙酯为主体的清雅、谐调的复合香气	米香纯正，清雅	酱香浓郁，幽雅细腻，空杯留香持久	具有本品特色、纯正的香气
口味	绵甜爽净，香味谐调，余味悠长	口感柔和，绵甜爽净，谐调，饮后余味悠长	入口绵甜，落口爽净，回味怡畅	醇厚、丰盛、回味悠长	口感独特，香味谐调，回味悠长
风格	具本品突出独特风格，无异味				

（3）理化要求

① 高度酒的理化要求　绿色食品高度酒的理化要求应符合附表 32 的规定。

附表 32　绿色食品高度酒的理化要求

项　目	浓香型	清香型	米香型	酱香型	其他香型
酒精度(体积分数)/%	40.0～55.0				
总酸(以乙酸计)/(g/L)	0.5～1.7	0.4～0.9	≥0.3	≥1.3	0.3～1.7
总酯(以乙酸乙酯计)/(g/L)	≥2.5	1.4～4.2	≥1.0	≥2.5	≥2.5
固形物/(g/L)	≤0.4				
乙酸乙酯/(g/L)	—	0.8～2.6	—	—	—
己酸乙酯/(g/L)	1.5～2.5	—	—	—	—

注：1. 酒精度（体积分数）允许误差为±1.0%。

2. 酒精度（体积分数）为 40%～49%时，固形物≤0.5g/L。

② 低度酒的理化要求　绿色食品低度酒的理化要求应符合附表 33 的规定。

附表 33　绿色食品低度酒的理化要求

项　目	浓香型	清香型	米香型	酱香型	其他香型
酒精度(体积分数)/%	≤40.0				
总酸(以乙酸计)/(g/L)	0.35～1.5	0.3～0.9	≥0.25	≥1.0	0.3～1.5
总酯(以乙酸乙酯计)/(g/L)	≥2.0	1.2～3.8	≥0.6	≥2.0	≥2.0
固形物/(g/L)	≤0.7		≤0.6		
乙酸乙酯/(g/L)	—	0.65～2.2	—	—	—
己酸乙酯/(g/L)	1.2～2.2	—	—	—	—

注：1. 酒精度（体积分数）允许误差为±1.0%。

2. 酒精度（体积分数）≤32.0%时，固形物≤0.8g/L。

（4）安全卫生要求　绿色食品酒的安全卫生要求应符合附表34的规定。

附表34　绿色食品酒的安全卫生要求

项　　目	指　　标
甲醇/(g/L)	≤0.25
杂醇油(以异丁醇与异戊醇计)/(g/L)	≤1.0
氰化物(以HCN计)/(mg/L)	≤1.0
铅(以Pb计)/(mg/L)	≤0.2
锰(以Mn计)/(mg/L)	≤1.0

注：氰化物限于以木薯或代用品为原料者。

5. 试验方法

① 感官　按GB/T 10345.2规定执行。

② 酒精度　按GB/T 10345.3规定执行。

③ 总酸　按GB/T 10345.4规定执行。

④ 总酯　按GB/T 10345.5规定执行。

⑤ 固形物　按GB/T 10345.6规定执行。

⑥ 乙酸乙酯、己酸乙酯　按GB/T 10345.7、GB/T 10345.8规定执行。

⑦ 甲醇、杂醇油　按GB/T 5009.48—1996中4.2和4.3条规定执行。

⑧ 氰化物　按GB/T 5009.48—1996中4.7条规定执行。

⑨ 铅　按GB/T 5009.12规定执行。

⑩ 锰　按GB/T 5009.48—1996中4.6条规定执行。

6. 检验规则

按GB 10346规定执行。

7. 标志、标签

产品标签与标志除按GB 10344的规定执行外，还应符合有关规定。

8. 包装、运输、贮存

（1）包装

① 内包装必须用符合食品卫生要求的玻璃瓶、瓷瓶或其他材料包装；外包装必须用合格的瓦楞纸箱或其他包装材料；箱内要有防震、防撞的间隔材料，每箱内要附有产品质量合格证。

② 包装箱上应注有厂名、厂址、酒名、规格、批号、瓶数、日期以及符合绿色食品标志设计要求的标志。并有“小心轻放”、“防潮”、“向上”等字样及标志，其使用方法按GB 191的规定执行。

③ 内外销瓶装酒一般分为500mL、250mL、125mL三种规格（外销酒也可按双方合同办理），在20℃时，容量允许公差±3％。

（2）运输　运输时必须用篷布遮盖，避免强烈震荡、日晒、雨淋，装卸时应轻拿轻放。

（3）贮存　存放地点应保持清洁、阴凉、干燥、严防日晒、雨淋、严禁火种，不得直接接触潮湿地面，不得与有腐蚀性、有毒物品堆放在一起，纸箱叠加高度不得超过6层，仓库温度应保持在10～25℃，以15℃为最适。

十、茅台酒产品标准

1. 范围

本标准规定了贵州茅台酒的地理标志产品保护范围、术语和定义、要求、试验方法、检验规则及标志、包装、运输、贮存。

本标准适用于国家质量监督检验检疫行政主管部门根据《地理标志产品保护规定》批准的贵州茅台酒。

2. 规范性引用文件

下列文件中的条款通过本标准的引用而成为本标准的条款。凡是注日期的引用文件，其随后所有的修改单（不包括勘误的内容）或修订版均不适用于本标准，然而，鼓励根据本标准达成协议的各方研究是否可使用这些文件的最新版本。凡是不注日期的引用文件，其最新版本适用于本标准。

GB 1351　小麦

GB 2757　蒸馏酒及配制酒卫生标准

GB/T 5009.48　蒸馏酒及配制酒卫生标准的分析方法

GB 5749　生活饮用水卫生标准

GB 7718　预包装食品标签通则

GB/T 8231　高粱

GB 10344　预包装饮料酒标签通则

GB/T 10345　白酒分析方法

GB/T 10346　白酒检验规则和标志、包装、运输、贮存

GB/T 15109　白酒工业术语

3. 地理标志产品保护范围

贵州茅台酒保护范围限于国家质量监督检验检疫行政主管部门根据《地理标志产品保护规定》批准的范围，见附录A。

4. 术语和设定

GB/T 15109确立的以及下列术语和定义适用于本标准。

（1）贵州茅台酒（Kweichou Moutai liquor）　以优质高粱、小麦、水为原料，并在贵州省仁怀市茅台镇的特定地域范围内按贵州茅台酒传统工艺生产的酒。

（2）酒龄（storage time of liquor）　生产出来的酒在陶坛中贮存老熟的时间，以年为单位。

（3）陈年贵州茅台酒（aged Kweichou Moutai liquor）　酒龄不低于15年，并经勾兑而成的贵州茅台酒。

（4）沙（sorghum）　贵州茅台酒投料时对高粱的俗称，生产投料分下沙和造

沙两个阶段。

（5）轮次（batch） 酒醅经蒸煮、摊凉、拌曲、堆积发酵、入砂石窖发酵、蒸馏的生产过程。

（6）三高三长（the three high-temperature processes and three long-term processes） “三高”指高温制曲、高温堆积发酵、高温流酒。“三长”指大曲贮存不少于六个月，原料经多轮次发酵，生产周期一年，基酒贮存不少于三年。

（7）勾兑（blending） 用不同典型体、不同轮次、不同酒精度、不同酒龄的基酒以一定比例组合调制成成品的工艺过程，不添加任何外来物质。

（8）典型体（typical base liquor） 贵州茅台酒基酒的感官特征有酱香、窖底香、醇甜三种香型酒。

5. 要求

（1）原料要求

① 高粱

a. 产地 主要产于贵州省仁怀市境内，少数产于与仁怀市相邻的地区。

b. 技术指标 应符合 GB/T 8231 的要求，高粱品种应为糯高粱。

② 小麦 应符合 GB 1351 的规定。

③ 水 取自赤水河的水，应符合 GB 5749 的规定。

④ 贵州茅台酒大曲 以优质小麦为原料，按传统工艺生产，贮存期不少于六个月的大曲。

（2）酿造环境 符合地理标志产品保护规定划定的地域范围。

该区域位于黔北地区，紧靠赤水河东侧，地处赤水河中游，海拔为 420～600m，四面环山，是一个较为封闭的河谷。区域气候夏长冬短，常年气温较高，空气湿度大，少见霜雪，年平均气温约 18℃，最低气温约 3℃，最高气温约 40℃，年平均相对湿度在 78%左右，年平均风速 1.2m/s 左右，形成酿造贵州茅台酒独特的生态环境。

（3）传统工艺 贵州茅台酒传统的生产工艺具有以下特点：季节性生产、三高三长。两次投料、九次蒸煮（馏）、八次摊凉加曲、堆积发酵、入砂石窖发酵、七次取酒，制酒生产周期为一年；轮次酒分三种典型体入陶坛长期贮存，不少于三年，精心勾兑，包装出厂。从投料到产品出厂不少于五年。

（4）感官要求 感官要求见附表 35。

附表 35 感官要求

项目	53%(体积分数) 陈年贵州茅台酒	53%(体积分数) 贵州茅台酒	43%(体积分数) 贵州茅台酒	38%(体积分数) 贵州茅台酒	33%(体积分数) 贵州茅台酒
色泽	微黄透明、无悬浮物、无沉淀	无色(或微黄)透明、无悬浮物、无沉淀	清澈透明、无悬浮物、无沉淀	清澈透明、无悬浮物、无沉淀	清澈透明、无悬浮物、无沉淀

续表

项目	53%(体积分数)陈年贵州茅台酒	53%(体积分数)贵州茅台酒	43%(体积分数)贵州茅台酒	38%(体积分数)贵州茅台酒	33%(体积分数)贵州茅台酒
香气	酱香突出、老熟香明显、幽雅细腻、空杯留香持久	酱香突出、幽雅细腻、空杯留香持久	酱香显著、幽雅细腻、空杯留香持久	酱香明显、香气幽雅、空杯留香持久	酱香明显,香气较幽雅、空白留香持久
口味	老熟味显著、幽雅细腻、醇厚、丰满、回味悠长持久	醇厚丰满、回味悠长	丰满醇和、回味悠长	绵柔、醇和、回甜、味长	醇和、回甜、味长
风格	酱香突出、幽雅细腻、醇厚、丰满、老熟香味舒适显著、回味悠长、空杯留香持久	酱香突出、幽雅细腻、醇厚丰满、回味悠长、空杯留香持久	具有贵州茅台酒独特风格	具有贵州茅台酒独特风格	具有贵州茅台酒独特风格

(5) 理化指标　理化指标见附表36。

附表36　理化指标

项　　目	53%(体积分数)陈年贵州茅台酒	53%(体积分数)贵州茅台酒	43%(体积分数)贵州茅台酒	38%(体积分数)贵州茅台酒	33%(体积分数)贵州茅台酒
酒精度(20℃)(体积分数)/%	53.0	53.0	43.0	38.0	33.0
总酸(以乙酸计)/(g/L)	2.00～3.00	1.50～3.00	1.00～2.50	0.80～2.50	0.80～2.50
总酯(乙酸乙酯计)/(g/L)	2.50	2.50	2.00	1.50	1.50
固形物/(g/L)	1.00	0.70	0.70	0.70	0.70

注：酒精度允许公差为±1%(体积分数)。

(6) 卫生指标　按GB 2757的规定执行。

6. 试验方法

按GB/T 10345、GB/T 5009.48的规定执行。

7. 检验规则

按GB/T 10346的规定执行。

8. 产品规格

产品规格见附表37。

附表37　产品规格

净含量/mL	1000～5000	375～999	200	50
20℃时允许偏差/%	+1.5	+3.0	+4.5	+9.0
单件平均偏差≥	0			

9. 标志、包装、运输、贮存

(1) 标志　产品标签应符合GB 10344、GB 7718的要求。

(2) 包装、贮存、运输　按GB 10346的规定执行。

参考文献

[1] 贾思勰．齐民要术．北魏．
[2] 朱肱著．北山酒经．宋朝．
[3] 苏东坡．东坡酒经．宋朝．
[4] 宋应星．天工开物．明朝．
[5] 万良适，吴伦熙．汾酒酿造．北京：食品工业出版社，1957.
[6] 周恒刚．麸曲白酒生产工人基本知识．北京：轻工业出版社，1958.
[7] 周恒刚．白酒生产．北京：轻工业出版社，1959.
[8] 轻工业部食品工业管理局编．四川糯高粱小曲酒操作法．北京：轻工业出版社，1959.
[9] 轻工业部食品工业管理局编．烟台酿制白酒制作法．北京：轻工业出版社，1965.
[10] 周恒刚，沈震寰．麸曲白酒生产基本知识．北京：轻工业出版社，1975.
[11] 晋久工．白酒生产问答．太原：山西人民出版社，1980.
[12] 周恒刚．白酒生产工艺学．北京：轻工业出版社，1982.
[13] 沈怡方．液体发酵法白酒生产．北京：轻工业出版社，1983.
[14] 尉文树．世界名酒知识．北京：中国展望出版社，1985.
[15] 沉国坤，蒲青．低度酒制作技术．成都．四川科学技术出版社，1987.
[16] 景泉等．酒曲生产实用技术．北京：中国食品出版社，1989.
[17] 徐庭超．白酒生产工艺学．哈尔滨：《酿酒》杂志编辑部，1989.
[18] 赵元森．低度白酒工艺．北京：中国商业出版社，1989.
[19] 梁雅轩，廖鸿生．酒的勾兑与调味．北京：轻工业出版社，1989.
[20] 李大和．大曲酒生产问答．北京：轻工业出版社，1990.
[21] 康明官．白酒工业手册，北京：轻工业出版社，1991.
[22] 李大和，黄圣明．浓香型曲酒生产技术，北京：轻工业出版社，1991.
[23] 彭明启．白酒蒸馏技术．成都：四川科学技术出版社，1992.
[24] 孙方勋．世界葡萄酒和蒸馏酒知识．北京：轻工业出版社，1993.
[25] 肖冬光等．酿酒活性干酵母的生产与应用技术．呼和浩特：内蒙古人民出版社，1994.
[26] 陆寿鹏．白酒工艺学．北京：轻工业出版社，1994.
[27] 熊子书．酱香型白酒酿造．北京：轻工业出版社，1994.
[28] 康明官．白酒工业新技术．北京：中国轻工业出版社，1995.
[29] 吴建平．小曲白酒酿造法．北京：中国轻工业出版社，1995.
[30] 钱松，薛惠菇．白酒风味化学．北京：中国轻工业出版社，1997.
[31] 秦含章．白酒酿造的科学与技术．北京：中国轻工业出版社，1997.
[32] 李大和．浓香型大曲酒生产技术．北京：中国轻工业出版社，1997.
[33] 陈功．固态法白酒生产技术．北京：中国轻工业出版社，1998.
[34] 沈怡方．白酒生产技术全书．北京：中国轻工业出版社，1998.
[35] 姚汝华、赵继伦．酒精发酵工艺学．广州：华南理工大学出版社，1999.
[36] 周恒刚、徐占成．白酒生产指南．北京：中国轻工业出版社，2000.
[37] 康明官．小曲白酒生产指南．北京：中国轻工业出版社，2000.
[38] 李大和．新型白酒生产与勾调技术问答．北京：中国轻工业出版社，2001.
[39] 调忠辉，尹昌树．新型白酒生产技术．成都：四川科学技术出版社，2001.
[40] 康明官．配制酒生产问答．北京：中国轻工业出版社，2002.
[41] 黄平，张吉焕．凤型白酒生产技术．北京：中国轻工业出版社，2003.
[42] 金凤燮，安家彦．酿酒工艺与设备选用手册．北京：化学工业出版社，2003.
[43] 肖冬光．微生物工程原理．北京：中国轻工业出版社，2004.
[44] 赖高淮．新工艺白酒勾调技术与生产工艺．北京：中国轻工业出版社，2004.
[45] 于景芝．酵母生产与应用手册．北京：中国轻工业出版社，2005.

[46] 谭忠辉、尹昌树. 新型白酒生产技术. 成都：四川科学技术出版社，2007.
[47] 李大和. 白酒勾兑技术问答. 第2版. 北京：中国轻工业出版社，2008.
[48] 夏延斌. 食品风味化学. 北京：化学工业出版社，2008.
[49] 中国食品发酵标准化中心. 中国食品工业标准汇编：饮料酒卷. 第3版. 北京：中国标准出版社，2009.
[50] 李大和. 低度白酒生产技术. 第2版. 北京：中国轻工业出版社，2010.
[51] 王延才. 白酒酿酒师职业（资格）培训教材：助理酿酒师. 北京：中国酿酒工业协会，2010.
[52] 王延才. 白酒酿酒师职业（资格）培训教材：酿酒师. 北京：中国酿酒工业协会，2010.
[53] 王延才. 白酒酿酒师职业（资格）培训教材：高级酿酒师. 北京：中国酿酒工业协会，2010.